高等院校数据科学与大数据技术系列规划教材

大数据挖掘

赵志升　主编

梁俊花　李静　刘洋　副主编

U0260250

清华大学出版社

北京

内 容 简 介

本书详细介绍了大数据挖掘技术,全书分为 3 篇,共 12 章。第 1 篇为大数据分析基础,包括第 1~4 章,分别为大数据概述、大数据相关技术、数据预处理、R 语言工具的使用。第 2 篇为大数据挖掘技术,包括第 5~11 章,分别为线性分类方法、分类方法、聚类分析、关联规则、预测方法与离群点诊断、时间序列分析、大数据挖掘可视化。第 3 篇为大数据挖掘案例,包括第 12 章,介绍了大数据挖掘应用案例。

本书既可作为高等学校计算机科学与技术、数据科学与大数据技术、统计学、数据分析等专业的高等教育教材,也可作为科研人员、从事大数据相关工作的技术人员的参考书。

图书在版编目(CIP)数据

大数据挖掘/赵志升主编. —北京:清华大学出版社,2019
(高等院校数据科学与大数据技术系列规划教材)
ISBN 978-7-302-51179-3

Ⅰ. ①大… Ⅱ. ①赵… Ⅲ. ①数据采集-高等学校-教材 Ⅳ. ①TP274

中国版本图书馆 CIP 数据核字(2018)第 210080 号

责任编辑:刘翰鹏
封面设计:傅瑞学
责任校对:袁 芳
责任印制:丛怀宇

出版发行:清华大学出版社
      网 址:http://www.tup.com.cn,http://www.wqbook.com
      地 址:北京清华大学学研大厦 A 座 邮 编:100084
      社 总 机:010-62770175 邮 购:010-62786544
      投稿与读者服务:010-62776969,c-service@tup.tsinghua.edu.cn
      质量反馈:010-62772015,zhiliang@tup.tsinghua.edu.cn
      课件下载:http://www.tup.com.cn,010-62770175-4278
印 装 者:三河市君旺印务有限公司
经 销:全国新华书店
开 本:185mm×260mm 印 张:23.5 字 数:568 千字
版 次:2019 年 3 月第 1 版 印 次:2019 年 3 月第 1 次印刷
定 价:59.00 元

产品编号:078814-01

前　言

为什么要写这本书

大数据时代的到来,使我们的生活在政治、经济、社会、文化等各个领域都发生了很大的变化。如何从大数据中挖掘出隐含的丰富知识与价值,更好地得出结论并作出智能决策已成为相关工作者面临的机遇与挑战。

本书基于教育部"2016年产学合作协同育人项目"——普开数据教学内容和课程体系改革项目,作为项目成果公开出版。

读者对象

本书适合作为高等教育"大数据处理"与"大数据分析"课程的教材,也可作为其他领域有数据分析需求的人员培训教材以及大数据从业人员的参考书。

如何阅读本书

本书首先介绍大数据,包括大数据的业务应用场景、云计算与大数据挖掘以及大数据挖掘过程。介绍了大数据相关技术,包括大数据获取、预处理、存储和处理、查询和分析、可视化技术以及主流大数据分析平台、R语言工具的使用。接着介绍了大数据挖掘常用的分类模型和算法,包括最基础的线性分类方法,分类器性能评价标准以及主要分类方法,内容包括K-近邻分类器、贝叶斯分类、神经网络与深度学习、支持向量机等,着重介绍了聚类分析、关联规则、时间序列分析、预测方法与离群点诊断以及大数据挖掘可视化常用技术。最后对各行各业的大数据挖掘应用案例进行了详细介绍。除了系统方法的理论讲解之外,我们在每一章给出了每种方法的R语言实现的实例。每一章的小结处按知识点提供了参考学习视频,可通过微信APP的扫一扫功能扫描观看。

作者分工与感谢

本书由赵志升撰写第1章、第2章、第12章,李静撰写第3~5章,梁俊花撰写第6章、第8章、第10章,赵志升、刘洋合写第7章、第9章、第11章。最终由赵志升、梁俊花统稿校对。感谢河北省人口健康工程技术研究中心医疗大数据研究室的人员参与本书的写作与实例算法实现,他们是靳晓松、王秀苹、吴仪、韩冰月、高雅静、李凯璇、李佳垚、樊亚宁、贾晓莹、傅轩昂、张艺璇、郭明磊、刘恬恬等。在编写的过程中也得到了刘艳霞、宋玉玺老师的帮助。本书参考了国内外学者的大量成果文献,在此一并表示诚挚的谢意。

勘误和支持

由于大数据挖掘是一个正在蓬勃发展的学科领域,涉及的内容宽泛且变化迅速,鉴于作者水平有限,在本书内容的安排、表述、推导等方面各种不当之处在所难免,敬请作者在阅读本书的过程中不吝赐教,以改进此书,读者的意见和建议请发至邮箱 zzsbigdata@sina.com。

编　者

2018年11月

目 录

第 2 篇　大数据挖掘技术

第3篇　大数据挖掘案例

第1篇

大数据分析基础

## 第 1 章

大数据概述

【内容摘要】 本章对大数据的产生及特征、现状及趋势及其面临的技术问题业务应用场景进行了简述,并对云计算与大数据挖掘进行了比较,对大数据挖掘过程进行了概述。

【学习目标】 理解大数据、云计算与大数据挖掘的基本概念与特征,掌握大数据挖掘过程与方法,了解大数据现状及趋势以及面临的技术问题。

1.1 大数据的业务应用场景

1.1.1 大数据的产生及特征

1. 什么是大数据

大数据(Big Data)或称巨量资料,是指需要用新处理模式才能具有更强的决策力、洞察力和流程优化能力的海量、高增长率和多样化的信息资产。大数据是指无法用现有的软件工具提取、存储、搜索、共享、分析和处理的海量的复杂的数据集合。

大数据是一个宽泛的概念,麦肯锡咨询公司是研究大数据的先驱,在其报告 *Big data: The next frontier for innovation, competition, and productivity* 中给出的大数据定义:大数据指的是大小超出常规的数据库工具获取、存储、管理和分析能力的数据集。它同时强调,并不是说一定要超过特定 TB 值的数据集才能算是大数据。国际数据公司(IDC)从大数据的四个特征来定义,即海量的数据规模(Volume)、快速的数据流转和动态的数据体系(Velocity)、多样的数据类型(Variety)和巨大的数据价值(Value)。亚马逊公司的大数据科学家 John Rauser 给出了一个简单的定义:大数据是任何超过了一台计算机处理能力的数据量。在维克托·迈尔-舍恩伯格及肯尼斯·库克耶编写的《大数据时代》中,大数据是指不用随机分析法(抽样调查)这样的捷径,而采用所有数据进行分析处理。

前面几个定义都是从大数据本身出发,我们的定义更关心大数据的功用,即大数据是在多样的或者大量数据中迅速获取信息的能力。在这个定义中,重心是能力。大数据的核心能力,是发现规律和预测未来。

大数据技术是指从各种各样类型的数据中快速获得有价值信息的能力。适用于大数据的技术,包括大规模并行处理(MPP)数据库、数据挖掘技术、分布式文件系统、分布式数据库、云计算平台、互联网和可扩展的存储系统。

2. 大数据的特征

作为《大数据时代》一书的作者,牛津大学网络学院互联网治理与监管专业教授、大数据权威咨询顾问维克托·迈尔-舍恩伯格博士认为,大数据有三个主要特点,分别是全体、混杂

和相关关系。

首先是全体,即收集和分析更多的数据。这个数据都是有关研究问题的数据,其中数据点绝对的数字并不重要,重要的是有多少数据点和研究的现象相关。如果想要研究的现象只有 6000 个数据点,抓住 6000 个数据点就是大数据,因为这就抓住了所有数据。通过这种方式可以看到很多细节,这些细节在之前随机抽样是得不到的。

其次是混杂,即接受混杂。在小数据时代人们总试图收集一些非常干净的数据、高质量的数据,花费很多金钱和精力来确定这些数据是好数据,是高质量的数据。可是在大数据时代,不用去追求那种特别的精确性,当宏观上失去了精确性,微观上却能获得准确性。

最后是相关关系。因为更加混杂,因果关系转向相关关系。人们不要认为可以真正地、容易地找到因果关系,其实那只是发现相关关系。我们应该关注是什么,而不是关注为什么。

业界通常用 4 个 V(Volume、Variety、Value 及 Velocity)来概括大数据的特征。大数据呈现出"4V+1C"的特点。

(1) 数据体量巨大(Volume)。通过各种设备产生的海量数据,其数据规模极为庞大,远大于目前互联网上的信息流量,PB 级别将是常态。截至目前,人类生产的所有印刷材料的数据量是 200PB(1PB=210TB),而历史上全人类说过的所有的话的数据量大约是 5EB(1EB=210PB)。当前,典型个人计算机硬盘的容量为 TB 量级,而一些大企业的数据量已经接近 EB 量级。

(2) 数据类型繁多(Variety)。大数据种类繁多,在编码方式、数据格式、应用特征等多个方面存在差异性,多信息源并发形成大量的异构数据,这种类型的多样性让数据被分为结构化数据和非结构化数据。相对于以往便于存储的以文本为主的结构化数据,非结构化数据越来越多,包括网络日志、音频、视频、图片、地理位置信息等,这些多类型的数据对数据的处理能力提出了更高要求。

(3) 价值密度低(Value)。价值密度的高低与数据总量的大小成反比,大数据量反而价值密度低。以视频为例,一部时长 1 小时的视频,在连续不间断的监控中,有用数据可能仅有一两秒。如何通过强大的机器算法更迅速地完成数据的价值"提纯"成为目前大数据背景下亟待解决的难题。

(4) 处理速度快(Velocity)。涉及感知、传输、决策、控制开放式循环的大数据,对数据实时处理有着极高的要求,这是大数据区分于传统数据挖掘的最显著特征。根据 IDC 的"数字宇宙"的报告,预计到 2020 年,全球数据使用量将达到 35.2ZB。

(5) 数据复杂(Complexity)。通过数据库处理持久存储的数据不再适用于大数据处理,需要有新的方法来满足异构数据统一接入和实时数据处理的需求。

1.1.2 大数据现状及趋势

数据价值的凸显和数据获取手段、数据处理技术的改进是大数据应用爆发的根源。随着数据生产要素化,数据科学、数据科技的不断发展和数据价值的深度挖掘及应用,一场大数据革命正在进行,它将带动国家战略及区域经济发展,智慧城市建设,企业转型升级,社会管理及个人工作、生活等各个领域的创新和变革。如何真正应用好大数据,发挥大数据的威力,是当前所有人都在共同研究和探索的问题。

大数据在数据科学理论的指导下,改变创新模式和理念,各个国家都积极推进大数据的战略性产业,利用大数据来提高国家的经济决策和社会服务能力,保障国家安全。互联网、物联网每天都在产生大量的数据,据调查,2015 年有近 200 亿个设备连接到互联网上,这些设备不仅是计算机、智能终端设备,更有汽车、工厂设备、数字标牌等。从产业拓展的角度看,大数据是继云计算、物联网之后的一个新产业领域,其蕴含的机会和挑战将大大多于云计算和物联网。大数据产业(数据产业)具有很强的蜂箱效应,除了产业自身的经济蕴藏量之外,还将大大撬动其他产业的跨越升级。

2009 年,联合国启动"全球脉动计划",借大数据推动落后地区发展。美国从开放政府数据、开展关键技术研究和推动大数据应用三方面布局大数据产业。美国在开放政府上非常积极,通过 Data.gov 开放 37 万个数据集,并开放网站的 API 和源代码,提供上千个数据应用。除了推动本国政府数据开放,美国倡导发起全球开放政府数据运动,已有 41 个国家响应。美国联邦政府下属的国防部、能源部、卫生总署等 7 部委联合推动,于 2012 年 3 月底发布了大数据研发专项研究计划(Big Data Initiative),投入 2 亿美元用于研究开发科学探索、环境和生物医学、教育和国家安全等重大领域和行业所急需的大数据处理技术和工具,把大数据研究上升为国家发展战略。

在我国,2011 年以来,中国计算机学会、中国通信学会先后成立了大数据委员会,研究大数据中的科学与工程问题。2015 年 9 月国务院出台了《促进大数据发展行动纲要》,通过开放、产业和安全三位一体建设数据强国。2016 年 3 月我国发布的"十三五"规划纲要又对实施网络强国战略、"互联网＋"行动计划、大数据战略等作了部署。实施国家大数据战略,把大数据作为基础性战略资源,全面实施促进大数据发展行动,加快推动数据资源共享开放和开发应用,助力产业转型升级和社会治理创新。全面推进重点领域大数据高效采集、有效整合,深化政府数据和社会数据关联分析、融合利用,提高宏观调控、市场监管、社会治理和公共服务精准性和有效性。

1. "大数据资源"成为重要战略资源,将成为最有价值的资产

互联网时代,"资源"的含义正在发生极大的变化,它不仅仅是指煤、石油、矿产等一些看得见、摸得着的实体,大数据正在演变成不可或缺的战略资源,数据成为新的战略制高点,成为一种新的资产类别,就像货币或黄金一样。大数据已经被视为一种资产、一种财富、一种可以被衡量和计算的价值。一个国家拥有数据的规模和运用数据的能力将成为综合国力的重要组成部分,对数据的占有和控制也将成为国家间和企业间新的争夺焦点。

2. "大数据决策"成为一种新决策方式

依据大数据进行决策,从数据中获取价值,让数据主导决策,是一种前所未有的决策方式,正在推动着人类信息管理准则的重新定位。随着大数据分析和预测分析对管理决策影响力的逐渐加大,依靠直觉做决定的状况将会被彻底改变。

3. "大数据应用"促进信息技术与各行业深度融合

有专家指出,大数据及其分析会在未来 10 年改变几乎每一个行业的业务功能,在制造业、医疗与健康、交通、能源、材料、商业和服务等行业领域甚至在新闻传媒领域,也都在以大数据为发展契机,加速这些行业与信息技术的深度融合。大数据和传统商业智能融合产生大数据商业智能,从而形成一个全面、完整的数据价值发展平台。大数据服务提供商将会以更加定制化的适用于各行业的商业智能解决方案提供大数据服务,在业务运营智能监控、精

细化企业运营、客户生命周期管理、精细化营销、经营分析和战略分析等方面得到更好地应用。

4. "大数据开发"推动新技术和新应用不断涌现

大数据的应用需求是大数据新技术开发的源泉。在不久的将来,很多原来单纯依靠人类自身判断力的领域应用,将被计算机系统的数据分析和数据挖掘功能普遍改变甚至取代。借助这些创新型的大数据应用,数据的能量将会层层被放大。比如,下一代互联网——语义网(Semantic Web),也称数据网(Web of Data),就是要重新构造互联网,打造出下一代互联网。基于大数据的推荐和预测将逐步流行。在大数据时代,依靠高效能计算的支持,深度学习与大数据智能有望成为大数据智能处理的核心技术。智能机器会依赖于对捕捉到的数据进行分析来做判断和决策,利用群体智慧与众包计算方式将使大数据智能成为可行的技术。

5. "大数据安全"上升为国家战略安全

在大数据时代,数据安全的威胁随时都有可能发生。各种国家信息基础设施和重要机构所承载的庞大数据信息,如由信息网络系统所控制的石油和天然气管道、水、电力、交通、银行、金融、商业和军事等,都有可能成为被攻击的目标。同时,用户的隐私会越来越多地融入各种大数据中,而各种数据来源之间的无缝对接以及越来越精准的数据挖掘技术,使得大数据拥有者能够掌控越来越多的用户和越来越丰富的信息。在挖掘这些数据价值的同时,隐私泄露存在巨大风险。由于系统故障、黑客入侵、内部泄密等原因,数据泄露随时可能发生,从而造成难以预估的损失。大数据安全问题也成为国家安全的重要组成部分。

6. 大数据量导致难以应对的存储和计算量

大数据时代,如何有效、快速、可靠地存取这些日益增长的海量数据成了关键的问题。数据量的指数级增长对不断扩容的存储空间提出要求,实时分析海量的数据也对存储计算能力提出了要求。

未来,大数据处理架构的多样化模式(如 Hadoop/MapReduce 框架、实时流计算、分布式内存计算、图计算框架)将并存融合。如今大数据存储与管理的技术(如分布式文件系统、数据索引与查询技术、查询语言、实时/流式数据存储管理等)虽然不是新问题,但大数据数量大、速度快等特性带来的挑战终会引起大数据存储与管理的质变。随着大数据的实时处理需求日益迫切,内存计算将成为解决实时性大数据处理问题、提高处理性能的主要手段。大数据的应用需求多种多样,而大数据系统架构等相关技术远远没有达到成熟和稳定的程度,创新引领突破的技术架构与应用模式将不断出现。

7. 数据将越来越开放,数据共享联盟化

大数据越关联越有价值,越开放越有价值。大数据专家委员会 2012 年讨论了数据共享联盟议题。目前,由于数据共享联盟的生态环境尚未建立,数据共享进展缓慢。美国、英国、澳大利亚等许多国家都对政府和公共事业的数据做出了开放。国内的一些城市和部门,比如北京、上海、贵州省等也在逐渐开展数据开放的工作,数据涉及地理位置、交通、经济统计和资格资质、医疗信息等数据。随着数据共享联盟能够逐步壮大,数据会呈现一种共享的趋势,不同领域的数据联盟将出现,成为产业和学术环环相扣的支撑环节以及产业发展的核心环节。

8. 大数据促进智慧城市发展,为智慧城市的引擎

随着大数据的发展,大数据在智慧城市方面将发挥越来越重要的作用。由于人口聚集给城市带来了交通、医疗、建筑等方面的压力,需要城市能够更合理地进行资源布局和调配,而智慧城市正是城市治理转型的最优解决方案。智慧城市相对于之前的数字城市概念,最大的区别在于对感知层获取的信息进行了智慧的处理,其核心是引入了大数据处理技术。大数据是智慧城市的核心智慧引擎。智慧安防、智慧交通、智慧医疗、智慧城管等,都是以大数据为基础的智慧城市应用领域。

9. 大数据催生新的工作岗位和相应专业

大数据的出现也将推出一批新的就业岗位,例如,大数据分析师、数据管理专家、大数据算法工程师等。数据驱动型工作将呈现爆炸式的增长,具有丰富经验的数据分析人才将成为稀缺的资源。由于有强烈的市场需求,高校也将逐步开设大数据相关的专业,以培养相应的专业人才。企业也将和高校紧密合作,协助高校联合培养大数据人才。

10. 数据科学的兴起

各类学科的交叉以及传统学科对数据的广泛依赖产生数据科学学科,出现新型的大数据系统评测基准。同时,类似波色子的发现,数学、生物、物理、化学、材料等领域在一定程度上依赖数据科学才取得了突破性进展。数据科学作为一门科学,还有很多问题没有解决,甚至还有很多问题没有被提出,这使得数据科学真正成为一个支柱学科尚需更多的努力。

11. 大数据分析与可视化成为热点

在大数据务实发展的同时,行业对大数据发展趋势的需求越来越具体,对于大数据查询和分析的实用性和实效性,以及能否获得决策信息将变得非常重要,决定着大数据应用的成败,而基于大内存的计算模式或将成为大数据实时处理的重要手段。对大数据进行分析后,为了方便用户理解,需要有效的可视化技术,使得大数据分析及其可视化技术将成为热点。数据可视化技术作为大数据时代的显学,包括交互式的展示和超大图的动态化展示尚有许多问题需要解决。

12. 大数据生态环境逐步完善

如今,大数据的良性生态环境正在逐步完善过程中,大数据与云计算、物联网、移动互联网等热点新兴计算相互交融,大数据的发展越来越务实。在核心技术方面,从笼统的基于大数据的智能和革命性方法,变为 4 个指向性非常明确的技术趋势预测,即有别于 Hadoop 的多模式架构并存、大数据可视化、推荐和预测、深度学习。在技术生态方面,开源成为主流,大数据安全和隐私问题、数据科学的兴起依然得到高度关注。在产业生态方面,从笼统的"更大的数据"变为着重关注大数据的价值和应用。价值和应用自然会带来战略性产业地位,大数据生态环境逐步完善。

1.1.3　大数据时代面临的技术问题

当今,大数据的到来已向人们展现了它为学术、工业和政府带来的巨大机遇。与此同时,大数据也面临需要解决以下重要的技术问题。

1. 非结构化和半结构化数据处理问题

(1) 大数据的特征表示需要研究。大数据中,结构化数据只占 15% 左右,其余的 85% 都是非结构化的数据。如今非结构化和半结构化数据的个体表现、一般性特征和基本原理

尚不清晰,此外,大数据的不确定性表现在高维、多变和强随机性等方面。这些问题的突破是实现大数据知识发现的前提和关键。设定一种半结构化或非结构化数据,比如图像,如何把它转化成多维数据表、面向对象的数据模型或者直接基于图像的数据模型都是需要研究的内容。从长远角度来看,依照大数据的个体复杂性和随机性所带来的挑战将促使大数据数学结构的形成,从而导致大数据统一理论的完备。

(2)由于大数据所具有的半结构化和非结构化特点,基于大数据的数据挖掘所产生的结构化的粗糙知识(潜在模式)也伴有一些新的特征。这些结构化的粗糙知识可以被主观知识加工处理并转化,生成半结构化和非结构化的智能知识。寻求"智能知识"反映了大数据研究的核心价值。如果把通过数据挖掘提取"粗糙知识"的过程称为"一次挖掘"过程,那么将粗糙知识与被量化后的主观知识,包括具体的经验、常识、本能、情境知识和用户偏好,相结合而产生"智能知识"的过程就叫作二次挖掘,从一次挖掘到二次挖掘类似事物量到质的飞跃。已知的最优化、数据包络分析、期望理论、管理科学中的效用理论可以被应用到研究如何将主观知识融合到数据挖掘产生的粗糙知识的二次挖掘过程中。同时,大数据的复杂形式导致许多对粗糙知识的度量和评估相关的研究问题。

2. 数据相关管理技术架构问题

(1)传统的数据库部署不能处理 TB 级别的数据,快速增长的数据量超越了传统数据库的管理能力。对结构化数据、半结构化和非结构化数据的兼容以及如何构建分布式的数据仓库,并可以方便扩展大量的服务器,成为挑战。

(2)大数据需要实时处理数据,大数据实时处理需要进行分钟级甚至是秒级计算。海量的数据需要很好的网络架构,需要强大的数据中心来支撑,数据中心的运维工作也将成为关键。在保证数据稳定、支持高并发的同时,减少服务器的低负载情况,成为海量数据中心运维的一个重点工作。对编程模型的扩展性与存储模型的兼容性和互操作性都有要求。

3. 数据安全技术问题

在大数据时代,数据资源的开放共享已经成为在数据大战中保持优势的关键。商业数据和个人数据的共享应用,不仅能促进相关产业的发展,也能给我们的生活带来巨大的便利,但也对数据存储的物理安全性、数据的多副本与容灾机制提出了更高的要求。

同时,开放与隐私如何平衡,也是大数据开放过程中面临的最大难题。

4. 大数据处理技术复杂

当前,大数据的处理技术纷繁复杂,虽然 HiveSQL 有很大市场,但 Hive 的数据正确性和 Bug 仍然比较多;Hadoop MapReduce 过于复杂灵活,写出高效 Job 比较困难;Pig、FlumeJava 等分布式编程模型技术的门槛较高,推广比较困难。在数据挖掘和图算法领域虽然涌现出了 Mahout、Hama、GoldenOrb 等大量开源平台,但都不够成熟。基于 Hadoop 的工作流系统 Oozie 和数据传输系统 Sqoop 都需要开发人员单独部署。目前大数据的处理平台以 Hadoop 为主,都是自建 Hadoop 集群或使用 Amazon Elastic MapReduce 服务,而 Google 的 BigQuery 由于种种限制推广得并不理想。上述的技术都是各有利弊,大数据处理技术还没有一个完美的解决方案。

5. 数据的碎片化问题

企业内部的数据常常散落在不同部门,而且数据的存储与处理技术也不一样,如何将不同部门的数据打通,并且实现技术和工具共享,如何处理大数据的传输以及与在线和实时分析系统的整合,如何为数据和应用的提供者和使用者提供一个交易平台和生态环境。如何确保系统可运维和管理,做到远程维修,都存在许多技术问题。

1.2 云计算与大数据挖掘

1.2.1 云计算的定义与特点

1. 云计算的定义

对云计算的定义有多种说法。现阶段广为接受的是美国国家标准与技术研究院(NIST)的定义:云计算(Cloud Computing)是一种按使用量付费的模式,这种模式提供可用的便捷的按需的网络访问,进入可配置的计算资源共享池(资源包括网络、服务器、存储、应用软件、服务),这些资源能够被快速提供,只需投入很少的管理工作,或与服务供应商进行很少的交互。

云计算是一种新兴的商业计算模型。它将计算任务分布在大量计算机构成的资源池上,使各种应用系统能够根据需要获取计算力、存储空间和各种软件服务。云是网络、互联网的一种比喻说法,用来表示互联网和底层基础设施的抽象。云计算拥有每秒 10 万亿次的运算能力,拥有这么强大的计算能力可以模拟核爆炸、预测气候变化和市场发展趋势。用户通过计算机、笔记本、手机等方式接入数据中心,按自己的需求进行运算。

2. 云计算的特点

(1) 集成的超大规模计算资源提高了设备计算能力。云计算把大量计算资源集中到一个公共资源池中,通过多主租用的方式共享计算资源。"云"具有相当的规模,企业私有云一般拥有数百上千台服务器。"云"能赋予用户前所未有的计算能力。

(2) 分布式数据中心保证系统容灾能力。分布式数据中心可将云端的用户信息备份到地理上相互隔离的数据库主机中,甚至用户自己也无法判断信息的确切备份地点。该特点不仅仅提供了数据恢复的依据,也使得网络病毒和网络黑客的攻击失去目的性而变成徒劳,大大提高了系统的安全性和容灾能力。

(3) 软硬件相互隔离,减少设备依赖性并具有高可靠性。虚拟化层将云平台上方的应用软件和下方的基础设备隔离开来。用户只能看到虚拟化层中虚拟出来的各类设备。这种架构减少了设备依赖性,也为动态的资源配置提供可能。"云"使用了数据多副本容错、计算节点同构可互换等措施来保障服务的高可靠性,使用云计算比使用本地计算机可靠。

(4) 平台模块化设计体现高可扩展性与通用性。云计算不针对特定的应用,"云"的规模可以动态伸缩,满足应用和用户规模增长的需要,同一个"云"可以同时支撑不同的应用运行。目前主流的云计算平台均根据 SPI 架构在各层集成功能各异的软硬件设备和中间件软件,大量中间件软件和设备提供通用接口,允许用户添加本层的扩展设备。部分云与云之间提供对应接口,可在不同云之间进行数据迁移。

(5) 虚拟资源池为用户提供弹性服务。云计算支持用户在任意位置、使用各种终端获取应用服务。在云计算环境中,既可以对规律性需求通过事先预测事先分配,也可根据事先设定的规则进行实时调整。弹性的云服务可帮助用户在任意时间得到满足需求的计算资源。在非恒定需求的应用,如对需求波动很大、阶段性需求等,具有非常好的应用效果。

　　（6）按需付费降低使用成本。"云"是一个庞大的资源池,可按需购买。作为云计算的代表,按需提供服务、按需付费是目前各类云计算服务中不可或缺的一部分。对用户而言,云计算不但省去了基础设备的购置运维费用,具有低成本优势,而且能根据企业成长的需要不断扩展订购的服务,不断更换更加适合的服务,实现了按需服务,提高了资金的利用率。

　　（7）潜在的危险性。云计算服务除了提供计算服务外,还必然提供存储服务。云计算服务当前垄断在私人机构企业手中,仅能够提供商业信用。另外,云计算中的数据对于数据所有者以外的其他用户是保密的,但是对提供云计算的商业机构而言却是毫无秘密可言。如果是商业机构和政府机构选择云计算服务,特别是国外机构提供的云计算服务时,这些潜在的危险成为不得不考虑的一个重要问题。

1.2.2　云计算与大数据

　　云计算是基于互联网的相关服务的增加、使用和交付模式,通常涉及通过互联网来提供动态易扩展且经常是虚拟化的资源。大数据是继云计算、物联网之后 IT 产业又一次颠覆性的技术变革。大数据指的是所涉及的资料量规模巨大到无法通过目前主流软件工具,在合理时间内达到撷取、管理、处理,并整理成为帮助企业经营决策更积极目的的信息。云计算与大数据一直是行业内关注的两大焦点,两者密不可分。

　　（1）从理论角度来看,二者属于不同层次。云计算研究的是计算问题,大数据研究的是巨量数据处理问题,而巨量数据处理依然属于计算问题的研究范围。因此,从这个角度来看,大数据是云计算的一个子领域。云计算相当于我们的计算机和操作系统,将大量的硬件资源虚拟化之后再进行分配使用,云计算就是硬件资源的虚拟化;大数据相当于海量数据的"数据库",大数据就是海量数据的高效处理。云计算作为计算资源的底层,支撑着上层的大数据处理,而大数据的发展趋势是实时交互式的查询效率和分析能力。

　　（2）从技术上看,大数据与云计算的关系就像一枚硬币的正反面一样密不可分。大数据无法用单台的计算机进行处理,必须采用分布式计算架构。它的特色在于对海量数据的挖掘,但它必须依托云计算的分布式处理、分布式数据库、云存储和虚拟化技术。云计算与大数据之间是相辅相成,相得益彰的关系。大数据挖掘处理需要云计算作为平台,而大数据涵盖的价值和规律则能够使云计算更好地与行业应用结合并发挥更大的作用。云计算将计算资源作为服务支撑大数据的挖掘,而大数据的发展趋势则是对实时交互的海量数据查询、分析提供了各自需要的价值信息。云计算技术就是一个容器,大数据正是存放在这个容器中的水,大数据要依靠云计算技术来进行存储和计算。将云计算和大数据相结合,人们就可以利用高效、低成本的计算资源分析海量数据的相关性,快速找到共性规律。

　　（3）从应用角度来看,大数据是云计算的应用案例之一,云计算是大数据的实现工具之一。在概念上,云计算与大数据有所不同,云计算改变了 IT,而大数据则改变了业务。然而大数据必须有云作为基础架构,才能得以顺畅运营。云计算与大数据的目标受众不同,云计算是卖给 CIO 的技术和产品,是一个进阶的 IT 解决方案。而大数据是卖给 CEO,卖给业务层的产品,大数据的决策者是业务层。云计算改变数据架构,大数据改变商业企业运作模式,云计算与大数据相互依托、相互促进共同发展。本质上,云计算与大数据的关系是静与动的关系;云计算强调的是计算,这是动的概念;而大数据则是云计算的对象,是静的概念。云计算与大数据密不可分,云计算为大数据处理提供了一个很好的平台。

1.2.3 大数据挖掘

1. 传统数据挖掘面临的问题

传统的数据挖掘(Data Mining)就是从大量的不完全的有噪声的模糊的随机的实际应用数据中提取隐含在其中的人们事先不知道但又是潜在有用的信息和知识的过程。这个定义包括好几层含义：数据源必须是真实的大量的含噪声的，发现的是用户感兴趣的知识；知识要可接受、可理解、可运用，并不要求发现放之四海皆准的知识，仅支持特定的发现问题。与数据挖掘相近的同义词有数据融合、人工智能、商务智能、模式识别、机器学习、知识发现、数据分析和决策支持等。

数据挖掘涉及的技术方法很多，有多种分类法。根据挖掘任务可分为分类或预测模型发现，数据总结、聚类、关联规则发现，序列模式发现，依赖关系或依赖模型发现，异常和趋势发现，等等；根据挖掘对象可分为关系数据库、面向对象数据库、空间数据库、时态数据库、文本数据源、多媒体数据库、异质数据库、遗产数据库以及万维网 WWW；根据挖掘方法可粗分为机器学习方法、统计方法、神经网络方法和数据库方法。

传统的数据挖掘在大数据环境下面临的挑战有以下几个方面。

(1) 大数据集的挑战。如今缺少大数据复杂度、冗余度的度量方法，缺少确保近似算法精度分析方法，以及缺少根据分布知识对大数据进行抽样的方法。

(2) 数据复杂性的挑战。大数据种类繁多，不仅需要面对传统的结构化数据，而且必须面对占 80% 的非结构化数据与半结构化数据。

(3) 数据动态增长的挑战。因为大数据分析决策对数据实时处理有着极高的要求，缺少分布式并行计算环境下的大数据分析的基本策略，与算法机理相结合的并行策略以及对低复杂度、精度可控的新的大数据分析算法。

(4) 大数据挖掘的分类算法、聚类、关联分析、集群、孤立点分析等算法的研究，以及大数据分析平台研发。

(5) 语义引擎的开发。语义引擎需要有足够的人工智能足以从数据中主动地提取信息。语言处理技术包括机器翻译、情感分析、舆情分析、智能输入、问答系统等，并可进行数据可视化分析，数据图像化可以让数据自己说话，让用户直观地感受到结果，无论对普通用户还是数据分析专家，都是最基本的功能。

2. 大数据挖掘

大数据挖掘是指从大数据集中寻找其规律的技术。我们将"大数据集"强调为大数据挖掘的对象。由于大数据具有高价值、低密度的特性，其规律不是显而易见的，而是隐含在大数据之中，需要用新的方法和技术去寻找和挖掘，对挖掘到的"规律"没有做任何描述或限制，因此大数据的价值需要在大数据的应用中去实现。

大数据挖掘技术改进已有数据挖掘和机器学习技术，开发数据网络挖掘、特异群组挖掘、图挖掘等新型数据挖掘技术，突破基于对象的数据连接、相似性连接等大数据融合技术，突破用户兴趣分析、网络行为分析、情感语义分析等面向领域的大数据挖掘技术。

在当今时代，物联网担当了数据采集的角色，云存储担当了数据归集和存储的角色，大数据技术负责收集来的大数据的智能挖掘分析工作，而互联网技术，包括 4G、光纤等新技术则是信息传输交换的通道，是信息时代的"高速公路"。4G 将使大数据在采集、传输和应用端发生重大变化。信息过载压力的增大和大数据体量的快速膨胀,不仅推动数据存储、计算和分析技术的革新,也催生了大数据产业链上的商机。

3. 大数据挖掘面临的技术挑战

(1)增加样本容易,降低算法复杂度难。大数据不是全数据,大数据的真正价值不在于它的大,而在于它的全面需正确对待样本与数据量大小的问题、空间维度上的多角度、多层次信息的交叉复现和时间维度上的与人或社会有机体的活动相关联的信息的持续呈现。针对具体问题,如何降低太多的噪声与算法复杂度,提高挖掘的精确度并进行正确地评估都是需要解决的问题。

(2)大数据时代,传统的随机抽样被"所有数据的汇拢"所取代,人们的思维决断模式,可直接根据"是什么"来下结论。由于这样的结论剔除了个人情绪、心理动机、抽样精确性等因素的干扰,因此将更精确,更有预见性。不过,由于大数据过于依靠数据的汇集,一旦数据本身有问题,就很可能出现"灾难性大数据",即因为数据本身的问题,而导致错误的预测和决策。

(3)一般的数据分析应用程序无法很好地处理大数据,必须专门针对大数据的管理和分析工具,这些应用程序运行在集群存储系统上。大数据存储管理系统应该是可扩展的,足以满足未来的存储需求,并且重点解决复杂结构化、半结构化和非结构化大数据管理与处理技术,大数据的可存储、可表示、可处理、可靠性及有效传输等关键问题。开发可靠的分布式文件系统(DFS)、计算与存储融合、去冗余及高效低成本的大数据存储技术,突破分布式非关系型大数据管理与处理技术、异构数据的数据融合与组织技术、大数据建模技术及大数据索引技术等。

4. 大数据挖掘的要点

虽然大数据挖掘与一般的数据挖掘在挖掘过程、算法等方面差异不大,但由于大数据在广度和量度上的特殊性,大数据的挖掘在实现上也会有所不同。要做好大数据的挖掘,除了掌握一般的数据挖掘方法,另外还要把握以下几个大数据挖掘的要点。

1)大数据思维

大数据用数据核心、全数据样本的思维方式思考问题,解决问题,由"功能是价值"转变为"数据是价值"。大数据思维中,由寻求精确度转向寻求高效率,由寻求因果性转向寻求相关性,由寻找确定性转向寻找概率性,可以容忍不精确的数据结果。只要大数据分析指出可能性,就会有相应的结果,这就是大数据思维。开放、共享、合作思维及创造性思维是大数据思维方式的特性,通过对数据的重组、扩展和再利用,突破原有的框架,开拓新领域,确立新决策,发现隐藏在表面之下的数据价值。

2)大数据的收集与集成

大数据挖掘在收集和集成数据方面的要点就是理清和挖掘与目标可能有关联的数据,然后将这些关联数据收集起来。当前,两个技术使得大数据的收集开始变得容易:一是各种传感器的廉价化和部署覆盖率的大大提高。例如,我们最熟悉的就是遍布身边的摄像头。二是互联网,如今接入互联网的终端越来越便宜,在人群中的覆盖率不断提高,以至于我们拥有了一个可以覆盖大部分人口的传感器网络。集成数据就是将收集的数据统一管理,将分散的数据趋于集中管理,集成的程度越高,对后续的挖掘越有利。

3)大数据的降维

对大数据进行处理时,通常要先将数据进行降维,缩减数据量使它能够适应计算机的处理能力。大数据降维的要点是根据数据挖掘的目标、数据量、计算机的处理能力、对时间的要求等多方面的因素,对数据进行分级降维,首先是通过抽样的方式对数据进行降维,第二层次是抽取有用的变量,第三层次根据经典的降维方法进行数据的变形降维。这是一种分级形式的逐层降维方式。另外一种降维方式是分散降维,就是将大数据需要映射为小的单元进行计算,再对所有的结果进行整合,即 MapReduce 算法框架。

4)大数据的分布式与并行处理

如果数据经降维后依然很大,或者数据不适合降维,或者数据对响应时间要求较高,那么对数据进行处理时需要考虑分布式和并行计算。

并行计算可分为时间上的并行和空间上的并行。时间上的并行就是指流水线技术,空间上的并行则是指用多个处理器并发地执行计算。并行计算主要研究的是空间上的并行问题。空间上的并行导致两类并行机的产生,即单指令流多数据流(SIMD)和多指令流多数据流(MIMD)。并行计算是指同时使用多种计算资源解决计算问题的过程。例如 MapReduce,为执行并行计算,计算资源应包括一台配有多并行处理机的计算机、一个与网络相连的计算机专有编号,或者两者结合使用。并行计算的主要目的是快速解决大型且复杂的计算问题。

分布式计算研究如何把一个需要非常巨大的计算能力才能解决的问题分解成许多小的部分,然后把这些小部分分配给许多计算机进行处理,最后把这些计算结果综合起来得到最终的结果。这样可以节约整体计算时间,大大提高计算效率。

5)大数据挖掘算法

大数据挖掘需要的算法包含了传统的关联分析、矩阵分析、异常分析、演变分析等。同时,大数据挖掘受到算法的复杂度、并行度以及数据存储速度的制约。大数据挖掘要求能够处理高维、多模态、多类的大数据。对于大数据挖掘算法,大体将其具体分为四类,包括分类法、具论法、关联分析和异常发现方法。在算法上要结合不同的分布式计算环境,系统性能方面要考虑减少同步与分布的开销。大数据挖掘要寻求具有分布式和并行两种特征兼具的计算环境,例如云计算模式,即提供了存储的功能,容错性比较好,保证可用性、可靠性还有高性能。

1.3 大数据挖掘过程概述

大数据时代的数据挖掘技术并不是一门新的学科,其基本原理与传统数据挖掘并无本质区别。只是由于所需要处理的数据规模庞大,且价值密度低,在处理方法和逻辑上被赋予了新的含义。比如传统数据挖掘由于数据量较小,为真实反应实际情况,需要构建相对复杂的模型。大数据时代提供了海量的数据,使用相对简单的模型便可以满足需求。

传统数据挖掘过程一般采用如图 1-1 所示。

在大数据时代,数据挖掘的过程本质相同,但是也有差异,如图 1-2 所示。

图 1-1 所示为数据挖掘基本流程,包括商业理解、数据理解、数据准备、建模、模型评估、模型部署与应用几个步骤。图 1-2 所示为大数据时代数据挖掘的差异,可以看出传统的数据挖掘的主要内容从因果转换到大数据挖掘的关联,从传统的数据挖掘的数据抽样到大数据量的全局数据,从数据类型的结构化到非结构化数据的转变。

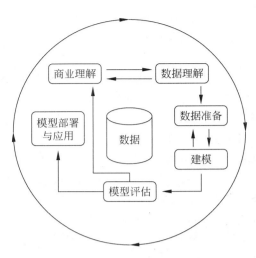

图 1-1　传统大数据挖掘过程

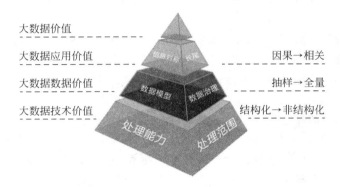

图 1-2　大数据时代数据挖掘的差异

1.3.1　挖掘目标的定义与数据理解

挖掘目标的定义在于业务的驱动,商业需求的导向。清晰地定义业务问题,认清数据挖掘的目的是第一步,意在发现其中有意义的模式和规则的业务过程。进行商业理解,在着手做数据模型之前一定要花时间去理解需求,弄清楚真正要解决的问题是什么,根据需求制定工作方案。这个过程需要比较多的沟通和市场调研,了解问题提出的商业逻辑。在沟通交流过程中,为了便于对沟通效果进行把控,可以采取思维导图等工具对结果进行记录、整理。

1.3.2　数据准备与数据理解

明确需求后,接下来就是要收集并整理数据建模所需要的数据,即数据准备。数据准备是资源调配的过程,需要与企业的相关部门明确可以使用的数据维度有哪些,哪些维度与建模任务相关性比价高。这个过程通常需要一定的专业背景知识。数据的准备过程一般包括数据采集、数据预处理与数据存储。数据理解指的是对用于挖掘的数据做预处理和统计分析过程,有时也称为 ETL 过程。主要包括数据的抽取、清洗、转换和加载,是整个数据挖掘过程最耗时的过程,也是最为关键的一环。数据处理方法是否得当,对数据中体现出来的业务特点理解是否到位,将直接影响到后面模型的选择及模型的效果,甚至决定整个数据挖掘工作能否完成预定目标。该过程需要有一定的统计学理论和实际经验,并具备一定的项目经验。

首先,在进行数据准备前必须充分了解数据挖掘所需要的数据属性,比如,数据的来源、数据的采集方法、数据的类型等。

数据的种类很多,按照采用的衡量尺度不同,可将数据分为分类数据、顺序数据和数值型数据。分类数据的直观表现形式是用文字来表述,是归于某一类别的非数字型数据,用于对事物进行区分。例如,人口按照性别分为男性、女性,企业按经营性质分为事业单位、民营企业等。顺序数据是表述某一有序类别的数据类型,比如,考试成绩分为优、良、中、及格、不及格,人对事物的态度分为非常满意、满意、保持中立、讨厌、非常讨厌等。现实生活中事物的属性特征表述应用最广的数据类型便是数值型数据,例如,人的年龄、分数等。其中分类数据和顺序数据呈现的是事物的品质特征,其呈现结果是类别、等级,此类数据可统称为定性数据,而数值型数据表现的是事物的数量特征,一般是用数值来表述,所以此类数据可称为定量数据。

按照收集的方法,可将数据分为观测数据和实验数据。观测数据是通过真实的调查或者观测统计收集来的数据,它是真实发生情况现象的一种记录,是客观无人为因素干扰的源数据。实验数据是在实验过程中通过对研究实验对象的控制收集的数据。

按照被描述的现象与时间的关系,可以将数据分为截面数据和时间序列数据。截面数据是指在相同或近似相同的时间点上收集的数据,此类数据通常是在不同空间上获得的,可用于描述某一时刻某现象的变化情况。比如 2010—2016 年,某地每年 7 月降水量的情况。时间序列数据是指在不同时间收集到的数据,此类数据是按照时间顺序进行统计的,是为了表现某种现象随时间的变化情况。比如 2010—2016 年,某地的降水量情况。

其次,在充分了解需要进行挖掘的对象,分析挖掘任务、价值后,需要对描述研究对象的各类信息数据进行采集。采集数据的来源主要分为直接来源或者间接来源。直接来源是指对所要研究的对象有自己的直接获取渠道,比如自有的数据采集系统,通过数据汇报的方式进行数据记录。直接来源的数据信息全面,但一般采集过程较慢,采集成本略高。间接来源的数据相对直接来源的数据,收集比较容易,采集数据的成本比较低。但间接来源的数据也存在一定的局限性,例如数据的准确性,涵盖信息的全面性,数据的缺失等,所以对于间接来源的数据在选择的时候还需要充分考虑一些方面,比如,数据的来源、收集的目的、采集的方式、是否经过处理、何时采集的数据等。

再次,在对数据进行建模前,需要对采集来的数据进行相应的数据预处理,因为健壮性再好的模型也需要有规范格式的输入数据。数据的预处理主要包括缺失、噪声等异常数据处理,数据格式转换,数据特征提取。对于缺失数据,如果数据样本量较大,缺失数据可直接忽略删除,但如果样本量较少,可通过插值等方法对缺失数据进行填充。对于噪声等异常数据,可通过聚类、回归、分箱等方法进行去噪,平滑数据。数据挖掘模型对输入数据是有一定要求的,所以在数据建模前需要对数据进行符合模型输入数据要求的格式转换,数据常见的数据格式有文本格式、二进制文件、CSV 格式及当下大数据流行的 RDD 等。有时候数据量较大或者是高维数据,如果直接分析原始数据,可能不能直观地找到价值挖掘的切入点或者因为高维灾的情况导致无法分析。面对此类数据,训练时间复杂度也是后期评估模型的关键要素,所以有效的数据降维,提取数据特征值对大数据挖掘至关重要,常用的数据降维方法有主成分分析、因子分析、随机投影、滤波等方法。

最后,需要根据预处理的数据类型、数据量采取合适的方式进行存储。主要是根据数据的大小来选择存储的方式,比如小文件用 TXT、CSV、table 等,数据量较大则选取数据库,例如 MySQL、Oracle、HDFS 等,数据准备过程如图 1-3 所示。

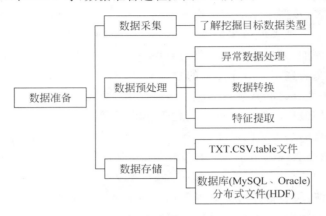

图 1-3　数据准备过程

1.3.3　过程模型的建立

过程模型的建立是用数学的方式对挖掘价值目标的一种抽象的表达,是对挖掘价值目标数据模式化、规则化。建模过程中首要的任务便是结合挖掘价值目标从预处理的数据中选择参与模型建设的数据变量,其次是根据数据变量的描述性统计分析选择合适的算法,设定模型参数,然后将训练数据加载到算法中,训练测试结果,进而优化算法,输出最佳分析结果。

模型建立是整个数据挖掘流程中最为关键的一步,需要在数据理解的基础上选择并实现相关的挖掘算法,进而对算法进行反复调试、实验。通常模型建立和数据理解会相互影响,经常需要经过反复的尝试、磨合,多次迭代后方可训练出真正有效的模型。

数据变量的选择是建立模型的关键,输入模型的数据变量决定了模型输出结果是否能很大程度上符合挖掘价值目标要求。数据变量一般都是选择通过综合的描述统计或者简单的逻辑关系处理能够贴合研究对象或者挖掘价值目标相关属性的数据,比如频次、均值、众数、中位数及期望、方差、协方差等基本统计参数对所要选择的数据变量有个初步的认识来辨识数据整体情况。

模型算法是对研究对象或挖掘价值目标的存在的潜在模式(规则)进行抽象化、数学化。模型算法是数据挖掘者对研究对象产生价值过程的描述转化,算法中的每个环节、每个参数都是对数据变量的抽象数学化,是构建潜在模式(规则)必不可少的过程。模型算法的选择一般遵循两类准则:AIC 信息准则(赤池信息量准则,Akaike Information Criterion)和 BIC 信息准则(贝叶斯信息准则,Bayesian Information Criterion)。其中 AIC 信息准则是建立在熵的概念基础之上的,用于衡量模型的复杂度和拟合数据的优良性。BIC 信息准则是依照贝叶斯准则来对模型进行衡量,与 AIC 的不同之处是,BIC 的惩罚项要比 AIC 的大,在样本数量过多时,可有效防止模型精度过高造成的模型复杂度过高。选择算法模型要充分考虑模型的复杂度、拟合的精度以及部署环境的要求。

在选择好算法模型后,便需要对模型进行训练,进而优化完善模型,添加测试数据,得出分析结果。将训练数据输入算法模型,对模型的健壮性等做调优测试,进行优化,然后再输入测试数据,对训练数据和测试数据结果通过列联表、召回率、精确度等衡量方式,对训练数据结果和测试数据结果进行对比分析,得出模型算法的可信程度,进而选择最佳的模型。

1.3.4 过程模型的评估

模型评估是在数据挖掘工作基本结束的时候,对最终模型效果进行评测的过程。在挖掘算法初期需要制定好最终模型的评测方法、相关指标等,在这个过程中对这些评测指标进行量化,判断最终模型是否可以达到预期目标。通常模型的评估人员和模型的构建人员不是同一批人,以保证模型评估的客观、公正性。

1.3.5 模型的部署与应用

在清楚挖掘目标、确定数据源及算法模型后,需要根据真实的场景进行部署模型。一般模型的部署需要考虑以下三个方面。

1. 数据大小与数据的结构

数据大小、结构问题直接决定了模型的计算环境和技术手段,例如,P 级数据是普通的 PC 无法承载计算任务的。一般常见的数据为结构化数据,如一般的数据库 SQL Server、MySQL、Access 都仅能存储计算结构化的数据,对于非结构化的数据,如字典形式、<map,key>等数据格式,需要结合先进的计算手段进行完整存储并计算。

2. 算法模型的复杂度与计算深度

有时候因为模型算法较为复杂,如对数据进行深度遍历、深度分类处理等;再如像神经网络算法,每层神经网络需要完成不同功能的计算,根据计算功能不同对算法模型进行分层次部署。

3. 模型的健壮性与灵活可调性

健壮性是评价一个模型能否稳定处理数据的客观指标,它对大多数符合模型计算的数据具备可适性,也对少部分数据具备容错的能力。一个挖掘能力强的模型需要经过不断的数据训练调整才能达到最佳的处理能力,所以在部署模型的过程中需要考虑模型各类参数关键的地方,应当具备灵活的可调性,切不可以改变算法为代价来更改模型的挖掘能力。算法模型应当是在部署模型前已经确认,后期部署模型的过程主要考虑的是优化的过程,所以模型参数的可调性至关重要。

综合以上考虑,在模型部署时,根据数据规模、算法模型复杂度、实际生产环境等因素来考虑部署环境,在成本的可控程度内,尽可能最优化算法模型,既要对数据有强大吞吐能力,又要有最优的挖掘价值目标的算法能力。

小 结

本章主要从宏观的角度概括地介绍了大数据挖掘。

大数据概述。从大数据的业务应用场景到大数据的产生、特征,详细论述了大数据的现状、趋势以及大数据时代面临的技术问题。

云计算与大数据挖掘。首先介绍了云计算的定义与特点,重点理解云计算与大数据的关系,接着介绍了大数据挖掘的定义以及与传统的数据挖掘的不同。

大数据挖掘过程概述。详细地介绍了大数据挖掘过程,从挖掘目标的定义、数据准备与数据理解、过程模型的建立、过程模型的评估、模型的部署与应用 5 个方面进行了分步介绍。

业务应用场景+云计算与大数据挖掘+挖掘过程概述.mp4(48.7MB)

习　　题

(1) 什么是大数据? 其特点是什么?

(2) 谈谈你对大数据现状及趋势的认识。

(3) 简述云计算与大数据的联系与区别。

(4) 传统的数据挖掘在大数据环境下面临的问题都有哪些?

(5) 详述大数据时代数据挖掘的差异。

(6) 大数据挖掘过程都有哪些? 详述各部分的工作。

## 第2章

大数据相关技术

【内容摘要】 本章介绍大数据的相关技术,包括大数据获取技术——采集系统 Flume、分布式消息队列 Kafka、数据预处理工具 Kettle 等,大数据存储和处理技术——Hadoop 分布式存储和计算平台、Spark 分布式内存计算引擎、流式数据计算引擎 Storm 等,大数据查询和分析技术——SQL On Hadoop、Mahout、Kylin 等,大数据可视化技术以及主流大数据分析平台。

【学习目标】 掌握 Hadoop、Spark、Storm 等基本概念与特征,了解大数据的其他相关技术以及处理过程。

2.1 大数据获取技术

近年来伴随大数据相关技术的逐渐成熟,在大数据应用的数据采集、数据存储、数据计算与分析、数据可视化等各个阶段的技术应用日趋稳定。在数据获取阶段,目前主要涉及的数据源包括原有业务系统存储于传统关系型数据库和数据仓库中的数据、以日志文件为代表的文本数据、音频视频等非结构化数据以及其他外部互联网数据。本节将对如上各种数据源的数据采集技术进行介绍。

2.1.1 分布式数据采集系统 Flume

1. Flume 简介

Flume 是 Cloudera 开源的分布式、具有较高可靠性、较高容错性并且易于定制与扩展的海量日志聚合和传输系统,Flume 支持在日志系统中定制各类数据发送方用于收集数据,同时 Flume 具备对数据进行简单处理并写到各种数据接受方的能力,如文本、HDFS、Hbase 等。Flume 使用 Java 编写,其需要运行在 JDK 1.6 或更高版本之上。当前 Flume 有 Flume 0.9× 和 Flume 1.×两个版本,Flume 0.9×版本的统称 Flume-og,Flume 1.×版本的统称 Flume-ng。

2. Flume 的工作原理

Flume-ng 架构如图 2-1 所示,由一个分布式系统变成了传输工具。由一个 Agent 端的 Sink 流向另一个 Agent 的 Source。

Flume 运行的核心是 Agent。它是一个完整的数据收集工具,含有三个核心组件,分别是 Source、Channel 和 Sink,类似于生产者、仓库、消费者的架构。

Source 组件是专门用来收集数据的,可以处理各种类型、各种格式的日志数据,包括

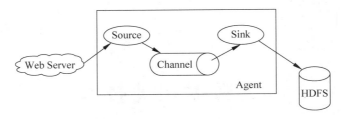

图 2-1　Flume-ng 架构图

avro、thrift、exec、jms、spooling directory、netcat、sequence generator、syslog、http、legacy 及自定义。Source 可以接收外部源发送过来的数据，完成对日志数据的收集，并将收集到的数据写入 Channel 中。

Channel 组件在 Agent 中是专门用来存放临时数据的，即对采集到的数据进行简单的缓存，可以存放在 Memory、JDBC、File 等。Flume Channel 主要提供一个队列的功能，包括 Memory Channel、JDBC Channel、File Channel 等。

Sink 组件用于把数据发送到目的地，目的地包括 HDFS、Logger、Avro、Thrift、IPC、File、Null、HBase、Solr 及自定义。Flume Sink 取出 Channel 中的数据，存储到相应的文件系统、数据库或者提交到远程服务器。

Flume 传输的数据的基本单位是 Event，Event 也是事务的基本单位，本身为一个 byte 数组，Event 代表一个数据流的最小完整单元，从外部数据源来，向外部的目的地去。如果是文本文件，通常是一行记录，一个完整的 Event 包括 event headers、event body、event 信息（即文本文件中的单行记录）。其中，event 信息就是 Flume 收集到的日记记录。

Flume 把数据从数据源 Source 收集过来，再将收集到的数据送到指定的目的地 Sink。为了保证输送过程一定成功，在送到目的地 Sink 之前，会先缓存数据 Channel，待数据真正到达目的地 Sink 后，Flume 删除自己缓存的数据。在整个数据传输的过程中，流动的是 Event，即事务保证是在 Event 级别进行的。Event 将传输的数据进行封装，Event 从 Source 流向 Channel，再到 Sink，本身为一个字节数组，可携带头信息 headers 中的信息。

3. Flume-ng 安装部署与应用

1）Flume-ng 安装部署

从官网 http://flume.apache.org/download.html 下载最新的安装包，将下载的安装包上传到指定的 Linux 服务器的指定目录下，解压缩下载的安装包到相应的目录下，并修改 flume-env.sh 配置文件，为其设置 JAVA_HOME 环境变量。最后，安装完成之后需要验证其是否安装成功，可以在 Linux 命令行中进入其 bin 目录下，输入 Flume-ng version，验证安装成功。

2）Flume 应用——日志采集

首先书写一个配置文件，在配置文件中描述 Source、Channel 与 Sink 的具体实现，而后运行一个 Agent 实例，在运行 Agent 实例的过程中会读取配置文件内容，这样 Flume 就会采集到数据。Flume 提供了大量内置的 Source、Channel 和 Sink 类型，而且不同类型的 Source、Channel 和 Sink 可以自由组合，组合方式基于用户设置的配置文件，非常灵活。比如，Channel 可以把事件暂存在内存里，也可以持久化到本地硬盘上。Sink 可以把日志写入

HDFS、HBase,甚至是另外一个 Source。日志采集的具体用法如下。

（1）从整体上描述代理 Agent 中 Sources、Sinks、Channels 所涉及的组件。

```
1  #  Name the components on this agent
2  a1.sources =  r1
3  a1.sinks =  k1
4  a1.channels =  c1
```

（2）详细描述 Agent 中每一个 Source、Sink 与 Channel 的具体实现。在描述 Source 时,指定 Source 的接受类型为文件、http 或 thrift;描述 Sink 时,指定结果的输出类型为 HDFS、HBase 等;描述 Channel 时,指定输出是内存、数据库或文件等。

```
1  #Describe/configure the source
2  a1.sources.r1.type =  netcat
3  a1.sources.r1.bind =  localhost
4  a1.sources.r1.port =  44444
5
6  #Describe the sink
7  a1.sinks.k1.type =  logger
8
9  #Use a channel which buffers events in memory
10 a1.channels.c1.type =  memory
11 a1.channels.c1.capacity =  1000
12 a1.channels.c1.transactionCapacity =  100
```

（3）通过 Channel 将 Source 与 Sink 连接起来。

```
1  #Bind the source and sink to the channel
2  a1.sources.r1.channels =  c1
3  a1.sinks.k1.channel =  c1
```

（4）启动 Agent 的 shell 操作。

```
1  flume-ng agent -n a1 -c ../conf -f ../conf/example.file
2  -Dflume.root.logger=DEBUG,console
```

参数说明:

-n 指定 Agent 名称(与配置文件中代理的名字相同);

-c 指定 Flume 中配置文件的目录;

-f 指定配置文件;

-Dflume. root. logger＝DEBUG,console 设置日志等级。

【例 2-1】 NetCat Source 监听一个指定的网络端口,即只要应用程序向这个端口写数据,这个 Source 组件就可以获取到信息。其中,Sink:logger;Channel:memory;Flume 官网中的 NetCat Source 描述:

```
1  Property Name Default     Description
2  Channels-
3  type-The component type name, needs to be netcat
4  bind-日志需要发送到的主机名或者 IP 地址,该主机运行着 netcat 类型的 source 在监听
5  port-日志需要发送到的端口号,该端口号要有 netcat 类型的 source 在监听
```

(1) 编写配置文件：

```
1  # Name the components on this agent
2  a1.sources = r1
3  a1.sinks = k1
4  a1.channels = c1
5
6  # Describe/configure the source
7  a1.sources.r1.type = netcat
8  a1.sources.r1.bind = 192.168.80.80
9  a1.sources.r1.port = 44444
10
11 # Describe the sink
12 a1.sinks.k1.type = logger
13
14 # Use a channel which buffers events in memory
15 a1.channels.c1.type = memory
16 a1.channels.c1.capacity = 1000
17 a1.channels.c1.transactionCapacity = 100
18
19 # Bind the source and sink to the channel
20 a1.sources.r1.channels = c1
21 a1.sinks.k1.channel = c1
```

(2) 启动 Flume Agent a1 服务端：

```
1  flume-ng agent -n a1 -c ../conf -f ../conf/netcat.conf -Dflume.root.logger
=DEBUG,console
```

(3) 使用 Telnet 发送数据：

```
1  telnet 192.168.80.80 44444 big data world! (Windows 中运行的)
```

(4) 在控制台上查看 Flume 收集到的日志数据：

```
2016-05-30 06:09:10,783 (SinkRunner-PollingRunner-DefaultSinkProcessor) [INFO - org.apache.flume.sink.LoggerSink.proc
ess(LoggerSink.java:94)] Event: { headers:{} body: 62 69 67 20 64 61 74 61 20 77 6F 72 6C 64 21 0D big data world!. }
```

2.1.2 分布式消息队列 Kafka

1. Kafka 简介

Kafka 是由 LinkedIn 开发的一个分布式的消息系统，使用 Scala 编写，它以可水平扩展和高吞吐率而被广泛使用，用作 LinkedIn 网站的活动流数据和运营数据的处理工具。现在 Kafka 已被多家不同类型的公司采用，作为其内部各种数据的处理工具或消息队列服务。目前越来越多的开源分布式处理系统（如 Cloudera、Apache Storm、Spark）都支持与 Kafka 集成。

Kafka 是一种分布式的基于发布/订阅的消息系统，以下面几点为设计目标。

(1) 以时间复杂度为 0(1)的方式提供消息持久化能力，即使对 TB 级以上数据也能保证常数时间复杂度的访问性能。

(2) 高吞吐率。即使在廉价的商用机器上也能做到单机支持每秒 100KB 条以上消息的传输。

（3）支持 Kafka Server 间的消息分区及分布式消费，可保证每个 Partition 内的消息顺序传输。

（4）同时支持离线数据处理和实时数据处理。

（5）Scale out 支持在线水平扩展。

2．Kafka 架构与工作原理

Kafka 是一个低延时高吞吐的分布式消息队列系统，同时满足在线和离线处理海量消息数据派发，支持发布/订阅模式。Kafka 作为一个集群运行在一个或多个服务器上，集群存储的消息以 Topic 为类别记录，每个 Topic 由一个 Value 和时间戳构成，Kafka 的系统架构如图 2-2 所示。

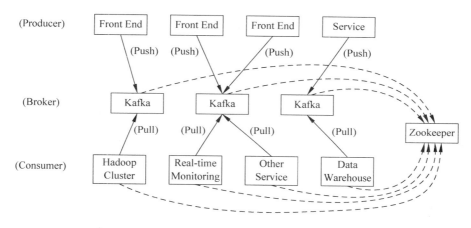

图 2-2　Kafka 系统架构

Kafka 中的消息发送者称为 Producer，消息接收者称为 Consumer。Broker 是指 Kafka 集群包含的一个或多个服务器，Kafka 集群有多个实例 Broker。一个典型的 Kafka 集群包含若干 Producer，负责发布消息到 Kafka Broker，也可以是 Web 前端产生的 Page View，或者是服务器日志、系统 CPU、Memory 等。Producer 使用 push 模式将消息发布到 Broker，Consumer 使用 pull 模式从 Broker 订阅并消费消息。使用 Kafka 可将应用系统产生的流式数据传递给后台分析系统或者分布式文件系统进行存储。Kafka 还包括若干 Consumer Group。Consumer 是消息消费者，向 Kafka Broker 读取消息的客户端。每个 Consumer 属于一个特定的 Consumer Group，以及一个 Zookeeper 集群。Kafka 通过 Zookeeper 管理集群配置，选举 Leader，以及在 Consumer Group 发生变化时进行 rebalance。

3．Kafka 的特点

（1）消息持久化与有效期：Kafka 会把消息持久化到本地文件系统中，通过配置长久保留其中的消息，以便 Consumer 多次消费，并且保持极高的效率。

（2）批量发送：Kafka 支持以消息集合为单位进行批量发送，以提高 push 效率。

（3）负载均衡：Kafka 提供了一个 metadata API 来管理 Broker 之间的负载。各个 Broker 在 Kafka 集群中地位一样，可以随意地增加或删除任何一个 Broker 节点。

（4）同步异步（push-and-pull）：Kafka 中的 Producer 和 Consumer 采用的是 push-and-pull 模式,即 Producer 只管向 Broker push 消息,Consumer 只管从 Broker pull 消息,两者对消息的生产和消费是异步的,Producer 采用异步 push 方式,极大地提高了 Kafka 系统的吞吐率。

(5)分区机制 Partition:Kafka 的 Broker 端支持消息分区,Producer 可以决定把消息发到哪个分区。一个主题中可以有多个分区,具体分区的数量是可配置的。

(6)离线数据装载:Kafka 由于对可拓展的数据持久化的支持,它也非常适合向Hadoop 或者数据仓库中进行数据装载。

(7)插件支持:现在不少活跃的社区已经开发出不少插件来拓展 Kafka 的功能,如用来配合 Storm、Hadoop、Flume 相关的插件。

4. Kafka 使用场景

Kafka 可以应用在以下几个方面。

(1)消息系统:替换传统的消息系统,解耦系统或缓存待处理的数据。Kafka 有更好的吞吐量,内置了分片、复制、容错机制,是大规模数据消息处理更好的解决方案。

(2)网站活动跟踪:网站的访问量、搜索量,或者其他用户的活动行为(如注册、充值、支付、购买等)可以发布到中心的 Topic。每种类型可以作为一个 Topic,这些信息流可以被消费者订阅实时处理、实时监控或者将数据流加载到 Hadoop 中进行离线处理。

(3)度量统计:可以用于度量统计一些运维监控数据,将分布式的一些监控数据聚集到一起。

(4)日志聚合:可以作为一个日志聚合的替换方案,如 Scribe、Flume。

(5)数据流处理:可以对数据进行分级处理,将从 Kafka 获取的原始数据进行加工润色后再发布至 Kafka。

(6)事件溯源:可以时间为顺序记录应用事件的状态变化,从而为事件溯源。

(7)提交日志:可以作为分布式系统的外部日志存储介质。

2.1.3 Sqoop 数据转移工具

1. Sqoop 简介

Sqoop 项目开始于 2009 年,最早是作为 Hadoop 的一个第三方模块存在,后来独立成为一个 Apache 项目。Sqoop 是一个用于 Hadoop(Hive)和关系型数据库之间进行数据传输的数据传输系统,是一款开源的工具。使用 Sqoop 可以从 MySQL、Oracle 等关系型数据库中导入数据到 Hadoop 的 HDFS 分布式文件系统中或者 HBase 数据库中,在 MapReduce中进行数据处理转换并将结果输出数据到关系型数据库。Sqoop 通过 MapReduce 任务来传输数据,从而提供并发特性和容错。Sqoop 的版本主要分为 Sqoop1 和 Sqoop2,Sqoop1 基于客户端模式,用户使用客户端模式,需要在客户端节点安装 Sqoop 和连接器/驱动器,Sqoop1 只提交一个 map 作业,数据的传输和转换都由 Mappers 来完成,只提供了 CLI(Command Line Interface,命令行模式)方式。Sqoop2 基于服务的模式,服务模式主要分为Sqoop2 server 和 client,用户使用服务模式,需要在 Sqoop2 server 上安装连接器/驱动器,所有配置信息都在 Sqoop2 server 上进行配置。Sqoop2 提交一个 MapReduce 作业,Mappers 负责从数据源传输数据,Reducers 负责根据指定的源来转换数据,同时也支持Web UI 的方式。

2. Sqoop 命令

Sqoop 的本质还是一个命令行工具，Sqoop 大约有 13 个命令和几种通用的参数，13 个命令有各自的参数，见表 2-1。其中，使用频率最高的选项还是 import 和 export 选项。

表 2-1　Sqoop 命令工具

序号	命　令	类	说　明
1	import	ImportTool	从关系型数据库中导入数据（来自表或者查询语句）到 HDFS 中
2	export	ExportTool	将 HDFS 中的数据导入关系型数据库中
3	codegen	CodeGenTool	获取数据库中某张表数据生成 Java 并打成 jar 包
4	create-hive-table	CreateHiveTableTool	创建 Hive 表
5	eval	EvalSqlTool	查看 SQL 执行结果
6	import-all-tables	ImportAllTablesTool	导入某个数据库下所有的表到 HDFS 中
7	job	JobTool	
8	list-databases	ListDatabasesTool	列出所有数据库名
9	list-tables	ListTablesTool	列出某个数据库下所有的表
10	merge	MergeTool	
11	metastore	MetastoreTool	
12	help	HelpTool	查看帮助
13	version	VersionTool	查看版本

3. Sqoop 命令举例

（1）列出 Mysql 中的所有数据库。

```
sqoop list-databases -connect jdbc:mysql://localhost:3306/ -username root -
password 123456
```

（2）连接 Mysql 并列出 test 数据库中的表。

```
sqoop list-tables -connect jdbc:mysql://localhost:3306/test -username root -
password 123456
```

注意：命令中的 test 为 Mysql 中的 test 数据库名称，username、password 分别为 Mysql 数据库的用户密码。

（3）复制表结构。

将关系型数据的表结构复制到 Hive 中，只是复制表的结构，表中的内容没有复制过去。

```
sqoop create-hive-table -connect jdbc:mysql://localhost:3306/test
-table sqoop_test -username root -password 123456 -hive-table
test
```

其中，-table sqoop_test 为 Mysql 中的 test 数据库的表-hive-table，test 为 Hive 中新建的表名称。

（4）从关系数据库导入文件到 Hive 中。

```
sqoop import -connect jdbc:mysql://localhost:3306/zxtest -username
```

```
root -password 123456 -table sqoop_test -hive-import -hive-table
s_test -m 1
```

（5）导入表数据。

将 Hive 中的表数据导入 Mysql 中，在进行导入之前，Mysql 中的表 hive_test 必须已经创建好。

```
sqoop export -connect jdbc:mysql://localhost:3306/zxtest -username
root -password root -table hive_test -export-dir
/user/hive/warehouse/new_test_partition/dt=2012-03-05
```

（6）从数据库导出表的数据到 HDFS 文件。

```
./sqoop import -connect
jdbc:mysql://10.28.168.109:3306/compression -username=hadoop
-password=123456 -table HADOOP_USER_INFO -m 1 -target-dir
/user/test
```

（7）从数据库增量导入表数据到 HDFS 中。

```
./sqoop import -connect jdbc:mysql://10.28.168.109:3306/compression
-username=hadoop -password=123456 -table HADOOP_USER_INFO -m 1
-target-dir /user/test  -check-column id -incremental append
-last-value 3
```

4. Sqoop 流程

（1）读取要导入数据的表结构，生成运行类，默认是 QueryResult，打成 jar 包，然后提交给 Hadoop。

（2）设置好 job 和各个参数。

（3）由 Hadoop 使用 MapReduce 来执行 import 命令。

① 首先要对数据进行切分，即 DataSplit。

```
DataDrivenDBInputFormat.getSplits(JobContext job)
```

② 切分好范围后，写入范围，以便读取。

```
DataDrivenDBInputFormat.write(DataOutput output)
```

这里是 lowerBoundQuery and upperBoundQuery。

③ 读取②写入的范围。

```
DataDrivenDBInputFormat.readFields(DataInput input)
```

④ 创建 RecordReader，从数据库中读取数据。

```
DataDrivenDBInputFormat. createRecordReader (InputSplit split, TaskAttemptContext
context)
```

⑤ 创建 Map。

```
TextImportMapper.setup(Context context)
```

⑥ RecordReader 一行一行地从关系型数据库中读取数据，设置好 Map 的 Key 和

Value,交给 Map DBRecordReader.nextKeyValue()。

⑦ 运行 Map。

TextImportMapper.map(LongWritable key, SqoopRecord val, Context context)

最后生成的 Key 是行数据,由 QueryResult 生成,Value 是 NullWritable.get()。

2.1.4 网络爬虫技术

网络爬虫是一种按照一定的规则自动地抓取万维网信息的程序或脚本,网络爬虫一般分为传统爬虫和聚焦爬虫。传统爬虫从一个或若干初始网页的 URL 开始,获得初始网页上的 URL,在抓取网页的过程中,不断从当前页面上抽取新的 URL 放入队列,直到满足系统的一定停止条件。聚焦爬虫需要根据一定的网页分析算法过滤与主题无关的链接,保留有用的链接并将其放入等待抓取的 URL 队列,然后根据一定的搜索策略从队列中选择下一步要抓取的网页 URL,重复上述过程,直到达到系统的某一条件时停止。聚焦爬虫需要解决三个主要问题:①对抓取目标的描述或定义;②对网页或数据的分析与过滤;③对 URL 的搜索策略。所有被爬虫抓取的网页将会被系统存储,进行一定的分析、过滤,并建立索引,以便之后查询和检索。抓取目标的描述和定义是决定网页分析算法与 URL 搜索策略如何制订的基础,而网页分析算法和候选 URL 排序算法是决定搜索引擎所提供的服务形式和爬虫网页抓取行为的关键所在。

1. 网页搜索策略

网页的抓取策略可以分为深度优先、广度优先和最佳优先三种方法。深度优先在很多情况下会导致爬虫的陷入问题,目前常见的是广度优先和最佳优先方法。

广度优先搜索策略是指在抓取过程中,在完成当前层次的搜索后,才进行下一层次的搜索。该算法的设计和实现相对简单,为覆盖尽可能多的网页,一般使用广度优先搜索方法。也可将广度优先搜索策略应用于聚焦爬虫中,其基本思想是认为与初始 URL 在一定链接距离内的网页具有主题相关性的概率很大。另外一种方法是将广度优先搜索与网页过滤技术结合使用,先用广度优先策略抓取网页,再将其中无关的网页过滤掉。

最佳优先搜索策略按照一定的网页分析算法预测候选 URL 与目标网页的相似度,或与主题的相关性,并选取评价最好的一个或几个 URL 进行抓取。它只访问经过网页分析算法预测为"有用"的网页。因为最佳优先策略是一种局部最优搜索算法,所以需要将最佳优先结合具体的应用进行改进,以跳出局部最优点。

2. 常用网络爬虫工具及其比较

1) Nutch、Larbin 和 Heritrix

Nutch 是一个开源 Java 实现的类似 Google 的完整网络搜索引擎解决方案,它提供了运行搜索引擎所需的全部工具,包括全文搜索和 Web 爬虫,是 Apache 的子项目之一。

Larbin 是一种开源的网络爬虫,由法国的年轻人 Sébastien Ailleret 独立开发,使用 C++ 开发。Larbin 目的是能够跟踪页面的 URL 进行扩展的抓取,最后为搜索引擎提供广泛的数据来源。Larbin 只是一个爬虫,只抓取网页,一个简单的 Larbin 爬虫可以每天获取 500 万的网页,非常高效。存储到数据库及建立索引等其他操作需由用户单独完成。

Heritrix 是一个由 Java 开发的、开源的网络爬虫,用户可以使用它来从网上抓取想要的资源。优点是具有良好的可扩展性,方便用户实现自己的抓取逻辑,用来获取完整的、精确的站点内容的深度复制,包括获取图像以及其他非文本内容,抓取并存储相关的内容。爬虫通过 Web 用户界面启动、监控、调整,允许弹性定义要获取的 URL。

Heritrix 和 Nutch 一样,二者均为 Java 开源框架,它们实现的原理基本一致:深度遍历网站的资源,将这些资源抓取到本地,使用的方法都是分析网站每一个有效的 URL,并提交 HTTP 请求,从而获得相应结果,生成本地文件及相应的日志信息等。

2)三者的比较

(1)从功能方面来说,Heritrix 与 Larbin 的功能类似,是一个纯粹的网络爬虫,提供网站的镜像下载;而 Nutch 是一个网络搜索引擎框架,爬取网页只是其功能的一部分。

(2)从分布式处理来说,Nutch 支持分布式处理,另外两个好像尚不支持。

(3)从爬取的网页存储方式来说,Heritrix 和 Larbin 都是将爬取下来的内容保存为原始类型的内容,而 Nutch 是将内容保存到其特定格式的 segment 中。

(4)对爬取下来的内容的处理来说,Heritrix 和 Larbin 都是将爬取下来的内容不经处理直接保存为原始内容,而 Nutch 对文本进行了包括链接分析、正文提取、建立索引(Lucene 索引)等处理。

(5)从爬取的效率来说,Larbin 效率较高,它使用 C++ 来实现且功能单一。表 2-2 归纳了三种爬虫的比较关系。

表 2-2　三种爬虫的比较

Crawler(爬虫)	开发语言	功能单一	支持分布式爬取	效率	镜像保存
Nutch	Java	×	√	低	×
Larbin	C++	√	×	高	√
Heritrix	Java	√	×	中	√

3)其他网络爬虫介绍(见表 2-3)

表 2-3　其他网络爬虫

名　　称	描　　述
WebSPHINX	WebSPHINX 由两部分组成:爬虫工作平台和 WebSPHINX 类包,它是一个 Java 类包和 Web 爬虫的交互式开发环境。Web 爬虫(也叫作机器人或蜘蛛)是可以自动浏览与处理 Web 页面的程序
WebLech	WebLech 有一个功能控制台并采用多线程操作,它是一个功能强大的 Web 站点下载与镜像工具。它支持按功能需求来下载 Web 站点并能够尽可能模仿标准 Web 浏览器的行为
Arale	Arale 主要为个人使用而设计,没有像其他爬虫一样关注于页面索引。Arale 能够下载整个 Web 站点或来自 Web 站点的某些资源,还能够把动态页面映射成静态页面
J-Spider	J-Spider 是一个完全可配置和定制的 Web Spider 引擎,可以利用它来检查网站的错误,网站内外部链接检查,分析网站的结构,下载整个 Web 站点,提供编写 J-Spider 插件来扩展需求的功能
spindle	spindle 是一个构建在 Lucene 工具包之上的 Web 索引/搜索工具。它包括一个用于创建索引的 HTTP Spider 和一个用于搜索这些索引的搜索类。提供了一组 JSP 标签库,可开发任何 Java 类增加搜索功能

续表

名　称	描　述
Arachnid	Arachnid 是一个基于 Java 的 Web Spider 框架。它包含一个简单的 HTML 剖析器，能够分析包含 HTML 内容的输入流。通过实现 Arachnid 的子类能够开发一个简单的 Web Spider 并能够对 Web 上的每个页面解析之后增加几行代码调用
LARM	LARM 能够为 Jakarta Lucene 搜索引擎框架的用户提供一个纯 Java 的搜索解决方案。它包含能够为文件、数据库表格建立索引的方法和为 Web 站点建立索引的爬虫
JoBo	JoBo 是一个用于下载整个 Web 站点的简单工具。本质是一个 Web Spider。与其他下载工具相比较，它的主要优势是能够自动填充 Form 与自动登录和使用 Cookies 来处理 Session。具有灵活的下载规则来限制下载
snoics-reptile	snoics-reptile 使用 Java 开发，用来进行网站镜像抓取的工具，将通过 Get 方式获取的资源全部抓取到本地，包括网页和各种类型的文件。可配制文件中提供的 URL 入口，可完整下传整个网站，并保持结构不变
Web-Harvest	Web-Harvest 是一个 Java 开源 Web 数据抽取工具。它能够收集指定的 Web 页面并从这些页面中提取有用的数据。主要运用了像 XSLT、XQuery、正则表达式等技术来实现对 Text/XML 的操作
Larbin	Larbin 是个基于 C++ 的 Web 爬虫工具，拥有易于操作的界面，不过只能跑在 Linux 下，在一台普通 PC 下 Larbin 每天可以爬 500 万个页面（需要拥有良好的网络）
Spiderpy	Spiderpy 是一个基于 Python 编码的开源 Web 爬虫工具，允许用户收集文件和搜索网站，并有一个可配置的界面
八爪鱼数据采集系统	以完全自主研发的分布式云计算平台为核心，在很短的时间内，从各种不同的网站或者网页获取大量的规范化数据，实现数据自动化采集、编辑、规范化，摆脱对人工搜索及收集数据的依赖

3. Python 爬虫应用

Python 作为一种灵活的脚本语言，经常被用于网络爬虫中，爬虫架构如图 2-3 所示。爬虫调度端用于启动、执行、停止爬虫，或者监视爬虫中的运行情况。URL 管理器对将要爬取的 URL 和已经爬取过的 URL 这两个数据进行管理。网页下载器将 URL 管理器里提供的一个 URL 从对应的网页下载并存储为一个字符串，这个字符串会传送给网页解析器进行解析。一方面，网页解析器会解析出有价值的数据；另一方面，由于每一个页面都有很多指向其他页面的网页，这些 URL 被解析出来之后，可以补充进 URL 管理器。

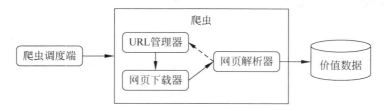

图 2-3　Python 爬虫架构

【例 2-2】　Python 爬虫实现。

```
#coding=utf-8
import urllib
def getHtml(url):
```

```
    page = urllib.urlopen(url)
    html = page.read()
    return html
html = getHtml("http://tieba.baidu.com/p/2738151262")
print html
```

注意：Urllib 模块提供了读取 Web 页面数据的接口，可以像读取本地文件一样读取 WWW 和 FTP 上的数据。首先，定义一个 getHtml() 函数：urllib. urlopen() 方法用于打开一个 URL 地址；read() 方法用于读取 URL 上的数据，向 getHtml() 函数传递一个网址，并把整个页面下载下来。执行程序就会把整个网页打印输出。

Python 还提供了非常强大的正则表达式，正则表达式是对字符串操作的一种逻辑公式，就是用事先定义好的一些特定字符及这些特定字符的组合，组成一个"规则字符串"，这个"规则字符串"用来表达对字符串的一种过滤逻辑，因此可以使用正则表达式对抓取的页面进行解析。

若用户需要获取某贴吧的图片，通过分析网页源代码，然后用正则进行匹配，则上述代码改为

```
import re
import urllib
def getHtml(url):
    page = urllib.urlopen(url)
    html = page.read()
    return html
def getImg(html):
    reg = r'src="(.+? \.jpg)" pic_ext'
    imgre = re.compile(reg)
    imglist = re.findall(imgre,html)
    return imglist
html = getHtml("http://tieba.baidu.com/p/2460150866")
print getImg(html)
```

re 模块主要包含正则表达式：re. compile() 可以把正则表达式编译成一个正则表达式对象。re. findall() 方法读取 HTML 中包含 imgre(正则表达式)的数据。

最后，将筛选的图片地址通过 for 循环遍历并保存到本地。

```
#coding=utf-8
import urllib
import re
def getHtml(url):
    page = urllib.urlopen(url)
    html = page.read()
    return html
def getImg(html):
    reg = r'src= "(.+? \.jpg)" pic_ext'
    imgre = re.compile(reg)
    imglist = re.findall(imgre,html)
    x = 0
```

```
    for imgurl in imglist:
        urllib.urlretrieve(imgurl,'% s.jpg' %  x)
        x+=1
html =  getHtml("http://tieba.baidu.com/p/2460150866")
print getImg(html)
```

此外,Python 还可以用 BeautifulSoup 模块代替正则表达式。BeautifulSoup 是用 Python 写的一个 HTML/XML 的解析器,它可以很好地处理不规范标记并生成剖析树 (parse tree)。它提供简单又常用的导航(navigating),搜索以及修改剖析树的操作。

2.1.5 数据预处理工具 Kettle

Kettle 是一款国外开源的 ETL 工具,使用 Java 编写,可以在 Windows、Linux、UNIX 上运行,绿色无须安装,数据抽取高效稳定。Kettle 中文名称叫水壶,该项目的主程序员 MATT 希望把各种数据放到一个壶里,然后以一种指定的格式流出。Kettle 允许管理来自不同数据库的数据,通过提供一个图形化的用户环境来描述所做的内容。

Kettle 家族目前包括 4 个产品:Spoon、Pan、CHEF 和 Kitchen。

Spoon 允许用户通过图形界面来设计 ETL 转换过程。

Pan 允许用户批量运行由 Spoon 设计的 ETL 转换,例如使用一个时间调度器。Pan 是一个后台执行的程序,没有图形界面。

CHEF 允许用户创建任务(Job)。任务通过允许每个转换、脚本等,更有利于自动化更新数据库的复杂工作。

Kitchen 允许用户批量使用由 Chef 设计的任务。Kitchen 也是一个后台运行的程序。

Kettle 中有 transformation、mapping 和 job 三种类型的脚本。transformation 完成针对数据的基础转换;mapping 属于特殊的 transformation,完成对一个功能组的封装;job 则完成整个工作流的控制。Kettle 默认 transformation 文件保存后缀名为 ktr,job 文件保存后缀名为 kjb。Kettle 作为 Pentaho 的一个重要组成部分,现在在国内项目应用上逐渐增多。

2.2 大数据存储和处理技术

2.2.1 数据处理架构技术演进

数据处理的过程经历了从传统关系型数据库、关系型数据库集群、MPP(Massively Parallel Processor,大规模并行处理)数据库到 Hadoop 分布式数据处理技术的技术架构演变,以应对数据量逐渐增加和数据类型逐渐复杂的海量数据存储与计算处理。

传统的关系型数据库将数据以二维表的形式进行组织存储,解决了结构化数据的存储与处理问题,但由于是单机数据处理,因此存在数据处理瓶颈,其可扩展性较弱,只能针对少量结构化数据进行处理。伴随近年来信息技术的快速发展,数据量逐渐增大,其性能逐渐满足海量数据存储需求,因此逐渐开始出现关系型数据库集群的相关技术,比如 MySQL 集群、Oracle RAC 等。但由于这种关系型数据库集群是 Share Everything 的架构,数据是共享存储,因此在性能上存在 I/O 瓶颈,依旧无法应对大数据级数据处理,于是逐渐出现了以 Greenplum 为代表的 MPP 数据库。在数据库非共享集群中,每个节点都有独立的磁盘存储系统和内存系统,业务数据根据数据库模型和应用特点划分到各个节点上,每台数据节点通过专用网络或者商业通用网络互相连接,彼此协同计算,作为整体提供数据库服务。非共享数据库集群有完全的可伸缩性、高可用、高性能、优秀的性价比、资源共享、良好的扩展性等优势,没有过多的性能瓶颈。但无论是关系型数据库还是 MPP 数据库,由于其只针对结构化数据,并没有解决半结构化、非结构化数据存储的问题,因此以 Hadoop 为代表的分布式数据处理系统诞生,以解决结构化、非结构化海量数据的存储问题。

2.2.2 Hadoop 分布式存储和计算平台

Hadoop 是 Apache 基金会的一个开源项目,最早起源于网络搜索引擎 Nutch,由 Doug Cutting 于 2002 年创建。主要由分布式文件系统 HDFS 和分布式计算引擎 MapReduce 组成,HDFS 是对 Google GFS 的开源实现,MapReduce 是对 Google MapReduce 的开源实现。

1. 分布式文件系统 HDFS

HDFS,全称 Hadoop Distributed File System,是 Hadoop 应用程序中的分布式存储系统。HDFS 是一个可以构建在低成本廉价机器之上的高可用、高容错、可扩展的分布式文件系统,适用于一次写入、多次查询大数据量数据的存储。HDFS 是一个主/从(Master/Slave)架构,拥有 NameNode 和 DataNode 两种节点,NameNode 负责管理文件系统的元数据信息,维护文件系统的目录结构,管理文件与 Block 块之间的关系,Block 块与 DataNode 之间的关系,负责接收用户操作请求,而 DataNode 负责存储实际的数据。客户端通过 NameNode 和 DataNode 进行交互访问文件系统。从内部来看,文件被分成若干个数据块,而且这些数据块存放在一组 DataNode 上。NameNode 负责执行文件系统的文件或目录的打开、关闭、重命名等操作,同时也负责数据块到具体 DataNode 的映射。DataNode 负责处理客户端对文件的读写请求,并在 NameNode 的统一调度下进行数据块的创建和复制等工作。

HDFS 的主要特点如下。

(1)大文件存储:由于 HDFS 中数据块的元数据信息都存储于 NameNode 上,而 NameNode 只有一个,当存储大量小文件时会产生大量的元数据信息,造成 NameNode 存储空间不足,因此 HDFS 更适合存储大文件,而不适合存储大量小文件。

(2)数据块存储:HDFS 将数据以 Block 块形式进行存储,如果数据文件大到超出了 Block 块设定的大小,就会将这个文件按 Block 块大小切分为多个文件块存储在 HDFS 中。

(3)副本机制:HDFS 集群中文件一般会存在多份,同一份数据会被存放在多台不同的机器上,以保证数据的数量完整性,具有高容错性。

(4)一次写入多次读取:由于在数据写入时数据被切分为多块在各个 DataNode 上分散存储,因此不适合对写入数据进行修改,适合去各个 DataNode 上读取数据。

2. 分布式计算框架 MapReduce

MapReduce 是一种并行编程模型,是对并行计算的封装,通过一些简单的逻辑即可完成复杂的并行计算,编写出处理海量数据的并行应用程序。其核心理念是将一个大的运算任务分解到集群每个节点上,充分运用集群资源,缩短运行时间。MapReduce 由一个运行在主节点上负责任务的调度并监控任务的执行情况的 JobTracker 和运行在每个从节点上负责具体执行主节点指派的任务的 TaskTracker 组成。

MapReduce 由两个阶段组成:Map 和 Reduce,用户只需要实现 map()和 reduce()两个函数,即可实现分布式计算,非常简单。一个 MapReduce 作业(job)通常会把输入的数据集切分为若干个独立的数据块,由 Map 任务(task)以完全并行的方式处理它们。框架会先对 Map 的输出进行排序,然后把结果输入给 Reduce 任务。

MapReduce 执行步骤如下。

1) Map 任务处理

(1) 读取输入文件的内容,对输入文件的每一行,解析成 key、value 对。每一个键值对调用一次 map()函数。

(2) 对输入的 key、value 通过写逻辑处理,转换成新的 key、value 输出。

(3) 对输出的 key、value 进行分区。

(4) 对不同分区的数据,按照 key 进行排序、分组。相同 key 的 value 放到一个集合中。

(5) 对分组后的数据进行归约(可选)。

2) Reduce 任务处理

(1) 对多个 Map 任务的输出,按照不同的分区,通过网络 copy 到不同的 Reduce 节点。

(2) 对多个 Map 任务的输出进行合并、排序。写 reduce()函数自己的逻辑,对输入的 key、value 进行处理,转换成新的 key、value 输出。

(3) 把 Reduce 的输出保存到文件中。

3. YARN 资源调度框架

由于在 Hadoop 1.0 中难以支持 MapReduce 之外的计算框架,缺乏统一的资源调度管理,因此在 Hadoop 2.0 中开始出现 YARN,YARN(Yet Another Resource Negotiator,另一种资源协调者)是一种新的 Hadoop 资源管理器,它是一个通用资源管理系统,在提供 MapReduce 计算的同时,还负责集群的资源管理和调度,自带多用户调度器,适合不同用户、不同计算框架共享集群环境,使得多种计算框架可以运行在一个集群之上,并且具有良好的扩展性和高可用性。YARN 从某种意义上来说应该算作一个云操作系统,它负责集群的资源管理。在操作系统之上可以开发各类应用程序,例如批处理 MapReduce、流式作业 Storm 以及实时型服务 Storm 等。这些应用可以同时利用 Hadoop 集群的计算能力和丰富的数据存储模型,共享同一个 Hadoop 集群和驻留在集群上的数据。此外,这些新的框架还可以利用 YARN 的资源管理器,提供新的应用管理器实现。

YARN 的基本思想是将 JobTracker 的资源管理和作业调度/监控两个主要功能分离,主要方法是创建一个全局的 ResourceManager(RM)和若干个针对应用程序的 ApplicationMaster(AM)。ResourceManager 控制整个集群并管理应用程序向基础计算资源的分配。

4. 分布式数据库 HBase

HDFS 虽然满足了海量数据的存储需求,缺点是不能很好地对所存储数据进行修改和数据的实时读取,因此产生了一个构建在 HDFS 之上的分布式数据库 HBase。HBase 以时间戳的形式保证可以对数据进行修改,以列簇的形式满足对数据的实时检索。HBase 利用

Hadoop HDFS 作为其文件存储系统,利用 Hadoop MapReduce 来处理 HBase 中的海量数据,利用 Zookeeper 作为分布式协同服务,提供高可靠性、高性能、列存储、可伸缩、实时读写,适用于非结构化数据存储的面向列的分布式数据存储系统。

HBase 的特点如下。

(1) 数据量大且无类型:一个表可以有上亿行,上百万列(列多时,插入变慢),且 HBase 中的数据都是字符串,没有类型。

(2) 面向列且列稀疏:面向列的存储和权限控制,列独立检索。对于为空的列,并不占用存储空间,因此表可以设计得非常稀疏。

(3) 多版本与强一致性:每个 Cell 中的数据可以有多个版本,默认情况下版本号自动分配,是单元格插入时的时间戳,同行数据的读写只在同一台 Region Server 上进行以保证一致性。

(4) 有限查询方式与高性能随机读写:仅支持三种查询方式(单个 rowkey 查询,通过 rowkey 的 range 查询和全表扫描),随机读写效率高。

2.2.3 流式数据计算引擎 Storm

1. Storm 简介

Hadoop 的高吞吐、海量数据处理的能力使得人们可以方便地处理海量数据。但是,Hadoop 的缺点也和它的优点同样鲜明——延迟大,响应缓慢,运维复杂。Storm 是以弥补 Hadoop 的实时性为目标而被开发出来的。Storm 是 Twitter 开源的一个分布式、实时以及具备高容错的实时计算系统,被称为流式计算框架,可用来进行分布式实时分析、连续计算、在线机器学习、ETL 和分布式远程过程调用等,弥补了 MapReduce 分布式计算系统在实时计算中的不足。Storm 的部署管理非常简单、性能出众。主要功能有集群控制、任务分配、任务分发与监控等。

Storm 带有流式计算特点。

(1) 分布式系统且运维简单:Storm 只多安装两个依赖库,可横向拓展,部署简单。

(2) 高度容错且无数据丢失:模块都是无状态的,随时宕机重启。Storm 的 ack 消息追踪框架和复杂的事务性处理,能够满足很多级别的数据处理需求。

(3) 多语言:Storm 的多语言可临时添加,提交部分使用 Java 实现。

Storm 被广泛应用于实时分析、在线机器学习、持续计算、分布式远程调用等领域。例如淘宝实时分析系统 pora 可实时分析用户的属性,反馈给搜索引擎。Storm 集群实时分析日志和入库,使用 DRPC 聚合成报表,通过历史数据对比等判断规则,触发预警事件。

2. Storm 集群架构与处理模型

除了低延迟,Storm 的 Topology 灵活的编程方式和分布式协调使用方便。用户属性分析的项目,需要处理大量的数据。虽然使用传统的 MapReduce 处理是个不错的选择。但是,处理过程中有个步骤需要根据分析结果采集网页上的数据进行下一步的处理。这对 MapReduce 来说就不太适用了。而 Storm 的 Topology 就能完美解决这个问题。Storm 集群的架构为主从架构,由一个主节点和多个工作节点组成。主节点叫 Nimbus,负责任务分配、代码分发、集群监控等工作。工作节点叫 Supervisor,用于启动 Worker。每个工作节点运行多个 Worker,Worker 代表的是进程,每个 Worker 包含多个 Task,Task 代表线程。首先客户端提交 Topolopy 到 Nimbus,Nimbus 建立 Topolopy 本地目录,根据 Topolopy 的配置计算、分配 Task,并将分配给 Supervisor 的任务写入 Zookeeper,同时监控 Task 的心跳。随后 Supervisor 从 Zookeeper 获取 tasks 启动 Worker。图 2-4 所示为 Storm 的整体运行架构。

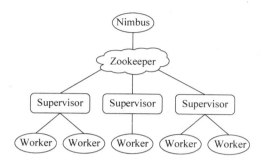

图 2-4　Storm 集群架构

Topology 用于封装一个实时计算应用程序的逻辑,类似于 Hadoop 的 MapReduce Job,由 Spout、Bolt 组件和 Streams 组成,每个 Spout、Bolt 在集群中都是多线程运行的,消息的传递根据 StreamGrouping 完成。如果用户要建立自己的 Topology,需要利用接口 IRichBolt、IRichSpout 编写自己的处理逻辑,然后用 TopologyBuilder 建立自己的 Topology,最后打包提交到 Nimbus 节点运行。nimbus 根据任务数和节点数给各个节点分配任务,并把任务写到 Zookeeper 上,各个节点每隔一段时间去 Zookeeper 领取自己的任务,若超过一定时间某个节点在 Zookeeper 上没有心跳,则认为该节点死掉了,Zookeeper 会重新分配任务。

2.2.4　Spark 分布式内存计算引擎

1. Spark 简介

Spark 是 Apache 开源的轻量级语言 Scala 开发的基于内存计算的分布式迭代计算框架,是一个围绕速度、易用性和复杂分析构建的大数据处理框架,是现阶段发展速度最快、最活跃的分布式大数据计算框架之一。Spark 运行于 Java 虚拟机(JVM)环境之上,可以 Hadoop 分布式文件系统 HDFS 作为数据存储系统,以 YARN、Mesos 等进行资源调度,可与 MapReduce、Storm 等多种计算框架共存于同一集群环境中。Spark 采用基于内存的迭代计算,将计算结果保存在内存中,大大提高了数据的处理能力。作为 Hadoop 系统的补充,相对于 Hadoop 的批量数据的高延迟处理,Spark 可以对相对小数量级数据进行快速处理。除了基于核心 API 的 Map 和 Reduce 操作,Spark 生态系统还提供了 Spark Streaming 以进行低延时流数据处理,以 Spark SQL 对 SQL 进行支持大大提高了数据查询速度,以可扩展的机器学习库 Spark MLlib 进行机器学习,以 Spark Graphx 进行并行图计算。目前支持 Scala、Java、Python、Clojure、R 程序设计语言。

与 Hadoop 和 Storm 等其他大数据和 MapReduce 技术相比,Spark 有如下优势。

(1) Spark 为我们提供了一个全面、统一的框架,用于管理各种有着不同性质(文本数据、图表数据等)的数据集和数据源(批量数据或实时的流数据)的大数据处理的需求。

（2）Spark 可以将 Hadoop 集群中的应用在内存中的运行速度提升 100 倍,甚至能够将应用在磁盘上的运行速度提升 10 倍。

（3）Spark 自带了一个超过 80 个高阶操作符集合,可以快速地用 Java、Scala 或 Python 编写程序,且它在 shell 中以交互式地查询数据。除了 Map 和 Reduce 操作之外,它还支持 SQL 查询、流数据、机器学习和图表数据处理。开发者可以在一个数据管道用例中单独使用某一能力或者将这些能力结合在一起使用。

（4）有关 Spark 的术语如下。

① RDD(Resilient Distributed Datasets)。RDD 称为弹性分布式数据集,Spark 中最核心的模块和类,可理解为一个大的集合,将所有数据都加载到内存中,方便进行多次重用。

② Local 模式和 Mesos 模式。Spark 支持 Local 调用和 Mesos 集群两种模式,在 Spark 上开发算法程序,可以在本地模式调试成功后,直接改用 Mesos 集群运行,而算法不需要做任何修改。Spark 除了本地模式支持多线程外,提供 Mesos 模式保存结果到分布式或者共享文件系统中。

③ Transformations 和 Actions。对于 RDD,有两种类型的动作,一种是 Transformation;另一种是 Action。Transformation 返回值还是一个 RDD,它使用了链式调用的设计模式,在 RDD 间进行分布式变换。Action 返回值不是一个 RDD,它要么是一个 Scala 的普通集合,要么是一个值,要么是空,最终或返回到 Driver 程序,或把 RDD 写入文件系统中。

2. Hadoop 和 Spark

已有 10 年历史 Hadoop 被看作是首选的大数据集合处理的解决方案。MapReduce 也是一路计算的优秀解决方案,数据处理流程中的每一步都需要一个 Map 阶段和一个 Reduce 阶段,而且使用这一解决方案,需要将所有用例都转换成 MapReduce 模式。因此,对需要多路计算和算法的用例来说,并非十分高效。每一步的作业输出数据必须存储到分布式文件系统中,导致存储速度变慢。另外,Hadoop 解决方案中通常会包含难以安装和管理的集群。为了处理不同的大数据用例,还需要集成多种不同的工具,如用于机器学习的 Mahout 和流数据处理的 Storm。如果想要完成比较复杂的工作,必须将一系列的 MapReduce 作业串联起来顺序执行,每一个作业都是高时延的,而 Spark 则允许程序开发者使用有向无环图(DAG)开发复杂的多步数据管道,而且支持跨有向无环图的内存数据共享,以便不同的作业可以共同处理同一个数据。

Spark 可看作是 Hadoop MapReduce 的一个替代品,Spark 运行在现有的 Hadoop 分布式文件系统基础之上(HDFS)提供额外的增强功能,它支持将 Spark 应用部署到现存的 Hadoop v1 集群或 Hadoop v2 YARN 集群甚至是 Apache Mesos 之中。

3. Spark 的特性

（1）Spark 通过在数据处理过程中成本更低的洗牌(Shuffle)方式,将 MapReduce 提升到一个更高的层次。利用内存数据存储和接近实时的处理能力,Spark 比其他大数据处理技术的性能要快很多倍,支持比 Map 和 Reduce 更多的函数。Spark 可以将 Hadoop 集群中的应用在内存中的运行速度提升 100 倍,甚至能够将应用在磁盘上的运行速度提升 10 倍。

（2）Spark 支持大数据查询的延迟计算,可帮助优化大数据处理流程中的处理步骤。

Spark 还提供高级的 API 以提升开发效率,并为大数据解决方案提供一致的体系架构模型。

(3)Spark 将中间结果保存在内存中而不是将其写入磁盘,有利于多次处理同一数据集,Spark 既可在内存中又可在磁盘上执行引擎。可用于处理大于集群内存容量总和的数据集。

(4)优化任意操作算子图(Operator Graphs),提供简明、一致的 Scala、Java 和 Python API。提供交互式 Scala 和 Python Shell。目前暂不支持 Java。

4. Spark 框架

Spark 体系架构包括三个主要组件:数据存储、API 与资源管理。

(1)数据存储:Spark 用 HDFS 文件系统存储数据。它可用于存储任何兼容于 Hadoop 的数据源,包括 HDFS、HBase、Cassandra 等。

(2)API:利用 API,应用开发者可以用标准的 API 接口创建基于 Spark 的应用。Spark 提供 Scala、Java 和 Python 三种程序设计语言的 API。

(3)资源管理:Spark 既可以部署在一个单独的服务器上,也可以部署在像 Mesos 或 YARN 这样的分布式计算框架之上,如图 2-5 所示。

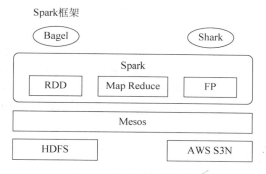

图 2-5　分布式计算框架

作为一个分布式计算框架,Spark 采用了 MapReduce 模型解决大数据并行计算的问题,它在 Map Reduce 和 Hadoop 的基础上进行了改进,极大地提升了 MapReduce 的效率。Spark 的支持语言是 Scala,因此支持函数式编程,这使得 Spark 的代码简洁,在 Spark 中只需要创建相应的一个 Map 函数和 Reduce 函数即可,代码量大大降低。同时,Spark 将分布式运行的工作都交给了 Mesos,从而使自己的代码能够精简。同时,Spark 支持两种分布式存储系统——HDFS 和 S3。Spark 借助 Mesos 分布式实现对文件系统的读取和写入功能。

基于 Spark 的典型项目有两个,都是 AMP 实验室出品。第一个是 Spark 内部的 Bagel (Pregel on Spark),可以用 Spark 进行图计算。Bagel 自带了一个例子,实现了 Google 的 PageRank 算法,实验数据在 http://download.freebase.com/wex/。第二个是 Shark 的 Hive on Spark,将 Hive 的语法迁移到 Spark 上,将 SQL 翻译为 Spark 的 Mapreduce 运行,并且可以直接读取 Hive 的元数据库和对应数据。这个项目在 2012 年的 SIGMOD 大会上获得最佳 Demo 奖。

2.2.5 大数据部署方案简介

目前,大数据部署方案主要有三种方式:套装软件搭配自组硬件、软硬件整合的一体机和采用云端巨量分析服务。

1. 套装软件搭配自组硬件

目前 Hadoop、Greenplum 以及 Aster Data 都有纯软件产品以及软硬件整合的一体机产品,具有自由搭配硬件的优势,软件的数据处理效能是否可以充分发挥,往往与所搭配的硬件规格、平台架构以及系统调校有关。因此,对于 IT 人员的技术能力,通常要求其具有强大的系统架构规划能力与维护能力。

2. 软硬件整合的一体机

相较于软件解决方案的技术门槛,以硬件形式推出的一体机,不仅同时具有软硬件整合的优势,更重要的是,系统效能调校也已经做到最佳化。对企业来说,采用一体机可以大幅度节省部署大数据处理平台的时间,后续的维护也比较轻松。不过,一体机配置成本效益较高。目前 IBM、Teradata、惠普、甲骨文、精诚资讯 Etu 以及 EMC 都推出了大数据一体机产品。

3. 采用云端巨量分析服务

大数据处理平台并非一定得通过软硬件厂商取得,大数据处理可部署在云端架构系统环境上,如 Amazon 的云端服务 AWS,有 20 多种服务。其中,EMR(Elastic MapReduce)服务可以让用户省去部署 Hadoop 丛集的工程,用户只需要把 MapReduce 程序载入 EC2(Elastic Compute Cloud)虚拟机执行 EMR 来运算即可。缺点是 Amazon 的云端服务模式处理数据只能满足一次性或者短期的数据处理需求,受大数据处理的 TB 级的数据量与目前的网络频宽传输速度的限制,无法应付企业营运大数据处理的长期需求。

总之,究竟大数据要用哪一种平台来处理,除了对各种技术平台的掌握能力之外,还要看企业对大数据分析速度的期待,需要多快就要产生分析结果,几秒钟内就要做决策判断,以及大数据的应用是否要做长时间的大量数据分析。

2.3 大数据查询和分析技术

2.3.1 SQL-on-Hadoop 技术

HDFS 解决了海量数据的存储问题,MapReduce、Spark 解决海量数据的计算问题,为了便于原有使用传统关系型数据库进行数据处理的人员进行海量数据处理,逐渐出现了各种 SQL-on-Hadoop 技术。目前主流的 SQL-on-Hadoop 技术包括 Hive、Spark SQL、Impala 等。

1. Hive

Hive 是基于 Hadoop 的一个数据仓库工具,可以将结构化的数据文件映射为一张数据库表,并提供简单的 SQL 查询功能,可以将 SQL 语句转换为 MapReduce 任务进行运行。其优点是学习成本低,可以通过类 SQL 语句快速实现简单的 MapReduce 统计,不必开发专门的 MapReduce 应用,十分适合数据仓库的统计分析。

Hive 并不适合那些需要低延迟的应用,例如联机事务处理(OLTP)。Hive 构建在基于静态批处理的 Hadoop 之上,Hive 查询操作过程严格遵守 Hadoop MapReduce 的作业执行模型,Hive 将用户的 HiveQL 语句通过解释器转换为 MapReduce 作业提交到 Hadoop 集群上,Hadoop 通常有较高的延迟并且在作业提交和调度的时候需要大量的开销,Hive 不提供实时的查询和基于行级的数据更新操作。Hive 的最佳使用场合是大数据集的批处理作业,例如网络日志分析。

Hive 体系结构主要由用户接口、元数据存储、解释器、编译器、优化器、执行器、Hadoop 存储计算等部分组成。Hive 将元数据存储在数据库中,如 MySQL、Derby、解释器、编译器、优化器完成 HQL 查询语句从词法分析、语法分析、编译、优化以及查询计划的生成,生成的查询计划存储在 HDFS 中,随后由 MapReduce 调用执行。Hive 的数据存储在 HDFS 中,大部分查询由 MapReduce 完成。

Hive 的优点如下:

(1)可以直接使用存储在 Hadoop 文件系统中的数据,可有不同的存储类型,例如,纯文本文件、HBase 中的文件。支持索引以加快数据查询。

(2)将元数据保存在关系数据库中,大大减少了在查询过程中执行语义检查的时间。

(3)内置大量用户函数 UDF 来操作时间、字符串和其他的数据挖掘工具,支持用户扩展 UDF 函数来完成内置函数无法实现的操作。

(4)类 SQL 的查询方式,将 SQL 查询转换为 MapReduce 的 Job 后在 Hadoop 集群上执行。

缺点:Hive 是运行在 Hadoop 上的 SQL-on-Hadoop 工具。但是 MapReduce 所用的大量中间磁盘落地过程消耗了大量的 I/O,降低了运行效率,为了提高 SQL-on-Hadoop 的效率,开发了例如 MapR 的 Drill、Cloudera 的 Impala、Shark 的 SQL-on-Hadoop 工具。

2. Spark SQL

随着 Spark 的发展,由于 Shark 对 Hive 有太多依赖,如采用 Hive 的语法解析器、查询优化器等,制约了 Spark 的 One Stack Rule Them All 的既定方针,制约了 Spark 各个组件的相互集成,因此提出 Spark SQL 项目。Spark SQL 抛弃原有 Shark 的代码,汲取了 Shark 的一些优点,如内存列存储(In-Memory Columnar Storage)、Hive 兼容性等,修改 Spark 的内存管理、物理计划与执行三个模块,使 SQL 查询的速度得到 10～100 倍的提升。Spark SQL 无论在数据兼容、性能优化与组件扩展方面都获得了极大的方便。

(1)数据兼容方面:不但兼容 Hive,还可以从 RDD、Parquet 文件、JSON 文件中获取数据,支持获取 RDBMS 数据以及 Cassandra 等 NOSQL 数据。

(2)性能优化方面:除了采取内存列存储、字节码生成等优化技术外,还引进成本模型对查询进行动态评估、获取最佳物理计划等;

(3)组件扩展方面:无论是 SQL 的语法解析器、分析器还是优化器都可以重新定义,进行扩展。

Spark SQL 的组成与运行,总体上由 4 个模块组成:Core、Catalyst、Hive 和 Hive-Thriftserver。

(1)Core 处理数据的输入/输出,从不同的数据源获取数据(RDD、Parquet、Json 等),将查询结果输出成 schemaRDD。

（2）Catalyst 处理查询语句的整个处理过程，包括解析、绑定、优化、物理计划等，说其是优化器，还不如说是查询引擎。

（3）Hive 对 Hive 数据的处理。

（4）Hive-Thriftserver 提供 CLI 和 JDBC/ODBC 接口。

在这 4 个模块中，Catalyst 处于核心部分，其性能优劣将影响整体的性能。类似于关系型数据库，Spark SQL 语句也是由 Projection（a1，a2，a3）、Data Source（tableA）、Filter（condition）组成，分别对应 SQL 查询过程中的 Result、Data Source、Operation。同时 Spark SQL 作为处理结构化数据的 Spark 组件，提供了一个叫作 DataFrames 的可编程抽象数据模型，也称为分布式的 SQL 查询引擎，DataFrame 是由命名列（类似关系表的字段定义）组织起来的一个分布式数据集合，可以把它看成是一个关系型数据库的表。DataFrame 可以通过结构化数据文件、Hive 的表、外部数据库或者 RDDs 等多种来源创建。利用 sqlContext 从外部数据源加载数据为 DataFrame，然后利用 DataFrame 上丰富的 API 进行查询、转换。最后，将结果进行展现或存储为各种外部数据形式。

3. Impala

Impala 是 Cloudera 公司主导开发的架构于 Hadoop 之上的开源、高并发的 MPP 新型查询系统，它提供 SQL 语义，能查询存储在 Hadoop 的 HDFS 和 HBase 中的 PB 级大数据。已有的 Hive 系统虽然也提供了 SQL 语义，但由于其底层执行使用的是 MapReduce 引擎，所以，仍然是一个批处理过程，难以满足查询的交互性。Impala 是完全集成的，用以平衡 Hadoop 的灵活性和可扩展性，为 BI 数据分析师提供低延迟、高并发的交互查询。Impala 具有以下特点。

（1）Impala 的最大特点是速度快。Impala 不需要把中间结果写入磁盘，Impala 直接通过相应的服务进程来进行作业调度，省掉了大量的 I/O 开销。

（2）Impala 借鉴了 MPP 并行数据库的思想，抛弃了 MapReduce 这个不太适合做 SQL 查询的范式，可完成更多的查询优化。

（3）通过使用 LLVM 来统一编译运行代码，避免为支持通用编译而带来的不必要开销。用 C++ 实现，做了很多有针对性的硬件优化，例如使用 SSE 指令。

（4）将传统数据库的 SQL 支持多用户性能与 Hadoop 的灵活性和可扩展性结合起来，它通过利用 HDFS、HBase、Metastore、YARN、Sentry 等标准组件能够读取大多数广泛使用的文件格式，例如 Parquet、Avro 和 RCFile，以维护 Hadoop 的灵活性。

2.3.2 OLAP 分析引擎 Kylin

Kylin 是 eBay 开发的一套 MOLAP 系统，主要用于支持大数据生态圈的数据分析业务，它主要通过预计算的方式将用户设定的多维立方体缓存到 HBase 中，通过预计算的方式缓存所有需要查询的数据结果，需要大量的存储空间（原数据量的 10 倍以上）。一般我们要分析的数据可能存储在关系数据库（Mysql、Oracle，一般是程序内部写入的一些业务数据，可能存在分表甚至分库的需求）、HDFS 数据（结构化数据，一般是业务的日志信息，通过 Hive 查询）、文本文件、Excel 等。Kylin 主要是对 Hive 中的数据进行预计算，利用 Hadoop 的 Mapreduce 框架实现。Kylin 是一个开源的分布式 OLAP 分析引擎，基于 Hadoop 提供 SQL 接口和 OLAP 接口，支持 TB 到 PB 级别的数据量。Kylin 的一些特性如下。

（1）可扩展的超快 OLAP 引擎，提供标准 SQL 查询接口。支持单机或集群部署，为减少在 Hadoop 上百亿规模数据查询延迟而设计；提供标准 SQL 接口，满足 Hadoop 之上的大部分分析查询需求。

（2）交互式查询能力，用户能够在 Kylin 里为百亿以上数据集定义数据模型并构建多维立方体。

（3）与 BI 工具及其他应用整合，提供 JDBC 及 ODBC 驱动，与 BI 工具整合。

当前已经有超过 100 家国内外公司正式使用 Kylin 作为其大数据分析平台的核心，包括 eBay、微软、Expedia、百度、美团、网易、京东、中国移动、国泰君安、联想、去哪儿等。Apache Kylin 被用到数据仓库、用户行为分析、流量（日志）分析、自助分析平台、电商分析、广告效果分析、实时分析、数据服务平台等诸多场景。

2.3.3　大数据分析技术 Mahout

Mahout 是 Apache 旗下的一个开源项目，是基于 Hadoop 的机器学习和数据挖掘的一个分布式框架。Mahout 用 MapReduce 实现了部分数据挖掘算法，解决了并行挖掘的问题。Mahout 提供一些基于 Hadoop 的分布式可扩展的机器学习领域经典算法的实现，能够高效地运行在云计算环境中，旨在更方便快捷地创建智能应用程序。Mahout 包括聚类、分类、推荐过滤、频繁子项挖掘等许多实现算法，将原来运行于单机模式的算法转化为 MapReduce 模式实现，提升了算法的处理效率和可处理的数据量。由于 Mahout 的许多算法都需要进行迭代运算，而 MapReduce 不能做迭代运算，所以后期 Mahout 转移到了 Spark 上。

Mahout 主要包含以下 5 部分。

（1）频繁挖掘模式：挖掘数据中频繁出现的项集。

（2）聚类：将诸如文本、文档之类的数据分成局部相关的组。

（3）分类：利用已经存在的分类文档训练分类器，对未分类的文档进行分类。

（4）推荐引擎（协同过滤）：获得用户的行为，并从中发现用户可能喜欢的事物。

（5）频繁子项挖掘：利用一个项集（查询记录或购物记录）去识别经常一起出现的项目。

Mahout 当前已实现的 3 个具体的机器学习任务，也是实际应用程序中常见的 3 个领域。

（1）协作筛选（CF）：协作筛选是 Amazon 等公司极为推崇的一项技巧，它使用评分、单击和购买等用户信息为其他站点用户提供推荐产品。

（2）集群：对于大型数据集来说，无论它们是文本还是数值，一般都可以将类似的项目自动组织或集群。

（3）分类：分类（通常也称为归类）的目标是标记不可见的文档，从而将它们归类到不同的分组中。作为开源程序，Mahout 已经提供了大量功能，特别是在集群和 CF 方面。

Mahout 的主要特性如下：

（1）Taste CF。Taste 是 Sean Owen 在 SourceForge 上发起的一个针对 CF 的开源项目，在 2008 年被赠予 Mahout。

（2）一些支持 Map-Reduce 的集群实现，包括 K-Means、模糊 K-Means、Canopy、Dirichlet 和 Mean-Shift。

（3）Distributed Naive Bayes 和 Complementary Naive Bayes 分类实现。

（4）针对进化编程的分布式适用性功能。

（5）Matrix 和矢量库。

2.3.4　大数据分析技术 Spark MLlib

机器学习算法一般都有很多步骤迭代计算的过程，需要在多次迭代后获得足够小的误差或者足够收敛才会停止，迭代时如果使用 Hadoop 的 MapReduce 计算框架，每次计算都需要进行读/写磁盘及任务的启动等工作，这会导致非常大的 I/O 和 CPU 消耗。而 Spark 基于内存的计算模型天生擅长迭代计算，多个步骤计算直接在内存中完成，只有在必要时才会操作磁盘和网络，所以说 Spark 是机器学习的理想平台。

MLlib（Machine Learnig lib）是 Spark 对常用的机器学习算法的实现库，也包括相关的测试和数据生成器。图 2-6 所示为 MLlib 目前支持四种常见的机器学习问题：分类、回归、聚类和协同过滤。

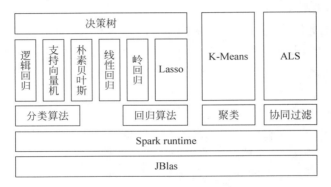

图 2-6　MLlib 支持的机器学习库

MLlib 基于 RDD（Resilient Distributed Dataset，弹性分布式数据集），与 Spark SQL、GraphX、Spark Streaming 无缝集成，以 RDD 为基石，4 个子框架可联手构建大数据计算中心。

MLlib 是 MLBase 的一部分，其中 MLBase 分为四部分：MLlib、MLI、ML Optimizer 和 MLRuntime。

ML Optimizer 会选择它认为最适合的已经在内部实现了的机器学习算法和相关参数来处理用户输入的数据，并返回模型或别的帮助分析的结果。

MLI 是一个进行特征抽取和高级 ML 编程抽象的算法实现的 API 或平台。

MLlib 是 Spark 实现一些常见的机器学习算法和实用程序，包括分类、回归、聚类、协同过滤、降维以及底层优化，该算法可以再扩充；MLRuntime 基于 Spark 计算框架，将 Spark 的分布式计算应用到机器学习领域。

Spark MLlib 的架构主要包含三部分：底层基础，包括 Spark 的运行库、矩阵库和向量库,提供向量接口和矩阵接口,支持本地的密集向量、稀疏向量与标量向量,同时支持本地矩阵和分布式矩阵;算法库包括分类算法、推荐系统、聚类、决策树和协同过滤等算法;实用程序部分包括数据的验证器、Label 的二元和多元的分析器、多种数据生成器、数据加载器。

2.3.5　其他常用分析语言比较

数据分析的工具分为数据获取、数据存储、数据管理、数据计算、数据分析、数据展示等几个方面,常见的有 Excel、R、Weka、Python、SPSS、SAS、SQL 等。

1. 其他常用分析语言简介

R 是一款用于数据分析并对分析结果提供丰富图形化展示的开源软件,拥有一套完整的数组和矩阵操作运算符,提供一种面向对象的简洁高效的统计分析语言。使用 R 可以完成各种类型数据分析工作,并将分析结果以丰富的图表进行可视化展示。

Weka 是一款开源的非商业性质的免费数据挖掘软件,集合了大量能承担数据挖掘任务的计算机学习算法,包括对数据进行预处理、分类、回归、聚类、关联规则以及在新的交互界面上的可视化。Weka 的技术基于假设数据是一种单个文件或关联的,其中每个数据点都被许多属性标注。

Python 是一种解释型的、面向对象的、动态数据类型的高级程序设计语言。自从 20 世纪 90 年代初 Python 语言诞生至今,已逐渐被广泛应用于处理系统管理任务和 Web 编程。目前 Python 已经成为最受欢迎的程序设计语言之一。

SAS (Statistical Analysis System)是由美国 North Carolina 州立大学于 1966 年开发的统计分析软件。SAS 是一个模块化、集成化的大型应用软件系统,它由数十个专用模块构成,功能包括数据访问、数据储存及管理、应用开发、图形处理、数据分析、报告编制、运筹学方法、计量经济学与预测等。

SPSS(Statistical Product and Service Solutions)是 IBM 公司推出的一系列用于统计学分析运算、数据挖掘、预测分析和决策支持任务的软件产品及相关服务的总称,有 Windows 和 Mac OS X 等版本。作为世界上最早采用图形菜单驱动界面的统计软件,它的突出特点就是操作界面极为友好,输出结果美观漂亮。它将几乎所有的功能都以统一、规范的界面展现出来。使用 Windows 的窗口,SPSS 展示各种管理和分析数据方法的功能,对话框展示出各种功能选择项。

MATLAB 是 matrix & laboratory 两个词的组合,意为矩阵工厂(矩阵实验室)。是由美国 MathWorks 公司发布的主要面对科学计算、可视化以及交互式程序设计的高科技计算环境。它将数值分析、矩阵计算、科学数据可视化以及非线性动态系统的建模和仿真等诸多强大功能集成在一个易于使用的视窗环境中,MATLAB 可以进行矩阵运算、绘制函数和数据、实现算法、创建用户界面、连接其他编程语言的程序等,主要应用于工程计算、控制设计、信号处理与通信、图像处理、信号检测、金融建模设计与分析等领域。为科学研究、工程设计以及必须进行有效数值计算的众多科学领域提供了一种全面的解决方案,并在很大程度上摆脱了传统非交互式程序设计语言(如 C、Fortran)的编辑模式。

2. 分析语言比较(见表 2-4)

表 2-4 常用分析语言比较

序号	名　称	特　　点	适　用　场　景	特点频数、缺点
1	Excel	一般非大量数据分析的人员，可以满足大部分需求	财务、金融、产品经理等一般数据量处理需求	较高，作为普通技能
2	R 语言	兼容性强，语言程序化也强，在编程语言方面需要投入的精力比 Python 大，但适用面较广	最常用数据分析工具之一，兼容性强，R 的优势在于有包罗万象的统计函数可以调用，在统计方面比较突出	高频工具之一
3	Python	以语言简单，注重数据分析的高效著称，尤其是在文本处理等数据结构化方面有很好的优势。Python 的优势在于其胶水语言的特性，一些底层用 C 写的算法封装在 Python 包里后性能非常高效	编程类数据分析，如文本字符等非结构化数据的处理。Python 是一套比较平衡的语言，各方面都可以。无论是对其他语言的调用和数据源的连接、读取，对系统的操作，还是正则表达和文字处理，Python 都有着明显优势	高频工具之一，Python 没有仿真库，计算速度还是不够快
4	SQL	数据库处理和分析的必备技能，属于数据库方面的基本工具	侧重数据库方面，如数据仓库等，作为 Oracle 等数据库方面的基础知识不可或缺	高频工具之一
5	SPSS	IBM SPSS-IBM Analytics，统计分析功能强大，侧重于统计分析类模型	建模能力已经不局限于统计了，在预测、机器学习方面也有很多包	频率一般
6	SAS	商业分析与商业智能软件，金融大数据分析	金融风控建模较多	金融投资数据建模常用工具之一
7	Matlab	矩阵计算等数学专用建模工具	强大的各种工具包，以及仿真能力	侧重于数据本身的计算，院校科研用得较多

(1) SAS、SPSS 和 R 都是统计类软件，SAS 和 R 是专业性比较强的统计软件，SPSS 是更大众化的统计软件，SAS 和 SPSS 是收费软件，R 是免费的。MATLAB 是科学计算软件，主要用于数值计算和仿真。SAS 是比较专业的统计软件，功能强大。SPSS 没有 SAS 强大，安装文件也要小很多，可以通过界面向导作数据分析，数据分析通过编程完成。MATLAB 是很强大的计算软件，既是一门语言，也是一款工具。MATLAB 的主要功能是仿真与统计，既可以数值计算，也可以符号计算；既可以编程实现自己的算法，也可以利用它提供的各种内置函数编写算法。

(2) 在 R、Python、WEKA 和 KNIME 四个比较中，R 偏向于统计，优点在于代码的产出比很高，一行代码也许可以帮助实现一个很强大的算法；Python 的应用场景更广，数据分析只是其中一个功能，优点是从底层编写算法，无论是实现过程还是运行过程都更高效；WEKA 是用 Java 编写的，运行速度上有优势，操作较简单，类似数据仓库的操作；KNIME (Konstanz Information Miner)由 Java 写成，其基于 Eclipse 并通过插件的方式来提供更多的功能,如数据处理、数据分析和数据勘探平台,特点是用户友好、智能的,并有丰富的开源数据集成,用户可以可视化的方式创建数据流或数据通道,有选择性地运行一些或全部的分析步骤,提供的接口多,方便算法的实现。

（3）R 与 Python 比较,Python 不是统计软件,而是一种可以用来做各种事情的语言。Python 与 R 不同,Python 是一门多功能的较平衡的自然语言式语言。

代码适合维护和阅读。基于 Python 众多的第三方库和程序 API,在和外部环境进行数据交换的时候具有很大的优势。Python 的优势在于其胶水语言的特性,一些底层用 C 写的算法封装在 Python 包里后性能非常高效,而 R 是在统计方面比较突出。R 的优势在于有包罗万象的统计函数可以调用,特别是在时间序列分析方面,无论是经典还是前沿的方法都有相应的包直接使用,相比 Python 在这方面贫乏不少。Python 与 R 相比速度要快。Python 可以直接处理上 GB 的数据;R 不行,R 分析数据时需要先通过数据库把大数据转化为小数据(通过 groupby)才能交给 R 做分析,因此 R 不可能直接分析行为详单,只能分析统计结果。Python＝R＋SQL/Hive 数据分析不仅仅是统计,涉及前期的数据收集、数据处理、数据抽样、数据聚类,以及比较复杂的数据挖掘算法、数据建模等任务。当涉及大数据量时,Python 基本胜任,胜于 R,但是 R 也在处理大数据量时不断地改进。

3．R 与大数据平台整合

R 会把所有的对象读入虚拟内存中,以提高与 R 的交互速度,但是当面对大数据集时由于数据量大且数据类型多样,R 则有些力不从心,而大数据平台却正好具备强大的数据处理计算能力,如果能将 R 迁移到大数据平台,将 R 的统计分析能力与大数据平台的计算能力结合,将能更好地应对海量数据挖掘分析工作。

1）RHadoop

将 R 与大数据处理平台相结合,一种方法是打通 Java 和 R 的连接通道,让 Hadoop 调用 R 函数;另一种方法是利用 RevolutionAnalytics 公司的开源产品 RHadoop。

RHadoop 包含三个 R 包——rmr、rhdfs 和 RHBase,分别对应 Hadoop 系统架构中的 MapReduce、HDFS 和 HBase。RHadoop 实现了 R 与 Hadoop 的结合,使用 R 语言完成 MapReduce 算法来代替 Java 的 MapReduce 实现,充分利用 R 优秀的统计分析能力完成大数据量的快速数据处理和分析。

2）SparkR

SparkR 是将 R 构建于 Spark 之上,为 Apache Spark 提供了轻量的前端,用户通过 SparkR 提供的 Spark RDD 在集群中运行 R 脚本进行 Job 任务。R 扩展了 Spark 在机器学习方面的 Lib 库,使得 Spark 可以通过 R 支持更多的机器学习算法,用户可借助 Spark 集群进行更加丰富的数据挖掘工作。

SparkR 的核心是 SparkR Data Frames,是一个基于 Spark 的分布式数据框架。在概念上和关系型数据库中的表类似,或者和 R 语言中的 Data Frame 类似。Data Frames 作为 R 的数据处理基本对象,其概念已经被扩展到很多的语言。

图 2-7 所示为 SparkR 的整体架构,SparkR 主要由两部分组成：SparkR 包和 JVM 后端。SparkR 包是一个 R 扩展包,在 R 运行时环境里提供了 RDD 和 Data Frame API。

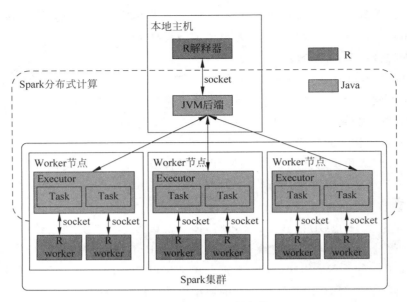

图 2-7　SparkR 整体架构

2.4　大数据可视化技术

1. 数据可视化基本概念

数据可视化是关于数据视觉表现形式的科学技术研究。可视化技术是利用计算机图形学及图像处理技术,将数据转换为图形或图像形式显示到屏幕上,并进行交互处理的理论、方法和技术。它涉及计算机视觉、图像处理、计算机辅助设计、计算机图形学等多个领域,成为一项研究数据表示、数据处理、决策分析等问题的综合技术。数据可视化伴随着大数据时代的到来而兴起,可视化分析是大数据分析不可或缺的一种重要手段和工具,只有在真正理解可视化概念本质后,才能更好地研究并应用其方法和原理,获得数据背后隐藏的价值。

数据可视化的过程是利用一定的工具及算法对数据空间的数据进行定量推演及计算之后,对多维数据进行切片、块、旋转等动作进行数据分析,再对大型数据集中的数据以图形图像方式表示,并利用数据分析和开发工具发现其中的未知信息。

数据可视化可以增强数据的呈现效果,方便用户以更加直观的方式观察数据,进而发现数据中隐藏的信息。可视化应用领域十分广泛,主要涉及网络数据可视化、交通数据可视化、文本数据可视化、数据挖掘可视化、生物医药可视化、社交可视化等领域。Card 提出的可视化模型,将数据可视化过程分为数据预处理、绘制、显示和交互四个阶段,得到广泛认同。依照 shneiderman 提出的分类,可视化的数据分为一维数据、二维数据、三维数据、高维数据、时态数据、层次数据和网络数据。其中,高维数据、层次数据、网络数据、时态数据是当前可视化的研究热点。

高维数据目前已经成为计算机领域的研究热点,所谓高维数据是指每一个样本数据包含 $p(p \geqslant 4)$ 维空间特征。人类对数据的理解主要集中在低维度的空间表示上,如果单从高维数据的抽象数据值上进行分析很难得到有用的信息。相对于对数据的高维模拟,低维空间的可视化技术显得更简单、直接,而且高维空间包含的元素相对于低维空间来说更加复杂,容易造成人们的分析混乱。将高维数据信息映射到二三维空间,方便高维数据进行人与数据的交互,有助于对数据进行聚类以及分类。高维数据可视化的研究主要包含数据变化和数据呈现两个方面。

层次数据具有等级或层级关系。层次数据的可视化方法主要包括节点链接图和树图两种,其中树图(treemap)由一系列的嵌套环、块来展示层次数据。

网络数据表现为更加自由、更加复杂的关系网络。分析网络数据的核心是挖掘关系网络中的重要结构性质,如节点相似性、关系传递性、网络中心性等,网络数据可视化方法应清晰表达个体间关系以及个体的聚类关系。主要布局策略包含节点链接法和相邻矩阵法。为了能展示更多的节点内容,一些基于"焦点+上下文"技术的交互方法被开发出来,包括"鱼眼"技术、几何变形、语义缩放、远离焦点的节点聚类技术等。

时间序列数据是指具有时间属性的数据集,针对时间序列数据的可视化方法包含线形图、动画、堆积图、时间线和地平线图。

2. 数据可视化的标准

为实现信息的有效传达,数据可视化应兼顾美学与功能,直观地传达出关键的特征,便于挖掘数据背后隐藏的价值。可视化技术应用标准应该包含以下 4 个方面。

(1)直观化:将数据直观、形象地呈现出来。

(2)关联化:突出地呈现出数据之间的关联性。

(3)艺术性:使数据的呈现更具有艺术性,更加符合审美规则。

(4)交互性:实现用户与数据的交互,方便用户控制数据。

3. 常用的数据可视化工具

目前常用的数据可视化工具有很多,表 2-5 总结了一些常用可视化工具。

表 2-5　常用可视化工具

分级	工具	可视化应用	优点	不足
入门级	Excel	报表、统计图表等方面	快速、方便	样式选择范围有限
在线数据可视化	Google Chart API	动态图表、丰富的现成的图表类型	丰富的图表选择、SVG、CANVAS、VML 浏览器	客户端动态图生成会引发问题
	Flot	jQuery JavaScript 绘图库	操作简单、定制、灵活	在展现不同效果时,难度会增加
	RaphaëL	在线输出图表、图形等	SVG/VML 矢量输出格式,分辨率高	速度比画布创建栅格化图像慢
	D3(DataDriven Documents)	复杂的可视化图形	复杂的交互,展现效果好	不够简洁
	Visually	信息可视化图形、信息图设计师的在线集市	大量的信息图模板	功能有一定限制
	Crossfilter 常用的 GUI 工具	交互式 GUI 图形图表	方便快速查看,操作有交互性	操作复杂性增加

续表

分级	工具	可视化应用	优点	不足
地图工具	Modest Maps	基本的地图功能	小型,拓展性好	基本形式非常有限
	Leaflet	移动端平面地图	小巧轻便、灵活,备份	
	Polymaps	网络地图功能	强大的资源库,全方位信息可视化	
	OpenLayers	地图库	强大的地图库,可靠性高	文档注释不完善,操作难度高
	Kartogragh	区域地图绘制	标记线、定义,更多的选择	处理世界范围的数据有一定的困难
	CartoDB	地图库	轻易结合表格数据与地图	需要按月付费
编程进阶	Processing 是一款适合于编程进阶的常用可视化工具	开源的编程语言	语法简易,大量实例和代码	
	R	分析大数据集的统计组件包	强大社区和组件库	复杂,学习难度大
	Weka	机器学习、数据挖掘	免费	
	Gephi	社交图谱数据可视化		

其中,Gephi 是一款开源的跨平台的基于 JVM 的复杂网络分析软件,可用作链接分析、探索性数据分析、生物网络分析及社交网络分析。Gephi 支持的数据输入格式包含 GEXF、GDF、GML、GraphML、Pajek NET、GraphViz DOT、CSV、UCINET DL、Tulip TPL、Netdraw VNA、Spreadsheet 等。

ArcGIS 产品线为用户提供一个可伸缩的全面的 GIS 平台。具有强大的地图制作、空间数据管理、空间分析、空间信息整合、发布与共享的能力。

当然,Tableau、SAS、IBM、SAP、Oracle、Qlik、Microsoft 等是目前商业主流的数据可视化工具提供者。

4. 数据可视化面临的挑战

伴随着大数据时代的到来,数据可视化日益受到关注,可视化技术也日益成熟。然而,数据可视化仍存在许多问题,且面临巨大的挑战。

(1)视觉噪声。在数据集中,大多数数据具有极强的相关性,无法将其分离作为独立的对象显示。

(2)信息丢失。减少可视数据集的方法可行,但会导致信息的丢失。

(3)大型图像感知。数据可视化不单单受限于设备的长度比及分辨率,也受限于现实世界的感受。

(4)高速图像变换。用户虽然能够观察数据,却不能对数据强度变化做出反应。

(5)高性能要求。静态可视化对性能要求不高、可视化速度较低,而动态可视化对性能要求会比较高。

数据可视化面临的挑战主要指可视化分析过程中数据的呈现方式,包括可视化技术和信息可视化显示。目前,数据简约可视化研究中,高清晰显示、大屏幕显示、高可扩展数据投影、维度降解等技术都试图从不同角度解决这个难题。

可感知的交互的扩展性是大数据可视化面临的挑战之一。从大规模数据库中查询数据可能导致高延迟,使交互率降低。在大数据应用程序中,大规模数据及高维数据使数据可视化变得十分困难。在超大规模的数据可视化分析中,我们可以构建更大、更清晰的视觉显示设备,但是人类的敏锐度制约了大屏幕显示的有效性。由于人和机器的限制,在可预见的未来,大数据的可视化问题会是一个重要的挑战。

5. 数据可视化技术的发展方向

(1) 可视化技术与数据挖掘有着紧密的联系。数据可视化可以帮助人们洞察数据背后隐藏的潜在信息,提高了数据挖掘的效率,因此,可视化与数据挖掘紧密结合是可视化研究的一个重要发展方向。

(2) 可视化技术与人机交互有着紧密的联系。实现用户与数据的交互,方便用户控制数据,更好地实现人机交互是可视化研究的一个重要发展方向。

(3) 大数据时代,大规模、高纬度、非结构化数据层出不穷,可视化与大规模、高维度、非结构化数据有着紧密的联系。如何将这样的数据以可视化形式完美地展示出来,是可视化研究的一个重要发展方向。

2.5 主流大数据分析平台简介

1. Hadoop

Yahoo 的工程师 Doug Cutting 和 Mike Cafarella 在 2005 年合作开发了分布式计算系统 Hadoop。后来,Hadoop 被贡献给 Apache 基金会,成为 Apache 基金会的开源项目。Hadoop 采用 Map Reduce 分布式计算框架,并根据 GFS 开发了 HDFS 分布式文件系统,根据 Big Table 开发了 HBase 数据存储系统。尽管和 Google 内部使用的分布式计算系统原理相同,但是 Hadoop 在运算速度上依然达不到 Google 论文中的标准。不过,Hadoop 的开源特性使其成为分布式计算系统的事实上的国际标准。Yahoo、Facebook、Amazon 以及国内的百度、阿里巴巴等众多互联网公司都以 Hadoop 为基础搭建自己的分布式系统架构。

2. Spark

Spark 是 Apache 基金会的开源项目,它由加州大学伯克利分校的实验室开发,是另外一种重要的分布式计算系统。它在 Hadoop 的基础上进行了一些架构上的改良。Spark 与 Hadoop 最大的不同点在于,Hadoop 使用硬盘来存储数据,而 Spark 使用内存来存储数据,因此 Spark 可以提供超过 Hadoop 100 倍的运算速度。但是,由于内存断电后会丢失数据,故 Spark 不能用于处理需要长期保存的数据。

3. Storm

Storm 是 Twitter 主推的分布式计算系统,它由 Back Type 团队开发,是 Apache 基金会的孵化项目。它在 Hadoop 的基础上提供了实时运算的特性,可以实时地处理大数据流。不同于 Hadoop 和 Spark,Storm 不进行数据的收集和存储工作,它直接通过网络实时地接收数据并且实时地处理数据,然后直接通过网络实时地传回结果。

4. Samza

Samza 是由 LinkedIn 开源的一项技术,已经成为 Apache 的顶级项目。它是一个分布式流处理框架,专门用于实时数据的处理,非常像 Twitter 的流处理系统 Storm。不同的是 Samza 基于 Hadoop,而且使用了 LinkedIn 自家的 Kafka 分布式消息系统。

大数据
挖掘
050

Samza 非常适用于实时流数据处理的业务,如数据跟踪、日志服务与实时服务等应用,它能够帮助开发者进行高速消息处理,同时还具有良好的容错能力。在 Samza 流数据处理过程中,每个 Kafka 集群都与一个能运行 YARN 的集群相连并处理 Samza 作业。

5. Ethink 数据智能分析平台——一站式大数据分析

Ethink 是业界唯一的端到端的 Hadoop、Spark 平台上的大数据分析基础平台,它集成了数据集成、数据清洗、数据预处理、数据分析、数据挖掘、数据可视化、数据报告等众多的工具。Ethink 是一个集成化的平台,能够将你所有的数据加载到 Hadoop、Spark 平台,并提供大数据的商业智能开发平台。

针对大数据以及传统数据库、非结构化数据等,Ethink 提供用户自助的分析平台,以及业务人员使用的开发平台。让复杂的数据能够快速、简易、可视地变为决策所需要的智慧信息。目前已经服务于金融、电信、烟草、财政、审计、互联网等行业及企业客户。可视化用户的数据,挖掘用户数据的高效平台。

小　结

本章主要对大数据挖掘相关技术进行了简述与介绍,包括大数据获取技术、大数据存储和处理技术、大数据查询和分析技术与大数据可视化技术,并对主流的大数据分析平台进行了简介。大数据获取技术介绍了分布式数据采集系统 Flume、分布式消息队列 Kafka、Sqoop 数据转移工具、网络爬虫技术与数据预处理工具 Kettle,大数据存储和处理技术包括 Hadoop 分布式存储和计算平台、流式数据计算引擎 Storm、Spark 分布式内存计算引擎,大数据查询和分析技术包括 SQL-on-Hadoop 技术、OLAP 分析引擎 Kylin、大数据分析技术 Mahout、大数据分析技术 Spark MLlib 等。本章进行了常用数据分析工具的比较,并对大数据可视化技术、大数据部署方案与大数据分析平台进行了简介。

Flume＋Kafka＋Sqoop＋Kettle＋Hadoop＋Strom.mp4(50.8MB)　　Spark＋SQL-on-Hadoop.mp4(30.7MB)

习　题

(1) 目前流利的大数据获取技术都有哪些?
(2) 什么是网络爬虫?聚焦爬虫主要解决什么问题?
(3) 简介分布式文件系统 HDFS 的工作原理及特点。
(4) 网页的抓取策略分为几种?解释并比较广度优先搜索策略与最佳优先搜索策略。
(5) 说明 Spark 的特点与优势。
(6) 比较 R、Python、Weka 和 SAS 四个分析工具的优缺点。
(7) 什么是数据可视化?数据可视化技术的发展方向是什么?
(8) 简述大数据部署方案。

第 3 章

数据预处理

【内容摘要】 本章主要讲解数据的预处理。首先简述数据类型、数据特征与数据质量，然后讲述数据采集和抽样的一些方法，最后主要讲述数据预处理的过程，该过程主要包括数据清洗、数据集成、数据变换、数据规约和 Hadoop 中的数据预处理应用。

【学习目标】 通过本章的学习，了解数据的类型、特征和质量的概念；掌握常用的数据采集和抽样的方法；熟练掌握应用数据清洗、集成、变换和规约对采集的数据进行预处理，掌握在 Hadoop 中的预处理应用。

数据预处理是实现数据挖掘的首要环节。在当今大数据处理技术中，通过数据预处理过程可产生高质量的有价值的格式规范的易于存储和传输的数据，为进一步进行数据管理、数据挖掘和分析以及可视化展示提供合适的数据源。

3.1 数据类型、数据特征与数据质量

实现数据预处理，通常需要基于不同的数据类型，分析数据特征、数据的结构特性等，才能选择合适的处理方法产生有用的数据，保障数据质量。

3.1.1 数据类型

在计算机中，按照不同数据所需内存大小来划分数据类型。数据类型是指程序设计语言中变量所能表示并存储的数据种类。每一种程序语言都提供标准的数据类型，如字符型、整型、浮点型等，同时允许用户自定义数据类型，如结构类型、枚举类型、类类型等。

另外，数据类型所占内存的大小也与计算机平台的处理字长相关。在处理字长为 32 位的应用程序中，整型变量所占内存的大小是 4 字节，而在处理字长为 64 位的应用程序中，整型变量所占内存的大小则为 8 字节，但仍然可以设置 4 字节内存长度的短整型变量。

在统计学中，数据类型取决于对统计数据的分类标准或分类方法。

（1）按照所采用的计量尺度不同，可以将统计数据分为分类数据、顺序数据和数值型数据。

分类数据：只能归于某一类别的非数字型数据，属于定性数据或品质数据。分类数据是对事物进行分类的结果，数据表现为类别，是用文字来表达的，它是由分类尺度计量形成的。例如，人口按性别分为男、女。

顺序数据：只能归于某一有序类别的非数字型数据，属于定性数据或品质数据。它是由顺序尺度计量形成的，例如将产品分成不同的等级。

数值型数据：按数字尺度测量的观测值，属于定量数据或数量数据。数值型数据是使用自然或度量衡单位对事物进行测量的结果，其结果为具体的数值。

（2）按照统计数据的收集方法，可以将统计数据分为观测数据和实验数据。

观测数据：通过调查或观测收集到的数据，是在没有对事物人为控制的条件下得到的。

实验数据：在实验中控制实验对象而收集到的数据。

（3）按照被描述的对象与时间的关系，可将统计数据分为截面数据、时间序列数据和面板数据。

截面数据：在相同或近似相同的时间点上收集的数据，描述的是事物或现象在某一时刻的变化情况。

时间序列数据：在不同时间上收集到的数据，描述的是事物或现象随时间变化的情况。

面板数据：将截面数据与时间序列数据综合起来，按照时间序列和截面两个维度将数据排在一个平面上形成一个表格，称为面板数据（Panel Data）。

在大数据技术中，数据按照大类可分为结构化数据、半结构化数据和非结构化数据。

结构化数据：能够用数据或统一的结构加以表示，称为结构化数据，如数字、符号，又如传统的关系数据模型、行数据等，存储于数据库，可用二维表结构表示。

半结构化数据：所谓半结构化数据，就是介于完全结构化数据（如关系型数据库、面向对象数据库中的数据）和完全无结构的数据（如声音、图像文件等）之间的数据。如 XML、HTML 文档就属于半结构化数据，它一般是自描述的，数据的结构和内容混在一起，没有明显的区分。

非结构化数据：非结构化数据包括所有格式的办公文档、文本、图片、XML、HTML、各类报表、图像和音频/视频信息等，可通过文件系统或非结构化数据库进行存储。

非结构化数据库是指其字段长度可变，并且每个字段的记录又可以由可重复或不可重复的子字段构成的数据库。用它不仅可以处理结构化数据，而且适合处理非结构化数据。

3.1.2　数据集与数据特征

数据集（DataSet）又称为资料集、数据集合或资料集合，是一种由数据所组成的集合。规范的数据集是数据存储和管理的需求。针对结构化数据和非结构化数据，数据集通常表现为数据存储使用的表单。

结构化数据集通常以二维表格形式出现。每一列代表一个特定类型的变量，每一行则对应于某一成员的数据集，代表一笔元素。数据集以数据库表单形式存放时，每一列称为一个字段或属性，每一行称为一笔记录或一个元组。最小的数据单位则是元素中的数据项。而对于非结构化数据，按照非关系型数据库如 HBase 的存储方式，数据表的每一行由行键（Row Key）和任意多的列（Column）组成，其中多个列可以组成列簇（Column Family）。每个数据单元（Cell）可以拥有数据的多个版本（Version），这是使用时间戳来区分的。数据表在行方向上还可划分为多个 Region，Region 是分布式存储的最小单元。在这种非结构化数据存储方式中，数据表示为键/值对（Key/Value），其中，键由行关键字、列关键字和时间戳构成。

维度、稀疏性和分辨率是大部分数据集所具有的三个基本特性，它们对于数据挖掘技术有不可估量的影响。

维度(Dimensionality)：维度又称维数，是数学中独立参数的数目。在物理学和哲学领域，指独立的时空坐标的数目。数据集的维度是数据集中的对象具有的属性数目。

稀疏性(Sparsity)：稀疏性通常是指在非对称的数据集中，一个对象的大部分属性上的值都为0。在许多情况下，非零项还不到1%。数据的稀疏性不能单一地定义为是一个优点或一个缺点，有时候会节省大量的时间和存储空间，但是会丢失很多数据信息。此外，有些数据挖掘算法仅适合处理稀疏数据。

分辨率(Resolution)：计算机的分辨率可以从显示分辨率与图像分辨率两个方向来分类。描述分辨率的单位有DPI(点每英寸)、PPI(像素每英寸)和LPI(线每英寸)。LPI用于描述光学分辨率。在数据采集过程中，常常可以在不同的分辨率下得到数据，并且在不同的分辨率下数据的性质也不同。多媒体数据或数据模式均依赖于分辨率。

3.1.3 探索数据结构

数据结构是数据实体中元素之间的关系，也就是相互之间存在一种或多种特定关系的数据元素的集合。在计算机中，数据结构还包括数据的表示方法和运算，是计算机存储、组织数据的方式。

探索数据结构主要是指探索数据的特征和案例，从而找到数据的独特之处。如样本数据集的数量和质量是否满足模型构建的要求？有没有出现从未设想过的数据状态？各因素之间的关系是什么？等等，都是探索数据结构需要考虑的问题。

在机器学习中，收集数据并且把它们加载到R数据结构以后，下一个步骤就是探索数据。对数据理解得深刻，之后的机器学习就可以更加高效。

理解和探索数据的最好方法就是通过实例。例3-1通过R语言针对一些小数据集进行简单的数据探索。

【例3-1】 对某地区15天的中午空气污染数据进行简单的数据结构的探索。数据的第一行是空气中相关指标的名称，本例主要探索数据的维度和数据中每个指标的数据类型。

```
> kongqi < -read.csv("F:\kongqi.csv")
> kongqi
```

风速	太阳辐射	CO	NO	NO2	O3	HC
8	98	7	2	12	8	2
7	107	4	3	9	5	3
7	103	4	3	5	6	3
10	88	5	2	8	15	4
6	91	4	2	8	10	3
8	90	5	2	12	12	4
9	84	7	4	10	15	5
6	91	4	2	12	7	3
7	72	7	4	18	10	3
10	70	4	2	11	7	3
10	72	4	1	8	10	3
7	79	7	4	9	25	3
7	79	5	2	8	6	2
6	68	6	2	11	14	3
8	40	4	3	6	5	2

```
> head(kongqi)
    风速  太阳辐射   CO   NO   NO2   O3   HC
     8        98    7    2    12    8    2
     7       107    4    3     9    5    3
     7       103    4    3     5    6    3
    10        88    5    2     8   15    4
     6        91    4    2     8   10    3
     8        90    5    2    12   12    4
> str(kongqi)
'data.frame':   15 obs. of  7 variables:
$ 风速     : int  8  7   7  10  6  8  9  6  7  10 ...
$ 太阳辐射 : int  98 107  103  88  91  90  84  91  72  70 ...
$ CO       : int  7  4   4   5  4  5  7  4  7   4 ...
$ NO       : int  2  3   3   2  2  4  2  4  2 ...
$ NO2      : int  12  9   5   8  8  12  10  12  18  11 ...
$ O3       : int  8  5   6  15  10  12  15  7  10  7 ...
$ HC       : int  2  3   3   4  3  4  5  3  3 ...
```

上面两个运行结果显示,简单的三行代码就显示出导入的数据集的一个结构。head()函数展示出此数据集的前六行,str()函数提供了一个显示数据框结构的方法,或者说它提供了显示所有同时包含向量和列表的数据结构的方法。语句 15 obs 表示数据一共包含 15 个观测值或者案例。语句 7 variables 表示数据记录了 7 个特征。结合 head()函数展示出来的结果,不难发现,数据一共是 15 个案例和 7 个属性变量。

在变量名后面,int 指出这个属性变量是整型。在这个数据集中,所有的属性变量都是整型的。当然其他的数据还可能出现 chr、num、Factor 等多种数据类型。同时语句 data.frame 说明这个数据是数据框型的。

3.1.4 数据质量相关概念与数据质量分析

数据质量(Data Quality)是保证数据应用的基础,包括对数据的完整性、一致性、准确性和及时性 4 个方面的要求。

在数据分析和数据仓库方面,数据质量由数据质量元素来描述。数据质量元素(Data Quality Element)是描述数据质量的信息项,包括位置精度、属性精度、逻辑一致性、完整性、现势性和数据说明。数据质量元素分为两类:数据质量的定量元素和数据质量的非定量元素。数据质量定量元素用于描述数据集满足预先设定的质量标准及指标的程度,并提供定量的质量信息。数据质量非定量元素提供综述性的非定量的质量信息。

与数据质量相关的工作包括数据质量管理、控制、评价和审核。这些工作的前提通常需要建立数据质量模型。数据质量模型是用于标识和评定质量信息的形式结构。

数据质量管理(Data Quality Management)是指对数据从计划、获取、存储、共享、维护、应用、消亡生命周期的每个阶段里可能引发的各类数据质量问题进行识别、度量、监控、预警等一系列管理活动,并通过改善和提高组织的管理水平,使数据质量获得进一步提高。

数据质量评价(Data Quality Evaluation)是指对数据质量进行评估的方法和过程。常用的评价方法有演绎推算、内部验证、与原始资料(或更高精度的独立原始资料)对比、独立抽样检查、多边形叠加检查、有效值检查等。在评价过程中,需对每个质量元素进行检查说明,并给出总的评价,最后形成数据质量评价报告。

数据质量审核(Data Quality Audit)是指对数据质量进行审核分析。在使用新的数据库之前,企业要确认、更正错误数据,并在数据库启用后提供编辑数据的程序。数据质量分析首先进行数据质量审核,即在信息系统中进行数据准确性和完整性方面的结构化调查,它可以在整个数据文件范围内或数据文件范本内调查,也可以调查终端用户对数据质量的看法。

数据质量分析(Data Quality Analysis)是数据挖掘中数据准备过程的重要步骤,是预处理的前提,也是数据挖掘分析结论有效性和准确性的基础。没有可信的数据,数据挖掘构建的模型就是不可靠甚至毫无意义的。

3.2　数据采集与抽样

数据采集是实现数据管理和挖掘的先期工作。数据抽样是针对大数据集进行数据分析的必要手段。为了更好地实现数据处理过程,数据的采集和抽样要使用专门的技术手段。

3.2.1　数据采集概述

传统的数据采集是指从传感器和其他监测设备等模拟和数字被测单元中自动采集非电量或者电量信号,送到上位机中进行分析处理。

在计算机广泛应用的今天,互联网每天产生海量的数据,这些数据中潜在相当大的应用价值,数据采集就成了重要的环节。获取互联网中的数据依靠人工采集是不现实的,相对高效的方法是应用专门的采集工具,如网络爬虫等来收集有关信息,再经过数据存储、数据预处理、数据挖掘与数据分析,得到有价值的信息。

3.2.2　数据采集方法与应用特性

数据采集方法一般包括网上直报、离线填报、Excel 导入、外部数据文件导入、异构数据库导入、主动数据抽取等多种数据采集方式。

网上直报是指用户通过互联网,填报信息,提交到数据库。

离线填报是指将数据通过离线软件采集到计算机中。

Excel 导入是指通过 Excel 表格将数据提交到数据库。

外部数据文件导入是指将计算机中的文件通过特定方法导入数据库,进行有效管理。

异构数据库导入是指通过各种工具将数据在不同数据库类型、不同数据库结构的异构数据库之间进行数据同步。

网络数据采集的主流应用是在网络爬虫。网络爬虫又被称为网页蜘蛛、网络机器人(在FOAF 社区,经常称为网页追逐者),是一种按照一定的规则,自动地抓取万维网信息的程序或者脚本。

网络爬虫按照系统结构和实现技术,大致可以分为四种类型:通用网络爬虫(General Purpose Web Crawler)、聚焦网络爬虫(Focused Web Crawler)、增量式网络爬虫(Incremental Web Crawler)和深层网络爬虫(Deep Web Crawler)。实际的网络爬虫系统通常是几种爬虫技术相结合实现的。

传统爬虫从一个或若干初始网页的 URL 开始,获得初始网页上的 URL,在抓取网页的过程中,不断从当前页面上抽取新的 URL 放入队列,直到满足系统的一定停止条件。聚焦爬虫的工作流程较为复杂,需要根据一定的网页分析算法过滤与主题无关的链接,保留有用的链接并将其放入等待抓取的 URL 队列。接着,它将根据一定的搜索策略从队列中选择下一步要抓取的网页 URL,重复上述过程,直到达到系统的某一条件时停止。另外,所有被爬虫抓取的网页将会被系统存储,进行一定的分析、过滤,并建立索引,以便之后的查询和检索。对聚焦爬虫来说,这一过程所得到的分析结果还可能对以后的抓取过程给出反馈和指导。

网络爬虫可以用 Python、Java、R 等各种语言实现。现今大多数的网络爬虫都用 Python 语言来写。Python 是一门轻量级的面向对象的解释型计算机程序设计语言,它拥有强大的库可以解决各种爬虫问题。

【例 3-2】 爬取百度贴吧帖子实例,目的是快速获取百度贴吧帖子的标题、楼主和每个楼层的回复信息。

```python
#-*-coding:utf-8-*-
import urllib
import urllib2
import re

class Tool:
    removeImg = re.compile('<img.*?>| {7}|')
    removeAddr = re.compile('<a.*?>|</a>')
    replaceLine = re.compile('<tr>|<div>|</div>|</p>')
    replaceTD= re.compile('<td>')
    replacePara = re.compile('<p.*?>')
    replaceBR = re.compile('<br><br>|<br>')
    removeExtraTag = re.compile('<.*?>')
    def replace(self,x):
        x = re.sub(self.removeImg,"",x)
        x = re.sub(self.removeAddr,"",x)
        x = re.sub(self.replaceLine,"\n",x)
        x = re.sub(self.replaceTD,"\t",x)
        x = re.sub(self.replacePara,"\n    ",x)
        x = re.sub(self.replaceBR,"\n",x)
        x = re.sub(self.removeExtraTag,"",x)
        #strip()将前后多余内容删除
        return x.strip()

class BDTB:

    #初始化,传入基地址,是否只看楼主的参数
    def __init__(self,baseUrl,seeLZ,floorTag):
        self.baseURL = baseUrl
        self.seeLZ = '? see_lz='+str(seeLZ)
        self.tool = Tool()
        self.file = None
```

```
            self.floor = 1
            self.defaultTitle = u"百度贴吧"
            self.floorTag = floorTag

    def getPage(self,pageNum):
        try:
            url = self.baseURL+self.seeLZ +'&pn='+str(pageNum)
            request = urllib2.Request(url)
            response = urllib2.urlopen(request)
            return response.read().decode('utf-8')
        except urllib2.URLError, e:
            if hasattr(e,"reason"):
                print u"连接百度贴吧失败,错误原因",e.reason
                return None

    def getTitle(self,page):
        pattern = re.compile('<h3 class="core_title_txt.*?>(.*?)</h3>',re.S)
        result = re.search(pattern,page)
            print result.group(1)
            return result.group(1).strip()
        else:
            return None

    def getPageNum(self,page):
        pattern = re.compile('<li class="l_reply_num.*? </span>.*? <span.*?>
(.*?)</span>',re.S)
        result = re.search(pattern,page)
        if result:
            return result.group(1).strip()
        else:
            return None

    def getContent(self,page):
        pattern = re.compile('<div id="post_content_.*?>(.*?)</div>',re.S)
        items = re.findall(pattern,page)
        contents = []
        for item in items:
            content = "\n"+self.tool.replace(item)+"\n"
            contents.append(content.encode('utf-8'))
        return contents

    def setFileTitle(self,title):
        if title is not None:
            self.file = open(title +".txt","w+")
        else:
            self.file = open(self.defaultTitle +".txt","w+")

    def writeData(self,contents):
        for item in contents:
            if self.floorTag == '1':
                floorLine = "\n" +str(self.floor) +
```

```
            u"-----------------------------------------------------------\n"
                        self.file.write(floorLine)
                self.file.write(item)
                self.floor += 1

    def start(self):
        indexPage = self.getPage(1)
        pageNum = self.getPageNum(indexPage)
        title = self.getTitle(indexPage)
        self.setFileTitle(title)
        if pageNum == None:
            print "URL 已失效，请重试"
            return
        try:
            print "该帖子共有" + str(pageNum) + "页"
            for i in range(1,int(pageNum)+1):
                print "正在写入第" + str(i) + "页数据"
                page = self.getPage(i)
                contents = self.getContent(page)
                self.writeData(contents)
        except IOError,e:
            print "写入异常，原因" + e.message
        finally:
            print "写入任务完成"
print u"请输入帖子代号"
baseURL = 'http://tieba.baidu.com/p/' + str(raw_input(u'http://tieba.baidu.com/p/
'))
seeLZ = raw_input("是否只获取楼主发言，是输入 1,否输入 0\n")
floorTag = raw_input("是否写入楼层信息，是输入 1,否输入 0\n")
bdtb = BDTB(baseURL,seeLZ,floorTag)
bdtb.start()
```

程序结果如下所示。

```
请输入帖子代号
tttp://tieba.baidu.com/p/xxxxxxxxxx
是否值获取楼主发言，是输入 1,否输入 0
1
是否写入楼层信息，是输入 1,否输入 0
1
该帖子共有 2 页
正在写入第 1 页数据
正在写入第 2 页数据
写入任务完成
Process finished with exit code 0
```

3.2.3　数据抽样概述

抽样是一种选择数据对象子集进行分析的常用方法。在统计建模过程中经常会用到抽样技术，通过样本来反映总体的特征。对数据抽样的基本要求是抽取样集的有效性，因此有效抽样的主要原理就是抽取的样本要与整个数据的效果几乎相同。目前主要有两大类数据抽样技术,即等概率抽样和非等概率抽样。在实际应用中,等概率抽样是常见的。

3.2.4 数据抽样方法与应用特性

1. 简单随机抽样

简单随机抽样是现实生活中经常接触到的抽样方法,比如摸彩、抽奖或者抽签决定某个人去做一件事等。简单随机抽样的主要特点就是母群体中的每一个个体都有相同的概率被选入样本。这是一种最公平并且概念上最简单的抽样方法,可以直接用统计学原理去进行估算和推论。

简单随机抽样包括有放回和无放回的抽样,在 R 中使用自带的 sample() 函数就可以实现。sample() 函数的语法为 sample(x, size, replace = FALSE, prob = NULL)。x 表示抽样对象,可以是数值、字符或逻辑向量;size 表示抽样规模,即需要从总体 x 中抽取多少样本;replace 指定是否进行有放回抽样,默认的是无放回抽样,当设置为 TRUE 时,则是有放回抽样;prob 可以指定抽样元素的概率,默认每个个体被等概率抽中。

【例 3-3】 sample() 函数的简单运用。

```
#先从 10~100 产生 100 个随机数
>x1 <- runif(100, min = 10, max = 100)
#接着从上一步中无放回地随机抽取 10 个随机数并输出结果
>sample1 <- sample(x = x1, size = 10, replace = FALSE);sample1
  [1] 13.96304 12.26734 69.96037 97.50348 27.99869 54.23512 10.28627 27.14339
  [9] 65.59698 35.38356
>x2 <- sample(c('A','B','C','D'), 100, replace = TRUE,
                 prob = c(0.4,0.3,0.2,0.1))
#也可以从 A、B、C、D 中随机有放回的抽取 100 个,并且给出每个字母被抽中的概率,然后查看抽到
#的每个字母的个数
>table(x2);prop.table(table(x2))
x2
A  B  C  D
29 36 27  8
x2
   A    B    C    D
0.29 0.36 0.27 0.08
```

2. 系统抽样

系统抽样方法是一种简化的随机抽样法,又叫作等距抽样法。最普遍的做法就是从母群体的数据中,按照一定的间隔抽取足够的个体组成样本。比如一个有 500 个学生的年级,给每个学生编号(1,2,3,4,5,6,7,8,9,10,11,12,…),抽取尾号为“3”的所有同学个体组成样本。

关于系统抽样方法,可以在 R 中使用 sampling 程序包中自带的 UPsystematic() 函数来实现:UPsystematic(pik, eps = 1e-6)。其中,Pik 是一个向量,存放抽样的包含概率;eps 是一个控制值,默认为 1e-6。

【例 3-4】 UPsystematic() 函数的运用。

```
#从 1~100 生成 500 个随机数,并保留整数
```

```
>x <- round(runif(500, min = 1, max = 100))
>pik <- inclusionprobabilities(x,100)
>s <- UPsystematic(pik) #返回 0-1 值表示是否被抽样
>head(getdata(x,s),10)
```

运行结果如下：

```
ID_unit data
        3   74
       11   17
       15   44
       20   88
       25   75
       30   71
       35   96
       40   45
       45   74
       50   99
```

从运行结果中的 ID_unit 看，并不满足系统抽样的定义，即等间隔地抽取个体组成样本。为了保证与定义的一致性，下面自定义系统抽样的函数。

```
sys_sampling <- function(x, gap = 10, seed = 1234){
  set.seed(seed)
  i <- round(runif(1, min = 1, max = 10))
    ID <- numeric()
    sampling <- numeric()
  while(i<=length(x)){
    ID[ceiling(i/gap)] <- i
    sampling[ceiling(i/gap)] <- x[i]
    i <- i + gap
  }
return(data.frame(ID = ID, data = sampling))
}
```

上面自定义函数中，x 为待抽样的总体；gap 为抽样间隔，默认为 10；seed 为种子数，用于从[1,10]之间随机挑选一个起始号设定随机种子，默认为 123。下面举例验证自定义的函数。

```
>head(sys_sampling(x = x, gap = 7, seed = 3),10)
```

运行结果如下：

```
   ID data
1   3   74
2  10   30
3  17   58
4  24   86
5  31   27
6  38   60
7  45   74
8  52   76
```

```
 9  59   93
10  66   94
```

不难看出,有时 R 中的系统抽样函数并不适用用户的数据,这时可以进行数据变换或者在有条件的情况下自己重新编写一个适合自己数据集的系统抽样函数。

3. 分层抽样

当总体由不同类型的对象组成,每种类型的对象数量差别很大时,简单随机抽样和系统抽样不能充分地代表不太频繁出现的对象类型。当分析需要所有类型的代表时,这样就会出现问题。在数据分析建模的时候会经常用到分层抽样,这样就可以满足目标变量都会被选中,这样建立的模型才有更高的准确率。分层抽样是一种比随机抽样方法更精准的随机抽样方法,所用的方法根据研究性质,依照相关的条件把母群体中的个体分成不同的层别或组别(strata),再分别从每一层别或组别中的个体随机抽出一定的个体来组成样本。

关于分层抽样方法,在 R 中可以使用 sampling 包中的 strata()函数实现。

```
strata(data, stratanames=NULL, size, method = c("srswor","srswr","poisson",
"systematic"), pik,description=FALSE)
```

其中,data 是待抽样的数据框;stratanames 是指定数据框中的分层变量;size 指定每个层中的抽样数量,默认按原数据中分层变量水平的顺序指定抽样数量;method 指定抽取各层数据的方法,默认为无放回的简单随机抽样,还可以是有放回的简单随机抽样、泊松抽样和系统抽样;pik 表示如果选择系统抽样,需要指定系统抽样的包含概率 pik 向量。

【例 3-5】 strata()函数的运用。

```
#首先产生 A100 个、B200 个、C300 个、D400 个
>Stratified <-rep(c('A','B','C','D'), c(100,200,300,400))
#从 1~ 1000 产生 1000 个随机数并保留整数
>Values <-round(runif(1000, min = 1, max = 1000))
#建立一个数据框,放入刚刚生成的两列数
>df <-data.frame(Stratified = Stratified, Values = Values)
>n <-400
#计算分层抽样中每层的样本数
>size <-round(400* table(df$ Stratified)/length(df$ Stratified))
#分层抽样
>s <-strata(data = df, stratanames = 'Stratified', size = size, method = 'srswor')
>head(getdata(data = df, m = s))
```

运行结果如下:

```
   Values  Stratified  ID_unit  Prob  Stratum
2  386     A           2        0.4   1
3  328     A           3        0.4   1
7  295     A           7        0.4   1
10 513     A           10       0.4   1
11 506     A           11       0.4   1
12 535     A           12       0.4   1
#自定义每层抽样数量的分层抽样
>s1 <-strata(data = df, stratanames = 'Stratified', size = c(50, 100, 50, 200),
```

```
method = 'srswor')
>head(getdata(data = df, m = s1))
```

运行结果如下：

```
   Values  Stratified  ID_unit  Prob  Stratum
2    386        A          2     0.5      1
3    328        A          3     0.5      1
4    602        A          4     0.5      1
6    126        A          6     0.5      1
7    295        A          7     0.5      1
9    631        A          9     0.5      1
```

分层抽样相对于简单的随机抽样来说参数更多，所以在真正分层抽样的时候要分清楚每个参数的作用。另外，分层抽样有四种方法，具体选择哪种根据实际情况来决定。

可以使用 R、SPSS、SAS 和 Excel 等各种统计学软件通过编程和界面化操作来实现数据抽样，也可以用 Java、C、Open C、Python 等各种计算机编程语言通过编写程序进行抽样。

3.3　数据预处理过程

在大数据技术中，数据预处理（Data Preprocessing）是从海量数据中发掘出有价值信息的数据处理过程，也是数据挖掘的第一阶段。数据预处理是一个综合的过程，涉及很多环节和相应的技术手段。

3.3.1　数据预处理的作用与任务

在商务与日常实践中，需要使用数据挖掘技术分析的数据通常不完整（有缺失值）、不一致、有噪声（存在错误或者异常值）的，严重影响数据挖掘建模的执行效率，甚至导致挖掘结果的偏差，所以进行数据预处理尤为重要。依照设定方案对数据进行预处理，来获取有效、准确和可信的数据，才能进一步展开挖掘探究等数据处理和分析工作。相对于后期的分析过程，数据预处理通常更是一项需要耐心和技巧的工作。

数据预处理的主要内容包括数据清洗、数据集成、数据变换和数据规约。

3.3.2　数据清洗

一份干净而整洁的数据至少包括以下几个要素。

- 每个观测变量构成一列。
- 每个观测对象构成一行。
- 每个类型的观测单元构成一个表。

下面讲一下数据清洗经常用到的步骤：剔除原始数据集中无关的数据、冗余属性，缺失值处理，异常值处理。

无关数据：在原始数据集中，通常会存在与本次数据挖掘研究没有影响或者几乎没有影响的数据。剔除这类数据对挖掘的效率有一定的积极意义。

冗余属性：同一属性重复出现，同一属性命名不同，其他属性中包含另一属性或者很大程度上可以代表该属性。

缺失值：顾名思义，就是一个数据集中缺少的数据。

异常值：常见的就是人为输入错误，如小数点输入错误，误把 100.00 输入为 1000.0。

上面所提到的无关数据、冗余数据、缺失值和异常数据都是根据具体的数据分析要求所定义的，即根据不同的数据挖掘要求人为地决定其中的某些数据是否属于以上内容。

缺失值的处理常用删除法或插补法。

（1）删除法包括行删除和列删除。在 R 中用 na. omit()函数剔除所有含有缺失值的行，用 Data[,－L]来实现删除含有缺失值的列，Data 表示数据集，L 表示缺失值所在的列。

（2）插补法。删除法虽然简单易行，但是会带来信息的浪费，导致分析结果产生一定的偏差。插补法相对来说比较好，常用的插补法有热平台、冷平台、回归插补、多重插补等。针对不同的数据分析应采用不同的缺失值处理方法。

在处理之前需要对异常值进行识别，一般采用单变量散点图或箱形图可以达到目的。常用的处理方法如表 3-1 所示。

表 3-1　异常值常见处理方法

处 理 方 法	方 法 描 述
删除含有异常值的记录	直接将含有异常值的记录删除
视为缺失值	将异常值视为缺失值，利用缺失值的处理方法进行处理
平均值修正	可用前后两个观测值的平均值修正异常值
不做处理	直接在含有异常值的数据集上进行挖掘建模

很多情况下，要分析异常值出现的原因，再判断处理方法。

【例 3-6】　举例形象化说明异常值的处理方法。

```
>DATA <-read.csv("F:\chengjidan.csv");DATA
    姓名   性别  语文   数学   英语   历史   地理   生物   副科总分
    冯楠   女    89    90.0   84    83    82    82    247
    姜华   男    90    64.0   82    76    80    78    234
    李平   女    86    69.0   82    72    80    74    226
    郑磊   男    89    9.1    83    69    84    81    234
    陈正真 男    87    87.0   82    80    84    84    248
    王盼盼 女    89    69.0   84    71    80    62    213
    郑娜   女    94    96.0   85    90    90    85    265
    范彬彬 男    NA    91.0   83    81    88    80    249
    杨娟   女    87    96.0   82    81    92    86    259
    杨爽   女    88    87.0   82    71    88    72    231
    朱清   男    91    60.0   80    60    84    75    219
    董思思 女    NA    75.0   80    70    84    71    225
    叶文强 男    89    91.0   82    68    82    83    233
    赵蕾   女    91    48.0   81    65    80    67    212
    王自健 男    89    68.0   80    68    76    69    213
#删除无关变量和冗余属性
>DATA1 <-DATA[-c(2,9)] #求总分时第 2 列、第 9 列就是无关变量和冗余属性
>#缺失值的识别
```

```
>sum(is.na(DATA)) #判断缺失值个数
>DATA[! complete.cases(DATA),] #展示缺失值所在行数
>sub <- which(is.na(DATA$ 语文)) #识别缺失值所在行并赋值到 sub
>DATA_1 <- DATA[-sub,];DATA_2 <- DATA[sub,]
>DATA_1;DATA_2
```

姓名	性别	语文	数学	英语	历史	地理	生物	副科总分
冯楠	女	89	90.0	84	83	82	82	247
姜华	男	90	64.0	82	76	80	78	234
李平	女	86	69.0	82	72	80	74	226
郑磊	男	89	9.1	83	69	84	81	234
陈正真	男	87	87.0	82	80	84	84	248
王盼盼	女	89	69.0	84	71	80	62	213
郑娜	女	94	96.0	85	90	90	85	265
杨娟	女	87	96.0	82	81	92	86	259
杨爽	女	88	87.0	82	71	88	72	231
朱清	男	91	60.0	80	60	84	75	219
叶文强	男	89	91.0	82	68	82	83	233
赵蕾	女	91	48.0	81	65	80	67	212
王自健	男	89	68.0	80	68	76	69	213
范彬彬	男	NA	91	83	81	88	80	249
董思思	女	NA	75	80	70	84	71	225

```
>avg_语文 <- round(mean(DATA_1$ 语文),digits = 0)  #保留语文平均分的整数部分
>DATA_2$ 语文 <- rep(avg_语文, 2) #均值替换缺失值
>result1 <- rbind(DATA_1,DATA_2) #并入完成插补的数据
>#异常值识别
>par(mfrow = c(1, 2)) #将绘图窗口划分为一行两列
>dotchart(DATA$ 数学) #绘制单变量散点图
>boxplot(DATA$ 数学, horizontal = T) #绘制水平箱线图 (见图 3-1)
```

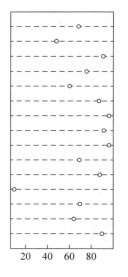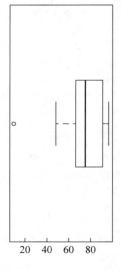

图 3-1　绘制水平箱线图

```
>result1[4,4]<-91 #异常值处理
```

姓名	性别	语文	数学	英语	历史	地理	生物	副科总分
冯楠	女	89	90	84	83	82	82	247
姜华	男	90	64	82	76	80	78	234
李平	女	86	69	82	72	80	74	226
郑磊	男	89	91	83	69	84	81	234
陈正真	男	87	87	82	80	84	84	248
王盼盼	女	89	69	84	71	80	62	213
郑娜	女	94	96	85	90	90	85	265
杨娟	女	87	96	82	81	92	86	259
杨爽	女	88	87	82	71	88	72	231
朱清	男	91	60	80	60	84	75	219
叶文强	男	89	91	82	68	82	83	233
赵蕾	女	91	48	81	65	80	67	212
王自健	男	89	68	80	68	76	69	213
范彬彬	男	89	91	83	81	88	80	249
董思思	女	89	75	80	70	84	71	225

　　根据上面针对异常值的检测和处理方法可直观地看到,范彬彬和董思思的语文成绩缺失,并且用均值 89 进行了替补。郑磊数学 9.1 分,估计是失误输入了一个小数点导致的,所以直接用 91 代替。

　　由于这个数据集处理缺失值时不适合用插补法,所以只用了均值法填充。

3.3.3　数据集成

　　数据集成是指将多个数据源中的数据合并,并存放到一个一致的数据存储(如数据仓库)中的过程。在数据集成时,首先要考虑如何对多个数据集进行匹配,数据分析者或计算机需要识别出能够连接两个数据库的实体信息。还要考虑冗余属性的问题,两个数据集有两个命名不同但是实际数据相同的属性,那么其中一个属性就是冗余的。另外一个属性若可以通过另一个属性的一定变换得出,那么其中一个属性就是冗余的。

　　数据集成的难点可以归纳为以下主要方面。

　　异构性:被集成的数据源通常是独立开发的,数据模型异构,给集成带来很大困难。这些异构性主要表现在数据语义、相同语义数据的表达形式、数据源的使用环境等。

　　分布性:数据源是异地分布的,依赖网络传输数据,这就存在网络传输的性能和安全性等问题。

　　自治性:各个数据源有很强的自治性,它们可以在不通知集成系统的前提下改变自身的结构和数据,给数据集成系统带来困难和新问题。

　　下面介绍几种常用的数据集成方法。

　　1. 联邦数据库

　　联邦数据库是早期人们采用的一种模式集成方法。模式集成是人们最早采用的数据集成方法。其基本思想是,在构建集成系统时将各数据源的数据视图集成为全局模式,使用户能够按照全局模式透明地访问各数据源的数据。全局模式描述了数据源共享数据的结构、语义及操作等。用户直接在全局模式的基础上提交请求,由数据集成系统处理这些请求,转换成各个数据源在本地数据视图基础上能够执行的请求。模式集成方法的特点是直接为用

户提供透明的数据访问方法。由于用户使用的全局模式是虚拟的数据源视图,一些学者也把模式集成方法称为虚拟视图集成方法。模式集成要解决两个基本问题:构建全局模式与数据源数据视图间的映射关系,处理用户在全局模式基础上的查询请求。

模式集成过程需要将原来异构的数据模式作适当的转换,消除数据源间的异构性,映射成全局模式。全局模式与数据源数据视图间映射的构建方法有两种:全局视图法和局部视图法。全局视图法中的全局模式是在数据源数据视图基础上建立的,它由一系列元素组成,每个元素对应一个数据源,表示相应数据源的数据结构和操作;局部视图法先构建全局模式,数据源的数据视图则是在全局模式基础上定义,由全局模式按一定的规则推理得到。用户在全局模式基础上的查询请求需要被映射成各个数据源能够执行的查询请求。

在联邦数据库中,数据源之间共享自己的一部分数据模式,形成一个联邦模式。联邦数据库系统按集成度可分为两类:紧密耦合联邦数据库系统和松散耦合联邦数据库系统。紧密耦合联邦数据库系统使用统一的全局模式,将各数据源的数据模式映射到全局数据模式上,解决了数据源间的异构性。这种方法集成度较高,用户参与少;缺点是构建一个全局数据模式的算法复杂,扩展性差。松散耦合联邦数据库系统比较特殊,没有全局模式,采用联邦模式。该方法提供统一的查询语言,将很多异构性问题交给用户自己去解决。松散耦合方法对数据的集成度不高,但其数据源的自治性强、动态性能好,集成系统不需要维护一个全局模式。

2. 中间件集成方法

中间件集成方法是目前比较流行的数据集成方法,中间件模式通过统一的全局数据模型来访问异构的数据库、遗留系统、Web 资源等。中间件位于异构数据源系统(数据层)和应用程序(应用层)之间,向下协调各数据源系统,向上为访问集成数据的应用提供统一数据模式和数据访问的通用接口。

各数据源的应用仍然继续负责完成它们自己的任务,中间件系统则集中为异构数据源提供一个高层次检索服务。通过在中间层提供一个统一的数据逻辑视图来隐藏底层的数据细节,使得用户可以把集成数据源看作一个统一的整体。这种模型下的关键问题是如何构造这个逻辑视图并使不同数据源之间能映射到这个中间层。

G. Wiederhold 最早给出了基于中间件的集成方法的构架。与联邦数据库不同,中间件系统不仅能够集成结构化的数据源信息,还可以集成半结构化或非结构化数据源中的信息,如 Web 信息。美国斯坦福大学 Garcia-Molina 等在 1994 年开发了 TSIMMIS 系统,就是一个典型的中间件集成系统。

典型的基于中间件的数据集成系统,主要包括中间件和封装器。每个数据源对应一个封装器,中间件通过封装器和各个数据源交互。用户在全局数据模式的基础上向中间件发出查询请求。中间件处理用户请求,将其转换成各个数据源能够处理的子查询请求,并对此过程进行优化,以提高查询处理的并发性,减少响应时间。封装器对特定数据源进行了封装,将其数据模型转换为系统所采用的通用模型,并提供一致的访问机制。中间件将各个子查询请求发送给封装器,由封装器和其封装的数据源交互,执行子查询请求,并将结果返回给中间件。

3. 数据仓库方法

数据仓库方法是一种典型的数据复制方法。该方法将各个数据源的数据复制到数据仓库。用户则像访问普通数据库一样直接访问数据仓库。

数据仓库是在数据库已经大量存在的情况下,为了进一步挖掘数据资源和决策需要而产生的。目前,大部分数据仓库还是用关系数据库管理系统来管理,但数据仓库并不是所谓的"大型数据库"。数据仓库方案建设的目的是将前端查询和分析作为基础,由于有较大的冗余,所以需要的存储容量也较大。数据仓库是一个环境,而不是一件产品,提供用户用于决策支持的当前和历史数据,这些数据在传统的操作型数据库中很难或不能得到。

数据仓库技术是为了有效地把操作型数据集成到统一的环境中以提供决策型数据访问的各种技术和模块的总称。所做的一切都是为了让用户更快、更方便地查询所需要的信息,提供决策支持。

简而言之,从内容和设计的原则来讲,传统的操作型数据库是面向事务设计的,数据库中通常存储在线交易数据,设计时尽量避免冗余,一般采用符合范式的规则来设计。而数据仓库是面向主题设计的,数据仓库中存储的一般是历史数据,在设计时有意引入冗余,采用反范式的方式来设计。

从设计的目的来讲,数据库是为捕获数据而设计,而数据仓库是为分析数据而设计,它的两个基本的元素是维表和事实表。维是看问题的角度,例如时间、部门,维表中存放的就是这些角度的定义;事实表里放着要查询的数据,同时有维的 ID。

在 R 中数据集成是指将两个数据框中的数据以关键字为依据,以行为单位做列合并,可通过 merge() 函数实现,基本属性形式为 merge(数据框 1,数据框 2,by = "关键字"),合并后的新数据自动按关键字取值的大小升序排列。

3.3.4 数据变换

在数据变换中,数据被变换成适用于数据挖掘需求的形式,数据变换策略主要包含以下几种。

1. 简单函数变换

简单函数变换是对原始数据进行某些数字函数变换,常用的包括平方、开方、取对数和差分运算等,即

$$x' = x^2$$
$$x' = \sqrt{x}$$
$$x' = \log(x)$$
$$\nabla f(x_k) = f(x_{k+1}) - f(x_k)$$

简单函数变换常用来将不具有正态分布的数据变换成具有正态分布的数据。在时间序列分析中,有时简单的对数变换或差分运算就可以将非平稳序列转换成平稳序列。

2. 规范化

数据标准化(归一化)处理是数据挖掘的一项基础工作。不同评价指标往往具有不同的量纲(dimension,指物理量的基本属性),数值间的差别可能很大,不进行处理可能影响到数据分析的结果。为了消除指标之间的量纲和取值范围差异的影响,需要进行标准化处理,将数据按照比例进行缩放,使之落入一个特定的区域,便于进行综合分析。

1) min-max 标准化

该函数将特征转化,以使它的所有值都落在 0 和 1 之间。将特征进行 min-max 标准化

的公式如下所示。本质上,该公式就是特征 x 的每一个值减去它的最小值再除以特征 x 的值域。

$$x^* = \frac{x - \min}{\max - \min}$$

2)小数定标标准化

通过移动属性值的小数位数,将属性值映射到[-1,1]之间,移动的小数位数取决于属性值绝对值的最大值。

$$x^* = \frac{x}{10^k}$$

3)z-score 标准化

下面的公式是减去特征 x 的均值后,再除以 x 的标准差。

$$x^* = \frac{x - \bar{x}}{\sigma}$$

【例 3-7】 用 min-max 标准化和小数定标标准化两种方法标准化同样一组数据集。

```
>DATA <-read.csv("F:\daikuan.csv");DATA
  年龄   贷款金额
  25     10000
  26     21000
  28     35000
  30     25000
  32     59000
  35     54100
  48     60000
>normalize = function(x){
+return((x -min(x))/(max(x) -min(x)))
+} #自定义 min-max 标准化函数
>DATA1 <-as.data.frame(lapply(DATA, normalize));DATA1
      年龄     贷款金额
0.00000000    0.000
0.04347826    0.220
0.13043478    0.500
0.21739130    0.300
0.30434783    0.980
0.43478261    0.882
1.00000000    1.000
>DATA2 <-scale(DATA);DATA2
          年龄       贷款金额
[1,] -0.8914004   -1.3765149
[2,] -0.7640574   -0.8304477
[3,] -0.5093716   -0.1354530
[4,] -0.2546858   -0.6318778
[5,]  0.0000000    1.0559663
[6,]  0.3820287    0.8127182
[7,]  2.0374865    1.1056088
>i1 <-ceiling(log(max(abs(DATA)),10)) #小数定标的指数
```

```
>DATA3 <-DATA/10^i1;DATA3
     年龄    贷款金额
0.00025    0.100
0.00026    0.210
0.00028    0.350
0.00030    0.250
0.00032    0.590
0.00035    0.541
0.00048    0.600
```

变量的标准化有多种方法,不同的方法标准后得到的数据有不同的特征。例如,min-max 标准化的所有值都落在 0 和 1 之间。具体的可以根据实际情况选取应该使用哪种方法来进行标准化。

4)连续属性离散化

常用的离散方法有等宽法、等频法和一维聚类法。

等宽法将属性的值域分成具有相同宽带的区间,区间的个数由数据本身的特点决定或者由用户指定,类似于制作频率分布表。

等频法将相同数量的记录放在每个区间。

3. 基于聚类分析法

一维聚类的方法包括两个步骤:首先将连续性的值用聚类算法(如 K-Means)进行聚类,然后再将聚类得到的簇进行处理,合并到一个簇的连续属性值作同一标记。聚类分析的离散化方法也需要用户指定簇的个数,从而决定产生的区间数。

【例 3-8】 使用 R 语言,用等宽法、等频法和一维聚类法三种方法离散化处理一组随机数据。

```
>DATA <-matrix(rnorm(100),100,1) #产生 100 个服从正态分布的随机数
>head(DATA)
            [,1]
[1,]  0.42778580
[2,] -0.09346903
[3,]  0.80432187
[4,]  1.67000479
[5,]  0.11233859
[6,] -0.11544584
>DATA <-as.data.frame(DATA)
>v1 <-ceiling(DATA[,1]) #等宽法
>plot(DATA[,1], v1) #绘图展示离散化结果如图 3-2 所示
#等频离散化
>names(DATA) <-c('f') #变量重命名
>attach(DATA) #绑定数据集
>seq(0, length(f), length(f)/6) #等频划分为 6 组
[1]   0.00000  16.66667  33.33333  50.00000  66.66667  83.33333 100.00000
>v = sort(f) #按大小排序作为离散化依据
>v2 = rep(0, 100) #定义新变量
>for(i in 1:100) v2[i] = ifelse(f[i] <= v[16], 1,
```

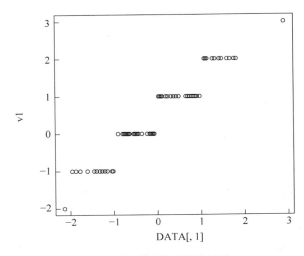

图 3-2　等宽法的离散化结果

```
+                        ifelse(f[i] <= v[33], 2,
+                                ifelse(f[i] <= v[50], 3,
+                                        ifelse(f[i] <= v[66], 4,
+                                                ifelse(f[i] <= v[83],
+                                                        5, 6)))))
>detach(DATA)
>plot(DATA[,1], v2) #绘图展示离散化结果如图 3-3 所示
```

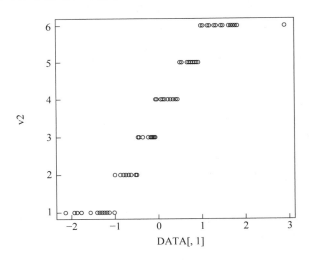

图 3-3　等频法的离散化结果

```
#聚类离散化
>result = kmeans(DATA, 6)
>v3 = result$ cluster
>plot(DATA[,1], v3) #绘图展示离散化结果如图 3-4 所示
```

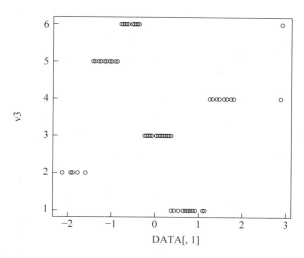

图 3-4　一维聚类法的离散化结果

　　例 3-8 分别用等宽法、等频法和一维聚类法对数据进行离散化,将数据分成六类,然后将每一类记为同一个标识,如分别记为 a1、a2、a3、a4、a5 和 a6,再进行建模。

3.3.5　数据规约

　　在大数据集上进行复杂的数据分析和挖掘需要很长的时间,数据规约主要是为了在尽可能保持数据原貌的前提下,最大限度地精简数据量,得到源数据集的规约表示。与非规约数据相比,在规约的数据上进行挖掘,所需的时间和内存资源更少,挖掘更有效。常用维规约、数值规约等方法实现。

　　目前面临的最重要的难题就是维数灾难(Curse of Dimensionality)。维数灾难通常是指在涉及向量计算的问题中,随着维数的增加,计算量呈指数级增长的一种现象。维数灾难涉及数字分析、抽样、组合、机器学习、数据挖掘和数据库等诸多领域。

　　常用的维规约的方法有:AIC 准则通过选择最优模型来选择属性,LASSO 方法通过一定约束条件选择变量,分类树、随机森林通过对分类效果的影响来筛选属性,小波变换和主成分分析通过把原数据变换或投影到较小的空间来降低维数,以及用特征选择方法进行降维。

　　1. LASSO 方法

　　LASSO(Least Absolute Shrinkage and Selection Operator)是近年来被广泛应用于参数估计和变量选择的方法之一,并且在确定的条件下进行变量选择已经被证明是一致的。这种算法通过构造一个惩罚函数获得一个精炼的模型,再通过它压缩一些系数,并最终确定一些指标的系数为零。LASSO 实现了指标集合精简的目的,是一种处理具有复共线性数据的有偏估计。LASSO 的基本思想是在回归系数的绝对值之和小于一个常数的约束条件下,使残差平方和最小化,从而能够产生某些严格等于零的回归系数,得到解释力较强的模型。

　　2. 特征选择方法

　　目前关于特征选择的方法主要有两大类,即封装法和过滤法。

封装法：将特征选择过程与训练过程融合在一起，以模型的预测能力作为特征选择的衡量标准。例如在多元线性模型中，我们常常会使用逐步回归的方法进行变量的筛选，这里的逐步回归就属于封装法的一种。封装法可以选出高质量的变量子集，但运行速度上会大打折扣。

过滤法：与封装法不同的是特征选择过程与训练过程相互独立，通过分析变量内部的关系进行筛选操作，与训练模型的选择并没有关系。例如通过变量间的相关性、近零方差检验、聚类分析等方法选择出来的变量，再用于不同的训练模型构建、评估等。过滤法虽然在速度上比封装法更占优势，但可能会删除非常有实质意义的变量。

3. 主成分分析方法

主成分分析(Principal Component Analysis，PCA)是考察多个变量间相关性的一种多元统计方法，是由 Pearson(1901 年)提出，后被 Hotelling(1933 年)发展。研究如何通过少数几个主成分来揭示多个变量间的内部结构，即从原始变量中导出少数几个主成分，使它们尽可能多地保留原始变量的信息，且彼此间互不相关。通常数学上的处理就是将原来 P 个指标作线性组合，作为新的综合指标。

在 R 中，可以用 stats 包中的 prcomp( )函数及 princmp( )函数进行主成分分析。princomp()函数的使用格式为

```
princomp(formula,data=NULL,subset,na.action,...)
```

其中，formula 是没有响应变量的公式；data 是数据框。或者

```
princomp(x,cor=FALSE,scores=TRUE,covmat=NILL,
         subset=rep(TRUE,nrow(as.matrix(x))),...)
```

其中，x 是用于主成分分析的数据，以数据矩阵或者数据框的形式给出；cor 是逻辑变量，当 cor＝TRUE 时表示用样本的相关矩阵 R 作主成分分析，当 cor＝FALSE(默认值)时表示用样本的协方差阵 S 作主成分分析；covmat 是协方差阵，如果数据不用 x 提供，可由协方差阵提供。

【例 3-9】 用主成分分析对某地区 15 天的中午空气污染数据(kongqi 数据集)进行降维处理。

```
>kongqi <-read.csv("F:\kongqi.csv")
>kongqi
  风速    太阳辐射 CO NO NO2 O3 HC
    8        98   7  2  12   8  2
    7       107   4  3   9   5  3
    7       103   4  3   5   6  3
   10        88   5  2   8  15  4
    6        91   4  2   8  10  3
    8        90   5  2  12  12  4
    9        84   7  4  10  15  5
    6        91   2  12   7   3
    7        72   7  4  18  10  3
   10        70   4  2  11   7  3
   10        72   4  1   8  10  3
    7        79   7  4   9  25  3
```

```
7        79   5   2   8   6   2
6        68   6   2  11  14   3
8        40   4   3   6   5   2
>names(kongqi) <-paste0('x',1:7) #属性变了重命名
>kongqi.pr <-princomp(kongqi, cor = T)
>summary(kongqi.pr, loading = T)
#kongqi.pr 的有关信息如图 3-5 所示
```

```
Importance of components:
                        Comp.1     Comp.2     Comp.3     Comp.4     Comp.5     Comp.6
Standard Deviation    1.5500131  1.1841285  1.0802124  0.9420299  0.76991161 0.64953143
Proportion of Variance 0.3432201 0.2003086  0.1666941  0.1267743  0.08468056 0.06027015
Cumulative Proportion 0.3432201 0.5435287  0.7102228  0.8369972  0.92167772 0.98194787
                        Comp.7
Standard deviation    0.35547841
Proportion of Variance 0.01805213
Cumulative Proportion 1.00000000
```

图 3-5 kongqi. pr 的有关信息

```
Loadings:
        Comp.1   Comp.2   Comp.3   Comp.4   Comp.5   Comp.6   Comp.7
风速              0.702   -0.296   -0.287   -0.183   -0.500    0.230
太阳辐射                    0.881   -0.125            -0.405    0.190
CO     -0.565   -0.161   -0.139   -0.105    0.219   -0.465   -0.601
NO     -0.444   -0.204             0.440   -0.678   -0.163    0.282
NO2    -0.343   -0.306            -0.775   -0.101    0.240    0.337
O3     -0.493    0.231             0.303    0.608    0.153    0.464
HC     -0.349    0.540    0.326            -0.269    0.512   -0.377
```

summary()函数列出了主成分分析的重要信息,Standard Deviation 行表示的是主成分的标准差。Proportion of Variance 行表示的是方差的贡献率。Cumulative Proportion 行表示的是方差的累积贡献率。

由于在 summary()函数的参数中选取了 loadings=T,因此列出了 loadings(载荷)的内容,它实际上是主成分对应于原始变量属性的系数。因此

$Z1 = -0.565 * x3 - 0.444 * x4 - 0.343 * x5 - 0.493 * x6 - 0.349 * x7$

$Z2 = 0.702 * x1 - 0.161 * x3 - 0.204 * x4 - 0.306 * x5 + 0.231 * x6 + 0.540 * x7$

$Z3 = -0.296 * x1 + 0.881 * x2 - 0.139 * x3 + 0.326 * x7$

$Z4 = 0.287 * x1 + 0.125 * x2 + 0.105 * x3 - 0.440 * x4 + 0.775 * x5 - 0.303 * x6$

$Z5 = -0.183 * x1 + 0.219 * x3 - 0.678 * x4 - 0.101 * x5 + 0.608 * x6 - 0.269 * x7$

由于前两个主成分的累积贡献率已达到 92%,另外两个主成分可以舍弃,从而达到降维的目的。

【例 3-10】 数值规约。

```
>type <-read.csv("F:\type.csv")
>type
type
    1
    2
    3
```

```
        1
        2
        4
        6
        8
        7
        6
        5
        2
        3
        4
        8
        9
        7
        8
        9
        9
>class(type)
[1] "data.frame"
>type[,1]
[1] 1 2 3 1 2 4 6 8 7 6 5 2 3 4 8 9 7 8 9 9
>cha = 0
>for (i in 1:20) {
+    if(type[i,1] >6) cha[i] =  'A'#将大于 6 的数字定义为 A
+    else if(type[i,1] >4) cha[i] =  'B' #将大于 4 小于 6 的数字定义为 B
+    else cha[i] =  'C' #将其余的定义为 C
+ }
>type[,1] =  factor(cha)
>summary(type[,1])
A B C
8 3 9
```

这样做可以把 9 个数据定义为 3 类,相对来说减少了空间资源的占用。这种归约方法对于大数据的预处理很有必要。

3.4 Hadoop 中的数据预处理应用

在 Hadoop 生态圈中,数据预处理可以使用多种技术手段。本节学习常用的可实现数据预处理的框架和工具。

3.4.1 使用 MapReduce 进行数据预处理

通过 Hadoop 中的 MapReduce 对存储在 HDFS 中的数据进行处理,可以对数据进行抽取、去重等处理。MapReduce 是一个实现大数据集并行运算的编程模型,通常可以使用 Java 语言或 Python 语言编写 MapReduce 函数来实现高效的数据处理和分布式计算。

【例 3-11】 下面是一个简单的去重处理,file1 文件中存在重复的数据,用 Java 编写 MapReduce 程序进行去重。

（1）MapReduce 程序

```java
package com.hebut.mr;
import java.io.IOException;
import org.apache.hadoop.conf.Configuration;
import org.apache.hadoop.fs.Path;
import org.apache.hadoop.io.IntWritable;
import org.apache.hadoop.io.Text;
import org.apache.hadoop.mapreduce.Job;
import org.apache.hadoop.mapreduce.Mapper;
import org.apache.hadoop.mapreduce.Reducer;
import org.apache.hadoop.mapreduce.lib.input.FileInputFormat;
import org.apache.hadoop.mapreduce.lib.output.FileOutputFormat;
import org.apache.hadoop.util.GenericOptionsParser;
public class Dedup {
    public static class Map extends Mapper<Object,Text,Text,Text>{
        private static Text line=new Text();
        public void map(Object key,Text value,Context context)
                throws IOException,InterruptedException{
            line=value;
            context.write(line, new Text(""));
        }
    }
    public static class Reduce extends Reducer<Text,Text,Text,Text>{
        public void reduce(Text key,Iterable<Text>values,Context context)
                throws IOException,InterruptedException{
            context.write(key, new Text(""));
        }
    }
    public static void main(String[] args) throws Exception{
        Configuration conf = new Configuration();
        conf.set("mapred.job.tracker", "192.168.1.2:9001");
        String[] ioArgs=new String[]{"dedup_in","dedup_out"};
        String[] otherArgs = new GenericOptionsParser(conf, ioArgs).getRemainingArgs();
        if (otherArgs.length != 2) {
            System.err.println("Usage: Data Deduplication <in><out>");
            System.exit(2);
        }
        Job job = new Job(conf, "Data Deduplication");
        job.setJarByClass(Dedup.class);
        job.setMapperClass(Map.class);
        job.setCombinerClass(Reduce.class);
        job.setReducerClass(Reduce.class);
        job.setOutputKeyClass(Text.class);
        job.setOutputValueClass(Text.class);
        FileInputFormat.addInputPath(job, new Path(otherArgs[0]));
        FileOutputFormat.setOutputPath(job, new Path(otherArgs[1]));
        System.exit(job.waitForCompletion(true) ? 0 : 1);
    }
}
```

(2) 数据处理前

```
file1:
2012-3-1 a
2012-3-2 b
2012-3-3 c
2012-3-4 d
2012-3-5 a
2012-3-6 b
2012-3-7 c
2012-3-3 c

file2:
2012-3-1 b
2012-3-2 a
2012-3-3 b
2012-3-4 d
2012-3-5 a
2012-3-6 c
2012-3-7 d
2012-3-3 c
```

(3) 去重处理后

```
2012-3-1 a
2012-3-1 b
2012-3-2 a
2012-3-2 b
2012-3-3 b
2012-3-3 c
2012-3-4 d
2012-3-5 a
2012-3-6 b
2012-3-6 c
2012-3-7 c
2012-3-7 d
```

由处理结果可见,将两个文件的 16 条记录按照数据的时间项作为键值,最终分类合并为 12 条无重复记录。

3.4.2 使用 Kettle 和 Python 进行数据预处理

大数据的 ETL(Extract Transform Load)过程涉及多种技术手段。本小节讨论将数据通过 Kettle 进行预处理,并在预处理过程中使用 Python 语言特殊处理不规整数据。

Kettle 是在 Window、Linux、UNIX 等操作系统上运行的开源的 ETL 工具,数据抽取高效稳定,较为通用。Kettle 支持多种数据库的数据,其数据库连接方式包括 JDBC、ODBC、JNDI 和 OCI(访问 Oracle DB)。同时,Kettle 也支持文本、Excel 等常用格式文件的导入导出。

使用 Kettle 进行数据处理的基本过程如下:

（1）将结构化或非结构化数据导入 Kettle 工具集中。

（2）使用 Kettle 工具进行数据的 ETL 预处理。可进行的操作包括数据类型的转换、字段的拆分和选择、数据的清洗、重复记录的去除、空值的替换及数据值范围的规定。如图 3-6 所示。

图 3-6　Kettle 处理数据步骤

在使用大数据预处理技术中，Python 也是当前最为重要的技术之一。可安装 Python 模块，通过 Python 编码实现不规整数据的处理，最终得到质量较高的数据。

【例 3-12】　对如图 3-7 所示的源数据作数据去重和填补空缺值。

```
age sex type bloodpressure cholestoral sugar electrocardiographic rate exercise oldpeak slope vessels thal Variable
70.0 1.0 4.0 130.0 322.0 0.0 2.0 109.0 0.0 2.4 2.0 3.0 3.0 2
67.0 0.0 3.0 115.0 564.0 0.0 2.0 160.0 0.0 1.6 2.0 0.0 7.0 1
57.0 1.0 2.0 261.0 0.0 0.0 141.0 0.0 0.3 1.0 0.0 7.0 2
64.0 1.0 4.0 128.0 263.0 0.0 0.0 105.0 1.0 0.2 2.0 1.0 7.0 1
74.0 0.0 2.0 120.0 322.0 0.0 2.0 121.0 1.0 0.2 1.0 1.0 3.0 1
65.0 1.0 4.0 120.0 177.0 0.0 0.0 140.0 0.0 0.4 1.0 0.0 7.0 1
56.0 1.0 3.0 130.0 256.0 1.0 2.0 142.0 1.0 0.6 2.0 1.0 6.0 2
59.0 1.0 4.0 110.0 239.0 0.0 2.0 142.0 1.0 1.2 2.0 1.0 7.0 2
60.0 1.0 4.0 140.0 293.0 0.0 2.0 170.0 0.0 1.2 2.0 2.0 7.0 2
60.0 1.0 4.0 140.0 293.0 0.0 2.0 170.0 0.0 1.2 2.0 2.0 7.0 2
63.0 0.0 4.0 150.0 407.0 0.0 2.0 154.0 0.0 4.0 2.0 3.0 7.0 2
59.0 1.0 4.0 135.0 234.0 0.0 0.0 161.0 0.0 0.5 2.0 0.0 7.0 1
53.0 1.0 4.0 142.0 226.0 0.0 0.0 111.0 1.0 0.0 1.0 0.0 7.0 1
44.0 1.0 3.0 235.0 0.0 2.0 180.0 0.0 0.0 1.0 0.0 3.0 1
61.0 1.0 1.0 134.0 234.0 0.0 0.0 145.0 0.0 2.6 2.0 2.0 3.0 2
57.0 0.0 4.0 128.0 303.0 0.0 2.0 159.0 0.0 0.0 1.0 1.0 3.0 1
71.0 0.0 4.0 112.0 149.0 0.0 0.0 125.0 0.0 1.6 2.0 0.0 3.0 1
46.0 1.0 4.0 140.0 311.0 0.0 0.0 120.0 1.0 1.8 2.0 2.0 7.0 2
```

存在空缺值

有重复数据

图 3-7　带有重复值和空缺值的源数据

主要方法：将源数据（文本格式）导入 Kettle，转换为 Excel 表格，并进行去重；然后用拉格朗日插值法填补空缺值。

（1）使用 Kettle 进行数据去重

① 将文本文件导入 Kettle，转换为 Excel 表格，如图 3-8 所示。

步骤 Excel输出 的数据　(274 rows)

#	age	sex	type	bloodpressure	cholestoral	sugar	electrocardiographic	rate	exercise	oldpeak	slope	vessels	thal	Variable
1	70.0	1.0	4.0	130.0	322.0	0.0	2.0	109.0	0.0	2.4	2.0	3.0	3.0	2
2	67.0	0.0	3.0	115.0	564.0	0.0	2.0	160.0	0.0	1.6	2.0	0.0	7.0	1
3	57.0	1.0	2.0	<null>	261.0	0.0	0.0	141.0	0.0	0.3	1.0	0.0	7.0	2
4	64.0	1.0	4.0	128.0	263.0	0.0	0.0	105.0	1.0	0.2	2.0	1.0	7.0	1
5	74.0	0.0	2.0	120.0	322.0	0.0	2.0	121.0	1.0	0.2	1.0	1.0	3.0	1
6	65.0	1.0	4.0	120.0	177.0	0.0	0.0	140.0	0.0	0.4	1.0	0.0	7.0	1
7	56.0	1.0	3.0	130.0	256.0	1.0	2.0	142.0	1.0	0.6	2.0	1.0	6.0	2
8	59.0	1.0	4.0	110.0	239.0	0.0	2.0	142.0	1.0	1.2	2.0	1.0	7.0	2
9	60.0	1.0	4.0	140.0	293.0	0.0	2.0	170.0	0.0	1.2	2.0	2.0	7.0	2
10	60.0	1.0	4.0	140.0	293.0	0.0	2.0	170.0	0.0	1.2	2.0	2.0	7.0	2
11	63.0	0.0	4.0	150.0	407.0	0.0	2.0	154.0	0.0	4.0	2.0	3.0	7.0	2
12	59.0	1.0	4.0	135.0	234.0	0.0	0.0	161.0	0.0	0.5	2.0	0.0	7.0	1
13	53.0	1.0	4.0	142.0	226.0	0.0	0.0	111.0	1.0	0.0	1.0	0.0	7.0	1
14	44.0	1.0	3.0	<null>	235.0	0.0	2.0	180.0	0.0	0.0	1.0	0.0	3.0	1
15	61.0	1.0	1.0	134.0	234.0	0.0	0.0	145.0	0.0	2.6	2.0	2.0	3.0	2
16	57.0	0.0	4.0	128.0	303.0	0.0	2.0	159.0	0.0	0.0	1.0	1.0	3.0	1

图 3-8　源数据转换为 Excel 数据

② 使用 Kettle 工具进行数据的去重处理。由于过程比较复杂,这里就不进行详细介绍。

Kettle 去重处理后的结果如图 3-9 所示。

#	步骤名称	复制的记录行数	读	写	输入	输出	更新	拒绝	错误	激活	时间	速度 (条记录/秒)	Pri/in/out
1	文本文件输入	0	0	274	275	0	1	0	0	已完成	0.0s	25,000	-
2	Excel输出	274	274	0	274	0	0	0	0	已完成	0.1s	2,302	-
3	去除重复记录	0	274	270	0	0	0	0	0	已完成	0.1s	2,283	-
4	Excel输出 2	0	270	270	0	270	0	0	0	已完成	0.2s	1,731	-

图 3-9　Kettle 处理结果

由图 3-9 可见,去除了 4 条重复数据。

图 3-10 是经过去重处理的 Excel 数据表,可以看到仍包含两条带空缺值的记录。

#	age	sex	type	bloodpressure	cholestoral	sugar	electrocardiographic	rate	exercise	oldpeak	slope	vessels	thal	Variable
1	70.0	1.0	4.0	130.0	322.0	0.0	2.0	109.0	0.0	2.4	2.0	3.0	3.0	2
2	67.0	0.0	3.0	115.0	564.0	0.0	2.0	160.0	0.0	1.6	2.0	0.0	7.0	1
3	57.0	1.0	2.0	<null>	261.0	0.0	0.0	141.0	0.0	0.3	1.0	0.0	7.0	2
4	64.0	1.0	4.0	128.0	263.0	0.0	0.0	105.0	1.0	0.2	2.0	1.0	7.0	1
5	74.0	0.0	2.0	120.0	322.0	0.0	2.0	121.0	1.0	0.2	1.0	1.0	3.0	1
6	65.0	1.0	4.0	120.0	177.0	0.0	0.0	140.0	0.0	0.4	1.0	0.0	7.0	1
7	56.0	1.0	3.0	130.0	256.0	1.0	2.0	142.0	1.0	0.6	2.0	1.0	6.0	2
8	59.0	1.0	4.0	110.0	239.0	0.0	2.0	142.0	1.0	1.2	2.0	1.0	7.0	2
9	60.0	1.0	4.0	140.0	293.0	0.0	2.0	170.0	0.0	1.2	2.0	2.0	7.0	2
10	63.0	0.0	4.0	150.0	407.0	0.0	2.0	154.0	0.0	4.0	2.0	3.0	7.0	2
11	59.0	1.0	4.0	135.0	234.0	0.0	0.0	161.0	0.0	0.5	2.0	0.0	7.0	1
12	53.0	1.0	4.0	142.0	226.0	0.0	2.0	111.0	1.0	0.0	1.0	0.0	7.0	1
13	44.0	1.0	3.0	<null>	235.0	0.0	2.0	180.0	0.0	0.0	1.0	0.0	3.0	1
14	61.0	1.0	1.0	134.0	234.0	0.0	0.0	145.0	0.0	2.6	2.0	2.0	3.0	2
15	57.0	0.0	4.0	128.0	303.0	0.0	2.0	159.0	0.0	0.0	1.0	1.0	3.0	1
16	71.0	0.0	4.0	112.0	149.0	0.0	0.0	125.0	0.0	1.6	2.0	0.0	3.0	1

图 3-10　带有空缺数据的 Excel 数据表

(2) 用拉格朗日插值法填补空缺值。

对空缺值进行填补,通常可使用 Python 的 pandas 模块,编写 Python 代码实现拉格朗日插值函数的操作。

【例 3-13】　按照本例,取 k＝5,分为三种情况取值:距第一行数值小于 5;中间情况;距最后一行小于 5。代码如下:

```python
import pandas as pd
from scipy.interpolate import lagrange

inputfile = 'D:/heart0.xls'
outputfile = 'D:/heart01.xls'

def FillNaN(input, output, k=5):
    data = pd.read_excel(input, header=None)
    title = data[:1]
    data = data[1:]
    for i in range(len(data.columns)):
        for j in range(1, len(data)+1):
            if (j >= k) and (j < len(data) - k):
                y = data[i][list(range(j-k, j)) + list(range(j+1, j+1+k))] #取数
```

```
                        y = y[y.notnull()]    #剔除空值
                        if (data[i].isnull())[j]:
                            data[i][j] = round(lagrange(y.index, list(y))(j))
                    elif j < k :
                        y = data[i][list(range(1, j)) +list(range(j+1, j+1+k))]
                        y = y[y.notnull()]
                        if (data[i].isnull())[j]:
                            data[i][j] = round(lagrange(y.index, list(y))(j))
                    elif j >= len(data) - k:
                        y = data[i][list(range(len(data)-1-2* k, j)) +list(range(j+1, len
(data)))]
                        y = y[y.notnull()]
                        if (data[i].isnull())[j]:
                            data[i][j] = round(lagrange(y.index, list(y))(j))
        data = pd.concat([title, data])
        data.to_excel(output, header=None, index=False)
FillNaN(inputfile, outputfile)
```

在本例中,在数据去重的基础上填补空缺值,得到的最终数据集如图 3-11 所示。

	A	B	C	D	E	F	G	H	I	J	K	L	M	N	C
1	age	sex	type	bloodpress	cholestora	sugar	electrocar	rate	exercise	oldpeak	slope	vessels	thal	Variable	
2	70	1	4	130	322	0	2	109	0	2.4	2	3	3	2	
3	67	0	3	115	564	0	2	160	0	1.6	2	0	7	1	
4	57	1	2	127	261	0	0	141	0	0.3	1	0	7	2	
5	64	1	4	128	263	0	0	105	1	0.2	2	1	7	1	
6	74	0	2	120	322	0	2	121	1	0.2	1	1	3	1	
7	65	1	4	120	177	0	0	140	0	0.4	1	0	7	1	
8	56	1	3	130	256	1	2	142	1	0.6	2	1	6	2	
9	59	1	4	110	239	0	2	142	1	1.2	2	1	7	2	
10	60	1	4	140	293	0	2	170	0	1.2	2	2	7	2	
11	63	0	4	150	407	0	2	154	0	4	2	3	7	2	
12	59	1	4	135	234	0	0	161	0	0.5	2	0	7	1	
13	53	1	4	142	226	0	2	111	1	0	1	0	7	1	
14	44	1	3	141	235	0	2	180	0	0	1	0	3	1	
15	61	1	1	134	234	0	0	145	0	2.6	2	2	3	2	
16	57	0	4	128	303	0	2	159	0	0	1	1	3	1	
17	71	0	4	112	149	0	0	125	0	1.6	2	0	3	1	
18	46	1	4	140	311	0	0	120	1	1.8	2	2	7	2	
19	53	1	4	140	203	1	2	155	1	3.1	3	0	7	2	
20	64	1	1	110	211	0	2	144	1	1.8	2	0	3	1	

图 3-11 根据拉格朗日中值定理填补的数据

小　结

　　大数据预处理是互联网中数据价值的挖掘、分析以及存储。预处理过程主要完成对数据进行辨别、抽取和清洗的操作。在抽取过程中,大数据分析软件会根据数据的结构和类型,对其进行深入抽取。在此过程中,数据抽取会帮助企业更好地转化数据,从而让复杂简单化,以便于企业能够更好地处理数据。数据清洗操作主要是去掉大数据中不需要的信息,避免数据被一些不重要的信息干扰,让数据更有价值。

　　本章主要讲述数据预处理的相关内容。首先是有关数据类型、数据集、数据特征与质量分析的相关概念和描述,进而分析数据采集和抽样的方法及应用特性。数据采集是进行数据预处理的前期工作,抽样其实是预处理过程中数据抽取环节的一种实施方法。

　　本章 3.3 节较为详细地讲述了数据预处理过程中数据清洗、数据集成、数据变换和数据

规约几个主要步骤,并在每个步骤论述中给出具体实例。

本章第四节简述大数据 Hadoop 生态圈中的预处理技术,讲述较为通用方便的 ETL 工具 Kettle 实现数据预处理应用实例,主要展示去重和空缺值填补操作,并结合 Python 语言实现拉格朗日插值,完成空缺值填补环节。

数据类型、特征、质量＋数据采集和抽样.mp4(22.0MB)

数据与处理过程＋Hadoop 中数据与处理应用.mp4(35.6MB)

习　题

1. 填空题

(1) 数据预处理的主要内容包括_____、_____、_____和_____。

(2) _____导入,是指通过各种工具将数据在不同数据库类型、不同数据库结构的异构数据库之间进行数据同步。

(3) 关于分层抽样方法,在 R 中可以使用 sampling 包中的_____函数实现。

(4) 处理异常值的常用方法有:_____、_____、_____和_____。

(5) 对于简单随机抽样函数 sample(),其中的参数 x 可以为_____、_____和_____ 3 种类型的数据。

(6) _____是数据挖掘中数据准备过程的重要步骤,是预处理的前提,也是数据挖掘分析结论有效性和准确性的基础,没有可信的数据,数据挖掘构建的模型将是虚空不可置信的。

2. 选择题

(1) 下列用于绘制箱线图的代码参数是(　　)。

　A. histogram　　　B. density　　　C. boxplot　　　D. point

(2) 删除缺失值所在的一行的函数是(　　)。

　A. na.omit　　　B. is.na　　　C. na.rm　　　D. na.action

(3) 下列(　　)函数提供了一个显示数据框结构的方法,或者说它提供了显示所有同时包含向量和列表的数据结构的方法。

　A. str　　　B. summary　　　C. head　　　D. help

(4) 下列函数中,(　　)用于离散化中的等宽离散化。

　A. ceiling　　　B. seq　　　C. kmeans　　　D. sep

(5) 数据质量是保证数据应用的基础,其包括对数据的 4 个方面的要求标准,下面(　　)不属于这 4 个方面的要求标准。

　A. 完整性　　　B. 一致性　　　C. 准确性　　　D. 持续性

(6) 下面的 4 个选项中,(　　)代表数值型。

　A. int　　　B. factor　　　C. numeric　　　D. character

3. 简单题

(1) 参考本章内容,把 R 里面自带的 iris 数据进行标准化(三种方法)。

(2) 利用抽样方法,把 iris 数据分成比例为 7 : 3 两份。

(3) 写出常用的数据采集方法,并且解释网络爬虫的概念。

(4) 解释结构化数据、半结构化数据和非结构化数据。

(5) 简介特征选择中封装法和过滤法两种方法的概念和特点。

第 4 章

R 语言工具的使用

【内容摘要】　本章通过实例,简要地介绍了 R 语言在数据处理、计算和制图中的一些技巧和应用。概述了 R 软件的功能特点:包括数据存储和处理系统,数组运算工具(其向量、矩阵运算方面功能尤其强大);统计分析工具;统计制图功能。可操纵数据的输入和输出,可实现分支、循环,用户可自定义功能。

【学习目标】　熟练掌握 R 软件的使用;熟悉 R 中数据的基本操作;熟悉 R 语言可视化绘图;熟悉 R 语言数据分析;简单了解 RHadoop。

4.1　R 语言概述

R 语言是一种自由软件编程语言与操作环境,主要用于统计分析、绘图和数据挖掘,是 S 语言的一种实现(S 语言是由 AT&T 实验室于 1976 年共同开发的一种解释型语言)。R 语言工具是自由软件,免费、开放源代码,支持各种主要计算机操作系统。

4.1.1　下载、安装和使用

1. R 语言工具的下载

以 Windows 操作系统为例,R 的主网站是 https://www.r-project.org/,可从 CRAN 的镜像网站下载软件,其中一个镜像为 http://mirror.bjtu.edu.cn/cran/。选择 Download R for Windows-base-Download R 3.2.2 for Windows 链接进行下载。

RStudio 是功能更强的一个 R 图形界面。在安装好 R 的官方版本后安装 RStudio 可以更方便地使用 R。

2. R 软件的安装和使用

R 软件的安装非常容易,按照 Windows 的提示安装即可。当开始安装后,选择安装提示的语言(中文或者英文),接受安装协议,选择安装目录,并选择安装组件。按照 Windows 的各种提示操作,稍等片刻,R 软件就安装成功了。

安装完成后,程序会创建 R 程序组并在桌面上创建 R 主程序的快捷方式(也可以在安装过程中选择不要创建),通过快捷方式运行 R,便可调出 R 软件的主窗口。

安装官方的 R 软件后,可以安装 RStudio。平时使用可以使用 RStudio,其界面更方便。

R 软件的界面与 Windows 的其他编程软件类似,是由一些菜单和快捷按钮组成。快捷按钮下面的窗口便是命令输入窗口,它也是部分运算结果的输出窗口,有些运算结果则会在新建的窗口中输出。

主窗口上方的文字(中文操作系统,则显示中文)是刚运行 R 时出现的一些说明和指引。文字下的">"符号便是 R 的命令提示符(矩形光标),在其后可输入命令。R 一般采用交互式工作方式,在命令提示符后输入命令,回车后便会输出计算结果。也可将所有的命令建成一个文件,运行这个文件的全部或部分来执行相应的命令,从而得到相应的结果。

3. RGui 界面与运行

RGui 是一款编程工具,是 R 语言统计建模软件。其功能包括:拥有数据存储和处理系统,数组运算工具(其向量、矩阵运算方面功能尤其强大),完整连贯的统计分析工具,优秀的统计制图等多种功能。

RGui 的主窗口由三部分组成:主菜单、工具条和 R Console(R 运行窗口),如图 4-1 所示。

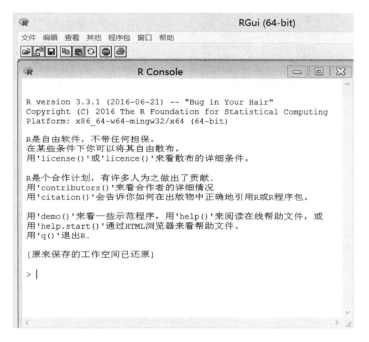

图 4-1　RGui 界面

4. RStudio 界面

RStudio 是可以在 Mac OS X、Linux 和 Windows 上运行的 R 环境,提供功能强大和灵活的用户界面。RStudio 是一个自由和开源的编程语言和环境,提供了大量的图形和统计方法以统计计算和图形。

RStudio 的界面如图 4-2 所示。

整个界面划分成多个模块进行同步操作显示,脚本区、控制台区、文件区非常清晰易用。

5. RStudio 工作目录、工作空间

工作空间(Workspace)就是当前 R 的工作环境,它储存所有用户定义的对象(向量、矩阵、函数、数据框、列表)。在一个 R 会话结束时,可以将当前工作空间保存到一个镜像中,并在下次启动 R 时自动载入它。各种命令可在 R 命令行中交互式地输入,可使用上下方向键查看已输入命令的历史记录。这样可以选择一个之前输入过的命令并适当修改,最后按

图 4-2　RStudio 界面

回车键重新执行它。

　　当前工作目录(Working Directory)是 R 用来读取文件和保存结果的默认目录。可以使用函数 getwd()来查看当前的工作目录,或使用函数 setwd()设定当前的工作目录。如果需要读入一个不在当前工作目录下的文件,则需在调用语句中写明完整的路径。记得使用引号闭合这些目录名和文件名。

　　6. R 语言的帮助

　　使用 R 语言的帮助功能可查阅 R 函数、包相关的文档及示例数据集等资料信息,见表 4-1。

表 4-1　R 语言的帮助

函　　　数	功　　　能
help. start()	打开帮助文档首页
help("data")或?data	查看函数 data()的帮助
vignette()	列出当前已安装包中所有可用的 vignette 文档
vignette("data")	为主题 data 显示指定的 vignette 文档
data()	列出当前已加载包中所含的可用示例数据集
apropos("data",mode＝"function")	列出名称中含有 data 的所有可用函数
RSiteSearch("data")	以 data 为关键词搜索在线文档和邮件列表存档
example("data")	函数 data()的使用示例

4.1.2　R 包的使用

　　1. 什么是包

　　包是 R 函数、数据、预编译代码以一种定义完善的格式组成的集合。计算机上存储包的目录称为库(library)。函数 libPaths()能够显示库所在的位置,函数 library()则可以显示库中有哪些包。在 R 会话的提示符>下执行的函数也称为命令。

R 自带了一系列默认包(包括 base、datasets、utils、grDevices、graphics、stats 以及 methods),它们提供了种类繁多的默认函数和数据集。其他包可通过下载来进行安装。安装好以后,它们必须被载入会话中才能使用。命令 search()可以显示出哪些包已加载并可使用。

2. R 包的安装

安装一个 R 包,使用命令 install.packages()即可。举例来说,不加参数执行 install.packages()将显示一个 CRAN 镜像站点的列表,选择其中一个镜像站点之后,将看到所有可用包的列表,选择其中的一个包即可进行下载和安装。如果已经知道需要安装的包的名称,可以直接将包名作为参数提供给这个函数。例如,包 gclus 中提供了创建增强型散点图的函数,可以使用命令 install.packages("gclus")来下载和安装它(括号中一定要加引号)。在 RGui 中也可以选择菜单栏中的程序包→安装程序包,选择其中一个镜像站点之后,将看到所有可用包的列表,选择其中的一个包即可进行下载和安装。

一个包仅需安装一次。但和其他软件类似,包经常被其作者更新。使用命令 update.packages()可以更新已经安装的包。要查看已安装包的描述,可以使用 installed.packages()命令,这将列出安装的包,以及它们的版本号、依赖关系等信息。

3. R 包的载入

R 包的安装是指从某个 CRAN 镜像站点下载它并将其放入库中的过程。要在 R 会话中使用它,还需要使用 library()命令载入这个包。例如,要使用 gclus 包,执行命令 library(gclus)即可。当然,在载入一个包之前必须已经安装了这个包。在一个会话中,包只需载入一次。

4. R 包的使用方法

帮助系统包含了每个函数的一个描述(同时带有示例),每个数据集的信息也被包括其中。命令 help(package="package_name")可以输出某个包的简短描述以及包中的函数名称和数据集名称的列表。使用函数 help()可以查看其中作为其参数的任意函数或数据集的更多细节。这些信息也能以 PDF 帮助手册的形式从 CRAN 下载。

4.2 R 语言的基本操作

R 语言基本操作包括数据的基本操作和常用函数的使用。

4.2.1 数据的基本操作

本节将介绍 R 中数据的赋值和创建、数据的运算以及从各种不同格式的数据文件读取数据的技术,对于统计应用和理论研究都很有帮助。

1. 赋值和创建

1) 变量赋值

如将 10 赋值给 a 变量

```
>a <-10
```

或者

```
>a =  10
```

这里的两种赋值方式,即<-和=是一致的。

2）数列

```
>a <-1:10
```

这样,表示把 $1,2,3,4,\cdots,9,10$ 赋值给了 a 变量,这样 a 就是一个数组,维度为 1,拥有 10 个元素。

输入 $a[1]$ 或者 $a[1:2]$ 查看第一个元素和第一到第二个元素是什么。也可以使用 $a[-5]$ 查看除了第五个元素以外的所有元素。

除去第七个元素以外的所有元素取出赋值给 b: $b <- a[-7]$。

2. 数据的运算

1）基本运算符号

＋、－、*、/、^、％％（求模）、％/％（整除）。示例如下:

```
>1+2
[1] 3
>5.6% % 2
[1] 1.6
```

2）比较运算

＞、＜、＞＝、＜＝、＝＝、！＝。示例如下:

```
>2>3
[1] FALSE
>5>= 2
[1] TRUE
>4!= 2
[1] TRUE
```

3）逻辑运算符号

＆（与）、|（或）、！（非）、＆＆（长逻辑与运算）、‖（长逻辑或运算）。示例如下:

```
>4&2
[1] TRUE
>4&&2
[1] TRUE
>4|2
[1] TRUE
```

4）集合运算

```
union(x,y)          #求并集
intersect(x,y)      #求交集
setdiff(x,y)        #求属于 x 而不属于 y 的所有元素
setequal(x,y)       #判断 x 与 y 是否相等
```

```
a % in% y            #判断 a 是否为 y 中的元素
choose(n, k)          #n 个里面取 k 个的组合数
combn(x,n)            #x 中的元素每次取 n 个的所有组合
combn(x,n,f)          #将这些组合用于指定函数 f
```

示例如下:

```
>x<-c(1,4,6,3)
>y<-c(2,4,7,9)
>union(x,y)
[1] 1 4 6 3 2 7 9
>intersect(x,y)
[1] 4
>setdiff(x,y)
[1] 1 6 3
>4% in% y
[1] TRUE
```

5) 向量化

R 语言以向量为基本运算对象。也就是说,当输入的对象为向量时,对其中的每个元素分别进行处理,然后以向量的形式输出。以下是几个向量化的函数使用示例。

apply() 函数的处理对象是矩阵或数组。

对一个随机矩阵求每一行的均值。

```
>data <-matrix(rnorm(100),ncol=10)
>apply(data,1,mean)
[1]  0.34171580  0.29338032 -0.03276249 -0.50059480  0.16694147  0.24703917
[7]  0.17592112 -0.06023311 -0.29572568  0.40191488
```

apply() 的处理对象是向量、列表或其他对象,它将向量中的每个元素作为参数,输入处理函数中,最后生成结果的格式为列表。

对一个数据框按列来计算中位数与标准差。

```
>f.data <-data.frame(x=rnorm(10),y=runif(10))
>apply(f.data,FUN=function(x) list(median=median(x),sd=sd(x)))
$ x
$ x$ median
[1] 0.4697532
$ x$ sd
[1] 0.7001406
$ y
$ y$ median
[1] 0.3221742
$ y$ sd
[1] 0.3313145
```

sapply() 是使用频繁的向量化函数,它和 apply() 是非常相似的,但其输出格式则是较为友好的矩阵格式。

对一个数据框按列来计算中位数与标准差。

```
>sapply(f.data,FUN=function(x)list(median=median(x),sd=sd(x)))
        x           y
median 0.4697532 0.3221742
sd     0.7001406 0.3313145
```

tapply()的功能专门用来处理分组数据,其参数要比 sapply 多一个。以 iris 数据集为例,可观察到 Species 列中存放了三种花的名称,目的是要计算三种花瓣萼片宽度的均值,其输出结果是数组格式。

```
>head(iris)
  Sepal.Length Sepal.Width Petal.Length Petal.Width Species
1          5.1         3.5          1.4         0.2 setosa
2          4.9         3.0          1.4         0.2 setosa
3          4.7         3.2          1.3         0.2 setosa
4          4.6         3.1          1.5         0.2 setosa
5          5.0         3.6          1.4         0.2 setosa
6          5.4         3.9          1.7         0.4 setosa
>attach(iris)
>tapply(Sepal.Width,INDEX=Species,FUN=mean)
    setosa versicolor  virginica
     3.428      2.770      2.974
```

6) 峰度和偏度的计算

峰度是描述总体中所有取值分布形态陡缓程度的统计量。这个统计量需要与正态分布相比较,峰度为 0 表示该总体数据分布与正态分布的陡缓程度相同;峰度大于 0 表示该总体数据分布与正态分布相比较为陡峭,为尖顶峰;峰度小于 0 表示该总体数据分布与正态分布相比较为平坦,为平顶峰。

偏度与峰度类似,它也是描述数据分布形态的统计量,其描述的是某总体取值分布的对称性。这个统计量同样需要与正态分布相比较,偏度为 0 表示其数据分布形态与正态分布的偏斜程度相同;偏度大于 0 表示其数据分布形态与正态分布相比为正偏或右偏,即有一条长尾巴拖在右边,数据右端有较多的极端值;偏度小于 0 表示其数据分布形态与正态分布相比为负偏或左偏,即有一条长尾巴拖在左边,数据左端有较多的极端值。偏度的绝对值数值越大表示其分布形态的偏斜程度越大。

R 默认不提供函数计算这两个值。如果需要计算,可以自编公式或者使用 fBasics 包。加载 fBasics 包后,可使用以下命令进行计算。

```
skewness(x)      #偏度
kurtosis(x)      #峰度
>x<-c(2,3,4,5,6,3,7,4,3,7,4,8,4)
>skewness(x)
[1] 0.4510533
attr(,"method")
[1] "moment"
>kurtosis(x)
[1] -1.244636
attr(,"method")
[1] "excess"
```

3. 数据的导入

1) 从键盘输入数据

创建一个名为 data 的数据框，它含有三个变量：age（数值型）、gender（字符型）和 weight（数值型）。调用文本编辑器，输入数据，最后保存结果，如图 4-3 所示。

```
>data<-data.frame(age=numeric(0),gender=character(0),weight=numeric(0))
>Data<-edit(data)
```

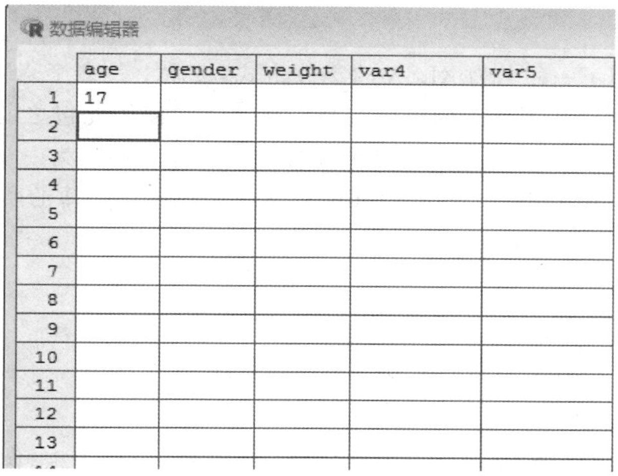

图 4-3 数据编辑器

2) 从带分隔符的文本文件里导入数据

使用 read.table()从带分隔符的文本文件中导入数据。此函数可读入一个表格格式的文件并将其保存为一个数据框。其语法如下：

```
Mydataframe<-read.table(file,header=logical_value,
Sep="delimiter",row.names="name")

>Grades<-read.table("student.csv",header=TRUE,sep=",",
        row.names"st")
```

从当前工作目录中读入一个名为 student.csv 的逗号分隔文件，从文件的第一行取得了各变量名称，将变量 st 指定为行标识符。

3) 导入 Excel 数据

读取一个 Excel 文件的最好方式就是在 Excel 中将其导出为一个逗号分隔文件（csv），并使用前文描述的方式将其导入 R 中。

在 Windows 系统中，也可以使用 RODBC 包来访 Excel 文件。电子表格的第一行应当包含变量/列的名称。

首先，下载并安装 RODBC 包。

```
install.packages("RODBC")
```

也可以使用以下代码导入数据。

```
>library(RODBC)
>channel<-odbcConnectExcel("myfile.xls")
>mydataframe<-sqlfetch(channel,"mysheet")
>odbcClose(channel)
```

这里的 myfile. xls 是一个 Excel 文件,mysheet 是要从这个工作簿中读取工作表的名称,channel 是一个由 odbcConnectExcel()返回的 RODBC 连接对象,mydataframe 是返回的数据框。RODBC 也可用于从 Microsoft Access 导入数据。更多详情,参见 help(RODBC)。

Excel 2007 使用了一种名为 XLSX 的文件格式,实质上是多个 XML 文件组成的压缩包。xlsx 包可用来读取这种格式的电子表格。在第一次使用此包之前请务必先下载并安装好。包中的函数 read. xlsx()可将 XLSX 文件中的工作表导入为一个数据框。其最简单的调用格式是 read. xlsx(file, n)。其中,file 是 Excel 2007 工作簿的所在路径,n 为要导入的工作表序号。

```
>library(xlsx)
>workbook<-"C:/myworkbook,xlsx"
>Mydataframe<-read.xlsx(workbook,l)
```

4) 导入 SPSS 数据

SPSS 数据集可以通过 foreign 包中的函数 read. spss()导入 R 中,也可以使用 Hmisc包中的 spss. get()函数。函数 spss. get()是对 read. spss()的一个封装,它可以自动设置后者的许多参数。首先,下载并安装 Hmisc 包(foreign 包已被默认安装)。

```
>install.packages("Hmisc")
>library(Hmisc)
>mydataframe<-spss.get("mydata.sav",use.value.labels=TRUE)
```

这段代码中,mydata. sav 是要导入的 SPSS 数据文件,use. value. labels=TRUE 表示让函数将带有值标签的变量导入为 R 中水平对应相同的因子,mydataframe 是导入后的 R 数据框。

5) 导入 Stata 数据

要将 Stata 数据导入 R 中非常简单直接,所需代码类似于:

```
>library(foreign)
>mydataframe<-read.dta("mydata.dta")
```

这里,mydata. dta 是 Stata 数据集,mydataframe 是返回的 R 数据框。

4. 数据的管理

数据管理问题是分析的基础。下面用一个示例对数据排序、合并、提取等部分管理操作做解说。

【例 4-1】 男性和女性在领导各自企业方式上不同,典型的问题如下:

处于管理岗位的男性和女性在听从上级(见表 4-2)的程度上是否有所不同?

这种情况是否依国家的不同而有所不同,或者说这些由性别导致的不同是否普遍存在?

表 4-2　领导意见表达

意见值	1	2	3	4	5
意见表达	非常不同意	不同意	既不同意也不反对	同意	非常同意

结果数据可能类似于表 4-3。各行数据代表了某个经理人的上司对他的评分。

表 4-3　领导行为的性别差异

经理人	日　　期	国籍	性别	年龄	q1	q2	q3	q4	q5
1	10/24/08	US	M	32	5	4	5	5	5
2	10/28/08	US	F	45	3	5	2	5	5
3	10/01/08	UK	F	25	3	5	5	5	2
4	10/12/08	UK	M	39	3	3	4		
5	05/01/09	UK	F	99	2	2	1	2	1

在这里,每位经理人的上司根据与服从权威相关的五项陈述(q1~q5)对经理人进行评分。

一个数据集中可能含有几十个变量和成千上万的观测,但为了简化示例,仅选取了5行10列的数据。另外,我们已将关于经理人服从行为的问题数量限制为5。在现实研究中,可能会使用10~20个类似的问题来提高结果的可靠性和有效性。

创建 leadership 数据框:

```
manager<-c(1,2,3,4,5)
data<-c("10/24/08","10/28/08","10/1/08","10/12/08","5/1/09")
country<-c("US","US","UK","UK","UK")
gender<-c("M","F","F","M","F")
age<-c(32,45,25,39,99)
q1<-c(5,3,3,3,2)
q2<-c(4,5,5,3,2)
q3<-c(5,2,5,4,1)
q4<-c(5,5,5,NA,2)
q5<-c(5,5,2,NA,1)
>leadership<-data.frame(manager,data,country,gender,age,
q1,q2,q3,q4,q5,stringAsFactors=FALSE)
```

五个评分(q1~q5)需要组合起来,即为每位经理人生成一个平均服从程度得分。

既往研究表明,领导行为可能随经理人的年龄而改变,二者存在函数关系。要检验这种观点,希望将当前的年龄值重编码为类别型的年龄组(例如年轻、中年、年长)。

1) 数据排序

在 R 中,使用 order() 函数对一个数据框进行排序。默认的排序顺序是升序,在排序变量的前边加一个减号即可得到降序的排序结果。以下示例使用 leadership 演示了数据框的排序。

```
>newdata<-leadership[order(leadership$age),]
#创建一个新的数据集,其中各行依经理人的年龄升序排序
>attach(leadership)
```

```
>newdata<-leadership[order(gender,age),]
>detach(leadership)
#将各行依女性到男性,同样性别中按年龄升序排序
>attach(leadership)
>newdata<-leadership[order(gender,-age),]
>detach(leadership)
#将各行依经理人的性别和年龄降序排序
```

2）数据集的合并

（1）添加列。

```
>total<-merge(dataframeA,dataframeB,by="ID")
```

将 dataframeA 和 dataframeB 按照 ID 进行了合并。

```
>total<-merge(dataframeA,dataframeB,by=c("ID","Country"))
```

将两个数据框按照 ID 和 Country 进行了合并。

（2）添加行。

要纵向合并两个数据框（数据集），请使用 rbind()函数。

```
>Total<-rbind(dataframeA,dataframeB)
```

两个数据框必须拥有相同的变量，不过它们的顺序不必一定相同。

3）数据集取子集

R 拥有强大的索引特性，可以用于访问对象中的元素。也可利用这些特性对变量或观测进行选入和排除。

（1）剔除（丢弃）变量。

剔除变量的原因很多。举例来说，如果某个变量中有若干缺失值，你可能想在进一步分析之前将其丢弃。

可以使用语句剔除变量 q3 和 q4。

```
>myvars<-names(leadership)% in% c("q3","q4")
>newdata<-leadership[! myvars]
```

（2）选入观测。

选入或剔除观测（行）通常是成功的数据准备和数据分析的一个关键方面。

```
>newdata<-leadership[1:3,]
>newdata<-leadership[which(leadership$gender=="M"&leadership$age>30),]
>attach(leadership)
>newdata<-leadership[which(gender=='M'&age>30),]
>datach(leadership)
```

在以上每个示例中，只提供了行下标，而将列下标留空（故选入了所有列）。在第一个示例中，选择了第一行到第三行（前三个观测）。在第二个示例中，选择了所有 30 岁以上的男性。第三个示例使用了 attach()函数，所以不必在变量名前加上数据框名称。

（3）subset 函数。

使用 subset 函数大概是选择变量和观测最简单的方法了。两个示例如下：

```
>newdata<-subset(leadership,age>=35|age<24,select=c(q1,q2,q3,q4))
>newdata<-subset(leadership,gender=="M"&age>25,select=gender:q4)
```

在第一个示例中,选择了所有 age 值大于或等于 35 或 age 值小于 24 的行,保留了变量 q1~q4。

在第二个示例中,选择了所有 25 岁以上的男性,并保留了变量 gender 到 q4(gender、q4 和其间所有列)。

(4) 随机抽样。

sample 函数从数据集中(有放回或无放回地)抽取大小为 n 的一个随机样本。

可以使用以下语句从 leadership 数据集中随机抽取一个大小为 3 的样本。

```
>mysample<-leadership[sample(1:nrow(leadership),3,replace=FALSE),]
```

4.2.2 R 常用函数

1. 数学函数

R 常用的数学函数见表 4-4。

表 4-4 常用数学函数

函　　数	功　　能
sum	元素求和
prod	元素求连乘积
which. min(max)	最小(大)元素的下标
range	与 c(min(x)和 max(x))作用相同
mean	均值
median	中位数
var	方差
rev	元素取逆序
sort	元素按升序排列
cumsum	累积和
cumprod	累积积
cummax(cummax)	累积最大值(最小值)

举例如下:

```
>x <-4:1
>sum(x)                #对 x 中的元素求和
[1] 10
>prod(2:8)             #8 的阶乘
[1] 40320
>which.max(x)          #返回 x 中最大元素的下标
[1] 4
>x
[1] 4 3 2 1
>which.min(x)
[1] 4
>which.max(x)
```

```
[1] 1
>range(x)              #与 c(min(x)和 max(x))作用相同
[1] 1 4
>mean(x)              #x 中元素的均值
[1] 2.5
>median(x)           #x 中元素的中位数
[1] 2.5
>var(x)               #x 中元素的方差(用 n-1 做分母)
[1] 1.666667
>x
[1] 4 3 2 1
>rev(x)               #对 x 中的元素取逆序
[1] 1 2 3 4
>sort(x)             #将 x 中的元素按升序排列
[1] 1 2 3 4
>x
[1] 4 3 2 1
>cumsum(x)          #求累积和,返回一个向量,它的第 i 个元素是从 x[1]到 x[i]的和
[1] 4  7  9 10
>cumprod(x)         #求累积(从左向右)乘积
[1] 1  2  6 24
>cummin(x)          #求累积最小值(从左向右)
[1] 1 1 1 1
>cummax(x)          #求累积最大值(从左向右)
[1] 1 2 3 4
```

2. 统计函数

R 语言中提供了四类有关统计分布的函数(密度函数、累计分布函数、分位函数和随机数函数),分别在代表该分布的 R 函数前加上相应前缀获得(d、p、q 或 r)。

正态分布的函数是 norm,命令 dnorm(0)就可以获得正态分布的密度函数在 0 处的值 0.3989(默认为标准正态分布)。

同理,pnorm(0)是 0.5,就是正态分布的累计密度函数在 0 处的值。

qnorm(0.5)得到的是 0,即标准正态分布在 0.5 处的分位数是 0(比较常用的 qnorm (0.975)就是估计中经常用到的 1.96)。

最后一个 rnorm(n)则是按正态分布随机产生 n 个数据。

上面正态分布的参数平均值和方差都是默认的 0 和 1,可以通过在函数里显示指定这些参数对其进行更改。如 dnorm(0,1,2)则得出的是均值为 1,标准差为 2 的正态分布在 0 处的概率值。要注意的是()内的顺序不能颠倒。

3. 概率函数

在 R 中,概率函数:概率密度 density(d)、概率分布 probability(p)、百分位数 quantile (q)及随机数模拟 random(r)。其中第一个字母表示其所指分布的某一方面。

d =密度函数(density)

p =分布函数(distribution function)

q =分位数函数(quantile function)

r =生成随机数(随机偏差)

常用的概率函数如表 4-5 所示,示例如下,其结果如图 4-4 所示。

表 4-5　概率函数分布

分 布 名 称	缩　写	分 布 名 称	缩　写
Beta 分布	beta	Logistic 分布	logis
二项分布	binom	多项分布	multinom
柯西分布	cauchy	负二项分布	nbinom
（非中心）卡方分布	chisq	正态分布	norm
指数分布	exp	泊松分布	pois
F 分布	f	Wilcoxon 符号秩分布	signrank
Gamma 分布	gamma	t 分布	t
几何分布	geom	均匀分布	unif
超几何分布	hyper	Weibull 分布	weibull
对数正态分布	lnorm	Wilcoxon 秩和分布	wilcox

```
>plot(x,y,type="l",xlab="NormalDeviate",ylab="Density",yaxs="i")
>x<-pretty(c(-3,3),30)
>y<-dnorm(x)
>plot(x,y,type="l",xlab="NormalDeviate",ylab="Density",yaxs="i")
```

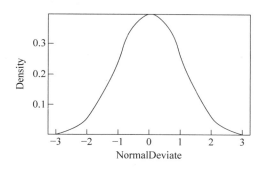

图 4-4　正态分布图

4. 数组与矩阵相关函数

R 的数组与矩阵相关函数见表 4-6。

表 4-6　数组与矩阵相关函数

函　　数	功　　能
array	建立数组
matrix	生成矩阵
data.matrix	把数据框转换为数值型矩阵
lower.tri	矩阵的下三角部分
mat.or.vec	生成矩阵或向量
t	矩阵转置
cbind	把列合并为矩阵
rbind	把行合并为矩阵
diag	矩阵对角元素向量或生成对角矩阵
aperm	数组转置

续表

函　　数	功　　能
nrow，ncol	计算数组的行数和列数
dim	对象的维向量
dimnames	对象的维名
row/colnames	行名或列名
apply	对数组的某些维应用函数
tapply	对"不规则"数组应用函数
sweep	计算数组的概括统计量
aggregate	计算数据子集的概括统计量
scale	矩阵标准化
matplot	对矩阵各列绘图
cor	相关阵或协差阵
Contrast	对照矩阵

1）假定有数据

```
>a <-array(1:18, dim=c(3,2,3))
>a
, , 1

     [,1] [,2]
[1,]   1    4
[2,]   2    5
[3,]   3    6

, , 2

     [,1] [,2]
[1,]   7   10
[2,]   8   11
[3,]   9   12

, , 3

     [,1] [,2]
[1,]  13   16
[2,]  14   17
[3,]  15   18
```

2）合成矩阵

```
>b<-rbind(a[1,,],a[2,,],a[3,,])
```

3）查看结果

```
>b
     [,1] [,2] [,3]
[1,]   1    7   13
[2,]   4   10   16
[3,]   2    8   14
```

```
[4,]     5    11    17
[5,]     3     9    15
[6,]     6    12    18
```

4）使用更多数据测试

```
>a <-array(1:24, dim=c(3,2,4))
>a
, , 1

     [,1][,2]
[1,]    1     4
[2,]    2     5
[3,]    3     6

, , 2

     [,1][,2]
[1,]    7    10
[2,]    8    11
[3,]    9    12

, , 3

     [,1][,2]
[1,]   13    16
[2,]   14    17
[3,]   15    18

, , 4

     [,1][,2]
[1,]   19    22
[2,]   20    23
[3,]   21    24

>b<-rbind(a[1,,],a[2,,],a[3,,])
>b
     [,1][,2][,3][,4]
[1,]    1    7   13   19
[2,]    4   10   16   22
[3,]    2    8   14   20
[4,]    5   11   17   23
[5,]    3    9   15   21
[6,]    6   12   18   24
```

4.3　R 语言可视化绘图

　　可视化绘图是 R 又一个强大和灵活的功能，利用这一功能可以更加方便地展示数据处理和分析的效果。

4.3.1　R绘图参数设置

R绘图需要设置参数,见表 4-7。

表 4-7　R 参数设置

参 数	作 用	描 述
pch	点的符号	指定绘制点时使用的符号
cex	符号的大小	指定符号的大小。cex 是一个数值,表示绘图符号相对于默认大小的缩放倍数。默认大小为 1,1.5 表示放大为默认值的 1.5 倍,0.5 表示缩小为默认值的 50%,等等
lty	线条类型	指定绘制线条时使用的符号
lwd	线条宽度	指定线条宽度。lwd 是以默认值的相对大小来表示(默认值为 1)。例如,lwd=2 将生成一条两倍于默认宽度的线条
col	绘图颜色	默认的绘图颜色。某些函数(如 lines 和 pie)可以接受一个含有颜色值的向量并自动循环使用。 例如,如果设定 col=c("red","blue")并需要绘制三条线,则第一条线将为红色,第二条线为蓝色,第三条线又将为红色
col.axis		坐标轴刻度文字的颜色
col.lab		坐标轴标签(名称)的颜色
col.main		标题颜色
col.sub		副标题颜色
fg		图形的前景色
bg		图形的背景色
cex	缩放倍数	表示相对于默认大小缩放倍数的数值。 默认大小为 1,1.5 表示放大为默认值的 1.5 倍,0.5 表示缩小为默认值的 50%,等等
cex.axis		坐标轴刻度文字的缩放倍数。类似于 cex
cex.lab		坐标轴标签(名称)的缩放倍数。类似于 cex
cex.main		标题的缩放倍数。类似于 cex
cex.sub		副标题的缩放倍数。类似于 cex
font	字体样式	整数。用于指定绘图使用的字体样式。1=常规,2=粗体,3=斜体,4=粗斜体,5=符号字体(以 Adobe 符号编码表示)
font.axis		坐标轴刻度文字的字体样式
font.lab		坐标轴标签(名称)的字体样式
font.main		标题的字体样式
font.sub		副标题的字体样式
ps	文字大小	字体磅值(1 磅约为 1/72 英寸)。文本的最终大小为 ps*cex
family	文字样式	绘制文本时使用的字体样式。标准的取值为 serif(衬线)、sans(无衬线)和 mono(等宽)
pin	图形尺寸	以英寸表示的图形尺寸(宽和高)
mai	边界尺寸	以数值向量表示的边界大小,顺序为下、左、上、右,单位为英寸
mar		以数值向量表示的边界大小,顺序为下、左、上、右,单位为英分*。默认值为 c(5,4,4,2)+0.1

4.3.2 常用图形的绘制

1. 条形图

条形图通过垂直或水平的条形展示类别型变量的分布(频数)。函数 barplot() 的最简单用法是 barplot(height),其中的 height 是一个向量或一个矩阵。

1) 简单的条形图

下面用例 4-2 讲解简单条形图的绘制。

【例 4-2】 使用 vcd 包分发的 Arthritis 数据集(类风湿性关节炎新疗法)进行图形的绘制。

在关节炎研究中,变量 Improve 记录了每位接受安慰剂或其他药物治疗的病人的治疗结果。

```
>library(vcd)
>counts<-table(Arthritis$ Improved)
>counts
   None   Some Marked
    42     14     28
```

结果表明,28 位病人有明显改善,14 位部分改善,42 人没有改善,如图 4-5 所示。

```
>barplot(counts,main="Simple Bar Flot",xlab="Improvement",ylab="Frequency")#竖直
条形图
>barplot(counts,main="Horizontal Bar Flot",xlab="Frequency",ylab="Improvement",
horiz= TRUE)#水平条形图
```

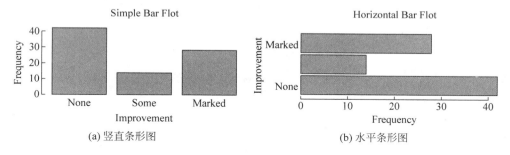

(a) 竖直条形图　　　　　　　　　　(b) 水平条形图

图 4-5　简单条形图

2) 堆砌条形图和分组条形图

若 beside=FALSE(默认值),则矩阵中的每一列都将生成图中的一个条形,各列中的值将给出堆砌"子条"的高度。

若 beside=TRUE,则矩阵中的每一列都表示一个分组,各列中的值将并列而不是堆砌,如图 4-6 所示。

考虑治疗类型和改善情况的列联表。

```
>library(vcd)
>counts<-table(Arthritis$ Improved,Arthritis$ Treatment)
counts
```

```
        Placebo Treated
None        29      13
Some         7       7
Marked       7      21
>barplot(counts,main="Stacked Bar Plot",xlab="Treatment",ylab="Frequency",
        col=c("red","yellow","green"),legend=rownames(counts))#堆砌条形图
>barplot(counts,main="Grouped Bar Plot",xlab="Treatment",ylab="Frequency",
        col=c("red","yellow","green"),legend=rownames(counts),beside=TRUE)#分组条形图
```

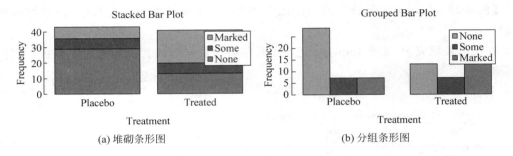

(a) 堆砌条形图   (b) 分组条形图

图 4-6 　堆砌条形图和分组条形图

3）均值条形图

使用 barplot() 函数来创建表示均值、中位数、标准差等的条形图。

使用 state.region，state.x77 数据集，测试美国各地区平均文盲率，如图 4-7 所示。

```
>states<-data.frame(state.region,state.x77)
>means<-aggregate(states$ Illiteracy,by=list(state.region),FUN=mean)
means
          Group.1          x
1        Northeast    1.000000
2           South    1.737500
3  North Central    0.700000
4            West    1.023077
means<-means[order(means$ x),]              #将均值从小到大排序
means
          Group.1          x
3 North Central    0.700000
1     Northeast    1.000000
4          West    1.023077
2         South    1.737500
barplot(means$ x,names.arg=means$ Group.1)
title("Mean Illiteracy Rate" )              #添加标题
```

4）棘状图

棘状图对堆砌条形图进行了重缩放，棘状图可由 vcd 包中的函数 spine() 绘制。以下代码可以生成一幅简单的棘状图，如图 4-8 所示。

```
library(vcd)
attach(Arthritis)
```

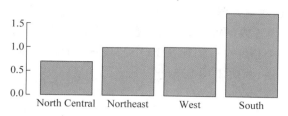

图 4-7　美国各地区平均文盲率排序的条形图

```
counts<-table(Treatment,Improved)
spine(counts,main="Spinogram Example")
detach(Arthritis)
```

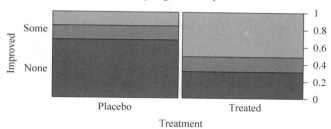

图 4-8　棘状图

治疗组同安慰剂组相比,获得显著改善的患者比例明显更高。

2. 饼图

饼图可由函数 pie(x,labels)创建。其中,x 是一个非负数值向量,表示每个扇形的面积;labels 表示各扇形标签的字符型向量。

```
>y=c(0.12, 0.3, 0.26, 0.16, 0.04, 0.12)
>names(y)=c("蓝莓", "樱桃","苹果", "波士顿夹心饼", "其他", "香草奶油")
>pie(y) #默认颜色(见图 4-9(a))
>pie(y, col = c("purple", "violetred1", "green3", "cornsilk", "cyan", "white")) #设
置成需要的颜色(见图 4-9(b))
>pie(y, col =gray(seq(0.4, 1.0, length = 6))) #黑白色,灰度有区别(见图 4-9(c))
```

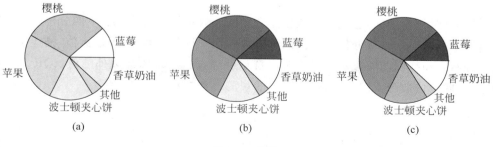

图 4-9　饼图

3. 直方图

使用函数 hist(x)创建直方图,其中的 x 是一个由数据值组成的数值向量。

【例 4-3】 使用 R 内置数据集 mtcars,它是美国 Motor Trend 收集的 1973—1974 年期间总共 32 辆汽车的 11 个指标——油耗及 10 个与设计及性能方面的指标。其中绘出了每加仑行驶英里数的直方图,如图 4-10 所示。

```
>hist(mtcars$ mpg) #简单直方图
```

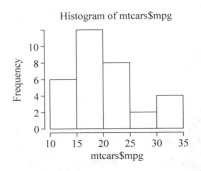

图 4-10 每加仑行驶英里数直方图

4. 核密度图

绘制密度图的方法(不叠加到另一幅图上方)为 plot(density(x))。其中,x 是一个数值型向量。要向一幅已经存在的图形上叠加一条密度曲线(见图 4-11),可以使用 lines()函数,代码给出了两幅核密度图示例。

绘出每加仑行驶英里数的核密度图,如图 4-11 所示。

```
>par(mfrow=c(2,1))
>d<-density(mtcars$ mpg)
>plot(d)   # (见图 4-11(a))
d<-density(mtcars$ mpg)
plot(d,main = "Kernel Density of Miles Per Gallon")
polygon(d,col = "red",border = "blue")
rug(mtcars$ mpg,col = "brown")
#添加一个标题,将曲线修改为蓝色,使用实心红色填充曲线下方的区域,并添加了棕色的轴须图
```

5. 箱线图

箱线图(又称盒须图)通过绘制连续型变量的五数总括,即最小值、下四分位数(第 25 百分位数)、中位数(第 50 百分位数)、上四分位数(第 75 百分位数)以及最大值,描述了连续型变量的分布。箱线图能够显示出可能为离群点(范围±1.5×IQR 以外的值,IQR 表示四分位距,即上四分位数与下四分位数的差值)的观测。例如:

```
boxplot(mtcars$ mpg,main="Box plot",ylab="Miles per Gallon")
```

为了图解各个组成部分,我手工添加了标注,如图 4-12 所示。

图中似乎不存在离群点,而且略微正偏(上侧的须较下侧的须更长)。

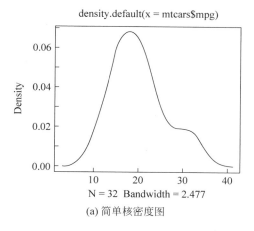

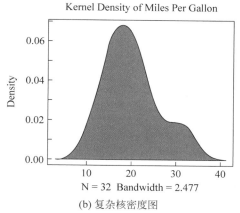

(a) 简单核密度图　　　　　　　(b) 复杂核密度图

图 4-11　核密度图

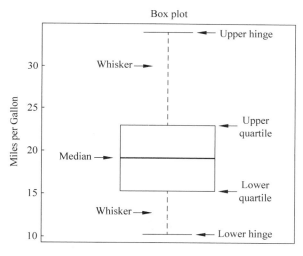

图 4-12　含手工标注的箱线图

6. 点图

点图提供了一种在简单水平刻度上绘制大量有标签值的方法。可以使用 dotchart() 函数创建点图,格式为 dotchart(x,labels＝),其中的 x 是一个数值向量,labels 则是由每个点的标签组成的向量。你可以通过添加参数 groups 来选定一个因子,用以指定 x 中元素的分组方式。如果这样做,则参数 gcolor 可以控制不同组标签的颜色,cex 可控制标签的大小。

这里是 mtcars 数据集的一个示例,绘出每种车型每加仑汽油行驶英里数的点图,如图 4-13 所示。

```
>dotchart(mtcars$ mpg,labels = row.names(mtcars),cex = .7,
        main = "Gas Mileage for Car Models",
        xlab = "Miles Per Gallon")
```

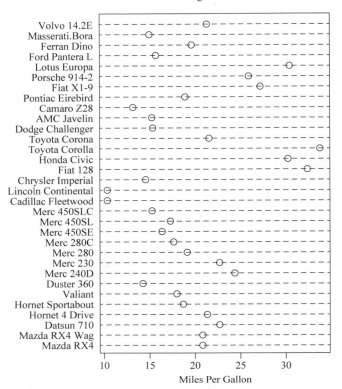

图 4-13　每种车型每加仑汽油行驶英里数的点图

4.4　R 语言数据分析

本小节讲述 R 的基础数据处理函数和多元统计分析函数的应用。

4.4.1　数据处理基础函数

1. 描述性统计分析

描述性统计是将研究中所得的数据加以整理、归类、简化或绘制成图表,以此描述和归纳数据的特征及变量之间关系的一种最基本的统计方法。

【例 4-4】　使用 Motor Trend 杂志的车辆路试(mtcars)数据集。我们关注的是每加仑汽油行驶英里数(mpg)、马力(hp)和车重(wt)。

提取 mtcars 数据集中的每加仑汽油行驶英里数(mpg)、马力(hp)和车重(wt)。

```
>vars<-c("mpg","hp","wt")
>head(mtcars[vars])
                mpg   hp    wt
Mazda RX4       21.0  110   2.620
Mazda RX4 Wag   21.0  110   2.875
```

```
Datsun 710           22.8   93   2.320
Hornet 4 Drive       21.4  110   3.215
Hornet Sportabout    18.7  175   3.440
Valiant              18.1  105   3.460
```

变速箱类型是一个以 0 表示自动挡,1 表示手动挡来编码的二分变量,而气缸数可为 4、5 或 6。

1) 通过 summary() 计算描述性统计量

```
>summary(mtcars[vars])
      mpg              hp                wt
Min.   :10.40   Min.   : 52.0    Min.   :1.513
1st Qu.:15.43   1st Qu.: 96.5    1st Qu.:2.581
Median :19.20   Median :123.0    Median :3.325
Mean   :20.09   Mean   :146.7    Mean   :3.217
3rd Qu.:22.80   3rd Qu.:180.0    3rd Qu.:3.610
Max.   :33.90   Max.   :335.0    Max.   :5.424
```

summary() 函数提供了最小值、最大值、四分位数和数值型变量的均值,以及因子向量和逻辑型向量的频数统计。

2) 通过 sapply() 计算描述性统计量

```
>mystats<-function(x,na.omit=FALSE){
  if(na.omit)
    x<-x[!is.na(x)]
  m<-mean(x)
  n<-length(x)
  s<-sd(x)
  skew<-sum((x-m)^3/s^3)/n
  kurt<-sum((x-m)^4/s^4)/n-3
  return(c(n=n,mean=m,stdev=s,skew=skew,kurtosis=kurt))
}
>sapply(mtcars[vars],mystats)
                mpg           hp             wt
n         32.000000    32.0000000    32.00000000
mean      20.090625   146.6875000     3.21725000
stdev      6.026948    68.5628685     0.97845744
skew       0.610655     0.7260237     0.42314646
kurtosis  -0.372766    -0.1355511    -0.02271075
```

对于样本中的车型,每加仑汽油行驶英里数的平均值为 20.1,标准差为 6.0。分布呈现右偏(偏度 +0.61),并且较正态分布稍平(峰度 -0.37)。请注意,如果只希望单纯地忽略缺失值,那么应当使用 sapply(mtcars[vars], mystats, na.omit=TRUE)。

3) 通过 pastecs 包中的 stat.desc() 函数计算描述性统计量

```
>library(pastecs)
>stat.desc(mtcars[vars])
                mpg           hp            wt
nbr.val   32.0000000    32.0000000    32.0000000
nbr.null   0.0000000     0.0000000     0.0000000
```

```
nbr.na              0.0000000      0.0000000      0.0000000
min                10.4000000     52.0000000      1.5130000
max                33.9000000    335.0000000      5.4240000
range              23.5000000    283.0000000      3.9110000
sum               642.9000000   4694.0000000    102.9520000
median             19.2000000    123.0000000      3.3250000
mean               20.0906250    146.6875000      3.2172500
SE.mean             1.0654240     12.1203173      0.1729685
CI.mean.0.95        2.1729465     24.7195501      0.3527715
var                36.3241028   4700.8669355      0.9573790
std.dev             6.0269481     68.5628685      0.9784574
coef.var            0.2999881      0.4674077      0.3041285
```

4）通过 psych 包中的 describe()计算描述性统计量

```
>library(psych)
>describe(mtcars[vars])
    vars  n   mean   sd  median  trimmed    mad    min    max   range  skew
mpg    1  32  20.09  6.03  19.20   19.70    5.41  10.40  33.90  23.50  0.61
hp     2  32 146.69 68.56 123.00  141.19   77.10  52.00 335.00 283.00  0.73
wt     3  32   3.22  0.98   3.33    3.15    0.77   1.51   5.42   3.91  0.42
     kurtosis    se
mpg   -0.37   1.07
hp    -0.14   12.12
wt    -0.02   0.17
```

5）使用 aggregate()分组获取描述性统计量

```
>aggregate(mtcars[vars],by=list(am=mtcars$ am),mean)
  am     mpg         hp        wt
1  0 17.14737  160.2632  3.768895
2  1 24.39231  126.8462  2.411000
>aggregate(mtcars[vars],by=list(am=mtcars$ am),sd)
  am     mpg         hp        wt
1  0 3.833966  53.90820  0.7774001
2  1 6.166504  84.06232  0.6169816
```

6）使用 by()分组计算描述性统计量

如果有多个分组变量,可以使用语句 by＝list(name1＝groupvar1,name2＝groupvar2,…,groupvarN)。

```
>dstats<-function(x)(c(mean=mean(x),sd=sd(x)))
>by(mtcars[vars],mtcars$ am,plyr::colwise(dstats))
mtcars$ am: 0
        mpg         hp        wt
1  17.147368  160.2632  3.7688947
2   3.833966  53.9082   0.7774001
-----------------------------------------------
mtcars$ am: 1
        mpg         hp        wt
1  24.392308  126.84615  2.4110000
2   6.166504  84.06232   0.6169816
```

7) 使用 doBy 包中的 summaryBy( )分组计算概述统计量

```
>maryBy(mpg+hp+wt~ am,data=mtcars,FUN=mystats)
  am mpg.n  mpg.mean  mpg.stdev   mpg.skew  mpg.kurtosis  hp.n  hp.mean  hp.stdev
1  0  19  17.14737  3.833966   0.01395038   -0.8031783  19 160.2632  53.90820
2  1  13  24.39231  6.166504   0.05256118   -1.4553520  13 126.8462  84.06232
      hp.skew  hp.kurtosis   wt.n   wt.mean    wt.stdev   wt.skew   wt.kurtosis
1  -0.01422519  -1.2096973   19 3.768895 0.7774001 0.9759294   0.1415676
2   1.35988586   0.5634635   13 2.411000 0.6169816 0.2103128  -1.1737358
```

8) 使用 psych 包中的 describe. by( )分组计算概述统计量

psych 包中的 describe. by( )函数可计算和 describe 相同的描述性统计量,只是按照一个或多个分组变量分层,代码如下:

```
>library(psych)
>describe.by(mtcars[vars],mtcars$ am)
$ '0'
    vars  n   mean    sd median  trimmed    mad   min    max   range  skew
mpg  1  19 17.15  3.83 17.30   17.12    3.11  10.40  24.40  14.00  0.01
hp   2  19 160.26 53.91 175.00  161.06   77.10  62.00  245.00 183.00 -0.01
wt   3  19 3.77  0.78  3.52    3.75    0.45  2.46   5.42   2.96  0.98
     kurtosis    se
mpg   -0.80  0.88
hp    -1.21 12.37
wt     0.14  0.18


$ '1'
    vars  n   mean    sd median trimmed   mad   min    max   range skew
mpg  1 13  24.39  6.17 22.80   24.38   6.67  15.00  33.90  18.90  0.05
hp   2 13 126.85 84.06 109.00  114.73 63.75  52.00  335.00 283.00  1.36
wt   3 13  2.41  0.62  2.32    2.39   0.68  1.51   3.57   2.06  0.21
     kurtosis    se
mpg   -1.46  1.71
hp     0.56 23.31
wt    -1.17  0.17
```

describe. by( )函数不允许指定任意函数,所以它的普适性较低。若存在一个以上的分组变量,可以使用 list(groupvar1, groupvar2,…, groupvarN)来表示它们,但这仅在分组变量交叉后不出现空白单元时有效。可以使用 reshape 包灵活地按组导出描述性统计量。

首先,使用 dfm<-melt(dataframe,measure. vars＝y,id. vars＝g)融合数据框。其中,dataframe 包含数据;y 是一个向量,指明了要进行概述的数值型变量(默认使用所有变量);g 是由一个或多个分组变量组成的向量。然后使用

```
cast(dfm,groupvar1+groupvar2+...+variable~ .,FUN)
```

重塑数据。

9) 通过 reshape 包分组计算概述统计量

将运用数据重塑的方法来取得由变速箱类型与气缸数形成的每个亚组的描述性统计量。我们要获取的描述性统计量是样本大小、平均数和标准差。

```
>library(reshape)
>dstats<-function(x)(c(n=length(x),mean=mean(x),sd=sd(x)))
>dfm<-melt(mtcars,measure.vars=c("mpg","hp","wt"),id.vars=c("am","cyl"))
>cast(dfm,am+cyl+variable~ .,dstats)
   am  cyl  variable  n      mean         sd
1   0   4     mpg      3   22.900000    1.4525839
2   0   4      hp      3   84.666667   19.6553640
3   0   4      wt      3    2.935000    0.4075230
4   0   6     mpg      4   19.125000    1.6317169
5   0   6      hp      4  115.250000    9.1787799
6   0   6      wt      4    3.388750    0.1162164
7   0   8     mpg     12   15.050000    2.7743959
8   0   8      hp     12  194.166667   33.3598379
9   0   8      wt     12    4.104083    0.7683069
10  1   4     mpg      8   28.075000    4.4838599
11  1   4      hp      8   81.875000   22.6554156
12  1   4      wt      8    2.042250    0.4093485
13  1   6     mpg      3   20.566667    0.7505553
14  1   6      hp      3  131.666667   37.5277675
15  1   6      wt      3    2.755000    0.1281601
16  1   8     mpg      2   15.400000    0.5656854
17  1   8      hp      2  299.500000   50.2045815
18  1   8      wt      2    3.370000    0.2828427
```

2. 描述统计函数

R 语言中常用的描述统计函数见表 4-8。

表 4-8　描述统计函数

统 计 函 数	作　　用
Max	返回数据的最大值
Min	返回数据的最小值
Which.max	返回最大值的下标
Which.min	返回最小值的下标
Mean	均值
Median	中位数
Mad	离差
Var	方差
Sd	标准差
Range	返回(最大值或最小值)
Quantile	分位数
Summary	返回五数概括和均值
Finenum	五数概括
Sort	排序
Order	排序
Sum	求和
Length	求数据个数
Emm	Actuar 包中求 k 阶原点矩
skewness	Fbasics 包中求偏度
kurtosis	Fbasics 包中求峰度

4.4.2　多元统计分析

1. 方差分析

1) 单因素方差分析

【例 4-5】　以 multcomp 包中 cholesterol 为例。其中, response 为响应变量, trt 为预测变量, 这个处理中有五种水平。从下面的箱形图(见图 4-14)中可观察到处理的不同水平对响应变量的影响。

观测五种降低胆固醇药物疗法均值的不同。

```
>library(multcomp)
>attach(cholesterol)
>table(trt)                              ##各组样本的大小
trt
1time 2times 4times  drugD  drugE
10     10     10     10     10
>aggregate(response,by=list(trt),FUN=mean)    ##各组均值
  Group.1        x
1   1time  5.78197
2  2times  9.22497
3  4times 12.37478
4   drugD 15.36117
5   drugE 20.94752
>aggregate(response,by=list(trt),FUN=sd)       ##各组标准差
  Group.1        x
1   1time 2.878113
2  2times 3.483054
3  4times 2.923119
4   drugD 3.454636
5   drugE 3.345003
>fit<-aov(response~ trt)
>summary(fit)                        ##检验组间差异(ANOVA)
            Df Sum Sq Mean Sq F value   Pr(>F)
trt          4 1351.4   337.8   32.43 9.82e-13 ***
Residuals   45  468.8    10.4
---
Signif. codes:  0 '***' 0.001 '**' 0.01 '*' 0.05 '.' 0.1 ' ' 1
>library(gplots)
>plotmeans(response~ trt,xlab = "TreaTment",ylab = "Response",
+          main="Mean Plot\nwith 95% CT")    ##绘制各组均值及其置信区间的图形
>detach(cholesterol)
```

结果可以看出, drugE 这种药物对降低胆固醇最有效。

2) 双因素方差分析

【例 4-6】　以 ToothGrowth 为例, VC 剂量和摄入方式对豚鼠牙齿的影响。其中, supp 和 dose 是预测变量, len 是响应变量。

上面讲的方差分析只有一个因素, 这里有两个因素。

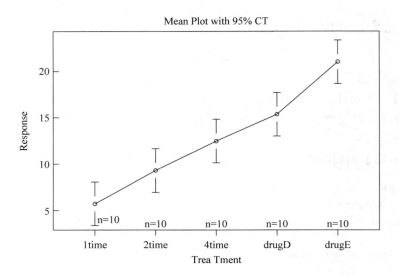

图 4-14   五种降低胆固醇药物疗法的均值,含 95% 的置信区间

```
>attach(ToothGrowth)
>head(ToothGrowth)
   len supp dose
1  4.2  VC  0.5
2 11.5  VC  0.5
3  7.3  VC  0.5
4  5.8  VC  0.5
5  6.4  VC  0.5
6 10.0  VC  0.5
>table(supp,ToothGrowth$ dose)
Supp   0.5  1 2
  OJ   10 10 10
  VC   10 10 10
>aggregate(len,by=list(supp,ToothGrowth$ dose),FUN=mean)#分组查看
      Group.1 Group.2      x
1       OJ     0.5     13.23
2       VC     0.5     7.98
3       OJ     1.0     22.70
4       VC     1.0     16.77
5       OJ     2.0     26.06
6       VC     2.0     26.14
>aggregate(len,by=list(supp,ToothGrowth$ dose),FUN=sd)#分组查看
   Group.1 Group.2         x
1    OJ     0.5      4.459709
2    VC     0.5      2.746634
3    OJ     1.0      3.910953
4    VC     1.0      2.515309
5    OJ     2.0      2.655058
6    VC     2.0      4.797731
>fit<-aov(len~ supp* ToothGrowth$ dose)
>summary(fit)
```

```
                          Df Sum Sq Mean Sq F value   Pr(>F)
supp                       1  205.4   205.4  12.317  0.000894 ***
ToothGrowth$ dose          1 2224.3  2224.3 133.415  <2e-16 ***
supp:ToothGrowth$ dose     1   88.9    88.9   5.333  0.024631 *
Residuals                 56  933.6    16.7
---
Signif. codes:  0 '*** ' 0.001 '** ' 0.01 '* ' 0.05 '.' 0.1 ' ' 1>detach(ToothGrowth)
```

由最后的方差分析可知,摄入方式和 VC 剂量两个变量单独对结果的影响很大,而两者在一起时对结果的影响相对较小。

2. 判别分析

按照一定的判别准则,建立一个或多个判别函数,用研究对象的大量资料确定判别函数中的待定系数,并计算判别指标。据此即可确定某一样本属于何类。得到一个新的样品数据,要确定该样品属于已知类型中哪一类,这类问题属于判别分析问题。

下面介绍三大类主流判别分析算法。

1) 费希尔判别

判别思想是投影降维,将高维空间的点向低维空间投影,使多维问题简化为一维问题来处理。选择一个适当的投影轴,使所有的样品点都投影到这个轴上得到一个投影值。对这个投影轴的方向的要求是:使每一组内的投影值所形成的组内离差尽可能小,而不同组间的投影值所形成的类间离差尽可能大。线性判别分析又叫费希尔线性判别,主要用的是MASS 包里的 lda 函数。

2) 贝叶斯(Bayes)判别

贝叶斯判别是假定对研究对象已有一定的认识,这种认识常用先验概率来描述。当取得样本后,就可以用样本来修正已经有的先验概率分布,得出后验概率分布,然后通过后验概率分布进行各种统计推断。实际上就是使平均误判损失(误判概率与误判损失的结合)ECM 达到极小的过程。

3) 距离判别

根据待判定样本与已知类别样本之间的距离远近作出判别。

当分类只有两种且总体服从多元正态分布条件时,Bayes 判别与 Fisher 判别、距离判别是等价的。

实现判别分析使用的包与函数见表 4-9。

表 4-9　判别分析的程序包与函数

判 别 算 法	软件包	主 要 函 数
线性判别分析(LDA)	MASS	lda( )
二次判别分析(QDA)		qda( )
朴素贝叶斯分类	KlaR	naiveBayes( )
K 最近邻(KNN)	class	knn( )
有权重的 K 最近邻	kknn	kknn( )

【例 4-7】 以 iris 鸢尾花的特征作为数据来源,利用线性判别分析来对鸢尾花进行分类。

```
>#载入相关包和数据集
>library(MASS)
>library(sampling)
>#把 iris 重新赋值,并加入分类标记和行号标记
>i<-iris
>i$ lv<-as.numeric(i$ Species)
>i$ lv<-as.factor(i$ lv)
>i$ id<-c(1:150)
>#进行分层抽样,每个类别随机抽出 10 个作为预测集,剩下的作为训练集
>i.s < - strata (data = i, stratanames = "lv", size = c (10, 10, 10), method = "srswor",
description=F)
>i.train<-i[! (i$ id % in% i.s$ ID_unit),]
>i.predict<-i[(i$ id % in% i.s$ ID_unit),]
>#拟合线性判别 lda
>fit<-lda(lv~ .-id-Species,data=i.train)
>#预测训练集和预测集
>Y<-predict(fit,i.train)
>YN<-predict(fit,i.predict)
>#查看拟合情况
>table(Y$ class,i.train$ lv)、
      1  2  3
  1 40  0  0
  2  0 39  1
  3  0  1 39
>table(YN$ class,i.predict$ lv)
      1  2  3
  1 10  0  0
  2  0  9  0
  3  0  1 10
```

通过训练集和测试集的分类结果可以看出,150 个数据集分为 3 类,每类 50 个数据,拟合情况很好。

3. 聚类分析

(1)聚类分析(没监督分类):把若干个事物按某种标准归为几个类别,相近或相似的归为一类。

(2)K 均值:K-Means 算法是一种基于距离的聚类算法,它用质心到属于该质心的点距离来实现聚类,通常可以用于 N 维空间中的对象。

(3)K-中心点聚类:针对 K 均值的缺点有所改进,减小了极值的影响,选取样本作为中心点。K-Medoids 算法的核心函数为 pam 函数,来源于 cluster 软件包,fit_pam = pam (countries[,-1],3)。

(4)系谱聚类:不需事先设定类别数 K,因为它每次迭代过程仅将距离最近的两个样本、簇聚为一体,其运行过程自然得到 K=1 至 K=n(n 为待分类样本总数)个类别的聚类结果 dist 函数及 hclust 函数,fit_hc=hclust(dist(countries[,-1]))。

(5)密度聚类:弥补了上述只是发现类似圆形的聚类簇,基于"密度"来类聚,可以在数据库中发现任意图形的簇。不足在于参数半径 E 以及密度阈值 MinPts 取值的微小的不同都会产生差别很大的结果。dbscan 算法的核心函数为 eps 函数、MinPts 函数,加载 fpc 软

件包,ds1＝dbscan(countries[,−1],eps＝1,Minpts＝5)。

（6）期望最大化聚类（EM 算法）：通过"反复估计"获取与数据本身性质最相符的聚类方式与最佳的类别数。期望最大化聚类又称 EM 聚类,核心函数为 Mclust 函数,加载 mclust 软件包。

【例 4-8】 使用 iris 数据集演示 K-Means 聚类的过程,如图 4-15 所示。

```
>iris2<-iris#移除 Species 属性
>iris2$ Species<-NULL
>#利用 kmeans()函数进行 k-means 聚类,并将聚类结果储存在变量 kmeans.result 中
> (kmeans.result<-kmeans(iris2,3))#查看划分效果
K-means clustering with 3 clusters of sizes 38, 50, 62

Cluster means:
  Sepal.Length Sepal.Width Petal.Length Petal.Width
1     6.850000    3.073684     5.742105    2.071053
2     5.006000    3.428000     1.462000    0.246000
3     5.901613    2.748387     4.393548    1.433871

Clustering vector:
  [1] 2 2 2 2 2 2 2 2 2 2 2 2 2 2 2 2 2 2 2 2 2 2 2 2 2 2 2 2 2 2 2 2 2 2 2 2 2 2 2
 [40] 2 2 2 2 2 2 2 2 2 2 2 3 3 1 3 3 3 3 3 3 3 3 3 3 3 3 3 3 3 3 3 3 3 3 3 3 3 3 1
 [79] 3 3 3 3 3 3 3 3 3 3 3 3 3 3 3 3 3 3 3 3 3 1 3 1 1 1 1 3 1 1 1 1 1 1 3 3 1 1
[118] 1 1 3 1 3 1 3 1 1 3 3 1 1 1 1 1 3 1 1 1 1 3 1 1 1 3 1 1 1 3 1 1 3

Within cluster sum of squares by cluster:
[1] 23.87947 15.15100 39.82097
 (between_SS / total_SS =   88.4 % )

Available components:

[1] "cluster"      "centers"      "totss"         "withinss"     "tot.withinss"
[6] "betweenss"    "size"         "iter"          "ifault"
>table(iris$ Species,kmeans.result$ cluster)
              1  2  3
  setosa      0 50  0
  versicolor  2  0 48
  virginica  36  0 14
>plot(iris2[c("Sepal.Length", "Sepal.Width")], col = kmeans.result$ cluster)
>points(kmeans.result$ centers[,c("Sepal.Length", "Sepal.Width")], col = 1:3,
pch = 8, cex=2)
```

从图中可以看出鸢尾花三个种类聚类的效果,分析出三种鸢尾花有不同萼片长度和宽度。

4. 主成分分析

主成分分析是一种通过降维技术把多个变量化成少数几个主成分的方法,这些主成分能够反映原始变量的大部分信息,它们通常表示为原始变量的线性组合。

【例 4-9】 在某中学随机抽取某年级 30 名学生,测量其身高($X1$)、体重($X2$)、胸围($X3$)、坐高($X4$),试对这 30 名学生身体四项指标数据作主成分分析（见表 4-10、图 4-16）。

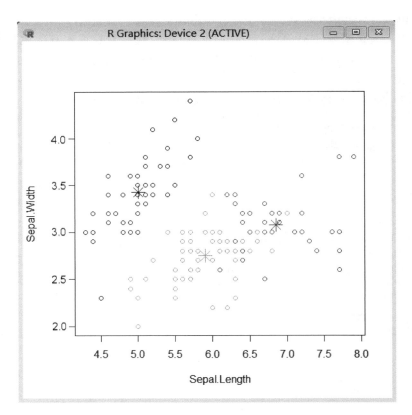

图 4-15 K 均值聚类图

表 4-10 30 名学生身体四项指标数据

序列	X1	X2	X3	X4	序列	X1	X2	X3	X4
1	148	41	72	78	16	152	35	73	79
2	139	34	71	76	17	149	47	82	79
3	160	49	77	86	18	145	35	70	77
4	149	36	67	79	19	160	47	74	87
5	159	45	80	86	20	156	44	78	85
6	142	31	66	76	21	151	42	73	82
7	153	43	76	73	22	147	38	73	78
8	150	43	77	79	23	157	39	68	80
9	151	42	77	80	24	147	30	65	75
10	139	31	68	74	25	157	48	80	88
11	140	29	64	74	26	151	36	74	80
12	161	47	78	84	27	144	36	68	76
13	158	49	78	83	28	141	30	67	76
14	140	33	67	73	29	139	32	68	73
15	137	31	66	83	30	148	38	70	78

```
#用数据框形式输入数据
>student<-data.frame(
+X1=c(148, 139, 160, 149, 159, 142, 153, 150, 151, 139,140, 161, 158, 140, 137, 152, 149,
145, 160, 156,151, 147, 157, 147, 157, 151, 144, 141, 139, 148),
+X2=c(41, 34, 49, 36, 45, 31, 43, 43, 42, 31,29, 47, 49, 33, 31, 35, 47, 35, 47, 44,42, 38,
39, 30, 48, 36, 36, 30, 32, 38),
+X3=c(72, 71, 77, 67, 80, 66, 76, 77, 77, 68,64, 78, 78, 67, 66, 73, 82, 70, 74, 78,73, 73,
68, 65, 80, 74, 68, 67, 68, 70),
+X4=c(78, 76, 86, 79, 86, 76, 83, 79, 80, 74,74, 84, 83, 77, 73, 79, 79, 77, 87, 85,82, 78,
80, 75, 88, 80, 76, 76, 73, 78)
+)
>#做主成分分析,并显示分析结果
>student.pr <-princomp(student, cor = TRUE)
>#或用 student.pr <-princomp(~ X1+X2+X3+X4, data=student, cor=TRUE)
>summary(student.pr, loadings=TRUE)
Importance of components:
                           Comp.1     Comp.2     Comp.3     Comp.4
Standard deviation      1.8817805 0.55980636 0.28179594 0.25711844
Proportion of Variance 0.8852745 0.07834579 0.01985224 0.01652747
Cumulative Proportion  0.8852745 0.96362029 0.98347253 1.00000000
Loadings:
   Comp.1 Comp.2 Comp.3 Comp.4
X1 -0.497  0.543 -0.450  0.506
X2 -0.515 -0.210 -0.462 -0.691
X3 -0.481 -0.725  0.175  0.461
X4 -0.507  0.368  0.744 -0.232
>#standard deviation 行表示主成分的标准差,即主成分的方差的开方,也就是相应特征值的
开方
>#proportion of variance 行表示方差的贡献率
>#cumulative proportion 行表示方差的累积贡献率
>predict(student.pr)
       Comp.1        Comp.2       Comp.3       Comp.4
[1,]   0.06990950 -0.23813701 -0.35509248  -0.266120139
[2,]   1.59526340 -0.71847399  0.32813232  -0.118056646
[3,]  -2.84793151  0.38956679 -0.09731731  -0.279482487
[4,]   0.75996988  0.80604335 -0.04945722  -0.162949298
[5,]  -2.73966777  0.01718087  0.36012615   0.358653044
[6,]   2.10583168  0.32284393  0.18600422  -0.036456084
[7,]  -1.42105591 -0.06053165  0.21093321  -0.044223092
[8,]  -0.82583977 -0.78102576 -0.27557798   0.057288572
[9,]  -0.93464402 -0.58469242 -0.08814136   0.181037746
[10,]  2.36463820 -0.36532199  0.08840476   0.045520127
[11,]  2.83741916  0.34875841  0.03310423  -0.031146930
[12,] -2.60851224  0.21278728 -0.33398037   0.210157574
[13,] -2.44253342 -0.16769496 -0.46918095  -0.162987830
[14,]  1.86630669  0.05021384  0.37720280  -0.358821916
[15,]  2.81347421 -0.31790107 -0.03291329  -0.222035112
[16,]  0.06392983  0.20718448  0.04334340   0.703533624
[17,] -1.55561022 -1.70439674 -0.33126406   0.007551879
[18,]  1.07392251 -0.06763418  0.02283648   0.048606680
[19,] -2.52174212  0.97274301  0.12164633  -0.390667991
```

```
[20,]  -2.14072377  0.02217881  0.37410972  0.129548960
[21,]  -0.79624422  0.16307887  0.12781270 -0.294140762
[22,]   0.28708321 -0.35744666 -0.03962116  0.080991989
[23,]  -0.25151075  1.25555188 -0.55617325  0.109068939
[24,]   2.05706032  0.78894494 -0.26552109  0.388088643
[25,]  -3.08596855 -0.05775318  0.62110421 -0.218939612
[26,]  -0.16367555  0.04317932  0.24481850  0.560248997
[27,]   1.37265053  0.02220972 -0.23378320 -0.257399715
[28,]   2.16097778  0.13733233  0.35589739  0.093123683
[29,]   2.40434827 -0.48613137 -0.16154441 -0.007914021
[30,]   0.50287468  0.14734317 -0.20590831 -0.122078819
>screeplot(student.pr,type="lines")#画出主成分的碎石图
>biplot(student.pr,choices=1:2,scale=1,pc.biplot=FALSE)
```

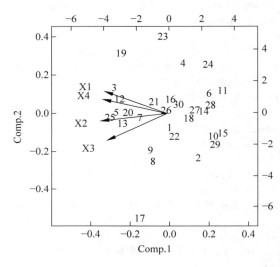

图 4-16　关于第 1 第 2 主成分样本的散点图

由图 4-16 可以看出,第 1、第 2 主成分对各个对象的影响。例如 23 号,身高属于正常,而体重偏胖。

5. 典型相关分析

典型相关分析是用于分析两组随机变量之间的相关程度的一种统计方法,它能够有效地揭示两组随机变量之间的相互(线性依赖)关系。

将研究两组变量的相关性问题转化为研究两个变量的相关性问题,此类相关为典型相关。典型相关计算 cancor(x,y,xcenter＝TRUE,ycenter＝TRUE)。其中,x、y 是相应的数据矩阵,xcenter,ycenter 是逻辑变量,TRUE 是将数据中心化,FALSE 是不中心化。

典型相关分析的简单步骤:载入原始数据,原始数据标准化 scale,典型相关分析。

【例 4-10】　现对 20 名中年人测得三个生理指标——体重($X1$)、腰围($X2$)及脉搏($X3$),三个训练指标——引体向上($Y1$)、起座次数($Y2$)及跳跃次数($Y3$),试分析这组数据的相关性(见图 4-17)。

```
>test<-data.frame(
+   X1=c(191, 193, 189, 211, 176, 169, 154, 193, 176, 156,
```

```
+           189, 162, 182, 167, 154, 166, 247, 202, 157, 138),
+    X2=c(36, 38, 35, 38, 31, 34, 34, 36, 37, 33,
+           37, 35, 36, 34, 33, 33, 46, 37, 32, 33),
+    X3=c(50, 58, 46, 56, 74, 50, 64, 46, 54, 54,
+           52, 62, 56, 60, 56, 52, 50, 62, 52, 68),
+    Y1=c( 5, 12, 13, 8, 15, 17, 14, 6, 4, 15,
+           2, 12, 4, 6, 17, 13, 1, 12, 11, 2),
+    Y2=c(162, 101, 155, 101, 200, 120, 215, 70, 60, 225,
+           110, 105, 101, 125, 251, 210, 50, 210, 230, 110),
+    Y3=c(60, 101, 58, 38, 40, 38, 105, 31, 25, 73,
+           60, 37, 42, 40, 250, 115, 50, 120, 80, 43)
+    )
>#为了消除数量级的影响,将数据做标准化处理,调用 scale 函数
>  test<-scale(test)
>#对标准化的数据做典型相关分析
>  ca<-cancor(test[,1:3],test[,4:6])
>#计算数据在典型变量下的得分 U=AX   V=BY
>U<-as.matrix(test[, 1:3])%*% ca$ xcoef
>V<-as.matrix(test[, 4:6])%*% ca$ ycoef
>画出 U1、V1 和 U3、V3 为组表的数据散点图
>plot(U[,1], V[,1], xlab="U1", ylab="V1")
>plot(U[,3], V[,3], xlab="U3", ylab="V3")
```

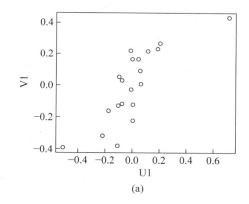 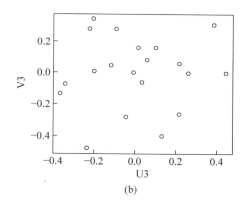

(a) (b)

图 4-17   散点图

由散点图可知,第一典型相关变量分布在一条直线附近,第三典型相关变量数据很分散。下面做典型相关系数的显著性检验。

相关分析的目的就是选择多少对典型变量,因此需要做典型相关系数的显著性检验。若认为相关系数 k 为 0。就没有必要考虑第 k 对典型变量了。

以上是对 R 语言的概述和它的一些基本操作、可视化绘图以及数据分析。

4.5   RHadoop 安装与使用

R 与 Hadoop 在大数据方面的结合应用工具为 RHadoop。本小节主要介绍 RHadoop 的安装与使用。

4.5.1　环境准备

　　首先是环境准备,选择 Linux Ubuntu 操作系统 12.04 的 64 位版本,可以根据自己的使用习惯选择顺手的 Linux。但 JDK 一定要用 Oracle SUN 官方的版本,请从官网下载,操作系统自带的 OpenJDK 会有各种不兼容。JDK 请选择 1.6.x 版本,JDK 1.7 版本也会有各种不兼容情况。

　　1) 操作系统 Ubuntu 12.04 x64

```
~  uname - a
Linux domU- 00- 16- 3e- 00- 00- 85 3.2.0- 23- generic # 36- Ubuntu SMP Tue Apr 10 20:39:51
UTC 2012 x86_64 x86_64 x86_64 GNU/Linux
```

　　2) Java 环境

```
~  java - version
java version "1.6.0_29"
Java(TM) SE Runtime Environment (build 1.6.0_29-b11)
Java HotSpot(TM) 64- Bit Server VM (build 20.4-b02, mixed mode)
```

　　3) Hadoop 环境

```
hadoop-1.0.3   hbase-0.94.2   hive-0.9.0   pig-0.10.0   sqoop-1.4.2   thrift-0.8.0
zookeeper-3.4.4
```

　　4) R 环境

```
R version 2.15.3 (2013-03-01) -- "Security Blanket"
Copyright (C) 2013 The R Foundation for Statistical Computing
ISBN 3- 900051- 07- 0
Platform: x86_64-pc-linux-gnu (64-bit)
```

　　如果是 Ubuntu 12.04,请更新源再下载 R2.15.3 版本。

```
sh - c "echo deb http://mirror.bjtu.edu.cn/cran/bin/linux/ubuntu precise/ >>/etc/
apt/sources.list"
apt-get update
apt-get install r-base
```

4.5.2　RHadoop 安装

　　RHadoop 是 RevolutionAnalytics 的工程项目,开源实现代码在 GitHub 社区可以找到。RHadoop 包含三个 R 包(rmr、rhdfs 及 rhbase),分别对应 Hadoop 系统架构中的 MapReduce、HDFS 及 HBase 三个部分。由于这三个库不能在 CRAN 中找到,所以需要自己下载。

　　(1) 安装这三个库的依赖库。

　　首先是 rJava,配置好 JDK 1.6 的环境,运行 R CMD javareconf 命令,R 的程序从系统变量中会读取 Java 配置。打开 R 程序,通过 install.packages 的方式,安装 rJava。

　　然后,安装其他的几个依赖库,reshape2、Rcpp、iterators、itertools、digest、RJSONIO、 functional，通过 install. packages 都可以直接安装。

（2）安装 rhdfs 库，在环境变量中增加 HADOOP_CMD 和 HADOOP_STREAMING 两个变量，可以用 export 在当前命令窗口中增加。为了下次方便使用，最好把变量增加到系统环境变量/etc/environment 文件中。再用 R CMD INSTALL 安装 rhdfs 包，就可以顺利完成了。

（3）安装 rmr 库，使用 R CMD INSTALL 也可以顺利完成。

（4）安装 rhbase 库。

最后，可以查看一下，RHadoop 都安装了哪些库。

由于使用硬盘是外接的，使用 mount 和软连接（ln -s）挂载了 R 类库的目录，所以是 R 的类库在/disk1/system 下面，路径为/disk1/system/usr/local/lib/R/site-library/。

一般 R 的类库目录是/usr/lib/R/site-library 或者/usr/local/lib/R/site-library，用户也可以使用 whereis R 的命令查询自己计算机上 R 类库的安装位置。

具体操作如下。

（1）下载 RHadoop 相关的 3 个程序包。

```
https://github.com/RevolutionAnalytics/RHadoop/wiki/Downloads

rmr-2.1.0
rhdfs-1.0.5
rhase-1.1
```

（2）复制到/root/R 目录。

```
~/R#pwd
/root/R
~/R#ls
rhbase_1.1.tar.gz   rhdfs_1.0.5.tar.gz   rmr2_2.1.0.tar.gz
```

（3）安装依赖库。

命令行执行。

```
~  R CMD javareconf
~  R
```

启动 R 程序。

```
install.packages("rJava")
install.packages("reshape2")
install.packages("Rcpp")
install.packages("iterators")
install.packages("itertools")
install.packages("digest")
install.packages("RJSONIO")
install.packages("functional")
```

（4）安装 rhdfs 库。

```
~ vi /etc/environment
HADOOP_CMD=/root/hadoop/hadoop-1.0.3/bin/hadoop
HADOOP_STREAMING=/root/hadoop/hadoop-1.0.3/contrib/streaming/hadoop-streaming-
1.0.3.jar
```

```
. /etc/environment
```

（5）安装 rmr 库。

```
~ `R CMD INSTALL rmr2_2.1.0.tar.gz
```

（6）安装 rhbase 库。
（7）查看所有的安装包。

```
~ ls /disk1/system/usr/local/lib/R/site-library/
digest  functional  iterators  itertools  plyr  Rcpp  reshape2  rhdfs  rJava
RJSONIO  rmr2  stringr
```

4.5.3 RHadoop 程序应用

安装好 rhdfs 和 rmr 两个包后，就可以使用 R 尝试一些 Hadoop 的操作了。

1. 基本的 hdfs 文件操作

（1）查看 hdfs 文件目录。

Hadoop 的命令：

```
hadoop fs -ls /user
```

R 语言函数：

```
hdfs.ls("/user/")
```

（2）查看 Hadoop 数据文件。

Hadoop 的命令：

```
hadoop fs -cat /user/hdfs/o_same_school/part-m-00000
```

R 语言函数：

```
hdfs.cat("/user/hdfs/o_same_school/part-m-00000")
```

2. 执行一个 rmr2 算法的任务

普通的 R 语言程序：

```
>small.ints = 1:10
>sapply(small.ints, function(x) x^2)
```

MapReduce 的 R 语言程序：

```
>small.ints = to.dfs(1:10)
>mapreduce(input = small.ints, map = function(k, v) cbind(v, v^2))
>from.dfs("/tmp/RtmpWnzxl4/file5deb791fcbd5")
```

因为 MapReduce 只能访问 HDFS 文件系统，首先用 to.dfs 把数据存储到 HDFS 文件系统里。MapReduce 的运算结果使用 from.dfs 函数从 HDFS 文件系统中取出。

第二个 rmr 的例子是 wordcount，对文件中的单词计数。

在 HDFS 上提前放置了数据文件/user/hdfs/o_same_school/part-m-00000。编写

wordcount 的 MapReduce 函数,执行 wordcount 函数,最后用 from. dfs 从 HDFS 中取得结果。操作如下:

```
>input<-'/user/hdfs/o_same_school/part-m-00000'
>wordcount = function(input, output = NULL, pattern = " "){
  wc.map = function(., lines) {
          keyval(unlist( strsplit( x = lines,split = pattern)),1)
  }
    wc.reduce =function(word, counts ) {
          keyval(word, sum(counts))
    }
    mapreduce(input = input ,output = output, input.format = "text",
        map = wc.map, reduce = wc.reduce,combine = T)
}
>wordcount(input)
>from.dfs("/tmp/RtmpfZUFEa/file6cac626aa4a7")
```

3. rhdfs 包的使用

启动 R 程序。

```
>library(rhdfs)
Loading required package: rJava
HADOOP_CMD=/root/hadoop/hadoop-1.0.3/bin/hadoop
Be sure to run hdfs.init()
>hdfs.init()
```

(1) 命令查看 Hadoop 目录。

```
~ hadoop fs -ls /user
Found 4 items
drwxr-xr-x   - root supergroup          0 2013-02-01 12:15 /user/conan
drwxr-xr-x   - root supergroup          0 2013-03-06 17:24 /user/hdfs
drwxr-xr-x   - root supergroup          0 2013-02-26 16:51 /user/hive
drwxr-xr-x   - root supergroup          0 2013-03-06 17:21 /user/root
```

(2) rhdfs 查看 Hadoop 目录。

```
>hdfs.ls("/user/")

  permission owner    group size      modtime            file
1 drwxr-xr-x  root supergroup   0 2013-02-01 12:15 /user/conan
2 drwxr-xr-x  root supergroup   0 2013-03-06 17:24 /user/hdfs
3 drwxr-xr-x  root supergroup   0 2013-02-26 16:51 /user/hive
4 drwxr-xr-x  root supergroup   0 2013-03-06 17:21 /user/root
```

(3) 命令查看 Hadoop 数据文件。

```
~ hadoop fs -cat /user/hdfs/o_same_school/part-m-00000
10,3,tsinghua university,2004-05-26 15:21:00.0
23,4007,北京第一七一中学,2004-05-31 06:51:53.0
51,4016,大连理工大学,2004-05-27 09:38:31.0
89,4017,Amherst College,2004-06-01 16:18:56.0
```

```
92,4017,斯坦福大学,2012-11-28 10:33:25.0
99,4017,Stanford University Graduate School of Business,2013-02-19 12:17:15.0
113,4017,Stanford University,2013-02-19 12:17:15.0
123,4019,St Paul's Co-educational College-Hong Kong,2004-05-27 18:04:17.0
138,4019,香港苏浙小学,2004-05-27 18:59:58.0
172,4020,University,2004-05-27 19:14:34.0
182,4026,ff,2004-05-28 04:42:37.0
183,4026,ff,2004-05-28 04:42:37.0
189,4033,tsinghua,2011-09-14 12:00:38.0
195,4035,ba,2004-05-31 07:10:24.0
196,4035,ma,2004-05-31 07:10:24.0
197,4035,southampton university,2013-01-07 15:35:18.0
246,4067,美国斯坦福大学,2004-06-12 10:42:10.0
254,4067,美国斯坦福大学,2004-06-12 10:42:10.0
255,4067,美国休士顿大学,2004-06-12 10:42:10.0
257,4068,清华大学,2004-06-12 10:42:10.0
258,4068,北京八中,2004-06-12 17:34:02.0
262,4068,香港中文大学,2004-06-12 17:34:02.0
310,4070,首都师范大学初等教育学院,2004-06-14 15:35:52.0
312,4070,北京师范大学经济学院,2004-06-14 15:35:52.0
```

（4）rhdfs 查看 Hadoop 数据文件。

```
>  hdfs.cat("/user/hdfs/o_same_school/part-m-00000")
[1] "10,3,tsinghua university,2004-05-26 15:21:00.0"
[2] "23,4007,北京第一七一中学,2004-05-31 06:51:53.0"
[3] "51,4016,大连理工大学,2004-05-27 09:38:31.0"
[4] "89,4017,Amherst College,2004-06-01 16:18:56.0"
[5] "92,4017,斯坦福大学,2012-11-28 10:33:25.0"
[6] "99,4017,Stanford University Graduate School of Business,2013-02-19 12:17:15.0"
[7] "113,4017,Stanford University,2013-02-19 12:17:15.0"
[8] "123,4019,St Paul's Co-educational College-Hong Kong,2004-05-27 18:04:17.0"
[9] "138,4019,香港苏浙小学,2004-05-27 18:59:58.0"
[10] "172,4020,University,2004-05-27 19:14:34.0"
[11] "182,4026,ff,2004-05-28 04:42:37.0"
[12] "183,4026,ff,2004-05-28 04:42:37.0"
[13] "189,4033,tsinghua,2011-09-14 12:00:38.0"
[14] "195,4035,ba,2004-05-31 07:10:24.0"
[15] "196,4035,ma,2004-05-31 07:10:24.0"
[16] "197,4035,southampton university,2013-01-07 15:35:18.0"
[17] "246,4067,美国斯坦福大学,2004-06-12 10:42:10.0"
[18] "254,4067,美国斯坦福大学,2004-06-12 10:42:10.0"
[19] "255,4067,美国休士顿大学,2004-06-12 10:42:10.0"
[20] "257,4068,清华大学,2004-06-12 10:42:10.0"
[21] "258,4068,北京八中,2004-06-12 17:34:02.0"
[22] "262,4068,香港中文大学,2004-06-12 17:34:02.0"
[23] "310,4070,首都师范大学初等教育学院,2004-06-14 15:35:52.0"
[24] "312,4070,北京师范大学经济学院,2004-06-14 15:35:52.0"
```

4. rmr2 包的使用

启动 R 程序。

```
>library(rmr2)

Loading required package: Rcpp
Loading required package: RJSONIO
Loading required package: digest
Loading required package: functional
Loading required package: stringr
Loading required package: plyr
Loading required package: reshape2
```

（1）执行 r 任务。

```
>small.ints = 1:10
>sapply(small.ints, function(x) x^2)
[1]   1   4   9  16  25  36  49  64  81 100
```

（2）执行 rmr2 任务。

```
>small.ints = to.dfs(1:10)

13/03/07 12:12:55 INFO util.NativeCodeLoader: Loaded the native-hadoop library
13/03/07 12:12:55 INFO zlib.ZlibFactory: Successfully loaded & initialized native-
zlib library
13/03/07 12:12:55 INFO compress.CodecPool: Got brand-new compressor

>mapreduce(input = small.ints, map = function(k, v) cbind(v, v^2))

packageJobJar: [/tmp/RtmpWnzxl4/rmr-local-env5deb2b300d03, /tmp/RtmpWnzxl4/rmr-
global-env5deb398a522b, /tmp/RtmpWnzxl4/rmr-streaming-map5deb1552172d, /root/
hadoop/tmp/hadoop-unjar7838617732558795635/] [] /tmp/streamjob4380275136001813619.jar
tmpDir=null
13/03/07 12:12:59 INFO mapred.FileInputFormat: Total input paths to process : 1
13/03/07 12:12:59 INFO streaming.StreamJob: getLocalDirs(): [/root/hadoop/tmp/
mapred/local]
13/03/07 12:12:59 INFO streaming.StreamJob: Running job: job_201302261738_0293
13/03/07 12:12:59 INFO streaming.StreamJob: To kill this job, run:
13/03/07 12:12:59 INFO streaming.StreamJob: /disk1/hadoop/hadoop-1.0.3/libexec/../
bin/hadoop job  -Dmapred.job.tracker=hdfs://r.qa.tianji.com:9001 -kill job_
201302261738_0293
13/03/07 12:12:59 INFO streaming.StreamJob: Tracking URL: http://192.168.1.243:
50030/jobdetails.jsp?jobid=job_201302261738_0293
13/03/07 12:13:00 INFO streaming.StreamJob:  map 0%    reduce 0%
13/03/07 12:13:15 INFO streaming.StreamJob:  map 100%   reduce 0%
13/03/07 12:13:21 INFO streaming.StreamJob:  map 100%   reduce 100%
13/03/07 12:13:21 INFO streaming.StreamJob: Job complete: job_201302261738_0293
13/03/07 12:13:21 INFO streaming.StreamJob: Output: /tmp/RtmpWnzxl4/
file5deb791fcbd5

>from.dfs("/tmp/RtmpWnzxl4/file5deb791fcbd5")

$ key
NULL
```

```
$ val
        v
[1,]  1   1
[2,]  2   4
[3,]  3   9
[4,]  4  16
[5,]  5  25
[6,]  6  36
[7,]  7  49
[8,]  8  64
[9,]  9  81
[10,] 10 100
```

（3）用 wordcount 执行 rmr2 任务。

```
> input<-'/user/hdfs/o_same_school/part-m-00000'
> wordcount = function(input, output = NULL, pattern = " "){

    wc.map = function(., lines) {
            keyval(unlist(strsplit(x = lines,split = pattern)),1)
    }

    wc.reduce = function(word, counts ) {
            keyval(word, sum(counts))
    }

    mapreduce(input = input ,output = output, input.format = "text",
        map = wc.map, reduce = wc.reduce,combine = T)
}


> wordcount(input)

packageJobJar: [/tmp/RtmpfZUFEa/rmr-local-env6cac64020a8f, /tmp/RtmpfZUFEa/rmr-
global-env6cac73016df3, /tmp/RtmpfZUFEa/rmr-streaming-map6cac7f145e02, /tmp/
RtmpfZUFEa/rmr-streaming-reduce6cac238dbcf, /tmp/RtmpfZUFEa/rmr-streaming-
combine6cac2b9098d4, /root/hadoop/tmp/hadoop-unjar6584585621285839347/] [] /tmp/
streamjob9195921761644130661.jar tmpDir=null
13/03/07 12:34:41 INFO util.NativeCodeLoader: Loaded the native-hadoop library
13/03/07 12:34:41 WARN snappy.LoadSnappy: Snappy native library not loaded
13/03/07 12:34:41 INFO mapred.FileInputFormat: Total input paths to process : 1
13/03/07 12:34:41 INFO streaming.StreamJob: getLocalDirs (): [/root/hadoop/tmp/
mapred/local]
13/03/07 12:34:41 INFO streaming.StreamJob: Running job: job_201302261738_0296
13/03/07 12:34:41 INFO streaming.StreamJob: To kill this job, run:
13/03/07 12:34:41 INFO streaming.StreamJob: /disk1/hadoop/hadoop-1.0.3/libexec/../
bin/hadoop job  -Dmapred.job.tracker=hdfs://r.qa.tianji.com:9001 -kill job_
201302261738_0296
13/03/07 12:34:41 INFO streaming.StreamJob: Tracking URL: http://192.168.1.243:
50030/jobdetails.jsp? jobid=job_201302261738_0296
13/03/07 12:34:42 INFO streaming.StreamJob:  map 0%    reduce 0%
```

```
13/03/07 12:34:59 INFO streaming.StreamJob:   map 100%    reduce 0%
13/03/07 12:35:08 INFO streaming.StreamJob:   map 100%    reduce 17%
13/03/07 12:35:14 INFO streaming.StreamJob:   map 100%    reduce 100%
13/03/07 12:35:20 INFO streaming.StreamJob: Job complete: job_201302261738_0296
13/03/07 12:35:20 INFO streaming.StreamJob: Output: /tmp/RtmpfZUFEa/file6cac626aa4a7

> from.dfs("/tmp/RtmpfZUFEa/file6cac626aa4a7")

$ key
[1] "-"
[2] "04:42:37.0"
[3] "06:51:53.0"
[4] "07:10:24.0"
[5] "09:38:31.0"
[6] "10:33:25.0"
[7] "10,3,tsinghua"
[8] "10:42:10.0"
[9] "113,4017,Stanford"
[10] "12:00:38.0"
[11] "12:17:15.0"
[12] "123,4019,St"
[13] "138,4019,香港苏浙小学,2004-05-27"
[14] "15:21:00.0"
[15] "15:35:18.0"
[16] "15:35:52.0"
[17] "16:18:56.0"
[18] "172,4020,University,2004-05-27"
[19] "17:34:02.0"
[20] "18:04:17.0"
[21] "182,4026,ff,2004-05-28"
[22] "183,4026,ff,2004-05-28"
[23] "18:59:58.0"
[24] "189,4033,tsinghua,2011-09-14"
[25] "19:14:34.0"
[26] "195,4035,ba,2004-05-31"
[27] "196,4035,ma,2004-05-31"
[28] "197,4035,southampton"
[29] "23,4007,北京第一七一中学,2004-05-31"
[30] "246,4067,美国斯坦福大学,2004-06-12"
[31] "254,4067,美国斯坦福大学,2004-06-12"
[32] "255,4067,美国休士顿大学,2004-06-12"
[33] "257,4068,清华大学,2004-06-12"
[34] "258,4068,北京八中,2004-06-12"
[35] "262,4068,香港中文大学,2004-06-12"
[36] "312,4070,北京师范大学经济学院,2004-06-14"
[37] "51,4016,大连理工大学,2004-05-27"
[38] "89,4017,Amherst"
[39] "92,4017,斯坦福大学,2012-11-28"
[40] "99,4017,Stanford"
[41] "Business,2013-02-19"
[42] "Co-educational"
```

```
[43] "College"
[44] "College,2004-06-01"
[45] "Graduate"
[46] "Hong"
[47] "Kong,2004-05-27"
[48] "of"
[49] "Paul's"
[50] "School"
[51] "University"
[52] "university,2004-05-26"
[53] "university,2013-01-07"
[54] "University,2013-02-19"
[55] "310,4070,首都师范大学初等教育学院,2004-06-14"

$ val
[1] 1 2 1 2 1 1 4 1 1 2 1 1 1 1 2 1 1 2 1 1 1 1 1 1 1 1 1 1 1 1 1 1 1 1 1 1 1 1
[39] 1 1 1 1 1 1 1 1 1 1 1 1 1 1 1 1 1
```

由这个例子看出字段计数的结果,例如在这个数据文件中,"310,4070,首都师范大学初
等教育学院,2004-06-14"这个字段只有1个。

小 结

本章详细阐述了分析工具 R 语言,包括 R 语言的安装与使用,R 语言中包的使用,R 语
言数据的基本操作和常用函数,R 语言绘图参数设置和常用图形的绘制,R 语言数据处理基
础函数和多元统计分析,以及 R 语言在大数据环境 Hadoop 下应用工具 RHadoop 的安装与
使用。

R 语言概述＋基本操作.mp4(35.9MB)　　　　　R 语言概述＋基本操作.mp4(22.8MB)

习 题

1. 解释表 4-11 所列函数的功能

表 4-11　函数与功能

函　　　数	功　　　能
prod	
which. min(max)	
sort	
cummax(cummax)	

续表

函　　数	功　　能
pch	
cex	
lty	
lwd	

2. 选择题

(1) head(x)表示显示数据框的前(　　)行。

　　A. 4　　　　　　　B. 5　　　　　　　C. 6　　　　　　　D. 7

(2) 条形图的简单画法格式为(　　)。

　　A. barplot(height)　　B. plot(height)　　C. brplot(height)　　D. hist(height)

(3) 下列不属于聚类分析的一项是(　　)。

　　A. 系谱聚类　　　　B. 方差聚类　　　　C. 密度聚类　　　　D. K 均值聚类

3. 操作题

(1) 建立一个 R 文件,在文件中输入变量 $x=(1,3,5)^T$,$y=(2,4,6)^T$,并作以下计算。

① 计算 $z=x+2y$。

② 计算 x 与 y 的内积。

(2) A<-c(rep(1:3,2),2:1);A

① 写出运行这行代码的结果。

② 写出 A[A[A==1]]==A[which(A==1)]的结果。

(3) 某学校对 50 名男生测定血清总蛋白含量(g/L),数据如下:

74.3 78.8 68.8 78.0 70.4 80.5 80.5 69.7 71.2 73.5

79.5 75.6 75.0 78.8 72.0 72.0 72.0 74.3 71.2 72.0

75.8 75.8 68.8 76.5 70.4 71.2 81.2 75.0 70.4 68.0

70.4 72.0 76.5 74.3 76.5 77.6 67.3 72.0 75.0 74.3

75.8 73.5 75.0 73.5 73.5 73.5 72.7 81.6 70.3 74.3

计算均值、方差、标准差、极差。

(4) 绘出习题(2)和习题(3)的直方图和核密度图。

第2篇

大数据挖掘技术

## 第 5 章

线性分类方法

【内容摘要】 分类(classification)就是确定对象属于哪个预定义的目标类,就是通过学习一个目标函数(target function)f(x),把每个属性集 x 映射到一个预先定义的类标号 y。其中,目标函数也称为分类模型(classification model)。

在本章中,对数据挖掘方法中主要的三类线性分类方法结合具体实例进行讲解:通过一组医疗数据来介绍多元线性方法;通过投篮进球数据来解释 Logistic 方法原理;用线性判别分析对鸢尾花数据 iris 进行分析。

【学习目标】 通过本章的学习,熟悉和掌握大数据挖掘方法中的线性分类方法,包括多元线性回归、logistic 回归、线性判别分析,并结合本章中的实例更加深入地理解线性分类的应用方法。

5.1 线性分类方法综述与评价准则

线性分类问题是一个普遍存在的问题,在各个领域都有不同的应用。分类方法就是一种根据输入数据集建立分类模型的系统方法。

5.1.1 线性分类方法综述

线性分类问题包括建立线性回归模型、logistic 回归模型、线性判别分析等。

线性回归(Linear Regression)是利用称为线性回归方程的最小平方函数对一个或多个自变量和因变量之间关系进行建模的一种回归分析。只有一个自变量的情况称为简单回归,大于一个自变量情况的叫作多元回归。在线性回归中,数据使用线性预测函数来建模,并且未知的模型参数也是通过数据来估计。这些模型叫作线性模型。本章重点介绍多元线性回归,并用多元线性回归模型预测医疗费用。

logistic 回归与多元线性回归实际上有很多相同之处,最大的区别在于它们的因变量不同。正因为如此,这两种回归可以归于同一个家族,即广义线性模型(Generalized Linear Model)。如果因变量是连续的,就是多元线性回归;如果是二项分布,就是 logistic 回归;如果是 poisson 分布,就是 poisson 回归;如果是负二项分布,就是负二项回归,等等。本章还会着重讲解 logistic 回归,并用 logistic 回归模型分析关于射门命中率的数据。

线性判别分析(Linear Discriminant Analysis)属于确定性判别,基本思想是将高维的模式样本投影到最佳鉴别矢量空间,以达到抽取分类信息和压缩特征空间维数的效果。使用这种方法能够使投影后模式样本的类间散布矩阵最大,并且类内散布矩阵最小。也就是说,投影后保证模式样本在新的子空间有最大的类间距离和最小的类内距离,即模式在该空间中有最佳的可分离性。我们将运用线性判别方法来分析房屋租金的数据。

虽然分类问题很多、很复杂,但是仍有解决分类问题的一般方法及步骤。

（1）将已知分类数据记录组成一个训练集(training set),将未知分类数据记录组成一个测试集(或称为检验集)(test set)。

（2）结合学习算法对训练集数据进行归纳,形成一个学习模型。

（3）将学习模型优化成一个适用性更高的分类模型。

（4）结合测试集的具体属性情况,形成一个应用模型。

（5）将应用模型运用于测试集。

5.1.2 分类方法评价准则

分类方法评价的方法有保持方法、随机二次抽样、交叉验证、自助法等。

（1）保持方法:将被标记的原始数据划分成两个不相交的集合,分别称为训练集和测试集。在训练集上归纳形成分类模型,在测试集上评估模型的性能。通常训练集占整个数据的 2/3,测试集占整个数据的 1/3。保持方法较为简便,但存在许多局限性。例如,由于要将原数据保留一部分作测试集,则用于训练的样本较少,因此所建立的模型不够完善。

（2）随机二次抽样:通过多次重复保持方法来改进对分类器性能的估计。由于随机二次抽样的原理与保持方法相似,那么也会出现类似因训练阶段未能充分利用数据而造成的模型不完善,准确率不可靠等问题。

（3）交叉验证:在交叉验证中,每个记录用于训练的次数相同,并且恰好检验一次。若将数据分为相同大小的两个子集,则先选择一个子集作训练集,另一个作测试集,然后交换两个集合的角色,这种方法叫作二折交叉验证。K 折交叉验证同理,将数据分为相同大小的 k 个子集,每次运行,选择其中一份作测试集,其余的子集作为训练集,该过程重复 k 次,使得每份数据恰好检验一次。当出现运行次数 k 与数据集的大小 N 相等时,每个测试集只有一个记录,这种方法也称为留一法。这种所谓的留一法可以使用尽可能多的训练记录,而且测试集之间是互斥的,可以有效覆盖整个数据集。但是整个过程需要重复 N 次,计算量很大。

（4）自助法:在以上方法中,我们采用的都是不放回抽样,而自助法中训练记录采用有放回抽样,即已经选作训练的记录将会被放入原数据集中,使它等概率被重复抽取。

分类模型的性能根据模型的正确预测和错误预测的检验记录计数进行评估,这些计数将通过函数 table()对预测结果和真实结果做出对比后被存放在混淆矩阵中。

5.2 多元线性回归分析

回归分析是通过建立模型来研究变量与变量之间的关系,分析一些变量对某个变量的影响并进行预测和控制的一种有效工具。多元线性回归是一种有多种变量的常用回归分析法。

5.2.1 回归分析原理

回归分析可以用来挑选与响应变量相关的解释变量,可以描述两者的关系,也可以生成一个等式,通过解释变量来预测响应变量。变量之间的关系可以分为函数关系和相关关系。函数关系可以用一个精确的定量关系式来表示,但是相关关系不能。如何预测因变量的取值,就要靠回归分析来完成。回归分析已有 200 多年的历史,应用于工商管理、医学、教育心理多个领域。按研究方法划分,回归分析研究的范围大致为 6 种,如图 5-1 所示。

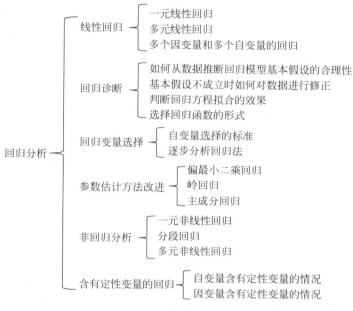

图 5-1　回归分析分类

针对不同的分类问题,拥有不同的回归模型。常见的回归模型如表 5-1 所示。

表 5-1　常见的回归模型

回归模型	试 用 条 件	算 法 描 述
线性回归	因变量和自变量是线性关系	对一个或多个自变量和因变量之间的线性关系进行建模。可用最小二乘求解模型系数
非线性回归	因变量和自变量之间不存在线性关系	对一个或多个自变量和因变量之间的非线性关系进行建模。如果非线性关系可以通过简单的函数变换呈线性关系,用线性回归的思想求解;如果不能转化,用非线性最小二乘法求解
逻辑回归	因变量一般有 1 和 0(是否)两个取值	广义线性回归模型的特例,利用 Logistic 函数将因变量的取值范围控制在 0 和 1 之间,表示取值为 1 的概率

5.2.2　多元线性回归分析 R 案例

使用直线回归的模型叫作线性回归。如果只有一个单一的自变量,就是简单线性回归,否则就是多元回归。这两个模型都假设因变量是连续的。逻辑回归可以用来对二元分类的结果建模。泊松回归可以用来对整型的计数数据建模。线性回归、逻辑回归、泊松回归以及其他回归都属于广义线性回归。

【例 5-1】 应用多元线性回归分析一组关于预测医疗费用的例子。该数据是编者从 Packt 出版社的网站上下载的 insurance.csv,通过患者的年龄、性别、是否吸烟等信息来预测其在某段时间支付医疗费用的情况。

第一步：收集、探索和准备数据。

```
>insurance<-read.csv("D:\第5章例题\insurance.csv",stringsAsFactors= T)
```

函数 str()确认该数据转换了我们之前所期望的形式。

```
>str(insurance)
'data.frame':   1338 obs. of   7 variables:
$ age     : int  19 18 28 33 32 31 46 37 37 60 ...
$ sex     : Factor w/ 2 levels "female","male": 1 2 2 2 2 1 1 1 2 1 ...
$ bmi     : num  27.9 33.8 33 22.7 28.9 ...
$ children: int  0 1 3 0 0 0 1 3 2 0 ...
$ smoker  : Factor w/ 2 levels "no","yes": 2 1 1 1 1 1 1 1 1 1 ...
$ region  : Factor w/ 4 levels "northeast","northwest",...
$ charges : num  16885 1726 4449 21984 3867 ...
```

既然因变量为 charges,那么让我们一起来看看它是如何分布的。

```
>summary(insurance$charges)
Min. 1st Qu.  Median    Mean 3rd Qu.    Max.
  1122    4740     9382   13270   16640   63770
```

因为平均值远大于中位数,表明保险费用的分布是右偏的。我们可以使用直观的直方图来证实这一点,如图 5-2 所示。

```
>hist(insurance$charges)
```

从 summary()的输出中我们知道,变量 region 有 4 个水平,但我们需要仔细看一看它们是如何分布的。

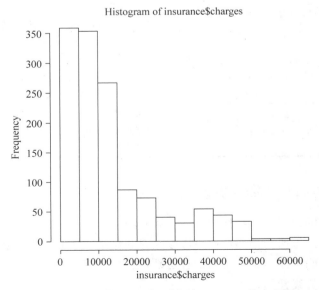

图 5-2　利用函数 hist()得到的关于 region 的直方图

```
>table(insurance$ region)

northeast  northwest southeast southwest
     324        325       364       325
```

在使用回归模型拟合数据之前,有必要确定自变量与因变量之间以及各自变量之间是如何相关的。我们可以用cor()函数创建一个相关系数矩阵。

```
>cor(insurance[c("age","bmi","children","charges")])
               age        bmi   children      charges
age      1.0000000  0.1092719  0.04246900  0.29900819
bmi      0.1092719  1.0000000  0.01275890  0.19834097
Children 0.0424690  0.0127589  1.00000000  0.06799823
charges  0.2990082  0.1983410  0.06799823  1.00000000
```

也可以创建一个散点图矩阵来研究数据之间的内在相关。默认的 R 安装中就提供了函数 pairs(),该函数为产生散点图数据提供了基本的功能。为了调用该函数,只需要给它提供数据框,结果就呈现出散点图矩阵,如图 5-3 所示。这里,把 insurance 数据框限制为 4 个数据型变量。

```
>pairs(insurance[c("age","bmi","children","charges")])
```

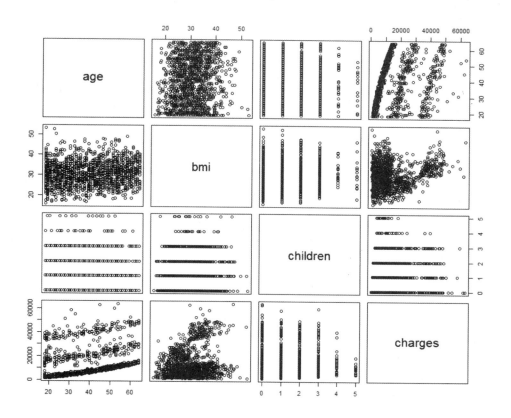

图 5-3　利用函数 pairs()得到的散点图矩阵

如果要对散点图添加更多的信息,那么它就会更加有用,如图 5-4 所示。一个改进后的散点图矩阵可以用 psych()包中的 pairs.panels()函数来创建。在这之前需要输入 install.packages("psych")命令安装它,并使用 library(psych)命令加载它。paris.panels()函数使用及结果如下:

```
>install.packages("psych")
>library(psych)
>pairs.panels(insurance[c("age","bmi","children","charges")])
```

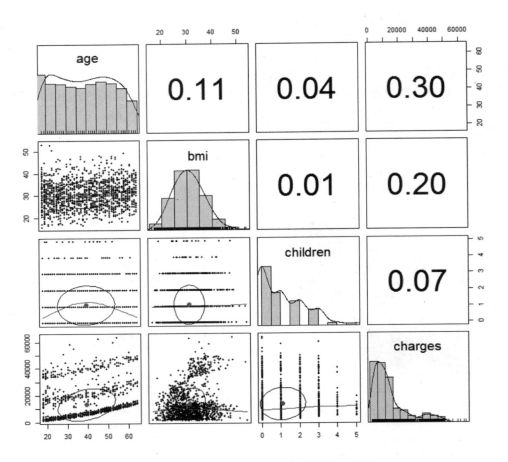

图 5-4　利用函数 pairs.panels()得到的散点图矩阵

其中,在对角线上方,散点图被相关稀疏矩阵取代。对角线上,直方图描述了每个特征的数值分布。对角线下方的散点图带有额外的可视化信息。

第二步:基于数据训练模型。

用 R 对数据拟合一个线性回归模型,可以使用 lm()函数。

```
>ins_model<-lm(charges~ age+children+bmi+sex+smoker+region,data=insurance)
```

由于符号". "可以用来指定所有的特征(不包括那些公式中已经指定的),所以可以执行下面的命令,达到前面命令的效果。

```
>ins_model<-lm(charges~ .,data=insurance)
>ins_model
Call:
lm(formula = charges ~ ., data = insurance)

Coefficients:
        (Intercept)              age           sexmale              bmi
           -11938.5            256.9            -131.3            339.2
           children         smokeryes   regionnorthwest   regionsoutheast
              475.5          23848.5            -353.0           -1035.0
   regionsouthwest
             -960.1
```

第三步：评估模型的性能。

```
>summary(ins_model)

Call:
lm(formula = charges ~ ., data = insurance)

Residuals:
      Min      1Q   Median       3Q      Max
  -11304.9 -2848.1   -982.1   1393.9  29992.8

Coefficients:
                  Estimate Std. Error t value Pr(>|t|)
(Intercept)       -11938.5      987.8 -12.086  <2e-16 ***
age                  256.9       11.9  21.587  <2e-16 ***
sexmale             -131.3      332.9  -0.394 0.693348
bmi                  339.2       28.6  11.860  <2e-16 ***
children             475.5      137.8   3.451 0.000577 ***
smokeryes          23848.5      413.1  57.723  <2e-16 ***
regionnorthwest     -353.0      476.3  -0.741 0.458769
regionsoutheast    -1035.0      478.7  -2.162 0.030782 *
regionsouthwest     -960.0      477.9  -2.009 0.044765 *
---
Signif. codes:  0 '*** ' 0.001 '** ' 0.01 '* ' 0.05 '.' 0.1 ' ' 1

Residual standard error: 6062 on 1329 degrees of freedom
Multiple R-squared:  0.7509,    Adjusted R-squared:  0.7494
F-statistic: 500.8 on 8 and 1329 DF,  p-value: <2.2e-16
```

其中：

① Residuals（残差）部分提供了预测误差的主要统计量，其中有一些统计量明显是相当大的。由于残差是真实值减去预测值，所以最大误差值 29992.8 表明该模型至少对一个案例的费用少预测了将近 3 万元。

② 星号表示模型中每个特征的预测能力。其中，三颗星的出现表示显著性水平为 0，这意味着该特征极不可能是与因变量无关的变量，而一个通常的做法就是使用 0.05 的显著性水平来表示统计意义上的显著变量。

③ 多元 R 方值（判定系数）提供了一种度量模型性能的方法，即从整体上，模型能多大程度解释因变量的值。它类似于相关系数，因为它的值越接近于1.0，模型解释数据的性能就越好。

第四步：提高模型的性能。

在线性回归中，自变量和因变量之间的关系被假定为线性的，然而这不一定是正确的。例如，对所有黏性值而言，年龄对医疗费用的影响可能不是恒定的，那么我们可以在模型中添加非线性年龄。

```
>insurance$age2<-insurance$age^2
```

也可以将一个数值型变量转换成为一个二进制指标（此处是对肥胖创建了一个指标）。

```
>insurance$ bmi30<-ifelse(insurance$ bmi>=30,1,0)
```

如果我们再指定肥胖和吸烟之间的相互作用，将这三种改进总结一下可以得到：

```
>ins_model2<-lm(charges~ age+children+bmi+sex+bmi30* smoker+region,
data=insurance)
>summary(ins_model2)

Call:
lm(formula =  charges ~  age +children +bmi +sex +bmi30 *  smoker +
    region, data =  insurance)

Residuals:
     Min      1Q   Median      3Q      Max
-18234.3  -1826.1  -1251.6   -447.5  24803.9

Coefficients:
                  Estimate Std. Error t value Pr(>|t|)
(Intercept)      -4745.546    959.685  -4.945 8.59e-07 ***
age                263.242      8.805  29.897  <2e-16 ***
children           520.402    101.958   5.104 3.81e-07 ***
bmi                115.035     34.560   3.329 0.000897 ***
sexmale           -491.179    246.563  -1.992 0.046565 *
bmi30             -865.057    425.775  -2.032 0.042381 *
smokeryes        13402.363    443.910  30.192  <2e-16 ***
regionnorthwest   -266.836    352.410  -0.757 0.449079
regionsoutheast   -825.000    354.800  -2.325 0.020209 *
regionsouthwest  -1224.315    353.684  -3.462 0.000554 ***
bmi30:smokeryes  19794.852    610.092  32.446  <2e-16 ***
---
Signif. codes:  0 '***' 0.001 '**' 0.01 '*' 0.05 '.' 0.1 ' ' 1

Residual standard error: 4485 on 1327 degrees of freedom
Multiple R-squared:  0.8639,    Adjusted R-squared:  0.8628
F-statistic: 842.1 on 10 and 1327 DF,  p-value: <2.2e-16
```

第五步：理解回归树和模型树。

用于数值预测的有两类决策树：回归树和模型树。

```
>tee<-c(1,1,1,2,2,3,4,5,5,6,6,7,7,7,7)
>at1<-c(1,1,1,2,2,3,4,5,5)
>at2<-c(6,6,7,7,7,7)
>bt1<-c(1,1,1,2,2,3,4)
>bt2<-c(5,5,6,6,7,7,7,7)
>sdr_a<-sd(tee)-(length(at1)/length(tee)*sd(at1)+length(at2)/
length(tee)*sd(at2))
>sdr_b<-sd(tee)-(length(bt1)/length(tee)*sd(bt1)+length(bt2)/
length(tee)*sd(bt2))
>sdr_a
[1] 1.202815
>sdr_b
[1] 1.392751
```

关于 A 的分割的 SDR 值大约为 1.2,关于 B 的分割的 SDR 值大约为 1.4。由于对特征 B,标准差减少得更多,所以决策树将首先使用特征 B,它产生了比特征 A 更多的一致性(均匀性)集合。

回归树和模型树是有一定差异的,我们将在 5.5 节中应用实例进行学习。

5.3 逻辑回归分析

逻辑回归(Logistic)属于广义回归模型,根据因变量的类型和服从的分布可以分为普通多元线性回归模型和逻辑回归。

5.3.1 逻辑回归模型

逻辑回归是指因变量是离散的并且取值范围为{0,1}两类,如果离散变量取值是多项即变为 multi-class classification,那么 LR 模型是一个二分类模型,可以用来做 CTR 预测。

逻辑回归一般的数学公式是

$$y = 1/(1+e^\wedge-(a+b_1\times1+b_2\times2+b_3\times3+\cdots))$$

其中,y 是响应变量;a 和 b 是数字常量系数。

glm()函数在逻辑回归中的基本语法是 glm(formula,data,family)。其中,formula 是呈现所述变量之间关系的标识;data 在数据集给出这些变量的值;family 为 R 对象以指定模型的细节,它的值是二项分布逻辑回归。

5.3.2 逻辑回归分析 R 案例

【例 5-2】 运用射门命中的数据进行逻辑分析。对球员来说,每次射门是否进球都有一定的概率。这个概率与射门的距离有关,离球门区越近,越可能进球。我们尝试用逻辑回归度量这种关系。先载入数据,创建进球与否的二分变量。

```
>install.packages("nutshell")
>library(nutshell)
>data(field.goals)
>field.goals.forlr<-transform(field.goals,good=as.factor(ifelse
(play.type=="FG good","good","bad")))
```

让我们看看根据距离计算的进球比例,这里用了 table 函数。

```
>field.goals.table<-table(field.goals.forlr$ good,field.goals.forlr$ yards)
field.goals.table
```

```
     18 19 20 21 22 23 24 25 26 27 28 29 30 31 32 33 34 35 36 37 38 39 40
bad   0  0  1  1  1  1  0  0  0  3  5  5  2  6  7  5  3  0  4  3 11  6  7
good  1 12 24 28 24 29 30 18 27 22 26 32 22 21 30 31 21 25 20 23 29 35 27
```

```
     41 42 43 44 45 46 47 48 49 50 51 52 53 54 55 56 57 58 59 60 61 62
bad   5  6 11  5  9 12 11 10  9  5  8 11 10  3  1  2  1  1  1  1  1  1
good 32 21 15 24 16 15 26 18 14 11  9 12 10  2  1  3  0  1  0  0  0  0
```

还可以用图形来展示结果,如图 5-5 所示。

```
>plot(colnames(field.goals.table),
+field.goals.table["good",]/
+(field.goals.table["bad",]+field.goals.table["good",]),
+   xlab="Distance(Yards)",ylab="Percent Good")
```

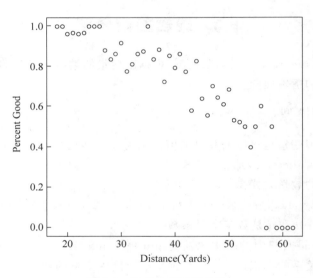

图 5-5　进球比例图形结果

如图 5-5 所示,当射门距离为 25~55 时,进球百分比是随距离的增加而线性下降的。

每一次投篮可以认为是贝努利试验,场上每个位置进球的数量都服从二项分布。因此在使用广义线性回归模型 glm 时需要指定 family＝"binomial"。

```
> field. goals.mdl < - glm (formula = good ~ yards, data = field. goals. forlr, family =
"binomial")
```

就像 lm()函数一样,glm()函数默认是不返回任何结果的,需要通过 print 方法来展示结果以及模型拟合情况。

```
>field.goals.mdl
```

```
Call:  glm(formula = good ~ yards, family = "binomial", data = field.goals.forlr)

Coefficients:
(Intercept)         yards
    5.17886      -0.09726
Degrees of Freedom: 981 Total (i.e. Null);    980 Residual
Null Deviance:          978.9
Residual Deviance: 861.2          AIC: 865.2
```

也可以像 lm() 函数那样使用 summary() 函数来获得更多的信息。

```
>summary (field.goals.mdl)

Call:
glm(formula = good ~ yards, family = "binomial", data = field.goals.forlr)

Deviance Residuals:
    Min       1Q   Median       3Q      Max
-2.5582   0.2916   0.4664   0.6978   1.3789

Coefficients:
            Estimate Std. Error z value Pr(>|z|)
(Intercept)  5.178856   0.416201  12.443   <2e-16 ***
yards       -0.097261   0.009892  -9.832   <2e-16 ***
---
Signif. codes:  0 '***' 0.001 '**' 0.01 '*' 0.05 '.' 0.1 ' ' 1

(Dispersion parameter for binomial family taken to be 1)

    Null deviance: 978.90  on 981   degrees of freedom
Residual deviance: 861.22  on 980   degrees of freedom
AIC: 865.22

Number of Fisher Scoring iterations: 5
```

可以查看一下这个模型和数据的效果如何,首先将进球数据绘制出来。

```
>plot(colnames(field.goals.table),
+field.goals.table["good",]/
+(field.goals.table["bad",]+field.goals.table["good",]),
+xlab="Distance(Yards)",ylab="Percent Good")
```

接着在图形上画一条直线,表示在每个点上估计的进球概率值。我们会构建一个计算概率的函数,并把刚才说的曲线绘制到图形上,如图 5-6 所示。

```
>fg.prob<-function(y){
+eta<-5.178856+-0.097261* y;
+1/(1+exp(-eta))
+}
>lines(15:65,fg.prob(15:65),new=TRUE)
```

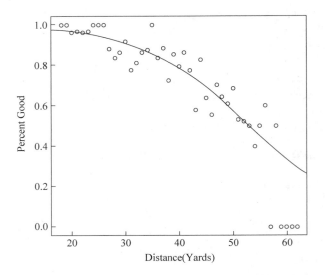

图 5-6　数据进行拟合后的进球比例图形

5.4　线性判别分析

判别分析就是根据已掌握的每个类别样本的数据信息,总结出客观事物分类的规律,建立判别公式和判别准则。在遇到新的样本点时,再根据总结出来的判别公式和判别准则来判断该样本点所属的类别。判别分析包括线性表判别分析、朴素贝叶斯分类、距离判别等。

5.4.1　线性判别分析原理

判别分析又称分辨法,是在分类确定的条件下,根据某一研究对象的各种特征值判别其类型归属问题的一种多变量统计分析方法。其基本原理是按照一定的判别准则,建立一个或多个判别函数,用研究对象的大量资料确定判别函数中的待定系数,并计算判别指标,据此即可确定某一样本属于何类。当得到一个新的样品数据,要确定该样品属于已知类型中哪一类时,这类问题属于判别分析问题。

下面通过一个图示的例子说明线性判别分析模型的原理。图 5-7 所示为原始数据图及线性判别分析后的数据图。

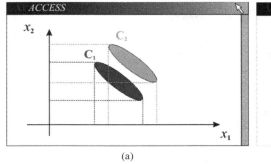
(a)

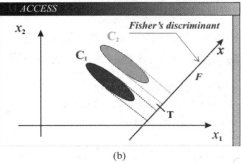
(b)

图 5-7　原始数据图及线性判别分析后的数据图

从图 5-7 中可以看到两个类别：一个 C_1 类别，一个 C_2 类别。图 5-7(a)是两个类别的原始数据，现在要求将数据从二维降维到一维。直接投影到 x_1 轴或者 x_2 轴，不同类别之间会有重复，导致分类效果下降。图 5-7(b)映射到的直线就是用 LDA 方法计算得到的，可以看到，C_1 类别和 C_2 类别在映射之后之间的距离是最大的，而且每个类别内部点的离散程度是最小的(或者说聚集程度是最大的)。

5.4.2　线性判别分析 R 案例

下面以 miete 数据集为例进行线性判别分析。MASS 包是 Modern Applied Statistics with S 的缩写，即 S 语言在现代统计学中的应用。

第一步：收集数据和数据预处理。

首先需加载程序包，还需加载程序包 magrittr，并获取 kknn 包中的 miete 数据集。

```
>library(kknn)
>data(miete)
>head(miete)[1:3,]
      nm wfl    bj bad0 zh ww0 badkach fenster kueche mvdauer bjkat wflkat
1 693.29 50 1971.5    0  1   0       0       0      0       2     4      1
2 736.60 70 1971.5    0  1   0       0       0      0      26     4      2
3 732.23 50 1971.5    0  1   0       0       0      0       1     4      1
     nmqm rooms nmkat adr wohn
1 13.86580     1     3   2    2
2 10.52286     3     3   2    2
3 14.64460     1     3   2    2
>dim(miete)
[1] 1082    17
```

运用 summary()函数来观察一下 miete 数据集的基本信息。

```
>summary(miete)
      nm              wfl              bj          bad0      zh       ww0
 Min.   : 127.1  Min.   : 20.00  Min.   :1800  0:1051  0:202  0:1022
 1st Qu.: 543.6  1st Qu.: 50.25  1st Qu.:1934  1:  31  1:880  1:  60
 Median : 746.0  Median : 67.00  Median :1957
 Mean   : 830.3  Mean   : 69.13  Mean   :1947
 3rd Qu.:1030.0  3rd Qu.: 84.00  3rd Qu.:1972
 Max.   :3130.0  Max.   :250.00  Max.   :1992
 badkach fenster  kueche    mvdauer         bjkat   wflkat        nmqm
 0:446   0:1024  0:980  Min.   : 0.00  1:218  1:271  Min.   : 1.573
 1:636   1:  58  1:102  1st Qu.: 2.00  2:154  2:513  1st Qu.: 8.864
                       Median : 6.00  3:341  3:298  Median :12.041
                       Mean   :10.63  4:226         Mean   :12.647
                       3rd Qu.:17.00  5: 79         3rd Qu.:16.135
                       Max.   :82.00  6: 64         Max.   :35.245
     rooms         nmkat     adr       wohn
 Min.   :1.000  1:219  1:  25  1:  90
 1st Qu.:2.000  2:230  2:1035  2:673
 Median :3.000  3:210  3:  22  3:319
 Mean   :2.635  4:208
```

```
3rd Qu.:3.000    5:215
Max.   :9.000
```

下面按照训练集占数据总量 2/3 的比例,计算每一等级中应抽取的样本量。

```
>library(sampling)
>n=round(2/3* nrow(miete)/5)
>n
[1] 144
```

现在需要以 nmkat 变量的 5 个等级划分层次,进行分层抽样。

```
>sub_train=strata(miete,stratanames="nmkat",size=rep(n,5),method="srswor")
>head(sub_train)
nmkat ID_unit     Prob Stratum
1       3        1 0.6857143        1
2       3        2 0.6857143        1
3       3        3 0.6857143        1
8       3        8 0.6857143        1
16      3       16 0.6857143        1
20      3       20 0.6857143        1
>data_train=getdata(miete[,c(-1,-3,-12)],sub_train$ID_unit)
>data_test=getdata(miete[,c(-1,-3,-12)],-sub_train$ID_unit)
>dim(data_train);dim(data_test)
[1] 720  14
[1] 362  14
>head(data_test)[1:3,]
   Wfl bad0 zh ww0 badkach fenster kueche mvdauer bjkat  nmqm rooms nmkat adr
11  75    0  1   0       1       0      1       3     6 16.504533    3     5   2
14  71    0  1   0       1       0      1       3     6 16.670704    3     5   2
15  93    0  1   0       1       0      0       4     4  9.164516    4     4   2
   wohn
11    2
14    2
15    2
```

第二步:应用模型查看模型的相应参数。

首先以公式格式执行线性判别,然后对我们建立的模型进行基本了解,查看 lda() 可给出的输出项名称,本次执行过程中使用的先验概率以及数据集 data_train 中各类别的样本量,并计算出各变量在每一类别中的均值。

```
>library(MASS)
>fit_ldal=lda(nmkat~.,data_train)
>names(fit_ldal)  [1] "prior"  "counts"  "means"  "scaling"  "lev"  "svd"  "N"
[8] "call"  "terms"  "xlevels"
>fit_ldal$ prior
  1   2   3   4   5
0.2 0.2 0.2 0.2 0.2
>fit_ldal$counts
  1   2   3   4   5
```

```
144  144  144  144  144
>fit_lda1$ means
       wfl       bad01         zh1        ww01      badkach1    fenster1     kueche1
1 54.18750  0.083333333  0.5972222  0.15972222  0.3819444   0.06944444   0.02777778
2 61.81944  0.027777778  0.8125000  0.04861111  0.5694444   0.06250000   0.07638889
3 67.15972  0.020833333  0.8333333  0.04166667  0.4930556   0.03472222   0.06250000
4 73.22917  0.013888889  0.9166667  0.01388889  0.7083333   0.03472222   0.08333333
5 92.52778  0.006944444  0.9236111  0.01388889  0.7430556   0.03472222   0.22222222
     mvdauer      bjkat.L      bjkat.Q       bjkat.C      bjkat^4      bjkat^5
1 15.243056  - 0.22244532  - 0.12047446   0.06573626   0.16404708  - 0.15267315
2 10.486111  - 0.11786282  - 0.18639445  - 0.02173955   0.24410206  - 0.07611785
3 12.500000  - 0.14940358  - 0.13411308   0.05434887   0.14829856  - 0.06168170
4 10.347222  - 0.06972167  - 0.15457101  - 0.04865518   0.13386242   0.01224885
5  4.958333  - 0.07138171  - 0.03182344   0.01759868   0.05511982   0.02187294
       nmqm       rooms         adr.L         adr.Q        wohn.L        wohn.Q
1  8.363631   2.104167  - 0.019641855  - 0.7654655   0.05401510  - 0.3827328
2 10.901455   2.402778  - 0.034373246  - 0.7569604   0.07856742  - 0.4422690
3 12.409342   2.590278  - 0.029462783  - 0.7654655   0.12276159  - 0.3657224
4 14.533825   2.784722    0.004910464  - 0.7909811   0.17186623  - 0.3657224
5 16.659131   3.347222    0.044194174  - 0.7059293   0.28480690  - 0.2211345
```

下面来观察输出判别分析的各项结果。

```
>fit_lda1
Call:
lda(nmkat ~  ., data = data_train)

Prior probabilities of groups:
  1   2   3   4   5
0.2 0.2 0.2 0.2 0.2

Group means:
       wfl       bad01         zh1        ww01      badkach1    fenster1     kueche1
1 54.18750  0.083333333  0.5972222  0.15972222  0.3819444   0.06944444   0.02777778
2 61.81944  0.027777778  0.8125000  0.04861111  0.5694444   0.06250000   0.07638889
3 67.15972  0.020833333  0.8333333  0.04166667  0.4930556   0.03472222   0.06250000
4 73.22917  0.013888889  0.9166667  0.01388889  0.7083333   0.03472222   0.08333333
5 92.52778  0.006944444  0.9236111  0.01388889  0.7430556   0.03472222   0.22222222
...
       nmqm       rooms         adr.L         adr.Q        wohn.L        wohn.Q
1  8.363631   2.104167  - 0.019641855  - 0.7654655   0.05401510  - 0.3827328
2 10.901455   2.402778  - 0.034373246  - 0.7569604   0.07856742  - 0.4422690
3 12.409342   2.590278  - 0.029462783  - 0.7654655   0.12276159  - 0.3657224
4 14.533825   2.784722    0.004910464  - 0.7909811   0.17186623  - 0.3657224
5 16.659131   3.347222    0.044194174  - 0.7059293   0.28480690  - 0.2211345

Coefficients of linear discriminants:
```

	LD1	LD2	LD3	LD4
wfl	0.067120937	0.01577413	-0.001048643	0.0002127949
bad01	0.150154524	0.56221168	0.224609374	1.6562154820
zh1	-0.023596382	-0.94947249	-0.203694648	-0.6584714471
...				
wohn.L	-0.124553292	0.13325978	-0.664996079	-0.4712985993
wohn.Q	0.088428884	0.22351361	0.504017920	0.3395011749

Proportion of trace:

LD1	LD2	LD3	LD4
0.9707	0.0167	0.0074	0.0052

使用 lda() 函数建立另一种模型。

```
>fit_lda2=lda(data_train[,-12],data_train[,12])
>fit_lda2
```

这里输出判别分析的各项结果与 fit_lda1 相似。

第三步：作出模型图。

```
>plot(fit_lda1)      #对判别规则 fit_lda1 输出图形,如图 5-8 所示
```

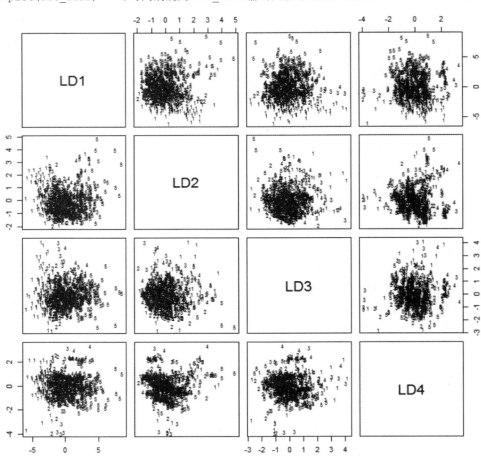

图 5-8 对判别规则 fit_lda1 输出图形

```
>plot(fit_ldal,dimen=1)      #输出图形如图 5-9 所示
```

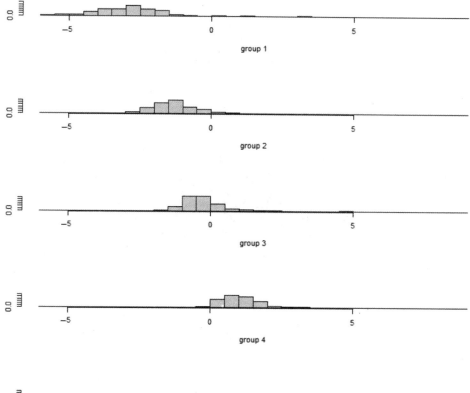

图 5-9　当相关维数为 1 时对判别规则 fit_ldal 输出图形

```
>plot(fit_ldal,dimen=2)      #输出图形如图 5-10 所示
```

第四步：对测试集进行预测，观察预测结果。

首先使用判别规则 fit_ldal 预测 data_test 中 nmkat 变量的类别，然后输出各样本的预测结果，再输出各样本属于每一类别的后验概率进行观察。

```
>pre_ldal=predict(fit_ldal,data_test)
>pre_ldal$ class
[1] 5 5 4 4 1 2 3 1 2 3 2 2 1 1 3 2 2 3 1 1 4 2 4 4 2 3 2 4 4 4 2 2 4 2 1 2
...
[352] 3 1 4 4 5 1 4 1 4 2 2
Levels: 1 2 3 4 5
>pre_ldal$posterior
                 1              2              3              4              5
11    8.045299e-06   3.452762e-03   5.717772e-02   3.469401e-01   5.924214e-01
14    2.022036e-05   6.733636e-03   9.332888e-02   4.456993e-01   4.542180e-01
...
1078 1.141648e-01   6.354113e-01   2.103709e-01   4.003920e-02   1.385981e-05
1081 7.118101e-02   5.511690e-01   2.908978e-01   8.666591e-02   8.619296e-05
```

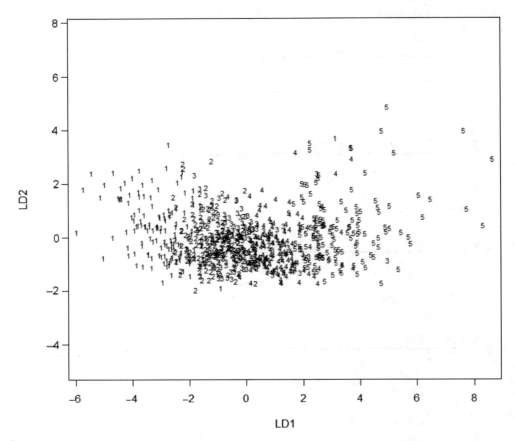

图 5-10　当相关维数为 2 时对判别规则 fit_ldal 输出图形

第五步：评估预测结果。

评估预测结果时，可以生成 nmkat 变量的预测值与实际值的混淆矩阵，然后计算预测结果的错误率。

```
>table(data_test$nmkat,pre_ldal$class)
    1   2   3   4   5
1  54  16   3   2   0
2  10  57  13   6   0
3   1  18  34  12   1
4   0   0  14  44   6
5   0   0   0  19  52
>error_ldal=sum(as.numeric(as.numeric(pre_ldal$ class)! =as.numeric(data_test
$ nmkat)))/nrow(data_test) >error_ldal
[1] 0.3342541
```

5.5　应用回归树和模型树进行数值预测实例

首先需要从 Packt 网站上下载 whitewines.csv，用回归树和模型树估计葡萄酒的质量。步骤仍与上述医疗数据的分析步骤一致。

第一步：收集、探索和准备数据。

```
>wine<-read.csv("D:\第 5 章例题\whitewines.csv")
>str(wine)
    'data.frame':    1234 obs. of   12 variables:
 $ fixed.acidity        : num  7 6.3 8.1 7.2 7.2 8.1 6.2 7 6.3 8.1 ...
 $ volatile.acidity     : num  0.27 0.3 0.28 0.23 0.23 0.28 0.32 ...
 $ citric.acid          : num  0.36 0.34 0.4 0.32 0.32 0.4 0.16 ...
 $ residual.sugar       : num  20.7 1.6 6.9 8.5 8.5 6.9 7 20.7 ...
 $ chlorides            : num  0.045 0.049 0.05 0.058 0.058 0.05 ...
 $ free.sulfur.dioxide  : num  45 14 30 47 47 30 30 45 14 28 ...
 $ total.sulfur.dioxide : num  170 132 97 186 186 97 136 170 132 129 ...
 $ density              : num  1.001 0.994 0.995 0.996 0.996 ...
 $ pH                   : num  3 3.3 3.26 3.19 3.19 3.26 3.18 3  ...
 $ sulphates            : num  0.45 0.49 0.44 0.4 0.4 0.44 0.47   ...
 $ alcohol              : num  8.8 9.5 10.1 9.9 9.9 10.1 9.6 8.8 ...
 $ quality              : int  6 6 6 6 6 6 6 6 6 ...
>hist(wine$ quality)
```

得到关于 quality 的直方图，如图 5-11 所示。

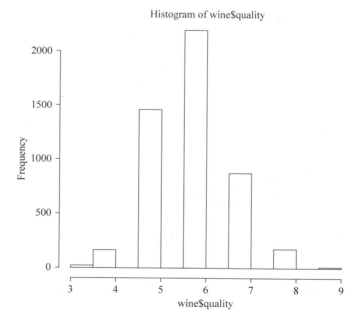

图 5-11　利用函数 hist() 得到关于 quality 的直方图

```
>wine_train<-wine[1:1000,]
>wine_test<-wine[1001:1234,]
```

第二步：基于数据训练模型。

```
>library(rpart)
>m.rpart<-rpart(quality~.,data=wine_train)
>m.rpart
```

```
n= 1000

node), split, n, deviance, yval
      * denotes terminal node

 1) root 1000 868.775000 5.865000
   2) alcohol<10.65 715 455.767800 5.644755
     4) volatile.acidity>=0.3025 239 109.087900 5.309623 *
     5) volatile.acidity<0.3025 476 306.359200 5.813025
      10) sulphates<0.745 453 273.726300 5.763797
        20) citric.acid<0.255 63  29.269840 5.301587 *
        21) citric.acid>=0.255 390 228.823100 5.838462
          42) residual.sugar>=17.6 22   3.272727 5.181818 *
          43) residual.sugar<17.6 368 215.497300 5.877717
            86) free.sulfur.dioxide<13 20  15.200000 5.200000 *
            87) free.sulfur.dioxide>=13 348 190.583300 5.916667 *
      11) sulphates>=0.745 23   9.913043 6.782609 *
   3) alcohol>=10.65 285 291.312300 6.417544
     6) free.sulfur.dioxide<11.5 31  35.483870 5.129032 *
     7) free.sulfur.dioxide>=11.5 254 198.078700 6.574803
      14) pH<3.245 109  72.330280 6.183486
        28) density>=0.99345 10  11.600000 5.200000 *
        29) density<0.99345 99  50.080810 6.282828 *
      15) pH>=3.245 145  96.510340 6.868966
        30) alcohol<11.85 84  39.559520 6.630952 *
        31) alcohol>=11.85 61  45.639340 7.196721 *
```

下面借助 rpart.plot 包画出模型图,如图 5-12、图 5-13 所示。

```
>library(rpart.plot)
>rpart.plot(m.rpart,digits=3)
>rpart.plot(m.rpart,digits=4,fallen.leaves=TRUE,type=3,extra=101)
```

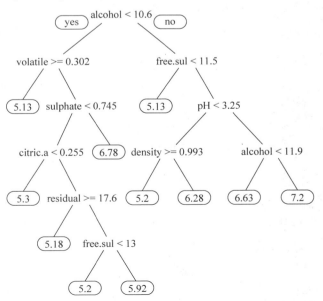

图 5-12　m.part 模型决策树 1

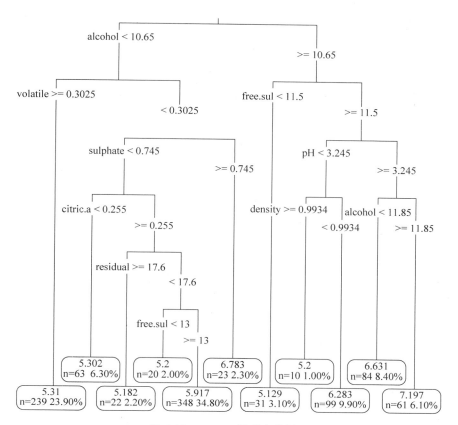

图 5-13　m.part 模型决策树 2

第三步：评估模型的性能。

```
>p.rpart<-predict(m.rpart,wine_test)
>summary(p.rpart)
       Min. 1st Qu.  Median   Mean 3rd Qu.    Max.
      5.129   5.310   5.917   5.898   6.283   7.197
>summary(wine_test$quality)
       Min. 1st Qu.  Median   Mean 3rd Qu.    Max.
      3.000   5.000   6.000   5.838   6.000   8.000
>cor(p.rpart,wine_test$quality)
[1] 0.439142
>MAE<- function(actual,predicted){
+mean(abs(actual-predicted))
+ }
>MAE(p.rpart,wine_test$quality)
[1] 0.6947485
>mean(wine_test$quality)
[1] 5.837607
>MAE(5.87,wine_test$quality)
[1] 0.7650427
```

第四步：提高模型的性能。

```
>library(RWeka)
>m.m5p<-M5P(quality~ .,data=wine_train)
>m.m5psummary(m.m5p)
M5 pruned model tree:
(using smoothed linear models)

alcohol <=  10.65 : LM1 (715/76.615% )
alcohol >   10.65 :
|   free.sulfur.dioxide <=  17.5 : LM2 (60/108.036% )
|   free.sulfur.dioxide >   17.5 : LM3 (225/79.476% )


LM num: 1
quality =
        0.1425 *  fixed.acidity
        -2.4897 *  volatile.acidity
        +0.041 *  residual.sugar
        +0.0001 *  free.sulfur.dioxide
        -108.9812 *  density
        +1.0638 *  pH
        +1.5482 *  sulphates
        +109.3828


LM num: 2
quality =
        0.0833 *  fixed.acidity
        -1.8468 *  volatile.acidity
        +0.0313 *  residual.sugar
        -2.2223 *  chlorides
        +0.0872 *  free.sulfur.dioxide
        -105.2311 *  density
        +0.5875 *  pH
        +0.3885 *  sulphates
        -0.0414 *  alcohol
        +107.4644


LM num: 3
quality =
        0.4753 *  fixed.acidity
        -0.0851 *  volatile.acidity
        +0.1492 *  residual.sugar
        -8.3501 *  chlorides
        +0.0015 *  free.sulfur.dioxide
        -471.1233 *  density
        +3.1386 *  pH
        +1.2409 *  sulphates
```

```
        -0.215 *  alcohol
        +462.0288


Number of Rules : 3



   > summary(m.m5p)


   ===  Summary ===


   Correlation coefficient              0.6062
   Mean absolute error                  0.5867
   Root mean squared error              0.7414
   Relative absolute error              81.7872 %
   Root relative squared error          79.5376 %
Total Number of Instances       1000
```

优化模型后进行预测并观察预测结果。

```
> p.m5p<-predict(m.m5p,wine_test)
> summary(p.m5p)
   Min. 1st Qu.  Median    Mean 3rd Qu.    Max.
  4.468   5.472   5.794   5.859   6.169   7.343
> cor(p.m5p,wine_test$quality)
[1] 0.4904937
> MAE(wine_test$quality,p.m5p)
[1] 0.6837322
```

小　　结

在本章中着重讲解了对数值型数据建模的三种方法：第一种方法是多元线性回归，设计用直线拟合数据。第二种方法是逻辑回归，是广义线性回归模型的特例，利用 Logistic 函数将因变量的取值范围控制在 0 和 1 之间，表示取值为 1 的概率。第三种方法是线性判别分析，根据已掌握的每个类别样本的数据信息，总结出客观事物分类的规律性，建立判别公式和判别准则。在多元线性回归分析中，涉及使用决策树的回归树和模型树进行数值预测。

采用多元线性回归模型为不同阶层的人群计算预期医疗费用。因为特征和变量之间的关系可以用所估计的回归模型描述，所以我们能够确认某些人口统计数据，比如吸烟者和肥胖者，可能需要以要价更高的保险率来支付高于平均水平的医疗费用。

采用逻辑回归模型为每一次投篮都为贝努利试验时，命中射门的数据。由于命中射门的概率与射门的距离有关，离球门越近，越可能进球，所以我们通过逻辑回归关系来研究随着距离的变化，进球百分比的变化。

使用线性判别方法来分析 kknn 里面的 miete 数据集，观察执行过程中所使用的先验概率，运用 MASS 包里面的 lda() 函数以公式格式执行线性判别，然后再观察分析结果中的参数 Group means、Coefficients of linear discriminants 等，再画出模型图便于观察对比，最后进

行预测观察结果，并优化模型提醒性能。

回归树和模型树用来根据葡萄酒可测量特性，对葡萄酒的主管质量进行建模。在此过程中，我们学习了回归树如何提供一种简单的方法来解释特征的数值结果之间的关系，但是更复杂的模型树可能会更精确。此外，在上述过程中，同时也学会了用几种方法来估计数值模型的性能。

线性分类方法综述与评价准则.mp4(21.7MB)　　多元线性回归分析＋Logistic分析.mp4(36.9MB)　　线性判别分析＋实验例子.mp4(25.8MB)

习　　题

（1）线性分类方法主要有_____、_____、_____等。

（2）对分类方法进行评价的方法有_____、_____、_____、_____等。

（3）下列能获取有关数据直方图的函数是（　　），获取散点图矩阵的函数是（　　）。

　　A. hist()　　　　　B. plot()　　　　　C. pairs.panels()

（4）解决分类方法的一般步骤是什么？

（5）简述多元线性回归的概念及原理。

（6）简述 Logistic 回归的概念及原理。

（7）简述线性判别分析的概念及原理。

（8）评估模型性能时所用到的 summary() 函数需注意观察哪些参数？

（9）尝试可用线性分类方法中的哪种方法来预测这组威斯康星数据中肿瘤是良性还是恶性。

## 第 6 章

分 类 方 法

【内容摘要】 分类是数据挖掘中的一个重要内容,用于把具有某些共同点或相似特征的事物归属于一个不确定集合的逻辑方法。在本章中,阐释了分类的基本原理和应用场景,详细介绍了 K-近邻、贝叶斯分类等传统的分类算法,以及比较前沿的神经网络与深度学习、支持向量机分类算法。

【学习目标】 在了解分类思想的基础上,理解大数据中的分类算法,掌握常用的 K-近邻、贝叶斯分类算法的原理,了解神经网络与深度学习、支持向量机分类算法,分析不同算法的特点,学会各类方法在 R 语言中的应用。

6.1 分类方法概要

基于人工智能和信息系统,抽象层次上的分类是推理、学习、决策的关键,是一种基础知识。因而数据分类技术可视为数据挖掘中的基础和核心技术,在数据挖掘中被广泛使用。因此,在数据挖掘技术的研究中,分类技术的研究应当处在首要和优先的地位。

6.1.1 分类的基本原理

分类是通过学习得到一个分类模型(常常称作分类器),把数据库中的数据项映射到给定类别中的某一个的过程,可用于提取描述重要数据类的模型或预测未来的数据趋势。分类有两个过程:第一个过程是形成分类器,第二个过程是通过分类器把数据分类。

1. 分类模型描述

形成分类器作为分类的第一个阶段,创建一个分类模型,用来描述预先定义的样本数据集。这是一个学习的过程,把这个过程称为学习阶段。输入数据或称训练集是一条条记录组成的,每一条记录包含若干条属性,组成一个特征向量。训练集的每条记录还有一个特定的类标签与之对应,该类标签是系统的输入,通常是以往的一些经验数据。一个具体样本的特征向量可为$(V_1,V_2,\cdots,V_n:c)$。在这里 V_n 表示字段值;c 表示类别。在这一阶段,每个训练元组的类标号是被告知的。形成模式这一阶段是在被监督下进行的,因此叫作监督学习。

利用分类模型把数据集合中的数据分类,这个阶段通常也被认为是学习映射,被叫作函数。例如在银行贷款中,在大量的贷款者中抽取部分数据作为样本数据集,形成分类模型。根据模型判断申请贷款者是否存在危险,降低银行的风险。

2. 使用模型进行分类

在这一阶段,主要是评估分类器的预测是否准确,起到了至关重要的作用。由于在学习期间,训练元组中的一些噪声数据、空缺的数据导致分类器产生异常,出现过分拟合现象。为了解决这个问题,产生了独立区别于训练元组的检验集,用来检验模型是否异常。检验集由检验元组和类标号组成。想要达到比较乐观和满意的评估,通常利用样本集合来度量分类器的准确率。把检验元组的类标号与使用分类模型的类预测进行比较。如果数据样本集中的分类模型的准确率满足要求,那么就能够通过前一阶段形成的模型来对大量的数据进行分类。例如,可以通过分析先前的贷款申请数据总结得到分类规则,然后根据规则对新的贷款申请人批准或拒绝。

6.1.2 主要分类方法

分类任务就是确定对象属于哪个预定义的目标类。分类问题是一个普遍存在的问题,有许多不同的应用。例如,根据客户类别分析对银行贷款进行风险评估,根据不同消费者欲望与需求进行市场细分,通过对客户特征的分类帮助呼叫中心了解不同行为类别客户的分布特征,文献检索和搜索引擎中的自动文本分类技术,安全领域中基于分类技术的入侵检测等。

随着应用的广泛深入,分类方法层出不穷,主要数据分类技术如下。

1. 决策树

决策树是常用的分类方法之一,较早被应用于数据挖掘中的分类问题。它是一种树形结构,其每一个内部节点表示在一个属性上的测试,并且该节点的每个后继分支与该属性的一个可能值相对应。每个叶子节点表示类或类分布,树的最顶层节点为根节点。分类实例的方法采用自顶向下的递归式,在决策树的内部节点可得到该实例的类别。

2. K-近邻法(K-Nearest Neighbor,KNN)

该算法的思想是通过寻找事物属性上的相似点去揣测类别上的相同,简单来说就是类比法。K-近邻法从训练数据集里面找出和待分类的数据对象最相近的 K 个对象。这 K 个对象中出现次数最多的那个类别,就可以被当作这个待分类的数据对象的类别。例如,我们对一个植物样本进行分类的时候,通过对比这个样本和实验室的标本之间的各个特征,例如长度、直径、颜色等属性,然后找到最相似的几个标本。这几个标本的类别就应该是我们手上这个植物样本的类别。如果这几个标本的类别不同,我们取里面出现次数最多的那个类别。

3. 朴素贝叶斯法(Naive Bayes)

通过贝叶斯定律来进行分类。朴素贝叶斯将数据的属性和数据的类别看作两个随机变量(X 和 Y),然后问题成为找出一个给定属性 X,哪个 Y 出现的概率最大,也就是贝叶斯定律中的后验概率 $P(Y|X)$。在贝叶斯定律里面,一个数据的产生,是有了这个数据的类别,然后再产生这个数据的各个属性。因此,$P(Y)$ 被叫作先验概率。给定了数据的属性,再反过来推测其类别就是后验概率 $P(Y|X)$。根据贝叶斯定律,后验概率可以由先验概率和条件概率计算出来,而先验概率和条件概率可以由训练数据统计而得。朴素贝叶斯之所以叫朴素,因为这个算法假设给定数据对象的类别 Y,不同属性的出现是互相独立的。

4. 神经网络(Neural Networks)

神经网络分类算法的重点是构造阈值逻辑单元,一个阈值逻辑单元是一个对象,它可以输入一组加权系数的量,对它们进行求和,如果这个和达到或者超过了某个阈值,输出一个量。神经网络是基于经验风险最小化原则的学习算法,有一些固有的缺陷,比如层数和神经元个数难以确定,容易陷入局部极小,还有过学习现象。

5. 支持向量机法(Support Vector Machine,SVM)

近年来使用得最广的分类算法,因为它在高维数据,例如图像和文本上的表现都好过其他很多算法。与 Naive Bayes 不同之处在于,它不关心这个数据是如何产生的,它只关心如何区分这个数据的类别,所以大家也称这种分类算法是 discriminative 的。在 SVM 算法内,任何一个数据都被表示成一个向量,也就是高维空间的一个点,每个属性代表一个维度。SVM 和大多数分类算法一样,假设如果一维数据的类别相同,那么它们的其他属性值也应该相近。因此,高维空间上不同的类别数据应该处于不同的空间区域。SVM 的训练算法就是找出区分这几个区域的空间分界面。能找到的分界面可能有很多个,SVM 算法选择两个区域之间最靠近正中间的那个分界面,或者说离几个区域都最远的那个分界面(maximum-margin hyperplane)。现实数据可能是有噪声的。有了噪声,一个数据可能会在观测空间位置的周围区域都出现。离几个区域最远的那个分界面能够尽量保证有噪声的数据点不至于从区域跳到另外一个区域去。这个最佳的分界面的寻找问题在 SVM 中表示成一个有约束的优化问题(Constrained Optimization),通过优化算法里的拉格朗日法可以求得这个最优的分界面。

6.1.3　分类器性能评价标准

由于通过训练集产生的分类模型未必是最佳的,导致对测试集的分类可能产生错误。而人们希望尽量得到分类性能最佳的模型,这使得对分类器性能评价至关重要。下面介绍一些常用的评价标准。

1. 分类准确率

分类准确率是指分类模型正确地预测新数据类标签的能力。定义:对于分类器 F,用 F_{acc} 表示分类准确率,则 $F_{acc} = P(C_F(x_1, \cdots, x_n) = C(x_1, \cdots, x_n))$,其中 $x_1, \cdots, x_n$ 是任意一个例子记录,$C_F(x_1, \cdots, x_n)$ 是分类器的分类结果,而 $C(x_1, \cdots, x_n)$ 是真正的结果。影响分类准确率的因素有训练数据集记录的数目、属性的数目、属性的信息、测试数据集记录的分布情况等。

2. 计算复杂度

计算复杂度决定算法执行的速度和占用的资源,它依赖于具体的实现细节和软硬件环境。实际分类过程中的对象通常是海量的数据库,因而空间和时间的复杂度是非常重要的问题。

3. 稳定性

一个分类模型的稳定性是指它有没有随着数据的变化而剧烈变化。

4. 鲁棒性

鲁棒性是指在数据集中含有噪声和丢失值的情况下,分类器正确分类数据的能力。

5. 分类代价

分类代价是指分类预测错误所产生的计算代价。

事实上,对于一个特定问题,如何从众多的分类器中选择一个合适的,目前现存的分类器性能评价还没有统一的标准,必须依赖于问题、数据的特征来选择。同时,这些分类器评价标准的理论还不能对实践结果做出合理的解释,很多时候必须通过对其性能的试验、比较来指导最终的选择。

6.2 K-近邻分类器

6.2.1 K-近邻分类算法

K-近邻分类算法是一个理论上比较成熟的方法,也是最简单的机器学习算法之一。该方法的基本思想为:当给定一个测试样本(未知样本)时,首先搜索该模式空间,找出最接近该测试样本的 K 个训练样本(已知样本),即 K 个最近邻,然后对选出的 K 个最近邻进行统计,如果某类近邻数量最多,就把这个测试样本判定为该类。由于该计算过程较粗糙,因此人们采用更精细的统计方法,即统计测试样本与 K 个最近邻中各类样本相似度之和,并将其作为该测试样本与各类的相似度,最后把测试样本判决给相似度最大的类。我们将这种精细的 KNN 方法作为比较基准,并采用如下设置:数据集含有 M 类,各类记作 $C_i(1 \leqslant i \leqslant M)$,所有样本都有 N 个属性。基准 KNN 算法的步骤如下。

(1) 计算测试样本与所有训练样本的距离,采用欧氏距离计算。

$$distance(X,Y) = \sqrt{\sum_{i-1}^{N}(x_i - y_i)^2} \tag{6-1}$$

式中,X 表示一个测试样本,Y 表示一个训练样本。

(2) 找出与测试样本距离最小的 K 个最近邻训练样本。

(3) 分别计算 K 个最近邻训练样本与测试样本的相似度。距离越大,相似度越小,反之亦然。其相似度的计算公式为

$$Sim(X,Y) = \frac{1}{1 + distance(X,Y)} \tag{6-2}$$

(4) 依据下式统计出各类最近邻与测试样本的总相似度。

$$Sim(X,C_i) = \sum_{j=1}^{K} Sim(X,Y_j) \tag{6-3}$$

$$\delta(Y_j, C_i) = \begin{cases} 1 & 若 Y_j \in C_i \\ 0 & 若 Y_j \notin C_i \end{cases} \tag{6-4}$$

(5) 将测试样本按下式判决为相似度最大的类。

$$f(X) = \mathrm{argmax}(Sim(X,C_i)) \tag{6-5}$$

6.2.2 K-近邻算法实例

【例 6-1】 使用常见欧氏距离作为衡量标准,以鸢尾花数据集为例来说明 K-近邻分类算法。

```
>install.packages("kknn")    #安装加载 kknn 包
>library(kknn)
>data(iris)   #获取 iris 数据集
>m <-dim(iris)[1]
>val <-sample(1:m, size = round(m/3), replace = FALSE, prob = rep(1/m, m))
```

```
#iris.learn,iris.valid 将 iris 数据集分为训练集和验证集,比例为 2/3 和 1/3
>iris.learn <-iris[-val,]
>iris.valid <-iris[val,]
>iris.kknn <-kknn(Species~., iris.learn, iris.valid, distance = 1, kernel =
"triangular")
>summary(iris.kknn)
>fit <-fitted(iris.kknn)
>table(iris.valid$Species, fit)
```

下面详细解释实例过程。

iris 数据集可以从美国加州大学欧文分校(UCI)的机器学习库中得到,包含 150 条鸢尾花数据。其中,前 4 条是属性,分别为萼片长度(厘米)、萼片宽度(厘米)、花瓣长度(厘米)、花瓣宽度(厘米);第 5 条 Species 为分类结果(有监督学习),分类包括 setosa、versicolor 和 virginica 三类。

```
>head(iris)
    Sepal.Length   Sepal.Width   Petal.Length   Petal.Width Species
1        5.1           3.5           1.4            0.2      setosa
2        4.9           3.0           1.4            0.2      setosa
3        4.7           3.2           1.3            0.2      setosa
4        4.6           3.1           1.5            0.2      setosa
5        5.0           3.6           1.4            0.2      setosa
6        5.4           3.9           1.7            0.4      setosa
```

kknn()函数有很多参数,其中主要的就是我们使用的几个,kknn()函数说明如下:

```
formula    A formula object
train      Matrix or data frame of training set cases
test       Matrix or data frame of test set cases
learn      Matrix or data frame of training set cases
valid      Matrix or data frame of test set cases
na.action  A function which indicates what should happen when the data contain 'NA's
k          Number of neighbors considered
distance   Parameter of Minkowski distance
kernel     Kernel to use. Possible choices are "rectangular" (which is standard
           unweighted knn),"triangular","epanechnikov" (or beta(2,2)),"biweight"
           (or beta(3,3)),"triweight"(or beta(4,4)),"cos","inv","gaussian","rank"
           and "optimal"
ykernel    Window width of an y-kernel, especially for prediction of ordinal classes
scale      logical, scale variable to have equal sd
contrasts  A vector containing the 'unordered' and 'ordered' contrasts to use
```

其中,我们用到的 formula 是预测结果对应的分类公式;train 是训练集;test 是验证集或测试集;distance 是主要的 KNN 输入参数,表示预设被考虑的距离范围,通过调整它可以改变 KNN 预测效果;kernal 是使用的核函数。

summary(iris.kknn)观察执行结果如下,它给出了 KNN 投票结果。

```
>Call:
kknn(formula = Species ~ ., train = iris.learn, test = iris.valid, distance = 1,
kernel = "triangular")
```

```
Response: "nominal"
            fit    prob.setosa  prob.versicolor  prob.virginica
1      setosa         1          0.00000000      0.00000000
2    virginica        0          0.00000000      1.00000000
3    virginica        0          0.00000000      1.00000000
4      setosa         1          0.00000000      0.00000000
5      setosa         1          0.00000000      0.00000000
6      setosa         1          0.00000000      0.00000000
7    virginica        0          0.00000000      1.00000000
8    virginica        0          0.04548758      0.95451242
9    virginica        0          0.08696528      0.91303472
10   versicolor       0          0.98106032      0.01893968
11   versicolor       0          0.95093850      0.04906150
12   virginica        0          0.00000000      1.00000000
13   virginica        0          0.00000000      1.00000000
14   virginica        0          0.48917292      0.51082708
15   virginica        0          0.00000000      1.00000000
16     setosa         1          0.00000000      0.00000000
17   virginica        0          0.00000000      1.00000000
18     setosa         1          0.00000000      0.00000000
19     setosa         1          0.00000000      0.00000000
20     setosa         1          0.00000000      0.00000000
21   versicolor       0          1.00000000      0.00000000
22     setosa         1          0.00000000      0.00000000
23   virginica        0          0.17118899      0.82881101
24   versicolor       0          1.00000000      0.00000000
25   virginica        0          0.00000000      1.00000000
26     setosa         1          0.00000000      0.00000000
27   versicolor       0          0.86363838      0.13636162
28     setosa         1          0.00000000      0.00000000
29   versicolor       0          0.76899481      0.23100519
30   versicolor       0          1.00000000      0.00000000
31   versicolor       0          1.00000000      0.00000000
32     setosa         1          0.00000000      0.00000000
33     setosa         1          0.00000000      0.00000000
34   virginica        0          0.00000000      1.00000000
35   versicolor       0          0.82820723      0.17179277
36   versicolor       0          1.00000000      0.00000000
37   versicolor       0          1.00000000      0.00000000
38   virginica        0          0.15686718      0.84313282
39     setosa         1          0.00000000      0.00000000
40   versicolor       0          0.98920846      0.01079154
41   virginica        0          0.19438477      0.80561523
42   versicolor       0          0.83943195      0.16056805
43   versicolor       0          1.00000000      0.00000000
44   versicolor       0          1.00000000      0.00000000
45   versicolor       0          1.00000000      0.00000000
46   virginica        0          0.19390240      0.80609760
47   virginica        0          0.00000000      1.00000000
48   versicolor       0          1.00000000      0.00000000
```

```
49  virginica      0      0.00000000    1.00000000
50 versicolor      0      1.00000000    0.00000000
```

table(iris.valid＄Species，fit)用来展示整体的预测结果，这是实验过程中最有用的函数，执行结果

```
>fit<-fitted(iris.kknn)
>table(iris.valid$Species, fit)
           fit
           setosa    versicolor   virginica
  setosa      14         0           0
  versicolor   0        18           1
  virginica    0         0          17
```

从输出结果可看出：第二行第三列表示有一个 virginica 类别的样本被预测成 versicolor，其他的全部预测正确。

6.2.3　K-近邻的特点

KNN 算法中，所选择的邻居都是已经正确分类的对象，使用的模型实际上对应于特征空间的划分。K 值的选择、距离度量和分类决策规则是该算法的三个基本要素。该方法简单有效，是分类效果最好的方法之一，不需要使用训练集进行训练，训练时间复杂度为 0。KNN 分类的计算复杂度和训练集中的样本数目成正比，也就是说，如果训练集中文档总数为 n，那么 KNN 的分类时间复杂度为 $O(n)$。KNN 方法虽然从原理上依赖于极限定理，但在类别决策时，只与极少量的相邻样本有关，因此对类域的交叉或重叠较多的待分样本集来说，KNN 方法较其他方法更为适合，但也有一些明显的缺点。

（1）KNN 属于基于实例的学习，需要邻近性度量来确定实例间的相似性或距离，还需要分类函数根据测试实例与其他实例的邻近性返回测试实例的预测类标号。

（2）是 KNN 是一种 lazy-learning 算法，不需要建立模型，然而确定待分类的类别时开销很大，因为需要计算测试样本与训练样本集合中全部样本的相似度。

（3）KNN 算法必须指定 K 值，而如何确定待分类样本的近邻数目，尚缺乏较好且广泛适应的方法。K 的选取对类别判定起很重要的作用。K 取得过大或过小都会降低分类的准确性。

6.3　贝叶斯分类

6.3.1　贝叶斯概述

1. 基本原理

通常，事件 A 在事件 B（发生）的条件下的概率 $P(A|B)$，与事件 B 在事件 A 的条件下的概率 $P(B|A)$ 是不一样的。然而，这两者有确定的关系，贝叶斯定理就是对这种关系的陈述。贝叶斯定理是计算概率的一种方法，即认为一个事件会不会发生取决于该事件在先验分布中已经发生过的次数。设 $P(A)$ 为已知事件 A 发生的概率，称为先验概率，而 $P(B|A)$ 是在考虑事件 A 之后对事件 B 发生的概率估计，称为后验概率，贝叶斯公式可以表示为

$$P(B \mid A) = \frac{P(A \mid B)P(B)}{P(A)} \tag{6-6}$$

令 $D = \{A_1 = a_1, \cdots, A_i = a_i, \cdots, A_n = a_n, C = c_j\}$ $(i \in [1, n], j \in [1, m])$ 为训练集,其中 $A = \{A_1, A_2, \cdots, A_n\}$ 是属性变量,$C = \{c_1, c_2, \cdots, c_m\}$ 是类变量,a_i 是属性 A_i 的取值,测试实例 $X = \{a_1, a_2, \cdots, a_n\}$。贝叶斯分类器的分类原理是通过对象的先验概率,利用贝叶斯公式计算出其后验概率,即该对象属于某一类的概率,选择具有最大后验概率的类作为该对象的类,即 $C_{MAP} = \mathrm{argmax} P(c_j \mid X)$,$P(C_{MAP} \mid X)$ $(j \in [1, m])$ 称为最大后验概率。使用贝叶斯定理,有

$$\mathrm{argmax} P(c_j \mid X) = \mathrm{argmax} \frac{P(X \mid c_j)P(c_j)}{P(X)} \quad (j \in [1, m]) \tag{6-7}$$

由此可见,贝叶斯分类器是最小错误率意义上的优化。

2. 基本算法分类

1) 朴素贝叶斯模型(Naive Bayesian Classifier,NBC)

朴素贝叶斯分类模型发源于古典数学理论,有着坚实的数学基础,以及稳定的分类效率。同时,NBC 模型所需估计的参数很少,对缺失数据不太敏感,算法也比较简单。理论上,NBC 模型与其他分类方法相比具有最小的误差率。

2) 树增强型朴素贝叶斯算法(Tree-Augmented Naive Bayesian Network,TAN)

TAN 算法通过发现属性对之间的依赖关系来降低 NB 中任意属性之间独立的假设。它是在 NB 网络结构的基础上增加属性对之间的关联(边)来实现的。

实现方法是:用节点表示属性,用有向边表示属性之间的依赖关系,把类别属性作为根节点,其余所有属性都作为它的子节点。

3. 算法场景和特点

贝叶斯理论是处理不确定性信息的重要工具,目前已广泛应用于统计分析、测绘学、概率空间、统计决策论等教学领域,人工智能、计算机科学、模式识别、数量地理学等工程领域,并在生态系统、生态学等领域发挥重要作用,尤其适合不同维度之间相关性较小的模型时,而与其相关的一些问题也是近来的热点研究课题。

贝叶斯分类具有如下特点。

(1) 贝叶斯分类并不是把一个实例绝对指派给某一类,而是通过计算得出属于某一类的概率,具有最大概率的类是该实例所属的类。

(2) 一般情况下,在贝叶斯分类中的所有属性都直接或间接地发挥作用,即所有的属性都参与分类,而不是一个或几个属性决定分类。

(3) 贝叶斯分类实例的属性可以是离散的、连续的,也可以是混合的。

Bayes 方法的薄弱环节在于实际情况下,类别总体的概率分布和各类样本的概率分布函数(或密度函数)常常是不知道的。为了获得它们,要求样本足够大。另外,Bayes 法要求表达样本的主题词相互独立,这样的条件在实际样本中一般很难满足,因此该方法往往在效果上难以达到理论上的最大值。

4. 后续扩展

贝叶斯理论的研究是机器学习和数据挖掘的一个重要领域,在贝叶斯概率统计基础上不断衍变发展。下面以贝叶斯决策、贝叶斯网络为例进行简要说明。

（1）贝叶斯决策（Bayesian Decision Theory）

就是在不完全情报下，对部分未知的状态用主观概率估计，然后用贝叶斯公式对发生概率进行修正，最后再利用期望值和修正概率做出最优决策。

贝叶斯决策属于风险型决策，决策者虽不能控制客观因素的变化，却掌握其变化的可能状况及各状况的分布概率，利用期望值即未来可能出现的平均状况作为决策准则。作为统计模型决策中的一个基本方法，其基本思想是：

① 已知类条件概率密度参数表达式和先验概率。

② 利用贝叶斯公式转换成后验概率。

③ 根据后验概率大小进行决策分类。

（2）贝叶斯网络（Bayesian Network）

贝叶斯网络又称信念网络，是 Bayes 方法的扩展，是目前不确定知识表达和推理领域最有效的理论模型之一。从 1988 年由 Pearl 提出后，已经成为近几年来研究的热点。一个贝叶斯网络是一个有向无环图（Directed Acyclic Graph，DAG），由代表变量节点及连接这些节点的有向边构成。节点代表随机变量，节点间的有向边代表节点间的互相关系（由父节点指向其子节点），用条件概率进行表达关系强度，没有父节点的用先验概率进行信息表达。节点变量可以是任何问题的抽象，如测试值、观测现象、意见征询等。适用于表达和分析不确定性和概率性的事件，应用于有条件地依赖多种控制因素的决策，可以从不完全、不精确或不确定的知识或信息中作出推理。

作为一种基于概率的不确定性推理方法，贝叶斯网络在处理不确定信息的智能化系统中已得到重要的应用，已成功地用于医疗诊断、统计决策、专家系统、学习预测等领域。这些成功的应用，充分体现了贝叶斯网络技术是一种强有力的不确定性推理方法。

6.3.2 朴素贝叶斯分类原理

朴素贝叶斯分类假定一个属性值对给定类的影响独立于其他属性的值，即在属性间不存在依赖关系，因此称为"朴素的"。

朴素贝叶斯的思想基础是：对于给出的待分类项，求解在此项出现的条件下各个类别出现的概率，哪个最大，就认为此待分类项属于哪个类别。通俗来说，你在街上看到一个黑人，猜猜他是从哪里来的，你十有八九猜非洲。为什么呢？因为黑人中非洲人的概率最高，当然也可能是美洲人或亚洲人，但在没有其他可用信息下，我们会选择条件概率最大的类别，这就是朴素贝叶斯的思想基础。

朴素贝叶斯分类的正式定义如下：

（1）设 $x=\{a_1,a_2,\cdots,a_m\}$ 为一个待分类项，而每个 a 为 x 的一个特征属性。

（2）有类别集合 $C=\{y_1,y_2,\cdots,y_n\}$。

（3）计算 $P(y_1|x)$、$P(y_2|x)$、$\cdots$、$P(y_n|x)$。

（4）如果 $P(y_k|x)=\max\{P(y_1|x),P(y_2|x),\cdots,P(y_n|x)\}$，则 $x\in y_k$。

关键就是如何计算第③步中的各个条件概率。可以这么做：

（1）找到一个已知分类的待分类项集合，这个集合叫作训练样本集。

（2）统计得到在各类别下各个特征属性的条件概率估计，即

$$P(a_1\mid y_1),P(a_2\mid y_1),\cdots,P(a_m\mid y_1);\ P(a_1\mid y_2),P(a_2\mid y_2),\cdots,P(a_m\mid y_2);\cdots;$$

$$P(a_1 \mid y_n), P(a_2 \mid y_n), \cdots, P(a_m \mid y_m) \qquad (6\text{-}8)$$

（3）如果各个特征属性是条件独立的，则根据贝叶斯定理有如下推导

$$P(y_i \mid x) = \frac{P(x \mid y_i)P(y_i)}{P(x)} \qquad (6\text{-}9)$$

因为分母对于所有类别为常数，只要将分子最大化即可。又因为各特征属性是条件独立的，所以有

$$P(x \mid y_i)P(y_i) = P(a_1 \mid y_i)P(a_2 \mid y_i)\cdots P(a_m \mid y_i)P(y_i)$$

$$= P(y_i)\prod_{i=1}^{m} P(a_j \mid y_i) \qquad (6\text{-}10)$$

6.3.3　朴素贝叶斯分类实例

【例 6-2】 以 PimaIndiansDiabetes2 数据集为测试数据，采用贝叶斯算法对数据进行建模，判断病人的糖尿病为阴性还是阳性。

分析：本案例选用 PimaIndiansDiabetes2 数据集，是美国一个疾病研究机构所拥有的一个数据集，其中包括 9 个变量，共有 768 个样本。响应变量即是对糖尿病的判断，它是一个二元变量。其他各解释变量是个体的若干特征，如年龄和其他医学指标，均为数值变量。其中有一些缺失值的存在，虽然朴素贝叶斯分类对于缺失值并不敏感，我们还是先将其进行插补，再进行建模以观察准确率。

R 语言的 e1071 包含可以实施朴素贝叶斯分类的函数，本例中我们使用 klaR 包中的 NaiveBayes() 函数，因为该函数较之前者增加了两个功能：一个是可以输入先验概率；另一个是在正态分布基础上增加了核平滑密度函数。为了避免过度拟合，在训练时还要将数据分割进行多重检验，所以我们还使用了 caret 包的一些函数进行配合。

解：代码实现过程如下。

```
install.packages("caret") #加载扩展包和数据
install.packages("mlbench")
library(lattice)
library(ggplot2)
library(caret)
library(mlbench)
data(PimaIndiansDiabetes2,package='mlbench')
install.packages("ipred")#对缺失值使用袋方法进行插补
library(ipred)
preproc <-preProcess(PimaIndiansDiabetes2[-9],method="bagImpute")
data <-predict(preproc,PimaIndiansDiabetes2[-9])
data$Class <-PimaIndiansDiabetes2[,9]
#使用朴素贝叶斯建模,这里使用了三次 10 折交叉检验得到 30 个结果
fitControl <- trainControl (method = "repeatedcv", number = 10, repeats = 3,
returnResamp = "all")
library(klaR)
library(MASS)
model1 <-train(Class~ ., data=data,method='nb',trControl = fitControl)
#观察 30 次检验结果,发现准确率在 0.75 左右
resampleHist(model1)
```

```
#返回训练数据的混淆矩阵
pre <-predict(model1)
confusionMatrix(pre,data$Class)
```

混淆矩阵结论及显示,贝叶斯分类准确率及卡帕值分布如图 6-1 所示。

```
Confusion Matrix and Statistics
          Reference
Prediction   neg   pos
        neg  410    71
        pos   90   197

               Accuracy : 0.7904
                 95% CI : (0.7598, 0.8186)
    No Information Rate : 0.651
    P-Value [Acc > NIR] : <2e-16
                  Kappa : 0.5461
 Mcnemar's Test P-Value : 0.156
            Sensitivity : 0.8200
            Specificity : 0.7351
         Pos Pred Value : 0.8524
         Neg Pred Value : 0.6864
             Prevalence : 0.6510
         Detection Rate : 0.5339
   Detection Prevalence : 0.6263
      Balanced Accuracy : 0.7775
       'Positive' Class : neg
```

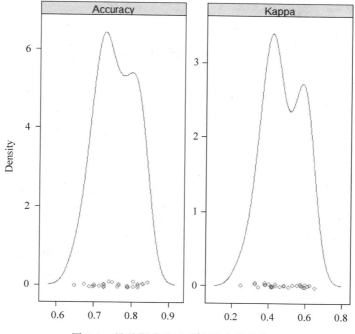

图 6-1　贝叶斯分类准确率及卡帕值分布

通过观察输出结果可知,模型的准确率为 0.7904;可视化观察得知模型卡帕值为 0.5461。病人的糖尿病为阴性。

6.3.4 朴素贝叶斯的特点

贝叶斯分类是一系列分类算法的总称,这类算法均以贝叶斯定理为基础,故统称为贝叶斯分类。朴素贝叶斯算法(Naive Bayesian)作为最简单也是应用最为广泛的分类算法之一,主要优点如下:

(1)朴素贝叶斯模型发源于古典数学理论,有稳定的分类效率。

(2)对小规模的数据表现很好,能够处理多分类任务,适合增量式训练,尤其是数据量超出内存时,我们可以一批批进行增量训练。

(3)对缺失数据不太敏感,算法也比较简单,常用于文本分类。

主要缺点如下:

(1)理论上,朴素贝叶斯模型与其他分类方法相比具有最小的误差率。实际上并非总是如此,因为朴素贝叶斯模型假设属性之间相互独立,这个假设在实际应用中往往是不成立的,在属性个数比较多或者属性之间相关性较大时,分类效果不好。而在属性相关性较小时,朴素贝叶斯性能最为良好。对于这一点,有半朴素贝叶斯之类的算法通过考虑部分关联性适度改进。

(2)需要知道先验概率,且先验概率很多时候取决于假设,假设的模型可以有很多种,因此在某些时候会由于假设的先验模型的原因导致预测效果不佳。

(3)由于我们是通过先验和数据来决定后验的概率从而决定分类,所以分类决策存在一定的错误率。

(4)对输入数据的表达形式很敏感。

6.4 神经网络与深度学习

深度学习是目前最为火热的研究方向之一,Andrew Ng 曾提出,深度学习算法可以使机器"自己学会世界上的一些概念",也就是机器将具备一定的人类的学习和思考能力。神经网络作为一门重要的机器学习技术,是深度学习的基础内容。学习神经网络不仅可以让我们掌握一门强大的机器学习方法,同时可以更好地帮助我们理解深度学习技术。

6.4.1 神经网络基本原理

人工神经网络(Artificial Neural Networks,ANN)是参照生物神经网络而发展起来的一种运算模型,由大量人工神经元节点互联构成。它是一种非程序化、适应性、大脑风格的信息处理,其本质是通过网络的变换和动力学行为得到一种并行分布式的信息处理功能,并在不同程度和层次上模仿人脑神经系统的信息处理功能。图 6-2 表示作为神经网络的基本单元的神经元模型,它有三个基本要素。

(1)一组连接(对应于生物神经元的突触),连接强度由各连接上的权值表示,权值为正表示激活,为负表示抑制。

(2)一个求和单元,用于求取各输入信号的加权和(线性组合)。

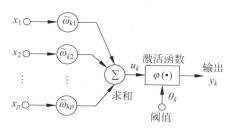

图 6-2　基本神经元模型

（3）一个非线性激活函数,起非线性映射作用并将神经元输出幅度限制在一定范围内（一般限制在（0,1）或（−1,+1）之间）。此外,还有一个阈值 θ_k（或偏置 $b_k = \theta_k$）。

以上作用可分别用数学式表达出来。

$$u_k = \sum_{j=1}^{p} \widetilde{\omega}_{kj} x_j, v_k = net_k = u_k - \theta_k, y_k = \varphi(v_k) \tag{6-11}$$

式中,$x_1,x_2,\cdots,x_j$ 为输出信号,$\widetilde{\omega}_{k1},\widetilde{\omega}_{k2},\cdots,\widetilde{\omega}_{kj}$ 为神经元 k 之权值;u_k 为线性组合结果;θ_k 为阈值;$\varphi(\cdot)$ 为激活函数;y_k 为神经元 k 的输出。

神经网络通过网络中各连接权值的改变,实现信息的处理和存储。在神经网络中每个神经元既是信息的存储单元,又是信息的处理单元,将信息的处理与存储合二为一,由这些神经元构成的网络在每个神经元的共同作用下,完成对输入模式的识别与记忆。

在对输入模式的识别和记忆过程中,各神经元之间的连接权值随着模式的输入而不断调整,把环境的统计率反映到神经网络本身的结构之中而保持下来,这样就达到了对输入模式的记忆。进而为神经网络对模式的识别做好准备。神经网络对输入模式进行学习之后,神经网络将输入模式的特征提取出来,并产生记忆。在利用神经网络进行数据挖掘的时候,由于神经网络中各个连接权值已经固定了,所以神经网络通过计算待识别模式的加权和,通过 S 函数产生一个输出,这个输出就是和待识别模式最相似的记忆模式的类别。

6.4.2　深度学习

深度学习（Deep Learning,DL）算法的概论源于人工神经网络的研究,可看作是神经网络的延伸,是机器学习中一种基于对数据进行表征学习的方法。观测值（例如一幅图像）可以使用多种方式来表示,如每个像素强度值的向量,或者更抽象地表示成一系列边、特定形状的区域等。使用某些特定的表示方法更容易从实例中学习任务（例如,人脸识别或面部表情识别）。深度学习的好处是用非监督式或半监督式的特征学习和分层特征提取高效算法来代替人工获取特征。

深度学习是机器学习研究中的一个新的领域,其动机在于建立、模拟人脑进行分析学习的神经网络,它模仿人脑的机制来解释数据。深度学习的基本思想:假设有一个系统 S,它有 n 层（$S_1,\cdots,S_n$）,它的输入是 I,输出是 O,形象地表示为 $I => S_1 => S_2 => \cdots => S_n => O$,如果输出 O 等于输入 I,即输入 I 经过这个系统变化之后没有任何的信息损失。设处理 a 信息得到 b,再对 b 处理得到 c,那么可以证明,a 和 c 的互信息不会超过 a 和 b 的互信息。这表明信息处理不会增加信息,大部分处理会丢失信息。保持了不变,这意味着输入 I 经过每一层 S_i 都没有任何的信息损失,即在任何一层 S_i,它都是原有信息（即输入 I）的另外一种表示。现在回到主题深度学习,需要自动地学习特征。假设有一堆输入 I(如一维图像或者文本),设计了一个系统 S(有 n 层),通过调整系统中的参数,使得它的输出仍然是输入 I,那么可以自动地获取得到输入 I 的一系列层次特征,即 $S_1,\cdots,S_n$。

对深度学习来说,其思想就是对堆叠多个层,也就是说这一层的输出作为下一层的输入。通过这种方式,可以实现对输入信息进行分级表达。

6.4.3　分类实例

1. 神经网络 R 实现

nnet 软件包用来建立单隐藏层的前馈人工神经网络模型,同时用来建立多项对数线性模型。包中主要有四个函数 class.ind( )、multinom( )、nnet( )和 nnetHess( ),其中 multinom( )函数用来建立多项对数模型,在此不进行具体的介绍。

前馈网络中各个神经元按接受信息的先后分为不同的组,每一组可以看作一个神经层,每一层中的神经元接受前一层神经元的输出,并输出到下一层神经元。整个网络中的信息朝一个方向传播,没有反向的信息传播。前馈网络可以用一个有向无环路图表示。前馈网络可以看作一个函数,通过简单非线性函数的多次复合,实现输入空间到输出空间的复杂映射。这种网络结构简单,易于实现。前馈网络包括全连接前馈网络和卷积神经网络等。

```
#下载安装相应的软件包,加载后即可使用
>install.packages("nnet")
>library(nnet)
```

下面对 class.ind( )、nnet( )和 nnetHess( )函数一一介绍。

1) class.ind( )函数

class.ind(cl)函数用来对数据进行预处理,这也是该函数最重要以及唯一的功能。具体来说,该函数用来对建模数据中的结果变量进行处理。

该函数中只有一个参数 cl,该参数可以是一个因子向量,也可以是一个类别向量。

```
>vector1=c("a","b","c","d")
>vector2=c(1,2,1,3)
>class.ind(vector1)
>class.ind(vector2)
#结果
Output
    >class.ind(vector1)
        a b c d
    [1,] 1 0 0 0
    [2,] 0 1 0 0
    [3,] 0 0 1 0
    [4,] 0 0 0 1
    >class.ind(vector2)
        1 2 3
    [1,] 1 0 0
    [2,] 0 1 0
    [3,] 1 0 0
    [4,] 0 0 1
```

2）nnet()函数

nnet()函数是实现神经网络的核心函数，主要用来建立单隐藏层的前馈人工神经网络模型，也可以用该函数建立无隐藏层的前馈人工神经网络模型。

函数语法一：

```
nnet(formula, data, weights, ...,subset, na.action, contrasts = NULL)
```

函数语法二：

```
nnet(x, y, weights, size, Wts, mask,
     linout = FALSE, entropy = FALSE, softmax = FALSE,
     censored = FALSE, skip = FALSE, rang = 0.7, decay = 0,
     maxit = 100, Hess = FALSE, trace = TRUE, MaxNWts = 1000,
     abstol = 1.0e-4, reltol = 1.0e-8, ...)
```

其中的参数说明如下。

formula：公式的形式 class $\sim$ x1 + x2 + …。

x：矩阵或数据框的 x 值的例子。

y：矩阵或数据框的目标值的例子。

weights：（case）的权重为每一个例子，如果缺少默认为 1。

size：隐藏层中的单位数目，可以是 0，比如是略层单元。

data：从数据框中指定的变量 formula 优先措施。

subset：索引向量指定训练样本中的情况下被使用（如果给定，该参数必须被命名）。

na.action：如果 NAs 的函数指定动作，默认操作是失败的程序。另一种方法是 na.omit，从而导致拒绝任何所需的变量的遗漏值的情况（如果给定，该参数必须被命名）。

contrasts：用于出现的因素作为模型公式中的变量的一些或所有的列表对比。

Wts：初始参数矢量，如果缺少随意选择。

mask：逻辑向量表示要优化的参数（默认）。

linout：切换线性输出单位，默认的逻辑输出单元。

entropy：切换熵（＝最大有条件的可能性）配件。默认情况下，通过最小二乘。

softmax：切换 SOFTMAX（对数线性模型）和有条件的可能性最大拟合。

censored：softmax 的一个变体，其中非零的目标，意味着可能的类。因此，为 softmax 一排（0，1，1）装置的一个例子的每个等级 2 和 3，但 censored 装置的一个例子，其是唯一已知的，是 2 个或 3 个类。

skip：切换到添加略层从输入到输出的连接。

rang：初始随机权重[－rang,rang]。约 0.5 的值，除非输入大，在这种情况下，它应该选择 rang * 最大(|x|)约为 1。

decay：参数重量腐烂，默认值为 0。

3）nnetHess()函数

该函数用来估计人工神经网络模型中的黑塞矩阵（即二次导数矩阵）。

函数语法：

```
nnetHess(net, x, y, weights)
```

参数解析如下。

net：类的对象 nnet 返回的 nnet。

x：训练数据。

y：训练数据的类。

nnet 程序包除了以上四个主要函数外，还能同 R 自带的函数 predict()配合使用，该函数主要用于估计 multinom()函数和 nnet 函数所建立模型的预测结果。

【例 6-3】 以 iris 数据集为例，运用神经网络 nnet 软件包对三种鸢尾花(分别标记为 setosa、versicolor 和 virginica)进行分类。

```
<library(nnet)
#第一步：数据获取
<ir = rbind(iris3[,,1],iris3[,,2],iris3[,,3])        #预测变量 x
<targets = class.ind(c(rep("s",50),rep("c",50),rep("v",50)))        #目标变量 y
#第二步：数据划分(训练集+验证集)
<set.seed(1234)    #70% 的数据集作为训练模型
<samp = c(sample(1:50,35),sample(51:100,35),sample(101:150,35))
<ir.train = ir[samp,]
<targets.train = targets[samp,]
<ir.validation = ir[-samp,]
<targets.validation = targets[-samp,]
#第三步：模型构建
<ir.nnet = nnet(ir.train,targets.train,size = 2,rang = 0.1,decay = 5e-4,maxit =
200)
output:
#weights:  19
initial   value 78.223905
iter  10 value 37.039047
iter  20 value 35.347126
iter  30 value 35.193016
iter  40 value 35.115455
iter  50 value 34.132392
iter  60 value 4.270811
iter  70 value 1.900146
iter  80 value 1.445292
iter  90 value 1.355613
iter 100 value 1.337940
iter 110 value 1.328507
iter 120 value 1.327707
iter 130 value 1.327180
iter 140 value 1.326700
iter 150 value 1.326621
iter 160 value 1.326610
iter 170 value 1.326604
final   value 1.326603
converged
#第四步：模型应用
<test.cl = function(true,pred){
  true = max.col(true)
  cres = max.col(pred)
```

```
        table(true,cres)
}
<test.cl(targets.validation,predict(ir.nnet,ir.validation))
output:
#cres
true  1  2  3
    1 14  0  1
    2  0 15  0
    3  0  0 14
```

2. 深度学习 R 实现

h2o 是基于大数据的统计分析、机器学习和数学库包,利用核心数学积木搭建应用块代码,采取类似 R 语言的 Excel 或 JSON 等熟悉接口,方便用户对数据集进行探索、建模和评估。h2o 还可以更快更好地预测模型源实现快速和方便的数据挖掘,并将在线评分和建模融合在一个单一平台上。作为一个开源的可扩展的库,支持 Java、Python、Scala、R 等。下面对 h2o 库函数作一一说明。

1) h2o. deeplearning()

函数语法:

```
h2o.deeplearning(x, y, training_frame, model_id = NULL,
            validation_frame = NULL, nfolds = 0,
            keep_cross_validation_predictions = FALSE,
            keep_cross_validation_fold_assignment = FALSE, fold_assignment = c("
AUTO",
            "Random", "Modulo", "Stratified"), fold_column = NULL,
            ignore_const_cols = TRUE, ...)
```

参数解析如下。

x:包含用于构建模型的预测变量的名称或索引的向量。如果缺少 x,则使用除 y 以外的所有列。

y:模型中的响应变量的名称。如果数据不包含头,则这是第一列索引,并且从左到右增加(响应必须是整数或分类变量)。

training_frame:训练数据帧的 ID(允许初始验证模型参数)。

2) h2o. predict()

函数语法:

```
h2o.predict(object, newdata, ...)
```

参数解析如下。

object:需要预测的适合的 H2OModel 对象。

newdata:一个 h2oframe 对象,其中要查找用于预测的变量额外传递的论据。

3) h2o. performance()

函数语法:

```
h2o.performance(model, newdata = NULL, train = FALSE, valid = FALSE,
                xval = FALSE, data = NULL)
```

参数解析如下。

model：一个 H2OModel 对象。

newdata：对数据集进行预测，并对其进行评分。数据集应与列名称、类型和维度方面用于训练模型的数据集相匹配。如果传入 newdata，则忽略 train、valid 和 xval。

train：指示是否返回训练指标（在训练期间构建）的逻辑值。

valid：指示是否返回验证度量（在培训期间构建）的逻辑值。

xval：指示是否返回交叉验证度量（在训练期间构建）的逻辑值。

data：（DEPRECATED）一个 h2oframe，这个参数现在称为 newdata。

【例 6-4】 以 iris 数据集为例，运用深度学习 h2o 库核心函数对鸢尾花数据集的三个类别进行分类试验。

```
#安装加载 h2o 库
<install.packages("h2o")
<library(h20)
<iris.hex = as.h2o(iris)
#模型拟合
<iris.dl = h2o.deeplearning(x = 1:4,y = 5,training_frame = iris.hex)
#预测
<predictions = h2o.predict(iris.dl,iris.hex)
##转换为数据框
<as.data.frame(predictions)
#Output(部分数据)
      predict       setosa    versicolor     virginica
1      setosa 9.997296e-01 2.704364e-04 6.192991e-29
2      setosa 9.975444e-01 2.455552e-03 3.523783e-27
3      setosa 9.997747e-01 2.253113e-04 2.737802e-28
4      setosa 9.996228e-01 3.772022e-04 2.677604e-27
5      setosa 9.999086e-01 9.137599e-05 2.636822e-29
6      setosa 9.997852e-01 2.148168e-04 1.164865e-27
7      setosa 9.999450e-01 5.497370e-05 5.711848e-28
8      setosa 9.996331e-01 3.669056e-04 2.371099e-28
...
<performance = h2o.performance(model = iris.dl)
<print(performance)
Output:
H2OMultinomialMetrics: deeplearning
**  Reported on training data. **
**  Metrics reported on full training frame **

Training Set Metrics:
=====================
Extract training frame with 'h2o.getFrame("iris")'
MSE: (Extract with 'h2o.mse') 0.07231598
RMSE: (Extract with 'h2o.rmse') 0.2689163
Logloss: (Extract with 'h2o.logloss') 0.3153071
Mean Per-Class Error: 0.09333333
Confusion Matrix: Extract with 'h2o.confusionMatrix(<model>,train = TRUE)')
============================================================
```

```
Confusion Matrix: Row labels: Actual class; Column labels: Predicted class
           setosa versicolor virginica  Error        Rate
setosa       50        0         0 0.0000 =   0 / 50
versicolor    0       50         0 0.0000 =   0 / 50
virginica     0       14        36 0.2800 =  14 / 50
Totals       50       64        36 0.0933 =  14 / 150

Hit Ratio Table: Extract with 'h2o.hit_ratio_table(<model>,train =  TRUE)'
================================================================
Top-3 Hit Ratios:
   k hit_ratio
1 1  0.906667
2 2  1.000000
3 3  1.000000
```

6.4.4 人工神经网络及深度学习的特点

1. 人工神经网络的特点

人工神经网络的优点主要表现在以下三个方面。

（1）具有自学习功能。例如实现图像识别时，先把许多不同的图像样板和对应的识别结果输入人工神经网络，网络就会通过自学习功能，慢慢学会识别类似的图像。自学习功能对预测有特别重要的意义。预期未来的人工神经网络计算机将为人类提供经济预测、市场预测、效益预测，其应用前途远大。

（2）具有联想存储功能。用人工神经网络的反馈网络可以实现这种联想。

（3）具有高速寻找优化解的能力。寻找一个复杂问题的优化解，往往需要很大的计算量，利用一个针对某问题而设计的反馈型人工神经网络，发挥计算机的高速运算能力，可能很快找到优化解。

但也存在以下一些缺点。

（1）最严重的问题是没能力解释自己的推理过程和推理依据。

（2）不能向用户提出必要的询问，而且当数据不充分的时候，神经网络无法进行工作。

（3）把一切问题的特征都变为数字，把一切推理都变为数值计算，其结果势必丢失信息。

（4）人工神经网络对训练数据中的噪声非常敏感。处理噪声问题的一种方法是使用确认集来确定模型的泛化误差，另一种方法是每次迭代把权值减少一个因子。

2. 深度学习特点

深度学习的优点如下：

（1）在计算机视觉和语音识别方面效果超过传统方法。

（2）具有较好的 transfer learning 性质。

（3）算法可以快速调整，适应新的问题。

深度学习的缺点如下：

（1）训练耗时，需要大量数据进行训练，模型正确性验证复杂且麻烦。

（2）训练要求很高的硬件配置，某些深度网络不仅训练而且线上部署也需要 GPU 支持。

（3）模型处于"黑箱状态"，难以理解内部机制。

（4）元参数（Metaparameter）与网络拓扑选择困难。

6.5　支持向量机

6.5.1　支持向量机的基本思想

支持向量机（Support Vector Machine，SVM）是由 Corinna Cortes 和 Vapnik 提出的一种全局的分类算法，通过寻求结构化风险最小来提高学习机泛化能力，实现经验风险和置信范围的最小化，从而达到在统计样本量较少的情况下，亦能获得良好统计规律的目的。SVM 属于统计学习理论范畴，由于其良好的泛化能力，成为机器学习的常用工具。

在 VC 维理论先导下，支持向量机算法逐渐发展起来。SVM 算法主要在最优分类面背景下提出，SVM 的基本思想如图 6-3 描绘的二维情况。

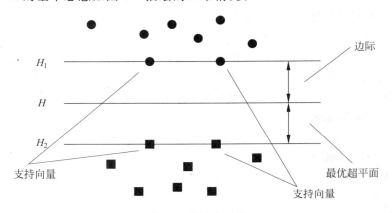

图 6-3　支持向量机

验证 SVM 算法好坏的方法很多，对选定的训练样本的学习训练准确度以及学习能力是经常考量的两个因素。支持向量机主要在这两者之间寻找最佳平衡点，这样可以得到更好的推广能力。

6.5.2　支持向量机理论基础

在如图 6-3 所绘的二维情况中，●和■分别表示两类样本，H 是分离超平面，H_1 和 H_2 平行于 H。H_1 和 H_2 之间的距离是分类间隙，并且没有训练点落入它们中间。最优分类面需要尽量达到两个要求，首要要求使两类样本精确地归类，再一个要求将两类样本的区分间隙最大化。换言之，最优分离超平面零错误分开样本是符合结构风险最小化准则的。因此，最佳分离超平面实际转化为约束条件下求最优解。给定某个有 N 个点的待测的线性可分离集合 $\{x_i, y_i\}$，$i = 1, \cdots, n$，这里 $y \in \{1, -1\}$ 是类别符号。在 d 维情形中，对应的表达式为

$$g(x) = w * x + b \tag{6-12}$$

分类面方程为

$$w * x + b = 0 \tag{6-13}$$

如果要进行归一化操作，前提是公式(6-12)中的 $g(x)$ 需要达到 $g(x) \geqslant 1$ 的要求。不等式中等号代表最靠近分类面的样本。这样分类间隔其实是求 $2/\|w\|$ 的值，若让这个值最大，只需让 $\|w\|$ 最小。我们希望全部的样本尽可能正确归类，数学上要求

$$y_i[(w \cdot x_i) + b] - 1 \geqslant 1 \tag{6-14}$$

如果满足上述条件并且使 $\|w\|^2$ 等于最小值，得到的值就是我们所需的最优分类面。公式(6-14)中的等号所指的样本就是通常所说的支持向量。支持向量就是在 H_1 和 H_2 上的 ● 和 ■，这些点比较特殊，主要是因为它支撑了最优分类面。

最优分类面可以写成公式(6-15)描述的约束化问题。换种说法，就是在满足公式(6-14)的条件下，计算下列函数的最小值。

$$\phi(w) = \frac{1}{2}\|w\|^2 \tag{6-15}$$

公式(6-15)的最小值计算通常运用下面的拉格朗日函数

$$L(w, b, \lambda) = \frac{1}{2}(w \cdot w) - \sum_{i=1}^{n} \lambda_i \{y_i[(w \cdot x_i + b)] - 1\} \tag{6-16}$$

实质上分类问题就变为在限制条件 $\sum_{i=1}^{N} \lambda_i y_i = 0$ 和 $\lambda_i \geqslant 0, i = 1, 2, \cdots, N$ 下，求解公式(6-17)。

$$\max_{\lambda_i}\left(\sum_{i=1}^{N} \lambda_i - \frac{1}{2}\sum_{i,j} \lambda_i \lambda_j y_i y_j x_i^T x_j\right) \tag{6-17}$$

其中，λ_i 和 λ_j 是拉格朗日因子。对于线性不可分离情况，上式可写为

$$\max_{\lambda_i}\left(\sum_{i=1}^{N} \lambda_i - \frac{1}{2}\sum_{i,j} \lambda_i \lambda_j y_i y_j K(x_i, x_j)\right) \tag{6-18}$$

这里 $K(x_i, x_j)$ 被命名为核函数，可从如下定义的典型函数中选择。

线性核函数

$$K(x_i, x_j) = x_i x_j \tag{6-19}$$

q 阶多项式内积函数

$$k(x_i, x_j) = (x_i^T x_j + 1)^q, \quad q > 0 \tag{6-20}$$

径向基内积函数

$$k(x_i, x_j) = \exp\left(\frac{\|x_i - x_j\|^2}{\sigma^2}\right) \tag{6-21}$$

双曲面正切函数

$$k(x_i, x_j) = \tanh(\beta x_i^T x_j + \gamma) \tag{6-22}$$

支持向量机可以采用上式各种内积函数，对应不同的算法。我们可以根据具体的应用从上面公式中选择不同的函数。

6.5.3　支持向量机实例

【例 6-5】　以鸢尾花数据集为例建立支持向量机模型，实现对三种鸢尾花的分类判别任务。

分析：此例中的数据源于 1936 年费希尔发表的一篇重要论文，收集了三种鸢尾花(分别标记为 setosa、versicolor 和 virginica)的花萼和花瓣数据，包括花萼的长度和宽度，以及

花瓣的长度和宽度。本例将根据这四个特征建立模型并进行分类判别。

第一步：安装加载 e1071 库。

```
>install.packages("e1071")
>library(e1071)
```

e1071 软件包的核心函数为 svm()，也是建立支持向量机模型的核心函数，可以用来建立一般情况下的回归模型，也可以用来建立判别分类模型以及密度估计模型。

第二步：iris 数据准备。

```
>data(iris)       #获取数据集 iris
>summary(iris)    #获取数据集的概括信息
#输出数据集的概括信息
Sepal.Length     Sepal.Width      Petal.Length     Petal.Width
Min.  :4.300     Min.  :2.000     Min.  :1.000     Min.   :0.100
1st Qu.:5.100    1st Qu.:2.800    1st Qu.:1.600    1st Qu.:0.300
Median:5.800     Median :3.000    Median :4.350    Median :1.300
Mean  :5.843     Mean  :3.057     Mean  :3.758     Mean   :1.199
3rd Qu.:6.400    3rd Qu.:3.300    3rd Qu.:5.100    3rd Qu.:1.800
Max.  :7.900     Max.  :4.400     Max.  :6.900     Max.   :2.500
        Species
setosa   :50
versicolor:50
virginica :50
```

iris 基本信息：包含 150 个样本和 4 个样本特征。结果标签有三个类别，权重都是 50。结果标签 setosa、versicolor 及 virginica 是鸢尾花的三种花的类别。

第三步：建立 svm 模型。

svm()函数在建立支持向量分类机模型时有两种建立方式。

① 根据既定公式建立模型。

```
>x=iris[,-5]      #提取数据中除第五列以外的数据作为特征向量
>y=iris[,5]       #提取数据中的第五列数据作为结果变量
>model=svm(x,y,kernel="radial",
>gamma=if(is.vector(x))lelsel/ncol(x)) #建立 SVM 模型
>summary(model)   #结果分析
#查看 model 模型的相关结果
Call:
svm(formula=Species~.,data=iris)
Parameters:
SVM-Type:C-classification
SVM-Kernel:radial
Cost:1
Gamma:0.25
Number of Support Vectors:51
 (8 22 21)
Number of Classes:3
Levels:
setosa versicolor virginica
```

在使用格式①建立模型时,不需要特别强调所建立模型的形式,函数会自动将所有输入的特征变量数据作为建立模型所需要的特征向量。

在上述过程中,确定核函数的 gamma 系数时所使用的 R 语言所代表的意思为:如果特征向量是向量,则 gamma 值取 1,否则 gamma 值为特征向量个数的倒数。

② 根据所给的数据建立模型。

```
>model=svm(Species~.,data=iris)
```

在使用②格式建立模型时,如果使用数据中的全部特征变量作为模型特征变量,可以简要地使用"Species～."代替全部的特征变量。

第四步:预测判别。

样本数据建模之后,主要目的就是利用模型进行相应的预测和判别。在用 svm()函数预测时,我们将用自带函数 predict()进行预测。使用前,应该首先确认样本数据,并将数据的特征变量整合放入同一个矩阵中。

```
>x=iris[,1:4]              #确认需要进行预测的样本特征矩阵
>pred=predict(model,x)     #根据模型 model 对 x 数据进行预测
>pred[sample(1:150,8)]
#随机挑选 8 个结果进行展示
   43        115        24        6        100        51        68
setosa  virginica  setosa  setosa  versicolor  versicolor  versicolor
  135
virginica
Levels:setosa versicolor virginica
```

在进行预测时,主要问题就是保证用于预测的特征向量个数一致,否则将无法预测结果。在进行预测之后,还需要检查模型预测的精度,这就需要用 table()函数对预测结果和真实结果作对比展示。

```
>table(pred,y)            #模型预测精度展示
#输出结果
           y
pred      setosa  versicolor  virginica
setosa      50        0          0
versicolor   0       48          2
virginica    0        2         48
```

第五步:综合建模。

```
>attach(iris)                #数据集按列单独确认为向量
>x=subset(iris,select=-Species) #确认特征变量为数据集 iris 中除去 Species 的其他项
>y=Species                   #确认结果变量为数据集 iris 中的 Species 项
>type=c("C-classification","nuclassification","one classification")
                             #确认将要使用的分类方式
>kernel=c("linear","polynomial","radial","sigmoid")   #确定将要使用的核函数
>pred=array(0,dim=c(150,3,4)) #初始化预测结果矩阵的三维长度分别为150、3 和 4
>accuracy=matrix(0,3,4)       #初始化模型精度矩阵的两维分别为3、4
>yy=as.integer(y)             #为方便模型精度计算,将结果变量数量化为 1、2 和 3
>for(i in 1:3)               #确认 i 影响的维度代表分类方式
```

```
{
for(j  in  1:4)                          #确认 j 影响的维度代表核函数
{
pred[,i,j]=predict(svm(x,y,type=type[i],kernel=kernel
  [j]),x)
           #对每一模型进行预测
if(i>2)   accuracy[i,j]=sum(pred[,i,j]!=1)
else   accuracy[i,j]=sum(pred[,i,j]!=yy)
}
}
>dimnames(accuracy)=list(type,kernel)    #确定模型精度变量的列名和行名
```

综合建模的作用：利用 C-classification 与高斯核函数结合的模型判别错误最少。如果只为错误率最小并且在代价相同的情况下,那么直接可以把这种结合当作最优的模型,而且模型预测结果如下:

```
>table(pred[,1,3],y)
#模型预测精度展示
     y
     setosa   versicolor   virginica
1      50          0          0
2       0         48          2
3       0          2         48
```

第六步：可视化分析。

在建立支持向量机模型之后,还需进一步分析模型,模型可视化便于对模型的分析,在分析过程中,用 R 自带函数 plot() 对可视化模型进行绘制,结果如图 6-4 所示。

```
>plot(cmdscale(dist(iris[,-5])),
>col=c("red","black","gray")[as.integer(iris[,5])],
>pch=c("o","+")[1:150 % in%   model$index + 1])   #绘制模型分类三点图
>legend(2,0.8,c("setosa","versicolor","virginica"),col=c("red","black","gray"),
lty=1)    #标记图例
```

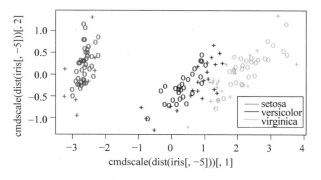

图 6-4 支持向量机模型可视化结果

在使用 plot() 函数对所建立的模型进行总体观察后,还可以利用 plot() 函数对模型进行其他角度的可视化分析。可以利用 plot() 函数对模型类别关于模型中任意两个特征向量的变动过程进行绘图,过程与图像如下:

```
>data(iris)
>model=svm(Species~.,data=iris)    #利用公式格式建立模型
>plot(model,iris,Petal.Width~Petal.Length,fill=FALSE,
>symbolPalette=c("red","black","grey"),svSymbol="+")
#绘制模型类别关于花宽度和长度的分类情况,如图 6-5 所示
>Legend(1,2.5,c("setosa","versicolor","virginica"),col=c("red","black","gray"),
lty=1) #标记图例
```

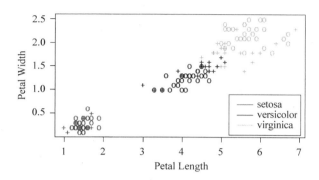

图 6-5　关于花宽度和长度的分类情况的模型类别

通过模型关于花瓣的宽度和长度对模型类别分类影响的可视化后,我们仍然可以得到同图一致的结果:setosa 类别的花瓣同另外两个类别相差较大,而 versicolor 类别的花瓣同 virginica 类别的花瓣相差较小。

通过模型可视化图形可以看出,virginica 类别的花瓣在长度和宽度的总体水平上都高于其他两个类别,versicolor 类别的花瓣在长度和宽度的总体水平上处理居中位置,而 setosa 类别的花瓣在长度和宽度上都比另外两个类别小。

第七步:优化建模。

通过对模型的可视化分析后,无论从总体的角度观察,还是从模型个别特征的角度观察,都可以得到一致的结论:类别 setosa 较其他两个类别的差异较大,而类别 versicolor 与类别 virginica 差异较小,直观上能看到两部分有少许交叉。在预测结果中,模型出现判别错误的地方也是混淆了类别 versicolor 与类别 virginica。

针对这种情况,可以想到通过改变模型各个类别的比重来对数据进行调整。由于类别 setosa 同其他两个类别的相差较大,所以可以考虑降低类别 setosa 在模型中的比重,而提高另外两个类别的比重,即适当牺牲类别 setosa 的精度来提高其他两个类别的精度。

```
>wts=c(1,1,1)        #确定模型各个类型的比重为 1:1:1
>names(wts)=c("setosa","versicolor","virginica")    #确定各个比重对应的类别
>model1=svm(x,y,class.weights=wts)      #建立模型
>wts=c(1,100,100)    #确定模型各个类别的比重为 1:100:100
>names(wts)=c("setosa","versicolor","virginica")      #确定各个比重对应的类别
>model2=svm(x,y,class.weights=wts)      #建立模型
>pred2=predict(model2,x)   #根据模型进行预测
>table(pred2,y)
#展示预测结果
                y
pred2     setosa   versicolor   virginica
```

```
setosa          50          0          0
versicolor       0         48          2
virginica        0          2         48
>wts=c(1,500,500)
>names(wts)=c("setosa","versicolor","virginica")
>model3=svm(x,y,class.weights=wts)
>pred3=predict(model3,x)
>table(pred3,y)
#展示预测结果
                y
pred2       setosa    versicolor    virginica
setosa          50          0          0
versicolor       0         50          0
virginica        0          0         50
```

6.5.4 支持向量机的特点

支持向量机在解决小样本、非线性及高维模式识别中表现出许多特有的优势,能够同时最小化经验误差与最大化几何边缘区,因此也被称为最大边缘区分类器,并能够推广应用到函数拟合等其他机器学习问题中。

SVM 有如下主要几个特点。

(1) 非线性映射是 SVM 方法的理论基础,SVM 利用内积核函数代替向高维空间的非线性映射。

(2) 对特征空间划分的最优超平面是 SVM 的目标,最大化分类边际的思想是 SVM 方法的核心。

(3) 支持向量是 SVM 的训练结果,在 SVM 分类决策中起决定作用的是支持向量。

(4) SVM 是一种有坚实理论基础的新颖的小样本学习方法。它基本上不涉及概率测度及大数定律等,因此不同于现有的统计方法。从本质上看,它避开了从归纳到演绎的传统过程,实现了高效的从训练样本到预报样本的"转导推理",大大简化了通常的分类和回归等问题。

(5) SVM 的最终决策函数只由少数的支持向量所确定,计算的复杂性取决于支持向量的数目,而不是样本空间的维数,这在某种意义上避免了"维数灾难"。

(6) 少数支持向量决定了最终结果,不但可以帮助我们抓住关键样本,"剔除"大量冗余样本,注定了该方法不但算法简单,而且具有较好的鲁棒性。这种鲁棒性主要体现在: ①增、删非支持向量样本对模型没有影响;②支持向量样本集具有一定的鲁棒性;③有些成功的应用中,SVM 方法对核的选取不敏感。

有以下两点不足。

(1) SVM 算法对大规模训练样本难以实施。由于 SVM 是借助二次规划来求解支持向量,而求解二次规划将涉及 m 阶矩阵的计算(m 为样本的个数),当 m 数目很大时该矩阵的存储和计算将耗费大量的机器内存和运算时间。

(2) 用 SVM 解决多分类问题存在困难。经典的支持向量机算法只给出了二类分类的算法,而在数据挖掘的实际应用中,一般要解决多类的分类问题。可以通过多个二类支持向量机的组合等方法来解决,主要原理是克服 SVM 固有的缺点,结合其他算法的优势,解决多类问题的分类精度。

小　结

　　分类思想是大数据挖掘中的基本应用,本章综述了不同分类算法的思想和特性,详细介绍了经典的 K-近邻算法、朴素贝叶斯分类算法的基本原理、场景特点和基本应用,阐述了神经网络与深度学习、线性判别分析、支持向量机等分类算法,分析不同算法的特点,以及各类方法在 R 语言中的应用。

分类的基本原理＋主要分类方法＋
性能评价标准.mp4(4.85MB)

K-近邻分类算法＋算法实例＋
特点.mp4(8.18MB)

贝叶斯概述＋分类原理＋
分类实例.mp4(12.7MB)

神经网络基本原理＋深度学习＋分
类实例.mp4(10.6MB)

支持向量机基本思想＋实例＋特
点.mp4(10.5MB)

习　题

1. 填空题

(1) 在 KNN 的设计过程中,用来计算对象之间距离的默认方式是_____。

(2) 分类中主要的分类方法有_____。

(3) 贝叶斯公式可以表示为_____。

(4) 欧氏距离计算公式(所有样本都有 M 个属性) distance(X,Y)＝_____。

(5) 朴素贝叶斯分类因为_____被称为"朴素的"。

(6) 深度学习的概念源于_____的研究。

(7) 神经网络可以指向两种:一种是_____;另一种是_____。

(8) SVM 中用于创建两个类之间的最大间隔被称为_____。

(9) 判别分析根据判别标准不同,可以分为_____等。

(10) 判别分析通常要设法建立一个判别函数,然后利用此函数来进行批判,判别函数主要有两种,即_____和_____。

2. 选择题

(1) 在 kknn()函数中,参数 train,代表(　　)。

A. 训练集　　　　　　B. 测试集　　　　　　C. 距离函数　　　　D. 近邻数量

(2) $list(X,Y) = \sum_{i=1}^{n} | x_i - y_i |$ 是（　　　）距离公式。

    A. 明可夫斯基　　　　　　　　　　B. 曼哈顿

    C. 马哈拉诺比斯　　　　　　　　　D. 切比雪夫

(3) 已知事件 A 与事件 B 发生与否伴随出现，根据贝叶斯公式可得到 $P(B|A) = P(A|B) * M/P(A)$，则 $M = (\quad)$。

    A. $P(AB)$　　　　B. $P(\bar{B})$　　　　C. $P(\bar{A})$　　　　D. $P(B)$

(4) 一个人参加宴会为真的概率为 0.2，如果他参加宴会后醉酒为真的概率为 0.7，那么他醉酒为假的概率是（　　　）。

    A. 0.14　　　　　B. 0.06　　　　　C. 0.86　　　　　D. 0.56

(5) 关于朴素贝叶斯分类器说法正确的是（　　　）。

    A. 朴素分类器的假设是当给定类变量时，属性变量之间条件独立

    B. 朴素分类器具有较高的分类准确性

    C. 朴素分类器具有星形结构

    D. 由于朴素分类器具有星形结构，因此能够有效利用变量之间的依赖关系

(6) 支持向量机可以用于（　　　）问题。

    A. 降维　　　　　B. 回归　　　　　C. 分类　　　　　D. 聚类

(7) 当得到一个新的样品数据后，要确定该样品属于已知类型中哪一类，这类问题属于（　　　）。

    A. 线性回归　　　　B. 判别分析　　　　C. 模式识别　　　　D. 优化计算

(8) 神经网络中能将神经元的净输入信号转换成单一的输出信号，以便进一步在网络中传播的特征的是（　　　）。

    A. 激活函数　　　　B. 网络拓扑　　　　C. 训练算法　　　　D. 神经元

(9) 给定贝叶斯公式 $P(cj|x) = (P(x|cj)P(cj))/P(x)$，公式中 $P(cj|x)$ 为（　　　）。

    A. 先验概率　　　　B. 后验概率　　　　C. 全概率　　　　D. 联合概率

(10) 贝叶斯网络主要应用的领域有（　　　）。

    A. 模式识别　　　　B. 辅助智能决策　　　C. 医疗诊断　　　　D. 数据融合

3. 简答题

(1) 贝叶斯网络模型的过程是什么？

(2) 分类器性能评价标准有哪些？

(3) 简述朴素贝叶斯分类流程。

(4) 朴素贝叶斯算法的优点有哪些？

(5) 激活函数的定义与作用是什么？

(6) 试述判别分析的实质。

(7) 简述神经网络的运作过程。

(8) 如何判断深度神经网络是否过拟合？

## 第 7 章

聚 类 分 析

【内容摘要】 本章主要讲解聚类的概念、类的度量方法以及 K 均值、层次聚类、神经网络聚类等各种聚类方法,并配以实例解析。对并行聚类分析、基于 MapReduce 的聚类分析及其他聚类方法——基于粒度的聚类方法、谱聚类、核聚类、量子聚类等作了延伸学习。

【学习目标】 掌握聚类的基本概念以及类的度量方法;掌握 K 均值、层次聚类、神经网络等各种常用聚类算法的基本原理和各自的特点;能够在实际应用中根据应用场景选择合适的聚类方法;了解在大数据环境下聚类分析方法的扩展以及面临的问题。

7.1 聚类分析方法概述

聚类分析又称群分析,它是研究(样品或指标)分类问题的一种统计分析方法,同时也是数据挖掘的一个重要算法。

聚类分析是由若干模式组成的。模式通常是一个度量的向量,或者是多维空间中的一个点。聚类分析以相似性为基础,在一个聚类中的模式之间比不在同一聚类中的模式之间具有更多的相似性。本章将选取普及性最广、最实用、最具有代表性的几种聚类算法作详要讲解,其他聚类算法作简单扩展讲解。

7.1.1 聚类的基本概念

1. 聚类的概念

将物理或抽象对象的集合分成由类似的对象组成的多个类或簇(Cluster)的过程被称为聚类(Clustering)。由聚类所生成的簇是一组数据对象的集合,这些对象与同一个簇中对象相似度较高,与其他簇中的对象相似度较低。相似度是根据描述对象的属性值来度量的,距离是经常采用的度量方式,分析事物聚类的过程称为聚类分析,又称群分析。

由于聚类的对象与同一个簇中的对象彼此相似,与其他簇中的对象相异。所以,在许多应用中,可以将一个簇中的数据对象作为一个整体来对待。在许多应用中,簇的概念没有严格定义,其最好的定义应该依赖于数据的特性和期望的结果,同一个簇的样本空间是靠拢在一起的。图 7-1 显示了将 18 个点划分成簇的 3 种不同方法。

聚类分析的实现过程为:首先进行数据预处理,进行数据的标准化。数据预处理包括选择数量、类型和特征的标度,进行特征选择和特征抽取,剔除孤立点等。然后构造关系/距离矩阵,对亲疏关系进行描述。再选择不同方法进行聚类。最后确定最佳分类,确定类别数。

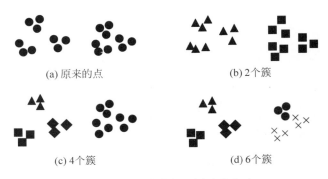

(a) 原来的点　　(b) 2个簇

(c) 4个簇　　(d) 6个簇

图 7-1　相同点集的不同聚类方法

2. 聚类算法

聚类算法的选择取决于数据的类型、聚类的目的。可以对同样的数据尝试多种聚类算法并比较结果，以发现数据可能揭示的结果。

主要的聚类算法有：基于划分的方法、基于层次的方法、基于密度的方法、基于网格的方法以及基于模型的方法。

1）基于划分的聚类方法

对于给定的包含 n 个样本的数据集，基于划分的聚类方法可将数据划分为 k 个组，即构建数据的 k 个划分，每个划分表示一个聚簇，并且 $k \leqslant n$。同时满足以下要求。

（1）每个组至少包含一个对象。

（2）每个对象必须属于且仅属于一个组。

给定要构建的划分数目 k，划分方法首先创建一个初始划分，然后采用一种迭代的重定位技术，尝试通过对象在划分间移动来改进划分。好的划分的准则是：在同一类中的对象之间尽可能"接近"或相关，而不同类中的对象之间尽可能"远离"或不同。为了达到全局最优，基于划分的聚类会要求穷举所有可能的划分。有两个常用的启发式方法：一是聚于质心的技术 K-平均方法；二是基于有代表性的对象的技术 K-中心点方法。

2）基于层次的聚类方法

基于层次的聚类方法可将数据对象组成一棵聚类的树。根据层次分解是自底向上还是自顶向下形成的，基于层次的聚类方法可以进一步分为凝聚的和分裂的层次聚类。

（1）凝聚的层次聚类：按照自底向上的策略首先将每个对象作为单独的一个簇，然后将这些原子簇合并为越来越大的簇，直到所有的对象都在一个簇中，或者达到某个终止条件。

（2）分裂的层次聚类：与凝聚的层次聚类相反，按照自顶向下的策略。首先将所有的对象置于一个簇中。然后逐渐细分为越来越小的簇，直到每个对象在单独的一个簇中，或者达到一个终止条件，如达到了某个希望的簇数目或者两个簇之间的距离超过了某个阈值。

3）基于密度的聚类方法

基于划分的聚类方法是按照对象之间的距离进行聚类，这样的方法只能发现球状的簇。基于密度的聚类方法是将簇看作是数据空间中被低密度区域分割开的高密度区域。其主要思想是：只要邻近区域的密度（对象或数据点的数目）超出了某个阈值，就继续聚类。也就是说，对给定类中的每个数据点，在一个给定范围的区域中必须至少达到某个数目的点。这样的方法可以用来过滤"噪声"孤立点数据,发现任意形状的簇。该方法有两种典型的算法:一种是 DBSCAN 算法,它根据一个密度阈值来控制簇的增长;另一种是 OPTICS 算法,它为自动的和交互的聚类分析计算一个聚类顺序。

4)基于网格的聚类方法

基于网格的聚类方法是把对象空间量化为有限数目的单元,形成一个网格结构,所有的聚类操作都在这个网格结构(即量化的空间)上进行。这种方法的主要优点是处理速度快,其处理时间独立于数据对象的数目,只与量化空间中的每一维的单元数目有关。

基于网格的聚类方法的典型算法有:①STING 算法,它利用存储在网格单元中的统计信息;②WaveCluster 算法,它利用一种小波变换方法来聚类对象;③CLIQUE 算法,它是在高维数据空间中基于网格和密度的聚类方法。

5)基于模型的聚类方法

基于模型的聚类方法是基于这样的假设:数据是根据潜在的概率分布生成的。它为每一个簇假定一个模型,寻找数据对给定模型的最佳拟合。一个基于模型的算法可通过构建反映数据点空间分布密度函数来定位聚类,或基于标准的统计数字自动决定聚类的数目,考虑"噪声"数据或孤立点,从而产生健壮的聚类方法。基于模型的方法主要有统计学方法和神经网络方法两类。其中,统计学方法有 COBWEB 算法,网络神经方法有 SOM 算法。

以上每一类聚类算法中都存在着得到广泛应用的算法。例如,划分方法中的 K-Means 聚类算法、层次方法中的凝聚型层次聚类算法、模型方法中的神经网络聚类算法等。

有时将某个给定的应用场景数据划分为属于某个聚类方法是困难的,需要考虑集成多种聚类方法的思想。同时,某些应用可能有特定的聚类标准,也要求综合多个聚类技术。

6)其他聚类方法——视觉聚类算法

视觉聚类算法是基于尺度空间理论建立的。其基本思想是:将数据集看作图像,将数据建模问题看作认知问题,通过模拟认知心理学的格式塔原理与生物视觉原理解决问题。格式塔原理(Gestalt)就是物体的整体是由局部特征组织在一起的认知原则,包含相似率、连续率、闭合率、近邻率、对称率,将这五者作为聚类的基本原则,模拟人的眼睛由近到远观察景物的过程设计算法进行聚类。随着由近到远,观察尺度由小变大,所看到的景物层次会逐渐变化,这就是一个聚类的过程。

视觉聚类的关键是最佳聚类个数的选择。随着尺度由小变大,聚类个数逐渐变少,但会出现尺度变化大而聚类个数稳定不变的情况,这意味着这个聚类个数存活周期最长,即最佳聚类个数。

3. 不同聚类方法的特性比较

从聚类的类型可知,聚类类型大致分为:层次的(嵌套的)与划分的(非嵌套的),互斥的、重叠的与模糊的,完全的与部分的。

(1)层次的与划分的不同类型的聚类的差别是:簇的集合是嵌套的还是非嵌套的,或者是层次的还是划分的。划分聚类简单地将数据对象集划分成不重叠的子集(簇),使得每个数据对象恰在一个子集中。如果允许簇具有子簇,则得到一个层次聚类。层次聚类是嵌套簇的集簇,组织成一棵树。除叶结点外,树中每一个结点(簇)都是其子女(子簇)的父,而树根是包含所有对象的簇,树叶是单个数据对象的单元素簇。

(2)互斥的、重叠的与模糊的簇都是互斥的,虽然每个对象都被指派到单个簇,但有时也可以合理地将一个点放到多个簇中。例如,在大学里,一个人可能既是学生,又是雇员。当对象在两个或多个簇"之间",并且可以合理地指派到这些簇中的任何一个时,也常常可以使用非互斥聚类。在模糊聚类中,簇被视为模糊集,每个对象以0和1之间的权值属于任何一个集合,当对象接近多个簇时,避免将对象随意地指派到一个簇。通常将对象指派到具有最高隶属权值或概率的簇,将模糊或概率聚类转换成互斥聚类。

(3) 完全的聚类会将每个对象指派到一个簇,而部分聚类数据集中针对某些可能不属于明确定义的簇的对象。数据集中的一些对象可能代表噪声、离群点或"不感兴趣的背景"。

4. 簇的类型与特性

聚类旨在发现有用的对象组(即簇),有用性是由挖掘目标定义的。一个簇的每个对象到同簇中每个对象的距离比到不同簇中任意对象的距离都近或更加相似。有时,使用一个阈值来说明簇中所有对象相互之间必须有充分的接近度。明显分离的簇不只是球形的,还可以具有任意形状。主要的簇有基于原型的簇、基于图的簇、基于密度的簇。

(1) 基于原型的簇是在对象的集合中每个对象到定义该簇的原型的距离比到其他簇的原型的距离更近或更加相似。对于具有连续属性的数据,簇的原型通常是质心,即簇中所有点的平均值。当质心没有意义时,如当数据具有分类属性时,原型通常是中心点,即簇中最有代表性的点。对于许多数据类型,原型可以视为最靠近中心的点,这种簇趋向于呈球状。

(2) 如果数据用图表示,其中的节点是对象,而边代表对象之间的联系,则基于图的簇可以定义为连通分支,即互相连通但不与组外对象连通的对象组。基于图的簇的一个重要例子是基于邻近的簇,其中两个对象是相连的,仅当它们的距离在指定的范围内,且每个对象到该簇某个对象的距离比到不同簇中任意点的距离更近。

(3) 在基于密度的簇中,簇表示为对象的稠密区域,且被低密度的区域环绕。可认为簇是具有某种共同性质的对象的集合。例如,基于中心的簇中的对象都具有共同的性质,它们都离相同的质心或中心点最近。当具有噪声和离群点时,常常使用基于密度的簇。

7.1.2 类的度量方法

因为聚类是将数据对象划分为若干类,同一类的对象具有较高的相似度,不同类的对象相似度较低。因此,聚类的关键是如何度量对象间的相似性。样本或变量间亲疏程度的测度方法有两种。

(1) 相似系数。性质越接近的变量或样本,它们的相似系数越接近于1或-1,而彼此无关的变量或样本的相似系数则越接近于0,相似的为一类,不相似的为不同类。

(2) 距离。它是将每一个样本看作p维空间的一个点,并用某种度量测量点与点之间的距离,距离较近的归为一类,距离较远的点应属于不同的类。

凡是满足唯一性、非负性、对称性和三角不等式的函数都可以作为距离公式。常用的距离公式有欧氏距离(Euclid)、曼哈顿距离(Manhattan)、切比雪夫距离(Chebyshev)、马哈拉诺比斯距离(Mahalanobis)等。

类间距离的度量方法如下。

① 最短距离法:以两类中距离最近的两个个体之间的距离作为类间距离。

② 最长距离法:以两类中距离最远的两个个体之间的距离作为类间距离。

③ 组间平均连接法:以两类个体两两之间距离的平均数作为类间距离。

④ 组内平均连接法：将两类个体合并为一类后，以合并后类中所有个体之间的平均距离作为类间距离。

⑤ 重心法：以两类变量均值（重心）之间的距离作为类间距离。

⑥ 中位数法：以两类变量中位数之间的距离作为类间距离。

其他对聚类分析具有很强影响的数据特性如下：

（1）数据的高维性。在高维空间中，传统的欧几里得密度定义变得没有意义。邻近度也变得更加一致，由于大部分聚类算法都基于邻近度或密度，处理高维数据时它们常常面临困难，处理该问题的一种方法是使用维度归约。

（2）稀疏数据。稀疏数据通常由非对称的属性组成，其中零值没有非零值重要。因此，一般使用适合于非对称属性的相似性度量。噪声和离群点可能严重地降低聚类算法的性能，特别是 K 均值这样的基于原型的算法。在使用聚类算法之前，先使用删除噪声和离群点的算法。

（3）属性和数据集可以有不用的类型，如结构化的、图形的或有序的，而属性也可以是分类的（标称的或序数的）、定量的（区间的或比率的）、二元的、离散的或连续的。不同的邻近性和密度度量适用于不同类型的数据。在一些情况下，数据可能需要离散化或二元化，以便可以使用期望的邻近性度量或聚类算法。当属性具有很多不同的类型（如连续的和标称的）时，邻近性和密度更难定义，可能需要特殊的数据结构和算法来有效地处理特定类型的数据。

7.1.3　聚类过程与应用

1. 聚类过程

典型的聚类过程主要包括数据准备、特征选择、特征提取、聚类（含接近度计算）、聚类结果的有效性评估等步骤。

（1）数据准备。数据准备包括特征标准化和降维。

（2）特征选择。从最初的特征中选择最有效的特征，并将其存储于向量中。

（3）特征提取。通过对所选择的特征进行转换形成新的突出特征。

（4）聚类。首先选择合适特征类型的某种距离函数或构造新的距离函数进行接近度的计算，而后执行聚类或分组。

（5）聚类结果评估。对聚类结果进行评估主要有外部有效性评估、内部有效性评估和相关性测试评估三种。

聚类通过挖掘数据中的一些深层信息概括出每一类的特点，或把注意力放在某一个特定的类上以做进一步分析，聚类在模式识别中的语音识别、字符识别、数据挖掘（多关系数据挖掘）、时空数据库应用（GIS 等）、序列和异类数据分析等方面都有广泛的应用。机器学习中的聚类算法应用于图像分割和机器视觉，图像处理中聚类用于数据压缩和信息检索。聚类分析对生物学、心理学、考古学、地质学、地理学以及市场营销等研究也都有重要作用。例如，通过聚类分析用户位置信息进行商业选址、精细化客户服务中用户画像、搜索引擎查询聚类以进行流量推荐、利用文本分类的特征提取算法进行词语的领域聚类，广泛应用于医学、交通、军事等领域的图像分割等。需要说明的是，虽然聚类算法繁多，但这些聚类算法本身无所谓优劣，最终运用到数据的效果却存在环境差异，这在很大程度上取决于数据使用者对于算法的选择是否得当。

2. 聚类算法面临的挑战

大数据时代,不同来源的数据呈现出 TB 级的增长趋势,数据的类型与结构更加繁杂,给聚类分析研究带来了新的困难和挑战,包括处理多样化数据类型的能力、处理超高维数据的能力、处理不均衡数据的能力、聚类算法的可拓展能力和聚类效果评价的指标选择问题。

(1)处理多样化数据类型的能力。初期的聚类算法只关注比较容易理解和处理的数值型数据,如 K-Means 聚类算法与 K-Models 算法,大数据时代数据类型的复杂性使得如何改进不同类型属性差异度的可比性,或提出更有效的混合属性差异度聚类度量方法成为一个重要挑战。

(2)处理超高维数据的能力。在高维空间中,聚类数据对象由于属性数量过多引起的稀疏性问题和属性差异性度量的偏差问题会导致聚类效果变差。针对高维数据的聚类方法通常都是先对特征空间进行处理,采用特征变换或特征选择的方式来降低特征维度以提高聚类算法的性能。特征变换是根据合适的方法寻求与高维数据等价的低维空间表示,通过将原始特征空间进行变换,重新生成一个维数更小、各维度之间的独立性更强的空间,最常用的特征变换方法有小波变换、PCA、LPP 和 NPE。特征选择是在不同任务需求下选取符合要求且彼此之间关联程度较小的最优特征子集的过程,其目的是通过剔除与任务需求不相关和弱相关的特征以降低维度,从而提高学习算法的效率和性能。特征选择的另一种形式是子空间聚类,利用聚类算法在不同子空间中搜索簇群。子空间聚类该如何更好地分配权重向量也是一个待解决的难题。

(3)处理不均衡数据的能力。在大数据量中,某类数据对象的数量或标记可能会有很大差异,这样数据分布出现不平衡性成为常态。大多数对象没有严格的类别,它们在状态和类别方面存在着模糊性,这种现象在不均衡数据集上表现得尤为突出。现有的划分聚类算法或层次聚类算法等在处理不均衡数据时,其聚类性能大幅度下降。部分图论聚类算法能有效识别任意大小和不同形状的簇,在处理不均衡数据方面效果相对较好,但它们的时间复杂度很高,难以处理大规模的数据集。

(4)聚类算法的可拓展能力。许多聚类算法在小样本数据集上能够表现出很好的性能,但对包含几百万甚至上亿个数据对象的大规模数据集进行聚类会产生有偏差的结果。划分聚类算法中,聚类数目的选择和聚类初始点的选择是影响算法性能的关键和难点;基于图论的聚类算法易于发现不规则的簇,但图的最优划分是一个困难问题;基于网络和密度的聚类算法需要预先指定较多参数。上述问题都是在面对超大规模的数据集时,影响聚类算法的可扩展性的重要因素。

(5)聚类效果评价的指标选择问题。如何衡量聚类数目以及其他聚类效果评估指标之间的关系,解决评估指标之间的矛盾问题一直是聚类算法产生以来的尚需解决的难题。聚类算法的常见评估指标包括外部评估指标和内部评估指标。外部评估方法是有监督的,与聚类算法无关,主要通过考察具有相同类别的数据对象被聚集到相同的簇中、不同类别的数据对象聚集在不同的簇中的情况,主要的外部评估指标有聚类熵、聚类精度和召回率等。内部评估方法是利用未知结构数据集的固有特征和量值来进行评价,主要通过考察簇的分离情况和簇的紧凑情况评估聚类效果。在进行大数据聚类时,需要聚类成多个簇,需要达到什么样的效果才能有效解决实际问题,这些都需要结合聚类任务以及其他知识进行综合考量。

7.2 K-Means 聚类

K-Means 聚类算法是基于原型的目标函数聚类方法的典型代表,它以数据点到原型的某种距离作为优化的目标函数,利用函数求极值的方法得到迭代运算的调整规则。作为一种快速聚类法,优点是结果比较简单易懂,对计算机的性能要求不高。

7.2.1 K-Means 聚类的原理及步骤

K-Means(K 均值)聚类的基本思想是将每一个样品分配给最近中心(均值)的类中,它的具体原理是:

算法首先随机从数据集中选取 K 个点作为初始聚类中心,然后计算各个样本到聚类中心的距离,通过欧式距离把样本归到离它最近的那个聚类中心所在的类。计算新形成的每一个聚类的数据对象的平均值来得到新的聚类中心,调整到相邻两次的聚类中心没有任何变化为止。

这种算法的特点是在每次迭代中都要考察每个样本的分类是否正确。若不正确,就要调整,在全部样本调整完后,再修改聚类中心,进入下一次迭代。如果在一次迭代算法中,所有的样本被正确分类,则不会有调整,聚类中心也不会有任何变化,算法结束。

可将 K-Means 聚类步骤总结如下:

(1) 将所有的样品分成 k 个初始类。

(2) 通过欧氏距离将某个样品划入离中心最近的类,并对获得样品与失去样品的类重新计算中心坐标。

(3) 重复步骤(2),直到所有的样品都不能再分配为止。

在 R 中使用 kmeans()函数进行 K-Means 聚类分析。在做 K-Means 聚类分析之前,需要观察数据的量纲差异及是否存在异常值。若数据量纲差别太大,则需要用 scale()函数做中心标准化,消除量纲影响。若存在异常值,则需要做预处理,否则会严重影响划分结果。

K 均值聚类的算法总结如下:

聚类簇数 k

1:从 D 中随机选择 k 个样本作为初始均值向量 $\{\mu_1, \mu_2, \cdots, \mu_k\}$

2: repeat

3: 令 $C_i = \phi (1 \leqslant i \leqslant k)$

4: for j= 1,2,$\cdots$,m do

5: 计算样本 x_j 与个均值向量 $\mu_i (1 \leqslant i \leqslant k)$ 的距离:$d_{ji} = \| x_j - \mu_i \|_2$;

6: 根据距离最近的均值向量确定 x_j 的簇标记:$\lambda_j = \mathrm{argmin}_{i \in \{1,2,\cdots,k\}} d_{ji}$

7: 将样本 x_j 划入相应的簇:$C_{\lambda j} = C_{\lambda j} \bigcup \{x_j\}$

8: end for

9: for i= 1,2,$\cdots$,k do

10: 计算新均值向量:$\mu_i' = (1/|C_i|) \sum_{x \in c_i}$

11: if $\mu_i' \neq \mu_i$ then

12: 将当前均值向量 μ_i 更新为 μ_i'

13: else

14: 保持当前均值向量不变

```
15：end if
16：end for
17：until 当前均值向量均未更新
```

输出：簇划分 C= {$C_1, C_2, \cdots, C_k$}

7.2.2　K-Means 特点与适用场景

1．K-Means 算法的特点

K-Means 作为一种无监督学习方法,是最早出现的聚类分析算法之一,它的特点如下：

(1) 采用两阶段反复循环过程算法,以欧式距离作为相似度测量。

(2) 结束的条件是不再有数据元素被重新分配,结果对划分个数与初始点的选取敏感。

(3) 一般会比分层聚类产生出更紧实的划分,在字段较多时,一般会比分层聚类要快。

(4) 算法采用误差平方和准则函数作为聚类准则函数。

(5) 算法倾向于生成相同大小的划分,时间复杂度近似于线性,对大数据集有较高的效率,并且是可伸缩性的。

(6) 算法简单,容易实现,结果直观、易于展现。

(7) 在聚类之前需要先确定类簇的数量,且质心的选取会影响最终的聚类结果,稳定性也比较差,因此较适合处理分布集中的大样本数据集。

2．K-Means 的适用场景

(1) 适合需要对数据进行划分的场景,如客户分群、图像处理、精准营销等。应用 K-Means 聚类方法对聚类用户进行特征分析,实现客户细分,按照不同的聚类群体客户特征进行个性化营销服务,最终在避免资源浪费的同时,提高营销的有效性。图像分割就是把图像分成若干个特定的、具有独特性质的区域并提出感兴趣目标的过程。图像分割后提取的目标可以用于人脸识别、指纹识别、交通控制系统、卫星图像定位等。在医学上还能够进行组织体积的测量、肿瘤和其他病理的定位等。在电子商务中分析商品相似度,进行商品归类,从而有针对性地使用不同销售策略,进行精准营销。

(2) 适合字段是连续数值的情况,离散数值类型的字段经过适当变换也可以用于 K-Means。如音调分类,在平常生活中,音频信号和音乐分析较少被讨论,但它却是一个有趣的机器学习概念应用。K-Means 可通过样例音频片段的强度图谱来给音调片段分类。给定一个有 n 个人不同频率的强度图谱集合,K-Means 将会给样例图谱分类,从而使得在 n 维空间中每个图谱到它们组中心的欧氏距离最小。例如,现在的 K 歌软件通过识别输入的声音进行分类,再与原音频进行对比,可以更加准确地测出试验者是否有跑调。

(3) 可以作为其他一些数据挖掘算法的预处理步骤,如为分类算法数据生成类标号。

7.2.3　K-Means 聚类的算法实例

【例 7-1】　用 K-Means 聚类探寻青少年市场细分。

营销者希望通过分析数百万的青少年对社交网站的浏览数据,进行青少年的客户分群,确定有着相同兴趣(如体育、宗教或者音乐)的团体,从而避免将广告投放那些对正在销售的产品不感兴趣的青少年,达到精准营销。例如,一种运动饮料对于那些对运动毫无兴趣的青少年很有可能是销售艰难。

第一步：收集数据。

在本次分析中，将使用一个代表 30000 名美国高中生的随机案例数据集（数据集见附录），这些数据均匀采样于 4 个高中毕业年份（2006—2009）。该数据包含 30000 名青少年，其中 4 个变量表示个人特征，36 个单词表示兴趣。文本挖掘工具将剩余的社交网络服务页面内容划分成单词。从出现在所有页面的前 500 个单词中，选择 36 个单词代表 5 大兴趣类，即课外活动、时尚、宗教、浪漫和反社会行为。这 36 个单词包括足球、性感、亲吻、圣经、购物、死亡和药物等单词。对每个人来说，最终的数据表示每个单词出现在个人社交网络服务中的次数。以下所有实现使用 R 语言。

第二步：探索和准备数据。

可以用 read.csv() 的默认设置将数据加载到数据框中。

```
> teens< read.csv("snsdata.csv")
```

Str() 函数输出的前几行数据如下：

```
> str(teens)
'data.frame':   30000 obs. of   40 variables:
$ gradyear    : int   2006 2006 2006 2006 2006 2006 2006 2006 2006 2006 ...
$ gender      : Factor w/ 2 levels "F","M": 2 1 2 1 NA 1 1 2 1 1 ...
$ age         : num   19 18.8 18.3 18.9 19 ...
$ friends     : int   7 0 69 0 10 142 72 17 52 39 ...
...
```

观察性别（gender）变量，可注意到 NA 相对于值 1 和 2，它代表得到的是完全不同的内容。显示该记录有一个缺失，即不知道这个人的性别（gender）。使用 table() 命令查看，如下所示。

```
> table(teens$gender)
    F     M
22054  5222
```

尽管这些数据显示存在的 F 和 M 值有多少个，但是 table() 函数排除了值 NA，添加了一个额外的参数显示。

```
> table(teens$gender,useNA="ifany")
    F     M   <NA>
22054  5222   2724
```

显示有 2724 条记录（9%）缺失了性别（gender）数据。但在社交网络服务数据中，女性是男性的 4 倍多，即男性并不像女性那样倾向于使用社交网络服务网站。

```
> summary(teens$ages)
Min. 1st Qu.  Median    Mean 3rd Qu.    Max.     NA's
 3.086  16.310  17.290  17.990  18.260 106.900    5086
```

对于年龄（age）变量，共有 5086 条记录（17%）有缺失值。事实是最小值和最大值是不可信的，一个 3 岁或者一个 106 岁的人就读于高中是不可能的，清除这些数据。

　　对于高中生,一个合理的年龄范围应该包括那些至少 13 岁,还没有超过 20 岁的学生,任何落在这个范围之外的年龄值将会与缺失数据一样处理。为了对年龄(age)变量重新编码,可以使用 ifelse()函数,如果年龄(age)大于等于 13 岁且小于 20 岁,就将 teen＄age 值赋给 teen＄age;否则,赋值为 NA。

```
>teens$age<-ifelse(teen$age>=13&teens$age<20,teens$age,NA)
```

　　通过复查 summary()的输出,可以看到年龄(age)的范围服从一个看上去更像一个真实高中学生的分布。

```
>summary(teens$age)
  Min. 1st Qu.  Median    Mean 3rd Qu.   Max.    NA's
 13.03  16.30   17.26   17.25  18.22   20.00   5523
```

　　这导致了一个更大的缺失数据问题。需要找到一种方法来处理这些缺失值。

1) 数据准备——缺失值的虚拟编码

　　排除具有缺失值的记录是一种简单的处理缺失值的方法。例如,在数据中性别变量的值为 NA 的学生与那些缺失年龄(age)数据的学生是完全不同的。这意味着通过排除那些要么缺失性别(gender)值的、要么缺失年龄(age)值的记录,将排除 26％的数据,即 9％与 17％的和(9％＋17％＝26％),超过 7500 条记录,而这是在只有两个变量有缺失数据的情况下。数据集中存在的缺失值的数量越多,任意给定的记录被排除的可能性就越大。对于分类数据中像性别(gender)这样的变量,将缺失值作为一个单独的类别也可以解决。例如,除了女性(female)和男性(male)两个取值外,可以增加一个额外的水平值 unknown(未知)。

　　除了有一个水平值被拿出来作为参照组以外,虚拟编码涉及为名义特征中的每个水平值单独创建一个取值为 1 或者 0 的二元虚拟变量。有一个类水平值被排除在外,因为它可以通过其他类水平值来进行推断。例如,如果有人的性别既不是女性(female)也不是未知(unknown)的,则他的性别一定是男性(male)。因此,只需要为女性(female)和未知(unknown)的性别创建虚拟变量。

```
>teens$female<
ifelse(teen$gender=="F"&!is.na(teens$gender),1,0)
>teens$no_gender<
ifelse(is.na(teens$gender),1,0)
```

　　第一个语句表示,如果性别等于 F,且不等于 NA,则 teens＄female 赋值为 1,否则赋值为 0;第二个语句表示,is.na()函数用来检测性别(gender)是否等于 NA,如果 is.na()返回 TRUE,则 teens＄no_gender 赋值为 1,否则赋值为 0。构建的虚拟变量与原始的 gender 变量进行比较。

```
>table(teens$gender,useNA="ifany")
   F    M  <NA>
22054 5222  2724
>table(teens$female,useNA="ifany")
   0    1
7946 22054
>table(teens$no_gender,useNA="ifany")
```

```
         0      1
      27276  2724
```

因为在 teens＄female 和 teens＄no_gender 中的值为 1 的数量与初始编码中的 F 和 NA 值的数量是一致的,证明结果是可信的。

2）数据准备——插补缺失值

接下来,使用一种称为插补法（imputation）的不同策略来消除关于年龄（age）变量的 5523 个缺失值,插补法依据可能的真实值的猜测来填补缺失值,应用 mean()函数。

```
>mean(teens$age)
[1] NA
```

问题在于,对包含缺失数据的向量,其均值是无法定义的。因为年龄（age）包含缺失值,所以 mean(teens＄age)返回一个缺失值。在计算之前添加一个额外的参数来去除缺失值。

```
>mean(teens$age,na.rm=TRUE)
[1] 17.25243
```

结果表明,学生的平均年龄大约为 17 岁。在除去 NA 值后,计算毕业年份（gradyear）的不同水平值的年龄均值。

```
>aggregate(data=teens,age~gradyear,mean,na.rm=TRUE)
gradyear      age
1     2006 18.65586
2     2007 17.70617
3     2008 16.76770
4     2009 15.81957
```

毕业年份每变化一年,平均年龄就会不同。使用 Aggregate()输出到一个数据框中来证明数据的合理性,需要把它合并到原始数据中。可以使用 ave()函数。

```
>ave_age< ave(teens$age,teens$gradyear,FUN= function(x) mean(x,na.rm=TRUE))
```

为了将这些均值插补到缺失值中,需要再一次使用 ifelse()函数,仅当原始的年龄（age）值为 NA 时,调用 ave_age 的值。

```
>teens$age<-ifelse(is.na(teens$age),ave_age,teens$age)
>summary(teens$age)
Min. 1st Qu.  Median   Mean 3rd Qu.   Max.
13.03   16.28   17.24   17.24   18.21   20.00
```

第三步:基于数据训练模型。

为了达到细分目的,使用 stats 添加包中的一个 K 均值实现,它提供了一个平凡的算法实现。聚类分析前,考虑 36 个特征,创建一个只包含这些特征的数据框。

```
>interests<teens[5:40]
```

在使用距离计算分析之前,通常采用的做法是将特征标准化,以便使得每个特征具有相同的尺度。为了将 Z-score 标准化应用于数据框 interests,可使用带有 lapply()的 scale()函数。

```
>Interests_z<as.data.frame(lapply(interests,scale))
```

为了将 teens 划分成 5 个类，可以使用下面的命令。

```
>teen_clusters<kmeans(interests_z,5)
```

这就将 k 均值聚类的结果保存到了一个名为 teen_clusters 的对象中。

第四步：评估模型的性能。

评估一个类是否有用的最基本方法之一就是检查落在每一组中的案例数。为了获得 kmeans()聚类的大小，可以使用 teen_clusters $ size 分量。

```
>teen_clusters$ size
[1]    667 21419   849  6041  1024
```

为了更深入地了解类，可以使用 teen_clusters $ centers 分量来查看。

```
>teen_clusters$centers
```

根据这一信息，可以确定每一位用户被分配到了哪一类中。例如，下面是社交网络服务数据中前 5 个用户的个人信息。

```
>teens[1:5,c("cluster","gender","age","friends")]
  cluster gender     age friends
1       1      M 18.982       7
2       2      F 18.801       0
3       1      M 18.335      69
4       1      F 18.875       0
5       5   <NA>18.995      10
```

根据聚类，类之间每一类的年龄均值变化不大，可认为不同年龄不一定在兴趣上有系统性的差异，其描述如下所示。

```
>aggregate(data=teens,age~cluster,mean)
  cluster       age
1       1 17.29825
2       2 17.07689
3       3 17.39037
4       4 16.86497
5       5 17.11957
```

这些类对于性别（gender）仍然具有非常强的预测能力。

```
>aggregate(data=teens,female~cluster,mean)
cluster    female
1       1 0.6995541
2       2 0.8377744
3       3 0.7250000
4       4 0.8381171
5       5 0.8027079
```

下面通过数据的支持查看一下这些类对于用户拥有的朋友数量的预测能力。

```
>aggregate(data=teens,friends~cluster,mean)
```

```
     cluster  friends
1          1 27.69537
2          2 37.20261
3          3 32.57333
4          4 41.43054
5          5 30.50290
```

组内成员的身份、性别和朋友的数量之间的关系表明,这些类是非常有用的预测因子。以这种方式来验证这些类的预测能力,使得将这些类在推销给营销团队时变得更加容易,并最终提高算法的性能。

7.3 层次聚类

层次聚类(Hierarchical Clustering)是聚类算法中一种很直观的算法,顾名思义,是要一层一层地进行聚类,可以从下而上地把小的簇合并聚集,也可以从上而下地将大的簇进行分割。层次聚类常常使用树状图表示。

7.3.1 层次聚类的原理及步骤

层次聚类通过计算不同类别数据点间的相似度来创建一棵有层次的嵌套聚类树。在聚类树中,不同类别的原始数据点是树的最底层,树的顶层是一个聚类的根节点,创建聚类树有自下而上合并和自上而下分裂两种方法。

1. 层次聚类原理

层次聚类的合并算法通过计算两类数据点间的相似性,对所有数据点中最为相似的两个数据点进行组合,并反复迭代这一过程。简单来说,层次聚类的合并算法是通过计算每一个类别的数据点与所有数据点之间的距离来确定它们之间的相似性,距离越小,相似度越高。并将距离最近的两个数据点或类别进行组合,生成聚类树。层次聚类使用距离来计算不同类别数据点间的距离(相似度)。

2. 层次聚类步骤

(1)将每个对象归为一类,共得到 N 类,每类仅包含一个对象。类与类之间的距离就是它们所包含的对象之间的距离。

(2)找到最接近的两个类并合并成一类,于是总的类数减少一个。

(3)重新计算新类与所有旧类之间的距离。

(4)重复第(2)步和第(3)步,直到最后合并成一个类为止(此类包含了 N 个对象)。

(5)根据第(3)步的不同,可将层次式聚类方法分为单链接、全链接和均链接等聚类方法。

7.3.2 层次聚类算法及特点

层次聚类是在不同层次上对数据进行划分,从而形成树状的聚类结构。对给定的数据集进行层次的分解,直到满足某种条件或者达到最大迭代次数,具体又可分为凝聚的和分类的层次聚法,如图 7-2 所示。

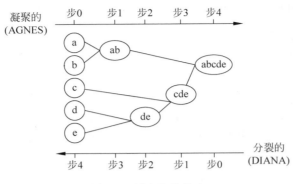

图 7-2　层次聚类算法

　　凝聚的层次聚类（AGNES 算法）是一种自底向上的策略，首先将每个对象作为一个簇，然后合并这些原子簇为越来越大的簇（一般是计算所有簇的中心之间的距离，选取距离最小的两个簇合并），直到某个终结条件被满足或者达到最大迭代次数。

　　分裂的层次聚类（DIANA 算法）是采用自顶向下的策略，它首先将所有对象置于一个簇中，然后逐渐细分为越来越小的簇（每次迭代分裂一般是将一个簇为两个），直到达到了某个终结条件或者达到最大迭代次数。

　　AGNES 算法又称系统聚类和系谱聚类，开始时将数据集中的每个样本初始化为一个初始聚类簇，然后在算法运行的每一步中找出距离最近的两个聚类簇进行合并，该过程不断重复，直到达到预设的聚类簇个数。这里的关键是如何计算聚类簇之间的距离。例如，给定聚类簇 C_i 和 C_j，可以通过下面的公式来计算距离。

最小距离：
$$d_{\min}(C_i, C_j) = \min_{x \in C_i, z \in C_j} dist(x, z)$$

最大距离：
$$d_{\max}(C_i, C_j) = \max_{x \in C_i, z \in C_j} dist(x, z)$$

平均距离：
$$d_{\mathrm{avg}}(C_i, C_j) = \frac{1}{|C_i \| C_j|} \sum_{C_i} \sum_{C_j} dist(x, z)$$

　　显然，最小距离由两个簇的最近样本决定，最大距离由两个簇的最远样本决定，而平均距离则由两个簇的所有样本共同决定。因此，AGNES 算法上面三个不同的公式，相应地被称为均链接、单链接和全链接。AGNES 算法可描述如下：

　　（1）将数据集中的每个样本初始化为一个簇，并放入集合 C 中。计算任意两个集合之间的距离，并存到 M 中。

　　（2）设置当前聚类数目 $q = m$。

　　（3）当 q 大于 k 时，执行如下步骤。

　　① 找到距离最近的两个集合 C_i 和 C_j，将 C_i 和 C_j 合并，并赋值给 C_i。

　　② 在集合 C 中将 C_j 删除，更新 C_{j+1} 到 C_q 的下标。

　　③ 删除 M 的第 j 行和第 j 列，更新 M 的第 i 行和第 i 列。

　　④ $q = q-1$。

　　（4）返回聚类集合 C。

　　层次聚类法的优点是可以通过设置不同的相关参数值，得到不同粒度上的多层次聚类结构，在聚类形状方面，层次聚类适用于任意形状的聚类，并且对样本的输入顺序是不敏感的。

层次聚类的缺点是算法的时间复杂度大,聚类的结果依赖聚类的合并点和分裂点的选择。由于层次聚类过程最明显的特点就是不可逆性,对象在合并或分裂之后,下一次聚类会在前一次聚类基础上继续进行合并或分裂。这样,一旦聚类结果形成,想要再重新合并来优化聚类的性能是不可能的。此外,层次聚类要求指定一个合并或分解的终止条件,例如指定聚类的个数或是两个距离最近的聚类之间最小距离阈值。因此,聚类终止条件的不精确性也是一个问题。

7.3.3　层次聚类的算法实例

【例 7-2】　为了用平面图清晰地展示层次聚类的聚类效果,选用一个 5 维数据集——customer(数据来源于:https://github.com/ywchiu/ml_R_cookbook/tree_master/CH9)用 R 语言来进行算法演示,该数据集含有某商场的 60 位顾客的编号(ID)、光顾该商场次数(Visit.Time)、平均消费(Average.Expense)、性别(Sex)(性别用 1 和 0 表示,1 表示男性、0 表示女性)和年龄(Age)等属性。通过对该数据集进行分析,发现不同消费者之间有什么共性,从而可以对不同用户分类进行用户画像描述。之后可以针对不同用户采取不同的营销策略,以获得更高的利润。

(1) 导入数据,并查看数据,结果如图 7-3 所示。

```
> customer <- read.csv("path...")
> head(customer)
  ID Visit.Time Average.Expense Sex Age
1  1          3             5.7   0  10
2  2          5            14.5   0  27
3  3         16            33.5   0  32
4  4          5            15.9   0  30
5  5         16            24.9   0  23
6  6          3            12.0   0  15
> str(customer)

'data.frame':   60 obs. of  5 variables:
 $ ID             : int  1 2 3 4 5 6 7 8 9 10 ...
 $ Visit.Time     : int  3 5 16 5 16 3 12 14 6 3 ...
 $ Average.Expense: num  5.7 14.5 33.5 15.9 24.9 12 28.5 18.8 23.8 5.3 ...
 $ Sex            : int  0 0 0 0 0 0 0 0 0 0 ...
 $ Age            : int  10 27 32 30 23 15 33 27 16 11 ...
```

图 7-3　str()结果图

由图 7-3 不难看出,该数据集有 60 个样本、5 个变量,以及各变量的名称及类型。

(2) 为了使数据处于相同的水平,对数据作归一化处理,结果如图 7-4 所示。

```
> customer_scale <- scale(customer[,-1])
> head(customer_scale)
     Visit.Time Average.Expense       Sex        Age
[1,] -1.2021905      -1.3523765 -1.456685 -1.2313440
[2,] -0.7569348      -0.3046072 -1.456685  0.5995173
[3,]  1.6919719       1.9576221 -1.456685  1.1380059
[4,] -0.7569348      -0.1379166 -1.456685  0.9226105
[5,]  1.6919719       0.9336657 -1.456685  0.1687264
[6,] -1.2021905      -0.6022689 -1.456685 -0.6928553
```

图 7-4　归一化处理后的数据

可以看出,归一化后的数据变成了小数,而且它是符合标准正态分布的。

(3)使用层次聚类方法对数据集进行层次聚类,返回的聚类信息如图7-5所示。

```
> hc <- hclust(dist(customer_scale,method = "euclidean"),method = "ward.D2")
> hc

 Call:
 hclust(d = dist(customer_scale, method = "euclidean"), method = "ward.D2")

 Cluster method   : ward.D2
 Distance         : euclidean
 Number of objects: 60
```

图 7-5 层次聚类基本信息

由图7-5可知本次聚类操作的数据集名称、聚类方法等信息。

(4)调用基础包中的plot()函数绘制聚类树图,结果如图7-6所示。

```
> plot(hc,hang = -0.01,cex =0.7)
```

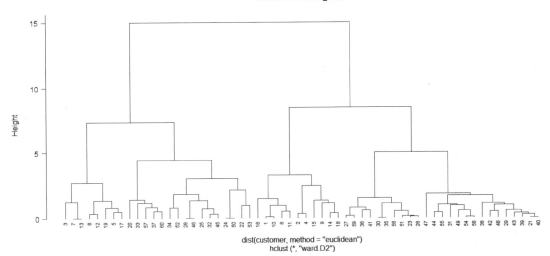

图 7-6   customer 数据集层次聚类图

图7-6中,最上边Cluster Dendrogram为图的标题:聚类树状图。纵向标签Height表示高度,在这里对应距离分别为0~5、5~10、10~15所能划分成的类。数字越高,表示能分到一起的可能性越低。这也很好地符合我们的常识。同样的数据,分的类越少,分的精度就越小,因此分到一起的可能性越低,对应的数字越高。最底部 dist(customer,method = "euclidean")标明了该图的层次聚类所用的数据,这里是用了 customer 数据集,并用euclidean(欧几里得方法)求的距离来当作聚类数据,hclust(* ,"ward. D2")中的 * 表示上面计算出的距离数据,而"ward. D2"表示的是类与类之间的距离计算方法:离差平方和法。

从图7-6中可以看到,在图的最下端每个顾客各占一个分支自成一类,越往上看,一条分支下的顾客数越多,类别数也慢慢减少,直至最上端所有顾客聚为一类。例如,按四大类来看,编号为3、7、13、8、12、19、5、17的顾客被分为一类。其他各类编号也可从图中看出。

（5）分到同一类中的顾客会有相似之处，下面看看他们有什么比较具体的相似之处。聚为同一类的顾客信息如图 7-7 所示，原始数据大体信息如图 7-8 所示。

```
> customer[c(3,7,13,8,12,19,5,17), ]
> summary(customer)
```

```
   ID Visit.Time Average.Expense Sex Age
3   3      16           33.5     0  32
7   7      12           28.5     0  33
13 13      12           28.5     0  33
8   8      14           18.8     0  27
12 12      14           21.0     0  25
19 19      17           25.9     0  18
5   5      16           24.9     0  23
17 17      14           23.6     0  22
```

图 7-7 聚为同一类的顾客信息

```
      ID           Visit.Time      Average.Expense       Sex              Age
Min.   : 1.00   Min.   : 1.0    Min.   : 4.50    Min.   :0.0000    Min.   : 8.00
1st Qu.:15.75   1st Qu.: 5.0    1st Qu.:10.82    1st Qu.:0.0000    1st Qu.:15.00
Median :30.50   Median : 7.5    Median :16.00    Median :1.0000    Median :20.50
Mean   :30.50   Mean   : 8.4    Mean   :17.06    Mean   :0.6833    Mean   :21.43
3rd Qu.:45.25   3rd Qu.:12.0    3rd Qu.:24.90    3rd Qu.:1.0000    3rd Qu.:27.00
Max.   :60.00   Max.   :18.0    Max.   :33.70    Max.   :1.0000    Max.   :47.00
```

图 7-8 原始数据大体信息

通过该类顾客的信息与原始数据中的信息作对比，很容易发现这一类顾客的光顾次数和平均消费（相对于 Visit.Time 的最大值 18 和 Average.Expense 的最大值 33.70 来说）都处于比较高的水平，而且均为女性客户，年龄段基本处于中间年龄段。对于这一类顾客，可以具体描述为常光顾该商场且消费水平较高的中年女性顾客。对于其他类别，也可以用类似方法来发现同一类下的顾客之间的共性，这里就不一一列举，若有兴趣，可以自行去发现。

7.4 神经网络聚类

人工神经网络（Artificial Neural Network，ANN）也称为神经网络或类神经网络。它从信息处理角度对人脑神经元网络进行抽象，建立某种简单模型，按不同的连接方式组成不同的网络。神经网络是一种运算模型，由大量的节点（或称神经元）之间相互连接构成。每个节点代表一种特定的输出函数，称为激励函数。每两个节点间的连接都代表一个对于通过该连接信号的加权值，称之为权重，这相当于人工神经网络的记忆。网络的输出根据网络的连接方式、权重值和激励函数的不同而不同，而网络自身通常都是对自然界某种算法或者函数的逼近，也可能是对一种逻辑策略的表达。人工神经网络在模式识别、智能机器人、自动控制、预测估计、生物、医学、经济等领域已成功地解决了许多现代计算机难以解决的实际问题，表现出了良好的智能特性。神经网络的优势如下：

（1）可以任意精度逼近任意函数。

（2）神经网络方法本身属于非线性模型，能够适应各种复杂的数据关系。

（3）神经网络具备很强的学习能力，能够比很多分类算法更好地适应数据空间的变化。

（4）神经网络借鉴人脑的物理结构和机理，能模拟人脑的某些功能，具备"智能"的特点。

SOM 神经网络聚类算法是典型的基于模型思想的聚类方法，下面阐述 SOM 神经网络的工作原理、算法的训练过程及应用。

7.4.1　SOM 算法的原理及步骤

SOM(Self Organizing Maps，自组织映射神经网络)的提出者芬兰学者 Teuvo Kohonen 认为，处于空间不同区域的神经元有不同的分工，当一个神经网络接受外界输入模式时，将会分为不同的反应区域，各区域对输入模式具有不同的响应特征。

SOM 神经网络算法是根据这个特性设计的，它能把任意高维输入数据变换到低维（如一维或二维）的网格映射图中，并保持一定的拓扑有序性。映射图上相似度大的神经元靠得比较近，相似度小的神经元分得比较开。因此，SOM 神经网络在数据分析中具有独特而又强大的功能。

作为一种基于神经网络观点的聚类和数据可视化技术，SOM 是一种无导师神经网络，可以对数据进行无监督学习聚类。网络的拓扑结构是由一个输入层和一个输出层构成。输入层的节点数即为输入样本的维数，其中每一节点代表输入样本中的一个分量，对应一个高维的输入向量。输出层由一系列组织在二维网格上的有序节点构成，节点排列结构是二维阵列。输入层 X 中的每个节点均与输出层 Y 的每个神经元节点通过一权值（权矢量为 W）相连接，这样每个输出层节点均对应于一个连接权矢量。在学习过程中，找到与之距离最短的输出层单元，即获胜单元，对其更新。同时，将邻近区域的权值更新，使输出节点保持输入向量的拓扑特征。

SOM 算法的思想很简单，本质上是一种只有输入层——隐藏层的神经网络。隐藏层中的一个节点代表一个需要聚成的类。训练时采用"竞争学习"的方式，每个输入的样例在隐藏层中找到一个和它最匹配的节点，称为它的激活节点。紧接着用随机梯度下降法更新激活节点的参数。同时，和激活节点临近的点也根据它们距离激活节点的远近而适当地更新参数。

所以，SOM 的一个特点是隐藏层的节点是有拓扑关系的。既然隐藏层是有拓扑关系的，SOM 可把任意维度的输入离散化到一维或者二维（更高维度的不常见）的离散空间上。计算层（Computation Layer）里面的节点与输入层（Input Layer）的节点是全连接的。如果想要一维的模型，那么隐藏节点依次连成一条线；如果想要二维的拓扑关系，那么就形成一个平面（也叫 Kohonen Network），如图 7-9 所示。

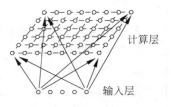

图 7-9　二维拓扑模型

SOM 是竞争式学习网络，每当一个向量被提交，具有最近权值向量的那个神经元将竞争获胜。获胜神经元及其邻域内的神经元将移动它们的权值向量，从而离输入向量更近一些。权向量有两个趋势：首先，它们随着更多的输入向量被提交而分布到整个输入空间。其次，它们移向邻域内的神经元。两个趋势共同作用，使神经元在那一层重新排列，从而最终输入空间得到分类。SOM 算法实现的基本流程如图 7-10 所示。

SOM 的算法流程如下：

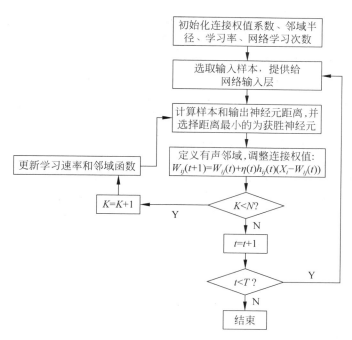

图 7-10　SOM 算法实现的基本流程

（1）初始化。权值使用较小的随机值进行初始化，并对输入向量和权值做归一化处理。

X' = X/‖X‖
ω'i= ωi/‖ωi‖, 1<=i<=m

‖X‖和‖$ωi$‖分别为输入的样本向量和权值向量的欧几里得范数。

（2）将样本输入网络。样本与权值向量做点积，点积值最大的输出神经元赢得竞争；或者计算样本与权值向量的欧几里得距离，距离最小的神经元赢得竞争，记为获胜神经元。

（3）更新权值。对获胜的神经元拓扑邻域内的神经元进行更新，并对学习后的权值重新归一化。

ω(t+1)= ω(t)+ η(t,n) * (x- ω(t))
η(t,n):η为学习率是关于训练时间 t 和与获胜神经元的拓扑距离 n 的函数。
η(t,n)=η(t)e^(- n)
η(t)一般取迭代次数的倒数。

（4）更新学习速率 $η$ 及拓扑邻域 N。N 随时间增大，距离变小。

（5）判断是否收敛。如果学习率 $η<=η_{min}$，或达到预设的迭代次数，结束算法。

① 每个节点随机初始化自己的参数。每个节点的参数个数与 Input 的维度相同。

② 对于每一个输入数据，找到与它最相配的节点。假设输入时 D 维的，即 $X=\{x\_i, i=1,\cdots,D\}$，那么判别函数可以为欧几里得距离。

$$d_j(x) = \sum_{i=1}^{D} (x_i - w_{ji})^2$$

③ 找到激活节点 $I(x)$ 之后，需要更新和它临近的节点。令 S_ij 表示节点 i 和 j 之间的距离，对于 $I(x)$ 临近的节点，分配给它们一个更新权重。

$$T_{j,I(x)} = \exp(-S^2_{j,I(x)}/2\sigma^2)$$

简单地说，临近的节点根据距离的远近，更新程度要打折扣。

④ 按照梯度下降法更新节点的参数。

$$\Delta w_{ji} = \eta(t) \times T_{j,I(x)}(t) \times (x_i - w_{ji})$$

迭代，直到收敛。

python 实现 SOM 神经网络聚类算法的代码如下：

```python
#初始化输入层与竞争层神经元的连接权值矩阵
def initCompetition(n , m , d):
    #随机产生 0 和 1 之间的数作为权值
    array = random.random(size=n * m * d)
    com_weight = array.reshape(n,m,d)
    return com_weight
#计算向量的二范数
def cal2NF(X):
    res = 0
    for x in X:
        res += x*x
    return res ** 0.5
#对数据集进行归一化处理
def normalize(dataSet):
    old_dataSet = copy(dataSet)
    for data in dataSet:
        two_NF = cal2NF(data)
        for i in range(len(data)):
            data[i] = data[i] / two_NF
    return dataSet , old_dataSet
#对权值矩阵进行归一化处理
def normalize_weight(com_weight):
    for x in com_weight:
        for data in x:
            two_NF = cal2NF(data)
            for i in range(len(data)):
                data[i] = data[i] / two_NF
    return com_weight
#得到获胜神经元的索引值
def getWinner(data , com_weight):
    max_sim = 0
    n,m,d = shape(com_weight)
    mark_n = 0
    mark_m = 0
    for i in range(n):
        for j in range(m):
            if sum(data * com_weight[i,j]) > max_sim:
                max_sim = sum(data * com_weight[i,j])
                mark_n = i
                mark_m = j
    return mark_n , mark_m
#得到神经元的 N 邻域
```

```
def getNeibor(n , m , N_neibor , com_weight):
    res = []
    nn,mm , _ = shape(com_weight)
    for i in range(nn):
        for j in range(mm):
            N = int(((i- n)**2+ (j- m)**2)**0.5)
            if N< =N_neibor:
                res.append((i,j,N))
    return res
#学习率函数
def eta(t,N):
    return (0.3/(t+1))* (math.e **  - N)
#SOM算法的实现
def do_som(dataSet , com_weight, T , N_neibor):
'''
T:最大迭代次数
N_neibor:初始近邻数
'''
    for t in range(T- 1):
        com_weight = normalize_weight(com_weight)
        for data in dataSet:
            n , m = getWinner(data , com_weight)
            neibor = getNeibor(n , m , N_neibor , com_weight)
            for x in neibor:
                j_n=x[0];j_m=x[1];N=x[2]
                #权值调整
                com_weight[j_n][j_m] = com_weight[j_n][j_m] + eta(t,N)* (data -  com
_weight[j_n][j_m])
            N_neibor = N_neibor+1- (t+1)/200
    res = {}
    N , M , _ =shape(com_weight)
    for i in range(len(dataSet)):
        n, m = getWinner(dataSet[i], com_weight)
        key = n*M + m
        if res.has_key(key):
            res[key].append(i)
        else:
            res[key] = []
            res[key].append(i)
    return res
#SOM算法主方法
def SOM(dataSet,com_n,com_m,T,N_neibor):
    dataSet, old_dataSet = normalize(dataSet)
    com_weight = initCompetition(com_n,com_m,shape(dataSet)[1])
    C_res = do_som(dataSet, com_weight, T , N_neibor)
    draw(C_res, dataSet)
    draw(C_res, old_dataSet)
```

通过下面的测试数据对上面算法进行结果测试。

0.697,0.46

```
0.774,0.376
0.634,0.264
0.608,0.318
0.556,0.215
0.403,0.237
0.481,0.149
0.437,0.211
0.666,0.091
0.243,0.267
0.245,0.057
0.343,0.099
0.639,0.161
0.657,0.198
0.36,0.37
0.593,0.042
0.719,0.103
0.359,0.188
0.339,0.241
0.282,0.257
0.748,0.232
0.714,0.346
0.483,0.312
0.478,0.437
0.525,0.369
0.751,0.489
0.532,0.472
0.473,0.376
0.725,0.445
0.446,0.459
```

聚类结果如图 7-11 和图 7-12 所示。

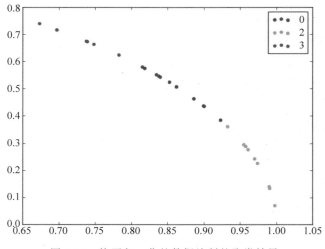

图 7-11　按照归一化的数据绘制的聚类结果

神经网络在聚类方面表现的特征与分类相似,对数据适应性强,对噪声数据敏感。需要注意的是,神经网络的输入具有连续性,但聚类结果往往是分类数据类型,所以对于神经网络的输出结果通常要按照区间径向转换。

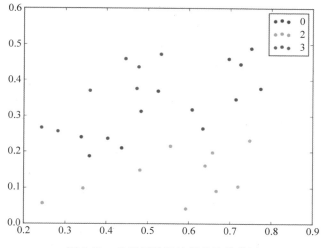

图 7-12　按照原数据绘制的聚类结果

SOM 算法具有对输入模式的自动聚类作用,网络结构简单,具有很好的生物神经元特征,容错性与自稳定性较强,同时具有特征映射的能力。但聚类数目和初始网络结构固定,需要用户预先指定聚类数目和初始的权值矩阵;可能会出现一些始终不能获胜的"死神经元",和一些因为经常获胜被过度利用的神经元,不能充分利用所有神经元信息将影响聚类质量;要向 SOM 网络中加入新的类别,必须先完整地重新学习之后方可进行;数据的输入顺序会影响,甚至决定了输出的结果,数据量少时尤为明显;连接权值的初始值、计算策略、参数选择不当时会导致网络收敛时间过长,甚至难以达到收敛状态。

与 K-Means 聚类方法相比较:

(1) K-Means 需要先定下类的个数,也就是 K 的值。SOM 则不用,隐藏层中的某些节点可以没有任何输入数据属于它。所以,K-Means 受初始化的影响要比较大。

(2) K-Means 为每个输入数据找到一个最相似的类后,只更新这个类的参数。SOM 则会更新临近的节点。所以,K-Means 受噪声数据的影响比较大,因为更新了临近节点;SOM 的准确性可能会比 K-Means 低。

(3) SOM 的可视化比较好,被称为优雅的拓扑关系图。

7.4.2　SOM 算法实例

【例 7-3】　一家投资公司希望对债券进行合适的分类,可不知道分成几类合适。已经知道这些债券的一些基本属性(见表 7-1),以及这些债券的目前评级,所以希望先通过聚类来确定分成几类合适。

表 7-1　银行客户资料的属性及意义

属性名称	属性意义及类型
Type	债券的类型,分类变量
Name	发型债券的公司名称,字符变量
Price	债券的价格,数值型变量
Couon	票面利率,数值变量

续表

属性名称	属性意义及类型
Maturity	到期日,符号日期
YTM	到期收益效率,数值变量
Current Yield	当前收益效率,数值变量
Rating	评级结果,分类变量
Callable	是否随时可偿还,分类变量

MATLAB实现代码如下:

```
%设置网络
dimension1=3;
dimension2=1;
net=selforgmap([dimension1 dimension2]);
net.trainParam.showWindow=0;
%训练网络
[net.tr]=train(net,bonds);
nidx=net(bonds);
nidx=vec2ind(nidx);
%绘制聚类效果图
Fiqure
F3=plot3(VX(nidx==1,1),VX(nidx==1,3),"r*",…
VX(nidx==2,1),VX(nidx==2,2),VX(nidx==2,3),'bo',…
VX(nidx==3,1),VX(nidx==32),VX(nidx==3,3),'kd');
set(gca,'linewidth',2);
grid on
Set(F3,'linewidth',2,'MarkerSize',8);
xlabel('票面利率','fontsize',12);
ylabel('评级得分','fontsize',12);
ylabel('到期收益率','fontsize',12)
title("神经网络方法聚类结果")
```

图 7-13 所示为神经网络聚类方法产生的聚类效果。

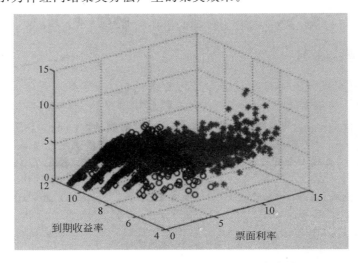

图 7-13 神经网络聚类方法产生的聚类效果

7.5 模糊FCM算法

模糊聚类分析是聚类分析的一种,它是一种采用模糊数学语言对事物按一定的要求进行描述和分类的数学方法。

聚类分析按照不同的分类标准可以进行不同的分类。聚类分析按照隶属度的取值范围可以分为两类:一类是硬聚类算法;另一类是模糊聚类算法。隶属度的概念是从模糊集理论里引申出来的。传统的硬聚类算法隶属度只有 0 和 1 两个值,也就是说一个样本只能完全属于某一个类或者完全不属于某一个类。举个例子,把温度分为两类,大于 10℃ 为热,小于或者等于 10℃ 为冷,那么不论是 5℃ 还是 −100℃ 都属于冷这个类,而不属于热这个类,这就是典型的"硬隶属度"概念,而模糊集里的隶属度是一个取值在 [0 1] 区间内的数。一个样本同时属于所有的类,通过隶属度的大小来区分其差异。例如 5℃,可能属于冷这个类的隶属度值为 0.7,而属于热这个类的隶属度值为 0.3。这样做就比较合理,硬聚类也可以看作模糊聚类的一个特例。

模糊聚类分析一般是指根据研究对象本身的属性来构造模糊矩阵,并在此基础上根据一定的隶属度来确定聚类关系,即用模糊数学的方法把样本之间的模糊关系做定量的确定,从而客观且准确地进行聚类。聚类是将数据集分成多个类或簇,使得各个类之间的数据差别应尽可能大,类内之间的数据差别应尽可能小,即采用"最小化类间相似性,最大化类内相似性"原则,克服了非此即彼的分类缺点。

模糊聚类分析作为无监督机器学习的主要技术之一,是用模糊理论对重要数据分析和建模的方法,建立了样本类属的不确定性描述,能比较客观地反映现实世界,它已经有效地应用在大规模数据分析、数据挖掘、矢量量化、图像分割、模式识别等领域,具有重要的理论与实际应用价值,随着应用的深入发展,模糊聚类算法的研究不断丰富。

在众多模糊聚类算法中,模糊 C-均值聚类算法(Fuzzy C-Means Algorithm,FCM)应用最广泛且较成功。

7.5.1 FCM算法原理和步骤

FCM 算法是一种以隶属度来确定每个数据点属于某个聚类程度的算法。该聚类算法是传统硬聚类算法的一种改进。它通过优化目标函数得到每个样本点对所有类中心的隶属度,从而确定样本点的类属,以达到自动对样本数据进行分类的目的。不同于 K 均值以质心为中心,簇是确定的特点。FCM 算法的聚类簇的定义界限是模糊的,模糊 C 均值中,每个数据点元素到每个簇都存在一个隶属度,每个数据点到所有簇的隶属度之和为 1。隶属度又叫作隶属权值,用 W 表示。

1. FCM 算法原理

FCM 算法的思想是:先人工随机指定每个数据到各个簇的隶属度,即模糊伪划分,然后根据隶属度计算每一个簇的质心,接着通过更新隶属度矩阵重新进行伪划分,直到质心不变化。严格意义上说,直到所有隶属度的变化的绝对值都低于所设定的阈值。

FCM 聚类算法流程:

(1)标准化数据矩阵。

（2）建立模糊相似矩阵,初始化隶属矩阵。

（3）算法开始迭代,直到目标函数收敛到极小值。

（4）根据迭代结果,由最后的隶属矩阵确定数据所属的类,显示最后的聚类结果。

FCM 算法步骤（W_{ij} 表示数据点 i 关于簇 j 的隶属度）：

（1）选择一个初始模糊伪划分,即对所有的 W_{ij} 赋值。

（2）Repeat。

（3）根据模糊伪划分,计算每个簇的质心。

（4）重新计算模糊伪划分,即 W_{ij}。

（5）直到簇的质心不发生变化。

2. FCM 聚类算法的优缺点

相比其他的"硬聚类",FCM 方法会计算每个样本对所有类的隶属度,是一个参考该样本分类结果可靠性的计算方法,若某样本对某类的隶属度在所有类的隶属度中具有绝对优势,则该样本分到这个类是一个十分保险的做法;反之,若该样本在所有类的隶属度相对平均,则需要其他辅助手段来进行分类。

FCM 算法与 K-Means 算法和中心点算法等相比,它省去了多重迭代的反复计算过程,无须多次反复扫描数据库,计算量大大减少,效率也大大提高;可根据实验要求动态设定 m 值,以满足不同类型数据挖掘任务的需要;适于高纬度的数据处理,具有较好的伸缩性。

FCM 算法主要的不足是同一个样本属于所有类的隶属度之和为 1,这使得它对噪声与野值敏感。FCM 采用的是迭代下降的算法,其对初始化的聚类中心或者隶属度矩阵敏感,导致最终的结果不是全局最优解,而是收敛到局部极值点或者鞍点。FCM 中的聚类数目 N 是需要输入的参数,错误地估计 N 值将使算法不能正确揭示 X 的聚类结构。

KFCM(Kenerl Fuzzy C-Means) 即基于核函数的模糊 C 均值算法,主要是将传统的 FCM 算法里面欧式距离利用核函数来代替,进行尺度变换并利用核函数将样本映射到高维空间里,从而增加了类别之间的差异度,也克服了经典的 FCM 对模糊类别不好处理的问题。

KFCM 算法对非球类的数据聚类效果比 FCM 算法要好,但也存在一些不足之处。

（1）受聚类数的影响,当分类数判断错误时,KFCM 会导致错误的聚类结果。

（2）当数据中存在噪声点时,由于其本身对噪声敏感,因而会对分类产生错误的结果。

7.5.2 FCM 应用实例

【例 7-4】 模糊 C 均值聚类算法可将输入的数据集 data 聚为指定的 cluster_n 类。下面就用产生范围在 0 和 1 之间均匀分布的 100×2 个随机数组来进行 MATLAB 的模糊 C 均值聚类算法演示,并用图形展示聚类结果及 FCM 与 KFCM 的运行结果。

FCM 算法将随机数聚成两类。

```
data = rand(100,2);
options = [2;100;1e-5;1];
[center,U,obj_fcn] = FCM(data,2,options);
figure;
plot(data(:,1), data(:,2),'o');
title('DemoTest of FCM Cluster');
```

```
xlabel('1st Dimension');
ylabel('2nd Dimension');
grid on;
hold on;
maxU = max(U);
index1 = find(U(1,:) == maxU);
index2 = find(U(2,:) == maxU);
line(data(index1,1),data(index1,2),'marker','*','color','g');
line(data(index2,1),data(index2,2),'marker','*','color','r');
plot([center([1 2],1)],[center([1 2],2)],'*','color','k')
hold off;
```

结果如图 7-14 所示。

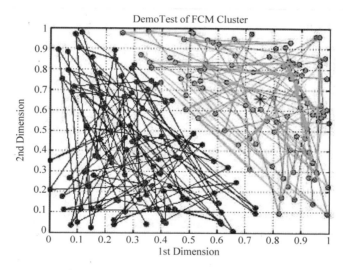

图 7-14 FCM 将随机数聚成两类结果

FCM 算法将随机数聚成 3 类。

```
data = rand(100,2);
options = [2;100;1e-5;1];
[center,U,obj_fcn] = FCM(data,3,options);
figure;
plot(data(:,1), data(:,2),'o');
title('DemoTest of FCM Cluster');
xlabel('1st Dimension');
ylabel('2nd Dimension');
grid on;
hold on;
maxU = max(U);
index1 = find(U(1,:) == maxU);
index2 = find(U(2,:) == maxU);
index3 = find(U(3,:) == maxU);
line(data(index1,1),data(index1,2),'marker','*','color','g');
line(data(index2,1),data(index2,2),'marker','*','color','r');
line(data(index3,1),data(index3,2),'marker','*',
```

```
'color','y');< /span>
< span style="color:#ff0000;"> plot([center(:,1)],[center(:,2)],'*','color','k')
< /span>
hold off;
```

结果如图 7-15 所示。

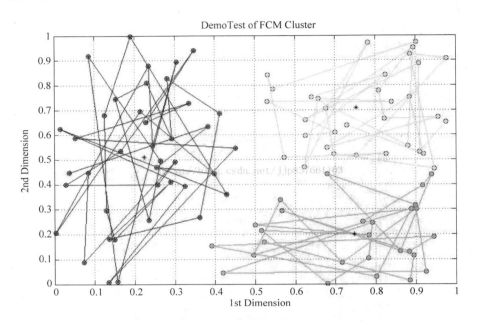

图 7-15　FCM 将随机数聚成 3 类结果

MATLAB 下 FCM 算法的实现代码如下：

```
function [center, U, obj_fcn] = FCM(data, cluster_n, options)
% 采用 FCM(模糊 C 均值)算法将数据集 data 聚为 cluster_n 类
% 用法：
% (1) [center,U,obj_fcn] = FCM(Data,N_cluster,options);
% (2) [center,U,obj_fcn] = FCM(Data,N_cluster);
% 输入：
% data ---- n*m矩阵,表示 n 个样本,每个样本具有 m 维特征值
% cluster_n ---- 标量,表示聚合中心数目,即类别数
% options ---- 4*1 列向量,其中
% options(1)：隶属度矩阵 U 的指数,> 1(默认值：2.0)
% options(2)：最大迭代次数(默认值：100)
% options(3)：隶属度最小变化量,迭代终止条件(默认值：1e- 5)
% options(4)：每次迭代是否输出信息标志(默认值：0)
% 输出：
% center ---- 聚类中心
% U ---- 隶属度矩阵
% obj_fcn ---- 目标函数值
% Example:
% data = rand(100,2);
% options = [2;100;1e- 5;1];
```

```matlab
%  [center,U,obj_fcn] = FCM(data,2,options);
%  figure;
%  plot(data(:,1), data(:,2),'o');
%  title('DemoTest of FCM Cluster');
%  xlabel('1st Dimension');
%  ylabel('2nd Dimension');
%  grid on;
%  hold on;
%  maxU = max(U);
%  index1 = find(U(1,:) == maxU);
%  index2 = find(U(2,:) == maxU);
%  line(data(index1,1),data(index1,2),'marker','*','color','g');
%  line(data(index2,1),data(index2,2),'marker','*','color','r');
%  plot([center([1 2],1)],[center([1 2],2)],'*','color','k')
%  hold off;
%% 初始化 initialization
% 输入参数数量检测
if nargin ~ = 2 && nargin ~ = 3 %判断输入参数个数只能是 2 个或 3 个
error('Too many or too few input arguments!');
end


data_n = size(data, 1); % 求出 data 的第一维 (rows)数,即样本个数
data_m = size(data, 2); % 求出 data 的第二维 (columns)数,即特征属性个数
% 设置默认操作参数
default_options = ...
[2; % 隶属度矩阵 U 的指数
100; % 最大迭代次数
1e- 5; % 隶属度最小变化量,迭代终止条件
0]; % 每次迭代是否输出信息标志
if nargin == 2
% 如果输入参数个数是 2,那么就调用默认的 option
options = default_options;
else
% 如果用户给的 opition 数少于 4 个,那么其他用默认值
if length(options) < 4
tmp = default_options;
tmp(1:length(options)) = options;
options = tmp;
end
% 检测 options 中是否有 nan 值
nan_index = find(isnan(options)==1);
% 将 denfault_options 中对应位置的参数赋值给 options 中不是数的位置
options(nan_index) = default_options(nan_index);
% 如果模糊矩阵的指数小于等于 1,给出报错
if options(1) < = 1,
error('The exponent should be greater than 1! ');
end
end
% 将 options 中的分量分别赋值给四个变量
expo = options(1); % 隶属度矩阵 U 的指数
max_iter = options(2); % 最大迭代次数
```

```
min_impro = options(3); % 隶属度最小变化量,迭代终止条件
display = options(4); % 每次迭代是否输出信息标志

obj_fcn = zeros(max_iter, 1); % 初始化输出参数 obj_fcn
U = initfcm(cluster_n, data_n); % 初始化模糊分配矩阵,使 U 满足列上相加为 1
%% Main loop 主要循环
for i = 1:max_iter
% 在第 k 步循环中改变聚类中心 ceneter,和分配函数 U 的隶属度值
[U, center, obj_fcn(i)] = stepfcm(data, U, cluster_n, expo);
if display,
fprintf('FCM:Iteration count = %d, obj.fcn = %f\n', i, obj_fcn(i));
end
% 终止条件判别
if i > 1 && abs(obj_fcn(i) - obj_fcn(i-1)) <= min_impro
break;
end
end
iter_n = i; % 实际迭代次数
obj_fcn(iter_n+1:max_iter) = [];


%% initfcm 子函数
function U = initfcm(cluster_n, data_n)
% 初始化 fcm 的隶属度函数矩阵
% 输入:
% cluster_n ---- 聚类中心个数
% data_n ---- 样本点数
% 输出:
% U ---- 初始化的隶属度矩阵
U = rand(cluster_n, data_n);
col_sum = sum(U);
U = U./col_sum(ones(cluster_n, 1), :);
%% stepfcm 子函数
function [U_new, center, obj_fcn] = stepfcm(data, U, cluster_n, expo)
% 模糊 C 均值聚类时迭代的一步
% 输入:
% data ---- n*m 矩阵,表示 n 个样本,每个样本具有 m 维特征值
% U ---- 隶属度矩阵
% cluster_n ---- 标量,表示聚合中心数目,即类别数
% expo ---- 隶属度矩阵 U 的指数
% 输出:
% U_new ---- 迭代计算出的新的隶属度矩阵
% center ---- 迭代计算出的新的聚类中心
% obj_fcn ---- 目标函数值
mf = U.^expo; % 隶属度矩阵进行指数运算结果
center = mf*data./((ones(size(data, 2), 1)*sum(mf'))'); % 新聚类中心
dist = distfcm(center, data); % 计算距离矩阵
obj_fcn = sum(sum((dist.^2).*mf)); % 计算目标函数值
tmp = dist.^(-2/(expo-1));
U_new = tmp./(ones(cluster_n, 1)*sum(tmp)); % 计算新的隶属度矩阵
%% distfcm 子函数
function out = distfcm(center, data)
```

```
%    计算样本点距离聚类中心的距离
%    输入：
%    center - - - -   聚类中心
%    data - - - -   样本点
%    输出：
%    out - - - -   距离
out =  zeros(size(center, 1), size(data, 1));
for k =  1:size(center, 1) %   对每一个聚类中心
%    每一次循环求得所有样本点到一个聚类中心的距离
out(k, :) =  sqrt(sum(((data- ones(size(data,1),1)*center(k,:)).^2)',1));
end
```

KFCM 与 FCM 的测试比较：KFCM 是 FCM 的一种改进算法，由于篇幅有限，这里就不详细介绍改进算法，有兴趣的读者可以自行查阅相关知识进行学习，这里只简单地用图演示与 FCM 之间的比较，如图 7-16～图 7-18 所示。

测试 1：

```
=========聚类数目：2=============
=========样本数目：1000=============
=====DemoTest of FCM Cluster Start======
Elapsed time is 0.104910 seconds.
iterFcm =
     81
=====DemoTest of FCM Cluster Done======
=====DemoTest of KFCM Cluster Start======
iterKFcm =
     72
Elapsed time is 0.085688 seconds.
=====DemoTest of KFCM Cluster Done======
```

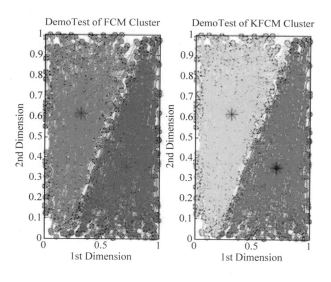

图 7-16　聚类数目为 2，样本数目为 1000 的比较

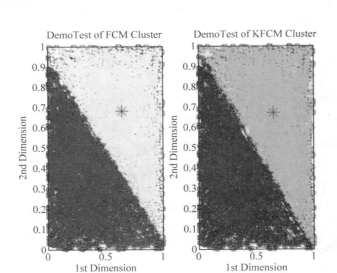

图 7-17　聚类数目为 2,样本数目为 2000 的比较

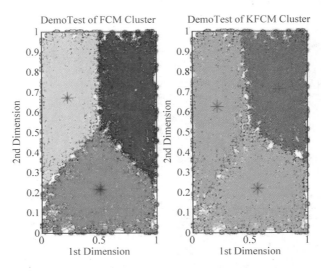

图 7-18　聚类数目为 3,样本数目 2000 的比较

测试 2:

```
=========聚类数目：2=============
=========样本数目：2000=============
=====DemoTest of FCM Cluster Start======
Elapsed time is 0.394891 seconds.
iterFcm =
   304
=====DemoTest of FCM Cluster Done======
=====DemoTest of KFCM Cluster Start======
iterKFcm =
   146
```

```
Elapsed time is 0.307502 seconds.
=====DemoTest of KFCM Cluster Done======
```

测试 3：

```
=========聚类数目：3=============
=========样本数目：2000=============
=====DemoTest of FCM Cluster Start======
Elapsed time is 0.614612 seconds.
iterFcm =
    347
=====DemoTest of FCM Cluster Done======
=====DemoTest of KFCM Cluster Start======
iterKFcm =
    20
Elapsed time is 0.081001 seconds.
=====DemoTest of KFCM Cluster Done======
```

从比较中可以看出，KFCM 的迭代步骤更少，而且可以得出同样模式的聚类，能更有效地进行聚类，即将核函数的思想引入 FCM 可以提高聚类效率，也可以提高聚类的效果，尤其是对噪声的抵御能力。

7.6 并行聚类分析

大数据时代的数据量剧增，使得如何快速有效地对大规模数据进行聚类分析处理成为大数据挖掘领域的一个具有挑战性的任务。并行聚类算法将并行计算方法与聚类算法结合起来，充分利用多台处理器资源，使聚类算法在多个处理器上同时运行，并行地处理数据，大大缩短了聚类算法的执行时间，为大规模数据的聚类分析处理提供了有效的解决办法。

7.6.1 并行聚类的分类

目前，已经有一些聚类算法在并行计算模型下得到了实现，如 K-Means 算法和近邻传播聚类算法（Affinity Propagation）。

1. 并行 K 系列聚类

本小节所指的 K 系列算法包括 K-Means、K-Modes、K-Medoids 等算法。这些算法都已经在 MapReduce 上实现了并行计算。

K-Means 采用 MapReduce 计算的思路如下：首先随机选择 K 个对象作为初始中心点，然后不断迭代计算，直到未知数据点到中心点距离的平方和最小为止。在每次迭代中，map()函数计算每个对象到中心点的距离，选择距每个对象最近的中心点，并输出＜中心点，对象＞。Reduce()函数计算每个聚类中对象的距离均值，并将这 K 个均值作为下一轮的初始中心点。

K-Medoids 和 K-Means 的区别在于中心点的选取。在 K-Means 中，中心点取为当前簇中所有数据点的平均值；在 K-Medoids 中，从当前簇中选取的中心点需要满足它到其他所有当前簇中的点的距离之和最小。K-Medoids 与 K-Means 在 MapReduce 上并行实现思

路类似。

K-Modes 是一种处理分类数据的聚类算法。它是对 K-Means 的扩展,采用 0-1 差异度来代替 K-Means 算法中的距离,K-Modes 算法中差异度越小,则表示距离越小。一个样本和一个聚类中心的差异度即它们各个属性不相同的个数,不相同则记为"1",最后计算"1"的总和。这个和就是某个样本到某个聚类中心的差异度。该算法除了差异度的计算与 K-Means 不同外,其他都相同,所以在 MapReduce 上其并行实现思路也类似。

2. 并行谱聚类

谱聚类(Spectral)算法源于谱图割分理论,它是一类算法的统称。谱聚类算法将问题转化为一个无向图的多路划分问题,每个子图内的数据样本点相似度较高,而不同子图之间的相似程度较低。比较常见的是 K-Means 谱聚类。

K-Means 谱聚类结合 MapReduce 并行计算模型,通过评估分布式集群稀疏矩阵特征值的计算,从而将谱聚类并行化,提高了执行速度。具体策略是:计算相似矩阵和稀化时按数据点标识切分,计算特征向量时把拉普拉斯矩阵存到分布式文件系统 HDFS 上。采用分布式 Lanczos 运算,并行计算得到特征向量,最后对特征向量的转置矩阵采用并行 K-Means 聚类得到聚类结果,通过对算法的每一步采用不同的并行策略,使得整个算法在速度上获得线性增长。

3. 并行 Jarvis-Patrick 聚类

Jarvis-Patrick(简称 JP)聚类运行在单节点上时,使用共享最近邻(SNN)相似度作为两个节点之间相似度的计算方法,通过稀疏化共享最近邻相似度矩阵得到聚类簇。JP 聚类算法擅长处理噪声和离群点,并且能够处理不同大小、形状和密度的簇,对高维数据效果良好,尤其擅长发现强相关对象的紧致簇。首先通过计算直接相似度构造邻近度矩阵,然后计算该邻近度矩阵的 K 最近邻将其稀疏化,接下来计算各个节点的 SNN 相似度,构造 SNN 相似度矩阵,最后通过设定阈值,将 SNN 相似度矩阵稀疏化,找出其中的连通分支,即聚类簇。整个流程的核心在于 SNN 最近邻表的创建,之后通过 Map 函数和 Reduce 函数将整个流程并行化。

4. 并行近邻传播聚类

近邻传播聚类算法(Affinity Propagation)是一种处理分类数据的聚类算法,其并行策略是先把吸引度矩阵和归属度矩阵分布式存储在 HBase 上,每次迭代中的吸引度矩阵和归属度矩阵的计算按行分割,使其矩阵值的运算按行分布在多台机器上,随着机器的增加,以线性的增长速度加快算法的运算。

5. 并行聚类(ICADD)算法

1) CADD 算法的分析

基于密度和自适应密度可达聚类算法(Clustering Algorithm Based on Density and Density Reachable,CADD)的整体思路如下:

第一步,算法根据对象的密度找到数据集中密度最大的数据点 O,将其作为第一个簇中心点,以邻域半径 R 画圆,落在此圆内的数据点就是 O 点的直接密度可达簇包,如图 7-19 所示。

第二步,以此直接密度可达包内的对象(比如 P_1 点)为中心、以邻域半径 R 再画圆,得到新的密度可达簇包,如图 7-19 中所示的点。

第三步,继续寻找密度可达包,依次类推,直到找不到密度可达的数据点。

第四步,将上面得到的点集合并,得到最终的簇 C1,如图 7-19 所示。再在数据集中剩余的数据点中寻找密度核心点,重复上一过程,直到所有数据点都被聚类完毕。其中,根据用户的请求,某个形成的簇包中,成员个数小于给定的孤立点阈值的簇将不作为成形簇,将数据计入孤立点链表中,如图 7-19 中黑色圆圈表示的点。

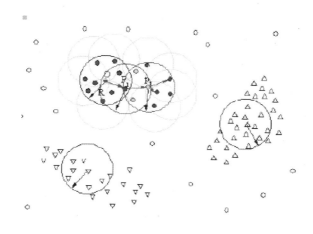

图 7-19   CADD算法执行过程图解

2) ICADD 算法(基于密度和自适应密度可达的增量聚类算法)

在 CADD 算法的基础上,针对大数据量提出了基于密度可达的增量聚类算法,英文简称 ICADD(Incremental Clustering Algorithm Based on Density and Density-reachable)。

算法思路:

第一步,利用 CADD 算法对初始数据集进行聚类,得到数据对象簇和孤立点集。

第二步,当出现增量数据集时,在增量数据集中依次寻找各数据对象簇成员的密度可达包,并链接到相应的簇链表中。

第三步,将增量数据集中剩余的数据点和第一步中的孤立点合并,再次利用 CADD 算法进行聚类。对其他的增量数据集循环执行第二、三步。

ICADD算法实现步骤:输入包括增量集数目 m,初始数据集 ΔD_0,初始密度可达距离调节系数 $coefR$、密度参数 σ。输出包括簇数目 K,簇数据对象、簇密度吸引点、孤立点或噪声。

(1) 利用 CADD 算法对初始数据集 ΔD_0 聚类,得到簇 $C_{01}, C_{02}, \cdots, C_{0k}$ 和孤立点集 O_0;并从内存中释放数据集 ΔD_0。

```
j=0;
repeat;
i=1;
repeat;
```

(2) 将增量数据集 ΔD_{j+1} 调入内存,根据密度可达条件搜索与簇 C_{ji} 属于同一簇的数据对象(将这些数据对象存放到 C_{ji} 的聚类链表中,同时从 ΔD_{j+1} 删除这些数据对象)。

```
untili=k;
```

（3）再次利用 CADD 算法对 ΔD_{j+1} 中剩余的数据对象和孤立点集 O_j 中的数据对象进行聚类，得到簇 C_{jk+1}，C_{jk+2}，$\cdots$，C_{jk+q} 和新的孤立点集 O_j；并从内存中释放数据集 ΔD_{j+1}；

```
k=k+q; q=0;
j=j+1;
until j=m;
```

7.6.2　并行聚类算法流程

上一节介绍了并行 K 系列聚类、并行谱聚类等并行聚类算法，它们虽然是不同的聚类算法并行化后实现的，但是算法大体结构流程类似，并行聚类算法一般分为以下 3 个步骤。

（1）根据数据划分策略，等量或差量地划分待聚类的数据集为 p 个数据子集，并且把每个数据子集发送到各个节点。其中，p 为当前可用的节点个数。

（2）在各个节点上对本地数据集运行局部聚类算法，形成各自簇的集合和孤立点聚合，聚类完成后把结果发送给主节点。

（3）主节点收到各个其他节点的聚类结果后，首先对所有孤立点结合应用局部聚类算法，形成簇的集合和孤立点集合，这个孤立点集合就是最终的孤立点。然后应用聚类合并技术对各个节点的聚类结果以及刚才的聚类结果（即簇的集合）进行合并，形成最终的簇集合。

7.6.3　基于 MapReduce 聚类分析

MapReduce 是一种编程模型，用于大规模数据集（大于 1TB）的并行运算。MapReduce 可以切分成一系列运行于分布式集群中的 Map 和 Reduce 任务，每个任务只运行全部数据的一个指定的子集，以此达到整个集群的负载平衡。Map 任务通常为加载、解析、转换与过滤数据，每个 Reduce 处理 Map 输出的一个子集。Reduce 任务会去 Map 任务端复制中间数据来完成分组、聚合。

基于 MapReduce 的聚类算法主要有基于 MapReduce 的 K-Means 算法和基于 MapReduce 的 CADD 算法以及基于 MapReduce 的 Apriori 算法三种。当数据规模是海量级别时，对算法本身的运行效率是个考验，而基于 MapReduce 的聚类算法使用并行计算的方式，将算法并行化，从而提高算法的运行速度。

基于 MapReduce 的并行聚类模型的难点在于规划不同输入与输出的键值（Key/Value）对，海量数据的聚类挖掘则需要考虑采用多个 MapReduce 过程来处理，该模型采用 3 个 MapReduce 步骤来实现。

（1）数据准备。

根据计算节点的数量对海量原始数据集 D 进行划分，形成 p 个子数据集 D_1，D_2，D_p，$\cdots$（p 为节点个数或进程数），然后使用 MapReduce 模式对其进行处理。

Map 处理：确定各个子数据集的 Key/Value 键值对。

Reduce 处理：将 Map 处理后输出的 Key/Value 对照 Key 进行排序，将 Key 键相同的数据统一由一个 Reduce 进行处理，保存输出结果，作为下一个步骤的输入数据。

（2）并行聚类。

对第（1）步处理输出的结果分别进行聚类，形成多个局部聚类结果，再次进行

MapReduce 处理。

Map 处理：每个 Mapper 以聚类后的局部聚类结果作为输入，并以簇中心作为 Key 值，存储中间数据。

Reduce 处理：对聚类处理后的数据进行 Reduce 处理，输出数据中，对所有相同簇中心的各个簇进行合并，形成新的聚类簇。输出并存储结果，作为下一次处理的输入数据。

（3）合并结果。

得第（2）步处理输出结果作为输入，进行 MapReduce 处理，该步骤使用多个 Mapper 函数，根据不同特征值合并后的数据数量，将所有聚类结果根据聚类特征键值进行合并，形成最终处理结果。

Map 处理：每个 Mapper 以第（2）步输出的中间结果作为输入，以新的聚类簇中心点作为 Key 值，存储中间数据。

Reduce 处理：将 Mapper 传来的具有聚类簇进行特征值提取，并对具有相同特征值的聚类簇进行合并，仅使用一个 Reduce 函数，对合并后的数据，形成最终聚类结果。

7.1 其他聚类分析算法

1. 基于密度的聚类分析算法

基于密度的聚类算法是指在整个样本空间点中，各目标类簇是由一群的稠密样本点组成的，而这些稠密样本点被低密度区域噪声分割，算法的目的就是要过滤低密度区域，发现稠密样本点。

基于高密度联通区域的聚类算法（DBSCAN）是基于密度的聚类算法，可以将足够高密度的区域分为簇，并可以在带有"噪声"的空间数据库中发现任意形状的类。该算法利用类的密度连通性可以快速发现任意形状的类。基本思想是：对于一个类中的每个对象，在其给定半径的领域中包含的对象不能少于某一给定的最小数目。DBSCAN 算法不进行任何的预处理，而直接对整个数据集进行聚类操作。当数据量非常大时，必须有大量内存支持，I/O 消耗也非常大。聚类过程的大部分时间用在区域查询操作上。

DBSCAN 算法的优点是能够发现空间数据库中任意形状的密度连通集；在给定合适的参数条件下，能很好地处理噪声点；对用户领域知识要求较少。缺点是对数据的输入顺序不太敏感；适用于大型数据库，但 DBSCAN 算法要求事先指定领域和阈值，具体使用的参数依赖于应用的目的。

DBSCAN 中的几个定义如下。

E 领域：给定对象半径为 E 内的区域称为该对象的 E 领域。

核心对象：如果给定对象 E 领域内的样本点数大于等于 $MinPts$，则称该对象为核心对象。

直接密度可达：对于样本集合 D，如果样本点 q 在 p 的 E 领域内，并且 p 为核心对象，那么对象 q 从对象 p 直接密度可达。

密度可达：对于样本集合 D，给定一串样本点 $p_1, p_2, \cdots, p_n, p = p_1, q = p_n$，若对象 p_i 从 p_{i-1} 直接密度可达，则对象 q 从对象 p 密度可达。

密度相连：对于样本集合 D 中的任意一点 O，如果存在对象 p 到对象 o 密度可达，并且

对象 q 到对象 o 密度可达,那么对象 q 到对象 p 密度相连。

可以发现,密度可达是直接密度可达的传递闭包,并且这种关系是非对称的。密度相连是对称关系。DBSCAN 的目的是找到密度相连对象的最大集合。

【例 7-5】 若半径 $E=3$,$MinPts=3$,点 p 的 E 领域中有点 $\{m,p,p_1,p_2,o\}$,点 m 的 E 领域中有点 $\{m,q,p,m_1,m_2\}$,点 q 的 E 领域中有点 $\{q,m\}$,点 o 的 E 领域中有点 $\{o,p,s\}$,点 s 的 E 领域中有点 $\{o,s,s_1\}$。

则核心对象有 p、m、o、s(q 不是核心对象,因为它对应的 E 领域中点数量等于 2,小于 $MinPts=3$);点 m 从点 p 直接密度可达,因为 m 在 p 的 E 领域内,并且 p 为核心对象;点 q 从点 p 密度可达,因为点 q 从点 m 直接密度可达,并且点 m 从点 p 直接密度可达;点 q 到点 s 密度相连,因为点 q 从点 p 密度可达,并且点 s 从点 p 密度可达。

DBSCAN 算法步骤如下。

输入:E——半径,$MinPts$——给定点在 E 领域内成为核心对象的最小领域点数,D——集合。

输出:目标类簇集合。

方法:

(1) 判断输入点是否为核心对象。

(2) 找出核心对象的 E 领域中的所有直接密度可达点。

Until 所有输入点都判断完毕

repeat

针对所有核心对象的 E 领域所有直接密度可达点找到最大密度相连对象集合,中间涉及一些密度可达对象的合并。

Until 所有核心对象的 E 领域都遍历完毕

2. 高斯混合聚类方法算法

高斯混合模型 GMM(Gaussian Mixture Model)是指对样本的概率密度分布进行估计,而估计的模型是几个高斯模型加权之和(具体数量要在模型训练前建立好)。每个高斯模型就代表了一个类(一个 Cluster)。对样本中的数据分别在几个高斯模型上投影,就会分别得到在各类上的概率,然后可以选取概率最大的类所为判决结果。

假设整个数据集服从高斯混合分布,待聚类的数据点看成是分布的采样点,通过采样点利用类似极大似然估计的方法估计高斯分布的参数。求出参数即可得出数据点对分类的隶属函数。混合高斯模型的定义为

$$P(x)=\sum_{k=1}^{k}\pi k P(x\mid k)$$

式中,k 为模型的个数;πk 为第 k 个高斯的权重;$P(x|k)$ 为第 k 个高斯的概率密度函数,其均值为 μk,方差为 σk。对此概率密度的估计就是求 πk、μk 和 σk 各个变量。当求出表达式后,求和式的各项的结果就分别代表样本 x 属于各个类的概率。

在做参数估计时,常采用的方法是最大似然。最大似然法是使样本点在估计的概率密度函数上的概率值最大。由于概率值一般都很小,N 很大时这个连乘的结果也非常小,容易造成浮点数下溢,所以通常取 log,将目标改写成:

$$\max \sum_{i=1}^{N} \log P(x_i)$$

也就是最大化对数似然函数,完整形式则为

$$\max \sum_{i=1}^{N} \log \left(\sum_{k=1}^{K} \pi k N(x_i \mid \mu k, \sigma k) \right)$$

一般用来做参数估计时,都是通过对待求变量进行求导来求极值。在上式中,log 函数中又有求和,如用求导的方法算,方程组将会非常复杂。可以采用的求解方法是 EM 算法,最大期望(EM)算法是在概率模型中寻找参数最大似然估计或者最大后验估计的算法,其中的概率模型依赖于无法观测的隐藏变量。最大期望经常用在机器学习和计算机视觉的数据聚类领域。EM 算法将求解分为两步:第一步是假设已知各个高斯模型的参数(可以初始化一个,或者基于上一步迭代结果),去估计每个高斯模型的权值;第二步是基于估计的权值,回过头再去确定高斯模型的参数。重复这两个步骤,直到波动很小,近似达到极值(注意这里是个极值不是最值,EM 算法会陷入局部最优)。

具体表达如下:

(1) 对于第 i 个样本 x_i 来说,它由第 k 个 model 生成的概率为

$$\omega_i(k) = \frac{\pi k N(x_i \mid \mu k, \sigma k)}{\sum_{j=1}^{k} \pi j N(x_i \mid \mu j, \sigma j)}$$

(2) 假设高斯模型的参数和是已知的(由上一步迭代而来或由初始值决定),得到每个点的 $\omega_i(k)$ 后,可以考虑:对样本 x_i 来说,它的值是由第 k 个高斯模型产生的。换句话说,第 k 个高斯模型产生了 $\omega_i(k)x_i(i=1,\cdots,N)$ 这些数据。这样在估计第 k 个高斯模型的参数时,用 $\omega_i(k)x_i(i=1,\cdots,N)$ 这些数据做参数估计。用前面提到的最大似然的方法去估计:

$$\mu k = \frac{1}{N} \sum_{k=1}^{N} \omega_i(k) x_i$$

$$\sigma k = \frac{1}{Nk} \omega_i(k)(x_i - \mu k)(x_i - \mu k)^{\mathrm{T}}$$

$$Nk = \sum_{i=1}^{N} \omega_i(k)$$

重复上述两步骤直到算法收敛。

GMM 和 K-Means 其实是十分相似的,区别仅仅在于 GMM 引入了概率。

3. 基于粒度的聚类算法

聚类和分类有很大差异,聚类是无导师的学习,而分类是有导师的学习。具体来说,聚类的目的是发现样本点之间最本质的抱团性质的一种客观反映。分类需要一个训练样本集,由领域专家指明,而分类的这种先验知识却常常是主观的。从信息粒度的角度来看,就会发现聚类和分类的相通之处:聚类操作实际上是在一个统一粒度下进行计算的;分类操作是在不同粒度下进行计算的。在粒度原理下,聚类和分类的相通使得很多分类的方法也可以用在聚类方法中。虽然目前粒度计算还不成熟,基于粒度的聚类方法会随着粒度计算理论本身的不断完善和发展,必将在大数据挖掘中的聚类算法及其相关领域得到广泛应用。

4. 量子聚类算法

在现有的聚类算法中,聚类数目一般需要事先指定,如 Kohenon 自组织算法、K-Means

算法和模糊 K-Means 聚类算法。然而,在很多情况下类别数是不可知的,而且绝大多数聚类算法的结果都依赖于初值,即使类别数目保持不变,聚类的结果也可能相差很大。受物理学中量子机理和特性启发,可以用量子理论解决此类问题。量子聚类模型(Quantum Clustering,QC)基于相关点的 Pott 自旋和统计机理,它把聚类问题看作是一个物理系统。QC 算法不需要训练样本,是一种无监督学习的聚类方法。借助势能函数,从势能能量点的角度来确定聚类中心,所以它同样是基于划分的。许多算例表明,对于传统聚类算法无能为力的几种聚类问题,QC 算法都得到了比较满意的结果。

5. 核聚类算法

核聚类算法增加了对样本特征的优化过程,通过引入核方法把输入空间的数据非线性映射到高维特征空间,增加了数据点的线性可分概率,即扩大了数据类之间的差异,在高维特征空间达到线性可聚的目的,从而提高聚类的质量。核聚类方法是普适的,并在性能上优于经典的聚类算法,它通过非线性映射能够较好地分辨、提取并放大有用的特征,从而实现更为准确的聚类;同时,算法的收敛速度也较快。在经典聚类算法失效的情况下,核聚类算法仍能够得到正确的聚类。

近年来对核聚类的积极研究,涌现了许多基于核的聚类算法,诸如支持向量聚类 SVC、基于核的模糊聚类算法、基于模糊核聚类的 SVM 多类分类方法、硬划分的核聚类算法、基于 Gauss 核的 SVDD 算法等。这些核聚类的研究为非线性数据的有效处理带来了突破口,也拓宽了本领域的研究范围。

6. 谱聚类算法

传统的聚类算法(如 K-Means 算法、EM 算法)等都建立在凸球形的样本空间上,但当样本空间不为凸时,算法会陷入局部最优。为了能在任意形状的样本空间上聚类,且收敛于全局最优解,提出了谱聚类算法(Spectral Clustering Algorithm)。该算法首先根据给定的样本数据集定义一个描述成对数据点相似度的亲和矩阵,并计算矩阵的特征值和特征向量,然后选择合适的特征向量聚类不同的数据点。谱聚类算法建立在图论中的谱图理论基础上,其本质是将聚类问题转化为图的最优划分问题,是一种点对聚类算法,最初用于计算机视觉、VLSI 设计等领域,如今成为机器学习领域的研究热点,对大数据聚类具有很好的应用前景。

聚类方法概要.mp4(17.0MB) 　 K-Means 聚类的算法＋原理＋
特点＋案例.mp4(22.8MB) 　 层次聚类的算法＋原理＋特
点＋案例.mp4(17.9MB)

神经网络聚类和模糊 C 均值方法＋
原理＋特点＋案例.mp4(11.7MB) 　 并行聚类分析以及改进的并
行聚类分析.mp4(27.2MB) 　 其他聚类算法、目前聚类分析研
究的主要内容.mp4(17.3MB)

小　结

本章首先介绍了各种聚类方法,包括聚类的基本概念、类的度量和聚类过程。之后介绍了常见的聚类方法的原理及特点,加以实例说明,包括 K-Means 聚类、层次聚类、神经网络聚类、模糊 FCM 算法,并对处理大数据量的并行聚类分析及基于 MapReduce 聚类分析进行了简述。最后介绍了其他聚类算法,包括基于密度的聚类分析算法、高斯混合、基于粒度的量子聚类算法、核聚类、谱聚类等。

习　题

1. 填空题

(1) 密度的基于中心的方法可以将点分类为:_____、_____、_____。

(2) DBSCAN 算法的优点是:_____、_____。

(3) 层次聚类分为_____和_____。

(4) 神经网络聚类的拓扑结构是由一个_____与一个_____构成。

(5) 在进行聚类分析时,根据变量取值的不同,变量特性的测量尺度有三种类型:_____、_____和_____。

2. 选择题

(1) 如果不考虑外部信息,聚类结构的优良性度量应当采用(　　)。

    A. 均方差　　　　　　B. 方差　　　　　　C. 中位数　　　　　　D. 均值

(2) 分裂的层次聚类是(　　)的。

    A. 自顶向下　　　　B. 自下向上　　　　C. 自左向右　　　　D. 自右向左

(3) 需要在聚类分析中保序的聚类分析是(　　)。

    A. 两步聚类　　　　　　　　　　　　B. 有序聚类

    C. 系统聚类　　　　　　　　　　　　D. K-Means 聚类

(4) 聚类分析包括(　　)。

    A. 指标之间的聚类和变量之间的聚类

    B. 变量之间的聚类和样品之间的聚类

    C. 样品之间的聚类和总体之间的聚类

    D. 指标之间的聚类和总体之间的聚类

(5) 在聚类分析之前,处理缺失值的有效迭代策略是(　　)。

    A. 平均值插补法　　　　　　　　　　B. 由最近的值进行分配

    C. 用期望最大化算法进行插补　　　　D. 以上都是

(6) (　　)对离群值最敏感。

    A. K 均值聚类算法　　　　　　　　　B. K 中位数聚类算法

    C. K 模型聚类算法　　　　　　　　　D. K 中心点聚类算法

(7) 在 K 均值的连续迭代中,对簇的观测值的分配没有发生改变。对于这句话的理解正确的是(　　)。

　　A. 可能存在　　　　　　　　　　B. 不可能存在

　　C. 不好说　　　　　　　　　　　D. 以上都对

(8) 执行聚类时,最少要有(　　)个变量或属性。

　　A. 0　　　　　　B. 1　　　　　　C. 2　　　　　　D. 3

(9) 影响聚类算法结果的主要因素没有(　　)。

　　A. 已知类别的样本质量　　　　　B. 分类准则

　　C. 特征选取　　　　　　　　　　D. 模式相似性测度

(10) 聚类分析算法属于(　　)。

　　A. 无监督分类　　　　　　　　　B. 有监督分类

　　C. 统计模式识别方法　　　　　　D. 句法模式识别方法

3. 简答题

(1) 簇评估的主要任务是什么?

(2) 用一句话精确阐述聚类的概念。

(3) 判别分析与聚类分析有什么区别?

(4) 系统聚类的基本思想是什么?

(5) K 均值法与系统聚类法有什么异同?

(6) 简述 K-Means 聚类的思想。

第 **8** 章

关 联 规 则

【内容摘要】 关联规则是用于发现隐藏在大型数据集中的令人感兴趣的联系。在本章中,介绍了关联规则的一些基本概念和应用场景;一些常用算法的实现,如 Apriori 算法、FP-Growth 算法;关联规则的后续处理以及在大数据时代的应用。

【学习目标】 通过本章的学习,能够使用简单的统计性能指标,理解大数据中的关联规则算法。掌握常用的 Apriori 算法、FP-Growth 算法的原理,了解不同算法的特点,并能够进行简单应用。

8.1 关联规则概述

关联规则最初的动机是针对购物篮分析问题。假设分店经理想更多地了解顾客的购物习惯,特别是想知道哪些商品顾客可能会在一次购物时同时购买?为回答该问题,可以对商店的顾客事件——零售数量进行购物篮分析。该过程通过发现顾客放入购物篮中的不同商品之间的关联,分析顾客的购物习惯。这种关联的发现可以帮助零售商了解哪些商品频繁地被顾客同时购买,从而帮助他们设计更好的营销策略。

1993 年,Agrawal、Imielinski 和 Swami 首先提出关联规则概念,同时给出了相应的挖掘算法 AIS,但是性能较差。1994 年,他们建立了项目集格空间理论,并依据上述两个定理,提出了著名的 Apriori 算法,至今 Apriori 仍然作为关联规则挖掘的经典算法被广泛讨论,以后诸多的研究人员对关联规则的挖掘问题进行了大量的研究,并广泛应用于交叉销售、邮购目录的设计、商品摆放、流失客户分析、基于购买模式进行客户区隔等领域。

8.1.1 关联规则的基本概念

关联规则是知识发现中的一个重要问题,人们通过发现关联的规则,可以从一件事情的发生来推测另外一件事情的发生,从而更好地了解和掌握事务的发展规律,这就是寻找关联规则的基本意义。在不同的资料和程序中,关联规则的内容表述或许不同,但基本原理是一致的。下面介绍关联规则中几个重要的概念。

1. 事务和项集

在采集到的数据中,把一个样本称为一个事务,每个事务由多个属性来确定,这个属性称为项,包含 0 个或多个项的集合称为项集。根据项集中包含的数量,项集可以是 1-项集、2-项集或者 k-项集。

2. 支持度与置信度

支持度表示项集 $\{X,Y\}$ 在总项集 I 里出现的概率。

$$Support(X \rightarrow Y) = \frac{P(X,Y)}{P(I)} = \frac{P(X \bigcup Y)}{P(I)} = \frac{num(X \bigcup Y)}{num(I)} \qquad (8-1)$$

式中,$num()$表示求事务集里特定项集出现的次数,比如,$num(I)$表示总事务集的个数,$num(X \bigcup Y)$表示含有$\{X,Y\}$的事务的个数。

满足最小支持度阈值的所有项集称为频繁项集,若 k-项集满足最小支持度阈值,即称为频繁 k-项集。

置信度表示在先决条件 X 发生的情况下,由关联规则 $X \rightarrow Y$ 推出 Y 的概率,即在含有 X 的项集中含有 Y 的可能性。

$$Confidence(X \rightarrow Y) = P(Y \mid X) = \frac{P(X,Y)}{P(X)} = \frac{P(X \bigcup Y)}{P(X)} \qquad (8-2)$$

支持度和置信度是描述关联规则的两个重要概念。前者用于衡量关联规则在整个数据集中的统计重要性。后者用于衡量关联规则的可信程度。

3. 关联规则的定义

关联规则(Association Rule)是形如 $X \rightarrow Y$ 的蕴含表达式,其中 X 和 Y 是不相交的项集。X 称为规则的左部或规则的前提(简记为 LHS),Y 称为规则的右部或规则的结论(简记为 RHS)。

经过上述解说可发现,关联规则反映一个事物与其他事物之间的关联性,更准确地说是通过量化的数字描述物品甲的出现对物品乙的出现有多大的影响。它的模式属于描述型模式,其算法属于无监督学习算法。

【例 8-1】 表 8-1 选取的是顾客购买记录的一个数据库,请根据该数据库,分别指出上述提到的各个基本概念。

表 8-1 顾客购买记录数据库

TID	网球拍	网球	运动鞋	羽毛球
1	1	1	1	0
2	1	1	0	0
3	1	0	0	0
4	1	0	1	0
5	0	1	1	1
6	1	1	0	0

表 8-1 所列的数据库 D 中共包含 6 个事务。项集 $I = \{$网球拍,网球,运动鞋,羽毛球$\}$。

考虑关联规则(频繁二项集):网球拍与网球,事务 1、2、3、4、6 包含网球拍,事务 1、2、6 同时包含网球拍和网球,$num(X \bigcup Y) = 3$,$num(I) = 6$,支持度计算如下:

$$Support(X \rightarrow Y) = \frac{P(X \bigcup Y)}{P(I)} = \frac{num(X \bigcup Y)}{num(I)} = \frac{3}{6} = 0.5$$

事务 $X = 5$,置信度计算如下:

$$Confidence(X \rightarrow Y) = \frac{P(X \bigcup Y)}{P(X)} = \frac{3}{5} = 0.6$$

8.1.2 关联规则的发现步骤

关联规则挖掘过程主要包含两个阶段:第一阶段必须先从资料集合中找出所有的高频

项目组;第二阶段再从这些高频项目组中产生关联规则。

关联规则挖掘的第一阶段必须从原始资料集合中找出所有高频项目组。高频的意思是指某一项目组出现的频率相对于所有记录而言,必须达到某一水平。一项目组出现的频率称为支持度,以一个包含 X 与 Y 两个项目的 2-项集为例,我们可以经由公式(8-1)求得包含 $\{X,Y\}$ 项目组的支持度,若支持度大于或等于所设定的最小支持度门槛值,则 $\{X,Y\}$ 称为高频项目组。一个满足最小支持度的 k-项集,则称为高频 k-项集,一般表示为 Large k 或 Frequent k。算法从 Large k 的项目组中再产生 Large k+1,直到无法再找到更长的高频项目组为止。

关联规则挖掘的第二阶段是要产生关联规则。从高频项目组产生关联规则,是利用前一步骤的高频 k-项目组来产生规则,在最小置信度的条件门槛下,若一规则所求得的置信度满足最小置信度,称此规则为关联规则。例如,经由高频 k-项目组 $\{X,Y\}$ 所产生的规则 XY,其置信度可经由公式(8-2)求得,若置信度大于或等于最小置信度,则称 AB 为关联规则。

【例 8-2】 表 8-2 给出一个称作购物篮事务的沃尔玛案例。表中每一行对应一个事务,包含一个唯一标识 TID 和给定顾客购买的商品的集合。请使用关联规则挖掘技术对交易资料库中的记录进行资料挖掘。假设最小支持度 min_support＝0.4 且最小置信度 min_confidence＝0.67。

表 8-2　购物篮事务的例子

TID	项　集
1	〈面包,牛奶〉
2	〈面包,尿布,啤酒,鸡蛋〉
3	〈牛奶,尿布,啤酒,可乐〉
4	〈面包,牛奶,尿布,啤酒〉
5	〈面包,牛奶,尿布,可乐〉

根据关联规则的挖掘步骤,符合该超市需求的关联规则必须同时满足两个条件:支持度大于或等于所设定的最小支持度,置信度大于或等于最小置信度。若经过挖掘过程所找到的关联规则〈尿布,啤酒〉满足上述两个条件,将可接受〈尿布,啤酒〉的关联规则。用公式可以描述为 Support(尿布,啤酒)＞＝0.4 且 Confidence(尿布,啤酒)＞＝0.67。

其中,Support(尿布,啤酒)＞＝0.4 于此应用范例中的意义为:在所有的交易记录资料中,至少有 0.4 的交易呈现尿布与啤酒这两项商品被同时购买的交易行为。Confidence(尿布,啤酒)＞＝0.67 于此应用范例中的意义为:在所有包含尿布的交易记录资料中,至少有 0.67 的交易会同时购买啤酒。因此,今后若有某消费者出现购买尿布的行为,超市将可推荐该消费者同时购买啤酒。这个商品推荐的行为就是根据〈尿布,啤酒〉关联规则,因为就该超市过去的交易记录而言,支持了"大部分购买尿布的交易,会同时购买啤酒"的消费行为。

从上面的介绍还可以看出,关联规则挖掘通常比较适用与记录中的指标取离散值的情况。如果原始数据库中的指标值是取连续的数据,则在关联规则挖掘之前应该进行适当的数据离散化(实际上就是将某个区间的值对应于某个值),数据的离散化是数据挖掘前的重要环节,离散化的过程是否合理将直接影响关联规则的挖掘结果。

8.1.3 关联规则挖掘算法分类

关联规则反映一个事物与其他事物之间的关联性,关联规则分析则是从事务数据库、关系数据库和其他信息存储中的大量数据的项集之间发现有趣的频繁出现的模式、关联和相关性。在关联规则的分析中必不可少也会用到一些算法,根据不同的分类标准,将其作如下分类。

1)基于规则中处理变量的类别

关联规则处理的变量可以分为布尔型和数值型。布尔型关联规则处理的值都是离散的种类化的,它显示了这些变量之间的关系;而数值型关联规则可以和多维关联或多层关联规则结合起来,对数值型字段进行处理,将其进行动态分割,或者直接对原始数据进行处理,当然数值型关联规则中也可以包含种类变量。例如,性别="女"=>职业="秘书",是布尔型关联规则;性别="女"=>avg(收入)=2300,涉及的收入是数值类型,所以是一个数值型关联规则。

2)基于规则中数据的抽象层次

基于规则中数据的抽象层次,可以分为单层关联规则和多层关联规则。在单层的关联规则中,所有的变量都没有考虑到现实的数据是具有多个不同的层次的;而在多层的关联规则中,对数据的多层性已经进行了充分的考虑。例如,IBM 台式机=>Sony 打印机,是一个细节数据上的单层关联规则;台式机=>Sony 打印机,是一个较高层次和细节层次之间的多层关联规则。

3)基于规则中涉及数据的维数

关联规则中的数据,可以分为单维的和多维的。在单维的关联规则中,只涉及数据的一个维,如用户购买的物品;而在多维的关联规则中,要处理的数据将会涉及多个维。换句话说,单维关联规则是处理单个属性中的一些关系;多维关联规则是处理各个属性之间的某些关系。例如,啤酒=>尿布,这条规则只涉及用户购买的物品;性别="女"=>职业="秘书",这条规则涉及两个字段的信息,是两个维上的一条关联规则。

在关联规则发展基础上,演变出很多相关的算法,表 8-3 所示为常用关联规则算法及算法描述,具体内容详见 8.2 节和 8.3 节。

表 8-3　常用关联规则算法

算法名称	算法描述
Apriori 算法	一种最有影响的挖掘布尔关联规则频繁项集的算法,其核心思想是通过连接产生候选项及其支持度,然后通过剪枝生成频繁项集。该关联规则在分类上属于单维、单层、布尔关联规则
FP-Growth	针对 Apriori 算法固有的多次扫描事务数据集的缺陷,提出不产生候选频繁项集的方法。采用分而治之的策略,对不同长度的规则都有很好的适应性
Elect 算法	一种深度优先算法,采用垂直数据表示形式,在概念格理论的基础上利用基于前缀的等价关系将搜索空间划分为较小的子空间
灰色关联法	分析和确定各因素之间的影响程度或若干个子因素(子序列)对主因素(母序列)的贡献度而进行的一种分析方法

8.1.4　应用场景及特点

关联规则作为数据挖掘技术的一个重要分支,受到当今人工智能与数据库界的广泛关注。由于其巨大的潜在利用价值,发展速度十分迅猛,从早期的商业领域发展到当前的电子商务领域,关联规则挖掘技术已经广泛应用于诸多领域,但每个领域都有其特定的应用背景。

1. 商业零售业中的应用

商业零售业是数据挖掘应用较为活跃的一个领域。对销售商来说,了解客户的购买习惯和趋势是非常重要的。通过关联规则的挖掘,分析客户对商品的需求情况,发现客户潜在的需求特征,有目的地开展广告和营销业务,调整商品价格和货架设计,以刺激商品的销售,扩大销售范围和销售规模,从而增加销售量。

2. 金融业中的应用

金融领域的数据相对比较完整、可靠和高质量,这有利于系统化的数据分析和数据挖掘。数据挖掘在这一领域的应用较为成熟,也取得了较好的预期效果和经济效益。通过分析金融市场波动因素,建立预测模型,进行投资分析和预测,提高对市场波动的适应能力,为投资决策提供科学的依据。例如,贷款偿付预测和客户信用政策分析对银行业务是相当重要的。有很多因素会对贷款偿还效能和客户信用等级计算产生不同程度的影响。数据挖掘的方法,如特征选择和属性相关性计算,有助于识别重要因素,剔除非相关因素。

3. 医学领域的应用

医药管理的信息化为医务人员收集了大量的数据,通过这些数据的挖掘,分析病历和病人的行为特征,以便用于处方的管理,对疑难病症的攻关和研究,安排治疗方案,判断处方的有效性,建立各种医疗数据模型,发现用药规律和药品的疗效,推动医药水平的发展。

4. 其他领域的应用

网络入侵检测,通过对网络资源的访问记录,找出一些不正常的模式,对异常数据进行分析,可有效地防止非法入侵,提高网络的安全性。基于数据挖掘的入侵检测系统具有智能性好、自动化程度高、检测效率高、自适应能力强等优势。

关联规则挖掘技术还可以应用于保险业,通过对业务数据和客户数据的分析,有利于保险公司开展业务,如财务预算、市场分析、风险评估和预测等,有效地提高企业防范和抗经营风险的能力。

关联规则挖掘已经获得巨大的发展,但是远非完美,已经出现的和即将出现的很多新的问题正在给关联规则挖掘带来诸多新的挑战。

(1) 在处理海量数据时,如何提高算法效率问题是关联规则今后研究的重点。通常效率指的是运行时间和结果的可行性、新奇性,现有的算法在两者之间很难达到平衡,给用户带来相当的不便。

(2) 关于迅速更新数据的挖掘算法的进一步研究,知识的维护和更新,新的技术积累可能导致以前发现的知识失败,这些知识需要动态维护和及时更新。

(3) 在挖掘的过程中,提供一种与用户进行交互的方法,将用户的领域知识结合在其中,目前的许多做法都是将规则按某种尺度(如支持度、置信度等)进行排序,再提供给用户浏览,还有以图形的方式对规则进行可视化后提交给用户的方法,由于大型数据库中存在的规则数量往往非常大,因此上述方法都存在一定的局限性。如何对挖掘好的规则进行一定的后期处理,再提交给用户是一个急需解决的问题。

(4)分布式系统已经成为一个主流计算方向,数据的分区通常是不对称的。分区间的联系很少,经常是不可靠的,或许有不同的吞吐量和延迟。因此,基于分布式关联规则的知识发现算法将会成为一个主要的形成、维护和分析分布式系统的工具,但如何克服网络间的通信障碍、通信效率等是一个亟待解决的问题。

(5)关联规则与其他算法的融合及比较。在分类和关联规则挖掘之间有一些基本的差别,关联规则不涉及预测,也不用提供防止低于或超过给定支持度的机制。然而,如何将关联规则与其他算法进行融合,扬长避短,解决传统算法无法解决的实践问题,也有待研究与探讨。

(6)如何有效地利用其他学科中的现有成果,以促进对关联规则挖掘的研究是一个需要进一步解决的问题。特别是人工智能与统计学中的相关技术,如模糊理论、遗传算法及神经网络等。

8.1.5 关联规则质量评价

判断一条关联规则是否有趣可以有两类评价方法:客观评价方法和主观评价方法。

1. 客观评价方法

客观评价方法是指评价指标用数量来表示,通过对数据进行量化处理、检验和分析,从而获得有意义的结论和规则。

1)相关度

相关度(correlativity)是置信度与期望置信度的比值,其表达式被定义为

$$correlativity(A \to B) = \frac{P(B \mid A)}{P(B)} = \frac{confidence(A \to B)}{support(B)} \qquad (8\text{-}3)$$

其中,$P(B)$为规则AB的期望置信度,表示D中事务包含B的百分比。规则AB的相关度描述了项目集A对项目集B的影响力的大小。

2)影响度

影响度(effect)被定义为

$$effect(A \to B) = \frac{confidence(A \to B) - support(B)}{\max(confidence(A \to B), support(B))} \qquad (8\text{-}4)$$

其思想是引入了负项以加强知识的表示手段,全面考虑各种可能的反面示例的影响,完善原有的相关度的评价。

3)时效度

时效度(time)的定义是根据信息熵的统计意义,事件的时效性随时间间隔的增大而呈指数下降。时效支持度和时效置信度统称为关联规则AB的时效度。当规则的时效支持度和时效置信度同时满足给定的阈值时,称为强时效规则。符合强时效规则的知识我们认为它是使人感兴趣的。

4)新颖度

新颖度(novel)是相对于原有的知识而言的,新颖程度分别表现在发现的规则与基础知识库(主要存放专家输入的领域知识和用户已知的一些规则)中的规则的各项差异程度上,

分别表现在前件各项的差异和后件各项的差异上(分别从语言变量和同一语言变量的不同语言值的角度),在实际应用中,我们认定新颖度高的关联规则是使人感兴趣的。

2. 主观评价方法

主观评价方法是指评价指标用意义、经验和描述等进行表示,再经处理、检验和分析,从而获得有意义的结论和规则。

1) 实用度

实用度(utility)反映了潜在有用性,它涉及用户和领域专家参与规则评价的问题。在所挖掘的规则中,前件或后件中的某些属性可能对分析事务之间的关系和将来的决策具有重要的作用,其一般表现在两个方面:①它们在领域中的位置比较重要,对其他的属性起着很大影响作用,或者规则本身体现了领域中重要的一种关系,因此引起了发现者的关注。②它们反映了用户进行知识挖掘时的兴趣取向,体现了属性顺序具有一定的时效性,其确定与现实的情况紧密相连。关联规则实用度越高,则越感兴趣。

2) 简洁度

简洁度(concision)是用来衡量关联规则的最终可理解程度的指标。它表现在两个方面:①在规则所包含的项的个数上,如果规则项数很多,则不利于对规则的理解。因此,规则的项数是一个衡量规则简洁度的逆向指标,即规则的项数越多,规则的简洁度越差。②在规则所包含的抽象层次上,规则包含的项的抽象层次越高,它对数据的解释力就越强,因此也越容易理解。关联规则简洁度越高,则越感兴趣。

8.2 Apriori 算法

8.2.1 Apriori 算法的基本原理

R. Agrawal 等人在提出关联规则概念后,给出了关联规则挖掘算法 AIS 和 SETM。这些算法的缺点是产生许多不必要的候选项集,特别是小候选项,而且计算量过大。1994 年 R. Agrawal 等人提出了最有影响的挖掘布尔型关联规则频繁项目集的 Apriori 算法。

Apriori 算法是一种宽度优先的多趟扫描算法,其基本思想是:第一次扫描数据库,计算出所有 1-项集的支持计数,然后产生频繁 1-项集(所有支持度和可信度大于最小支持度和最小可信度的 1-项集)L_1。重新扫描数据库,由 L_1 产生所有的候选 2-项集 C_2,进而得到频繁 2-项集 L_2,即第 k 次扫描数据库产生频繁 k-项集 L_k(首先通过 L_{k-1} 中的项目集连接操作生成候选 k-项集 C_k,再利用剪枝操作删除 C_k 中的小于最小支持度的项集,从而得到 L_k),直到无频繁项集产生为止,最后的频繁项集的集合为 $\bigcup L_k$。剪枝操作的目的主要是尽可能不生成和不计算那些不可能是频繁项集的候选项集,以生成较小的候选项集的集合。

8.2.2 Apriori 算法步骤

Apriori 算法是第一个关联规则挖掘算法,它开创性地使用基于支持度的剪枝技术,系统地控制候选项集指数增长。用到的原理是先验原理,即如果一个项集是频繁的,则它的所有子集也一定是频繁的。Apriori 算法的两个主要操作是连接和剪枝。

1) 连接操作

为了找到 L_k，通过 L_{k-1} 与自己连接产生候选 k-项集的集合。该候选项集的集合记作 C_k。假设 l_1 和 l_2 是 L_{k-1} 中的项集。记号 $l_i[j]$ 表示 l_i 中的第 j 项（例如，$l_1[k-1]$ 表示 l_1 的倒数第 2 项）。为了描述方便，一般假设交易数据库中各交易记录中的各项均已按字典排序。执行连接 $L_{k-1}*L_{k-1}$，其中 L_{k-1} 的元素是可以连接的，如果它们前 $k-2$ 个项相同，即 L_{k-1} 的元素 l_1 和 l_2 是可连接的，如果 $l_1[1]=l_2[1]$，$l_1[2]=l_2[2]$，$l_1[3]=l_2[3]$，$\cdots$，$l_1[k-2]=l_2[k-2]$，且 $l_1[k-1]<l_2[k-1]$。条件 $l_1[k-1]<l_2[k-1]$ 是简单地保证不产生重复，连接 l_1 和 l_2 产生的结果项集是 $\{l_1[1],l_1[2],l_1[3],\cdots,l_1[k-2],l_1[k-1]\}$。

2) 剪枝操作

C_k 是 L_k 的超集，其中的元素（项集）未必都是频繁项集，但所有的频繁 k-项集一定都在 C_k 中，即 $L_k\subseteq C_k$。通过对数据库的一遍扫描，可以确定 C_k 中各项集的支持计数，并由此获得 L_k，即所有支持计数大于最小支持度的候选项集共同组成 L_k。因为 C_k 可能很大，这样涉及的计算量会很大，为了压缩 C_k，可以使用 Apriori 性质，即任何非频繁项目集的超集一定也是非频繁项目集，所以任何频繁的 $(k-1)$-项集都是频繁 k-项集的子集。因此，如果一个候选 k-项集的子集不在 L_{k-1} 中，则该候选项集也不可能是频繁的，从而可以从 C_k 中删除。

8.2.3 Apriori 算法的频繁项集产生实例

Apriori 关联规则算法是借助 arules 中的一系列函数来实现的，而另一个包 arulesViz 则可以实现关联规则的可视化，关联规则分析主要包括对频繁数据集的探索、建立关联规则和关联规则查看和分析。本小节主要通过 Apriori 关联规则中 Apriori 方法和 Eclat 方法实现为例。

1. apriori() 函数简介

函数语法如下：

```
apriori(data,parameter = NULL, appearance = NULL, control = NULL)
```

函数的有关参数如下。

data——关联分析的数据集。

parameter——对支持度（support）、置信度（confidence）、每个项集所含项数的最大值（maxlen）、最小值（minlen），以及输出结果（target）等重要参数进行设置。各参数默认值 support=0.1，confidence=0.8，maxlen=10，minlen=1，target="rules"。

appearance——限制先决条件 X(lhs) 和关联结果 Y(rhs) 中具体包含的项。如设置 lhs=beer，将仅输出 lhs 中含有"啤酒"这一项的关联规则。在默认情况下，所有项都将无限制出现。

control——用来控制函数性能，如可以设定对项集进行升序（sort=1）还是降序（sort=-1）排序，是否向使用者报告进程（verbose=TRUE/FALSE）等。

2. 参考例程

【例 8-3】 在 R 语言环境中，对 Groceries 数据集进行 Apriori 算法的频繁项集实现。

第一步：数据源。

arules 软件包中的 Groceries 数据集是某一食品杂货店一个月的真实交易数据，每一行数据记录一个交易，每个交易中记录了当次交易的商品名称。下面以 Groceries 数据集展示关联分析函数的用法。

```
>install.packages("arules")    #下载安装 arules 包
>library(arules)               #加载 arules 软件包
>data("Groceries")            #获取数据集 Groceries
>summary(Groceries)           #获取数据集 Groceries 的概括信息
transactions as itemMatrix in sparse format with
9835 rows (elements/itemsets/transactions) and
169 columns (items) and a density of 0.02609146

most frequent items:
     whole milk other vegetables    rolls/buns        soda
         2513             1903        1809            1715
         yogurt         (Other)
         1372            34055

element (itemset/transaction) length distribution:
sizes
  1     2     3     4     5     6     7     8     9    10    11    12    13    14    15
2159  1643  1299  1005   855   645   545   438   350   246   182   117    78    77    55
 16    17    18    19    20    21    22    23    24    26    27    28    29    32
 46    29    14    14     9    11     4     6     1     1     1     1     3     1


   Min. 1st Qu.  Median   Mean 3rd Qu.    Max.
  1.000   2.000   3.000   4.409   6.000  32.000


includes extended item information - examples:
        labels   level2          level1
1 frankfurter sausage meat and sausage
2      sausage sausage meat and sausage
3   liver loaf sausage meat and sausage
>inspect(Groceries[1:10])      #观测 Groceries 数据集的前 10 行数据
      items
[1]  {citrus fruit,
       semi-finished bread,
       margarine,
       ready soups}
[2]  {tropical fruit,
       yogurt,
       coffee}
[3]  {whole milk}
[4]  {pip fruit,
       yogurt,
       cream cheese ,
       meat spreads}
[5]  {other vegetables,
       whole milk,
       condensed milk,
       long life bakery product}
```

```
[6]  {whole milk,
      butter,
      yogurt,
      rice,
      abrasive cleaner}
[7]  {rolls/buns}
[8]  {other vegetables,
      UHT-milk,
      rolls/buns,
      bottled beer,
      liquor (appetizer)}
[9]  {pot plants}
[10] {whole milk,
      cereals}
```

第二步：探索和准备数据。

获取数据后，我们来看 Groceries 的基本信息，它共包含 9835 条交易（transactions）以及 169 个项（items），也就是我们通常所说的商品，并且全脂牛奶（whole milk）是最受欢迎的商品，之后依次为蔬菜（other vegetables）、面包卷（rolls/buns）等。更多信息可具体参看 summary(Groceries) 的其他输出结果。

为了对将要使用的数据集有直观的把握，将 Groceries 数据集的前 10 条交易信息展示。其中每一条数据即代表一位消费者购物篮中的商品类别，如第一位消费者购买了柑橘（citrus fruit）、半成品面包（semi-finished bread）、黄油（margarine）以及食汤（ready soups）四种食物。

我们做关联分析的目标，就是发掘消费者对这些商品的购买行为之间是否有关联性，以及关联性有多强，并将获取的信息付诸实际运用。

首先，我们尝试对 apriori() 函数以最少的限制，观察它可以反馈给我们哪些信息，再以此决定下一步操作。这里将支持度的最小阈值（minsup）设置为 0.001，置信度最小阈值（mincon）设为 0.5，其他参数不进行设定取默认值，并将所得关联规则名记为 rules()。

```
>rules0 =  apriori(Groceries, parameter =  list ( support=0.001, confidence=0.5 ))
#生成关联规则 rule0
Apriori

Parameter specification:
confidence minval smax arem   aval originalSupport maxtime support
       0.5    0.1     1 none FALSE            TRUE       5   0.001
minlen maxlen target    ext
     1     10  rules FALSE

Algorithmic control:
filter tree heap memopt load sort verbose
   0.1 TRUE TRUE  FALSE TRUE    2    TRUE

Absolute minimum support count: 9

set item appearances ...[0 item(s)] done [0.00s].
```

```
set transactions ...[169 item(s), 9835 transaction(s)] done [0.00s].
sorting and recoding items ...[157 item(s)] done [0.00s].
creating transaction tree ... done [0.02s].
checking subsets of size 1 2 3 4 5 6 done [0.02s].
writing ...[5668 rule(s)] done [0.00s].
creating S4 object   ... done [0.00s].
```

以上输出结果中包括指明支持度、置信度最小值的参数详解（parameterspecification）、部分记录算法执行过程中相关参数的算法控制（algorithmic control）部分，以及 Apriori 算法的基本信息和执行细节，如 apriori() 函数的版本、各步骤的程序运行时间等。

```
>rules0                                    #显示 rule0 中生成关联规则的条数
set of 5668 rules
>inspect ( rules0 [ 1:10 ] )               #观测 rule0 中前 10 条规则
      lhs                    rhs                support          confidence
[1]   {honey}            =>{whole milk}         0.001118454      0.7333333
[2]   {tidbits}          =>{rolls/buns}         0.001220132      0.5217391
[3]   {cocoa drinks}     =>{whole milk}         0.001321810      0.5909091
[4]   {pudding powder}   =>{whole milk}         0.001321810      0.5652174
[5]   {cooking chocolate}=>{whole milk}         0.001321810      0.5200000
[6]   {cereals}          =>{whole milk}         0.003660397      0.6428571
[7]   {jam}              =>{whole milk}         0.002948653      0.5471698
[8]   {specialty cheese} =>{other vegetables}   0.004270463      0.5000000
[9]   {rice}             =>{other vegetables}   0.003965430      0.5200000
[10]  {rice}             =>{whole milk}         0.004677173      0.6133333
      lift      count
[1]   2.870009  11
[2]   2.836542  12
[3]   2.312611  13
[4]   2.212062  13
[5]   2.035097  13
[6]   2.515917  36
[7]   2.141431  29
[8]   2.584078  42
[9]   2.687441  39
[10]  2.400371  46
```

可以看到，rules() 中共包含 5668 条关联规则，可以想象，若将如此大量的关联规则全部输出是没有意义的。仔细观察每条规则，我们发现关联规则的先后顺序与可以表明其关联性强度的三个参数值（support、confidence、lift）的取值大小并没有明显关系。

面对杂乱无章的大量信息，我们无法快速获取如关联性最强的规则等重要信息。因此，可以考虑选择生成其中关联性较强的若干条规则。

第三步：对生成规则进行强度控制。

常用的方法是通过提高支持度和置信度的比值来实现这一目的，这往往是一个不断调整的过程。最终关联规则的规模大小，或者说强度高低，是根据使用者的需要决定的。但是，如果阈值设定较高，容易丢失有用信息；若设定较低，则生成的规则数量将会很大。

一般来说，我们可以选择先不对参数进行设置，直接使用 apriori() 函数的默认值（支持度为 0.1，置信度为 0.8）来生成规则，再进一步调整。或者如上一节所示，先将阈值设定得很低,再逐步提高阈值,直至达到设想的规则规模或强度为止。

下面我们尝试筛选出其中前 5 条左右的强关联规则。在上面的过程中,已知当支持度与置信度分别为 0.001 和 0.5 时,可以得到 5668 条规则,以此作为如下一系列参数调整过程的基础。

(1) 通过支持度、置信度共同控制。

首先,我们可以考虑将支持度与置信度两个指标共同提高来实现。当仅将支持度提高 0.004~0.005 时,规则数降为 120 条,进而调整置信度参数至 0.64 后,仅余下 4 条规则。另外,在两个参数共同调整过程中,如果更注重关联项集在总体中所占的比例,则可以适当地多提高支持度的值;如果更注重规则本身的可靠性,则可多提高一些置信度值。

```
> rulesl = apriori(Groceries,parameter=list(support=0.005,confidence=0.5))
                            #将支持度调整为 0.005,记为 rule1
> rulesl                    #显示 rule1 生成关联规则的条数
set of 120 rules
> rules2=apriori(Groceries,parameter=list(support=0.005,confidence=0.60))
                            #将置信度调整为 0.60,记为 rule2
> rules2                    #显示 rule2 成关联规则的条数
set of 22 rules
> rules3=apriori(Groceries,parameter=list(support=0.005,confidence=0.64))
                            #将置信度调整为 0.64,记为 rule3
> rules3                    #显示 rule2 成关联规则的条数
set of 4 rules
> inspect(rules3)
    lhs                                      rhs              support      confidence
[1] {butter,whipped/sour cream}           =>{whole milk} 0.006710727  0.6600000
[2] {pip fruit,whipped/sour cream}        =>{whole milk} 0.005998983  0.6483516
[3] {pip fruit,root vegetables,other vegetables} =>{whole milk}
                                                         0.005490595  0.6750000
[4] {tropical fruit,root vegetables,yogurt}    =>{whole milk}
                                                         0.005693950  0.7000000
    lift      count
[1] 2.583008  66
[2] 2.537421  59
[3] 2.641713  54
[4] 2.739554  56
```

(2) 通过支持度控制。

也可以采取对其中一个指标给予固定阈值,再按照其他指标来选择前 5 强的关联规则。比如我们想要按照支持度来选择,则可以运行如下程序。

```
> rules.sorted_sup =  sort ( rules0, by="support")
#给定置信度阈值为 0.5,按支持度排序记为 rules.sorted_sup
> inspect(rules.sorted_sup[1:5])
#输出 rules.sorted_sup 前 5 条强关联规则
    lhs                     rhs              support    confidence lift     count
[1] {other vegetables,yogurt}  =>{whole milk} 0.02226741 0.5128806  2.007235 219
[2] {tropical fruit,yogurt}    =>{whole milk} 0.01514997 0.5173611  2.024770 149
[3] {other vegetables,whipped/sour cream}=>{whole milk}
                                             0.01464159 0.5070423  1.984385 144
```

```
[4] {root vegetables,yogurt}     =>{whole milk} 0.01453991 0.5629921   2.203354 143
[5] {pip fruit,other vegetables} =>{whole milk} 0.01352313 0.5175097   2.025351 133
```

如上输出结果,5 条强关联规则按照支持度从高至低的顺序排列出来。这种控制规则强度的方式可以找出支持度最高的若干条规则。当我们对某一指标要求苛刻时,可以优先考虑该方式,且易于控制输出规则的条数。

（3）通过置信度控制。

以下类似,我们按照置信度来选出前 5 条强关联规则,由输出结果得到 5 条置信度高达100%的关联规则。比如第一条规则：购买了米和糖的消费者,都购买了全脂牛奶。这就是一条相当有用的关联规则,正如这些食品在超市往往摆放得很近。

```
>rules.sorted_con = sort ( rules0, by="confidence")
#给定支持度阈值为 0.001,按置信度排序,记为 rules.sorted_con
>inspect ( rules.sorted_con [1:5] )
#输出 rules.sorted_con 前 5 条强关联规则
hs                                    rhs            support       confidence lift
[1] {rice,sugar}                         =>{whole milk} 0.001220132 1   3.913649
[2] {canned fish,hygiene articles}       =>{whole milk} 0.001118454 1   3.913649
[3] {root vegetables,butter,rice}        =>{whole milk} 0.001016777 1   3.913649
[4] {root vegetables,whipped/sour cream,flour} =>{whole milk}
                                                       0.001728521 1   3.913649
[5] {butter,soft cheese,domestic eggs}   =>{whole milk} 0.001016777 1   3.913649
    count
[1] 12
[2] 11
[3] 10
[4] 17
[5] 10
```

（4）通过提升度控制。

我们按 lift 值进行升序排序并输出前 5 条。

```
>rules.sorted_lift=sort(rules0, by="lift")
#给定支持度阈值为 0.001,置信度阈值为 0.5,按提升度排序,记为 rules.sorted_lift
>inspect ( rules.sorted_lift [1:5] )
#输出 rules.sorted_lift 前 5 条强关联规则
    lhs                          rhs           support      confidence lift
[1] {Instant food products,soda}  =>{hamburger meat} 0.001220132 0.6315789  18.99565
[2] {soda,popcorn}               =>{salty snack}    0.001220132 0.6315789  16.69779
[3] {flour,baking powder}        =>{sugar}          0.001016777 0.5555556  16.40807
[4] {ham,processed cheese}       =>{white bread}    0.001931876 0.6333333  15.04549
[5] {whole milk,Instant food products} =>{hamburger meat}
                                                    0.001525165 0.5000000  15.03823
    count
[1] 12
[2] 12
[3] 10
[4] 19
[5] 15
```

我们知道,提升度可以说是筛选关联规则最可靠的指标,得到的结论往往也是有趣且有用的。由以上输出结果，我们能够清晰地看到强度最高的关联规则为{即食食品,苏打水}→{汉堡肉}，其后为{苏打水,爆米花}→{垃圾食品}。这是一个符合直观猜想的有趣结果，我们甚至可以想象，形成如此强关联性的购物行为的消费者是一批辛苦工作一周后去超市大采购，打算周末在家好好放松，吃薯片、泡方便面、喝饮料、看电影的上班族。

第四步：改变输出形式。

我们知道，apriori()和eclat()函数都可以根据需要输出频繁项集（frequentitemsets）等其他形式的结果。比如当我们想知道某超市这个月销量最高的商品，或者捆绑销售策略在哪些商品簇中作用最显著等，选择输出给定条件下的频繁项集即可。

以下是将目标参数（target）设为frequentitemsets后的结果。

```
> itemsets_apr = apriori(Groceries,parameter = list(supp = 0.001,target = "frequent
itemsets"),control=list(sort=-1))
#将apriori()中的目标参数设为频繁项集
Apriori

Parameter specification:
confidence minval smax arem  aval originalSupport maxtime support minlen maxlen
      NA    0.1    1 none FALSE               TRUE       5   0.001      1     10
             target      ext
frequent itemsets FALSE

Algorithmic control:
filter tree heap memopt load sort verbose
   0.1 TRUE TRUE  FALSE TRUE   -1    TRUE

Absolute minimum support count: 9

set item appearances ...[0 item(s)] done [0.00s].
set transactions ...[169 item(s), 9835 transaction(s)] done [0.00s].
sorting and recoding items ...[157 item(s)] done [0.00s].
creating transaction tree ... done [0.00s].
checking subsets of size 1 2 3 4 5 6 done [0.01s].
writing ...[13492 set(s)] done [0.00s].
creating S4 object  ... done [0.00s].
>itemsets_apr                    #显示所生成频繁项集的个数
set of 13492 itemsets
>inspect(itemsets_apr[1:5])        #观测前5个频繁项集
     items               support   count
[1] {whole milk}        0.2555160 2513
[2] {other vegetables} 0.1934926 1903
[3] {rolls/buns}        0.1839349 1809
[4] {soda}              0.1743772 1715
[5] {yogurt}            0.1395018 1372
```

如上结果，我们看到以sort参数对项集频率进行降序排序后，销量前5的商品分别为全脂牛奶、蔬菜、面包卷、苏打以及酸奶。

第五步：关联规则的可视化。

以下我们尝试用图形的方式更直观地显示关联分析结果。这里需要用到R的扩展软件包arulesViz，我们将介绍几个简单应用。

```
>library(arulesViz)                                    #加载程序包 aruleViz
>rules5<-apriori(Groceries,parameter = list(support=0.002,confidence=0.5))
#生成关联规则 rule5
>rules5                                                #显示 rules5 生成关联规则的条数
set of 1098 rules
>plot(rules5)                                          #对 rule5 作散点图,如图 8-1 所示
```

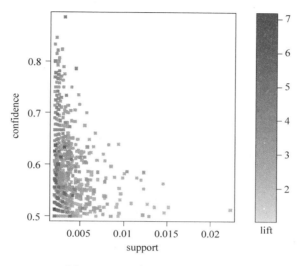

图 8-1　1098 条关联规则散点图

程序运行得到图 8-1 所示的散点图,图中每个点对应于相应的支持度和置信度值,分别由图形的横纵轴显示,其中关联规则点的颜色深浅由 lift 值的高低决定。从图 8-1 可以看出大量规则的参数取值分布情况,如提升度较高的关联规则的支持度往往较低,支持度与置信度具有明显反相关性等。不足之处在于,不能具体得知这些规则对应的是哪些商品,以及它们的关联强度如何等信息。这一缺陷可通过互动参数(interactive)的设置来弥补,如图 8-2 所示。

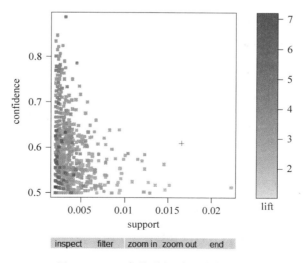

图 8-2　1098 条关联规则互动散点图

当单击 filter 过滤按钮后,再单击图形右侧 lift 颜色条中的某处,即可将小于单击处 lift 值的关联规则点都过滤掉。图 8-3 所示为过滤掉 lift 值小于 4.5 的点后的互动散点图。

```
>plot(rules5,interactive = TRUE)        #绘制互动散点图
```

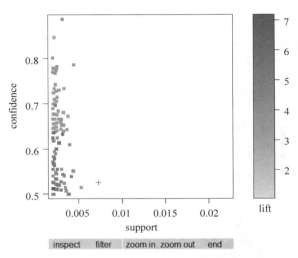

图 8-3　按 lift 值过滤后的 1098 条关联规则互动散点图

另外,我们还可以将 shading 参数设置为 order 来绘制出一种特殊的散点图——Two-key 图,如图 8-4 所示。横纵轴依然为支持度和置信度,而关联规则点的颜色深浅则表示其代表的关联规则中含有商品的多少,商品种类越多,点的颜色越深。

```
>plot(rules5,shading = "order",control = list(main="Two-key plot"))
#绘制 Two-key 散点图
```

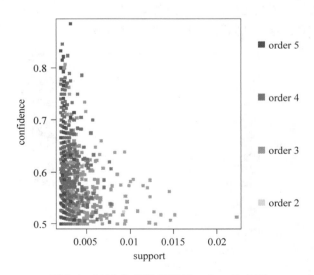

图 8-4　1098 条关联规则 Two-key 散点图

下面我们将图形类型更改为 grouped 来生成图 8-5。从图中按照 lift 参数来看,关联性最强(圆点颜色最深)的两种商品为黄油(butter)与生/酸奶油(whipped/sourcream),而以

support 参数来看则是热带水果(tropical fruit)与全脂牛奶(whole milk)关联性最强(圆点尺寸最大)。

```
>plot(rules5,method = "grouped")    #对 rules5 作分组图
```

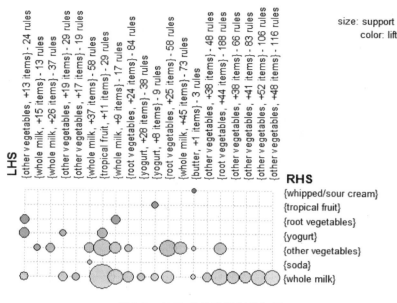

图 8-5   1098 条关联规则分组图

8.2.4 Apriori 算法的优缺点

Apriori 算法是第一个关联规则挖掘算法,具有以下优点。

(1) Apriori 算法采用逐层搜索的迭代方法,算法简单明了,没有复杂的理论推导,也易于实现。

(2) 数据采用水平组织方式:所谓水平组织就是数据按照{TID,IS},即{事务编号,项目集}这种形式组织。

(3) 采用 Apriori 优化方法:所谓 Apriori 优化就是利用 Apriori 性质进行的优化。

(4) 适合事务数据库的关联规则挖掘。

(5) 适合稀疏数据集:根据以往的研究,该算法只能适合稀疏数据集的关联规则挖掘,也就是频繁项目集的长度稍小的数据集。

Apriori 算法的这些优点使其广泛应用于关联规则挖掘中,但是它也存在以下一些难以克服的缺陷。

(1) 对数据库的扫描次数过多。在 Apriori 算法的扫描中,每生成一个候选项集,都要对数据库进行一次全面的搜索。如果要生成最大长度为 K 的频繁项集,那么就要对数据库进行 K 次扫描。当数据库中存放大量的事务数据时,在有限的内存容量下,系统 I/O 负载相当大,每次扫描数据库的时间就会很长,这样效率就非常低。

(2) Apriori 算法可能产生大量的候选项集。若频繁 1-项集的个数为 10000,则候选 2-项集的个数将超过 10MB。若要发现长度为 100 的频繁项集,则必将产生多达 2100 个候选项集。

（3）在频繁项目集长度变大的情况下，运算时间显著增加。当频繁项目集长度变大时，支持该频繁项目集的事务会减少，从理论上讲，计算其支持度需要的时间不会明显增加，但 Apriori 算法仍然是在原来事务数据库中计算长频繁项目集的支持度，由于每个频繁项目集的项目变多了，所以在确定每个频繁项目集是否被事务支持的开销也增大了，而且事务没有减少，因此当频繁项目集长度增加时，运算时间显著增加。

（4）采用唯一支持度，没有考虑各个属性重要程度的不同。在现实生活中，一些事务的发生非常频繁，而有些事务则很稀疏，这样对挖掘来说存在一个问题：如果最小支持度阈值定得较高，虽然加快了速度，但是覆盖那么大量的无实际意义的规则将充斥在整个挖掘过程中，大大降低了挖掘效率和规则的可用性，这将误导决策的制定。

（5）算法的适应面窄。该算法只考虑了单维布尔关联规则的挖掘，但在实际应用中，可能出现多维的、数量的、多层的关联规则。这时，该算法就不再适用，需要改进，甚至需要重新设计算法。

8.3 FP-Growth算法

8.3.1 FP-Growth 算法的基本思想

为了避免前面提到的 Apriori 算法的弱点，Han 等人提出了一种不产生候选项集的算法 FP-Growth（Frepuent-Pattern Growth），也称 FP-增长算法。该算法脱离了传统的产生频繁项集候选的方式，提出了关联挖掘算法的新思路。

（1）FP-Growth 算法构造了一种新颖、紧凑的数据结构 FP-tree。这是一种扩展的前缀树结构，存储了关于频繁模式数量的重要信息，树中只包含长度为 1 的频繁项作为节点，并且那些频度高的节点更靠近树的顶点。因此，支持度高的项目比那些支持度低的项目更有机会共享一个节点。

（2）给出了基于 FP-tree 的模式片断成长算法。它从长度为 1 的频繁模式开始，只检查它的条件模式构建它的条件模式树，同时在这个树上递归执行关联规则挖掘。模式的成长通过联合条件模式树新产生的后缀模式实现。FP-tree 算法不同于 Apriori 算法，它无须再测试，只要进行一次测试即可。关联规则挖掘的主要操作是计算累加值和调整前缀树，因此它的花费要比 Apriori 算法少得多。

（3）FP-tree 算法采用"分而治之"方法。通过分割再解决的办法将发现的长频繁模式转化为寻找短模式，然后再进行后缀连接，避免产生长候选项集。

8.3.2 FP-tree 表示法

FP-tree 是一种输入数据的压缩表示，它通过逐个读入事务，并把每个事务映射到 FP 树中的一条路径来构造。

输入：事务数据库 D 和最小支持度阈值 $minsupport$。

输出：D 对应的 $FP\text{-}tree$。

方法：$FP\text{-}tree$ 是按以下步骤构造的。

（1）扫描事务库 D，获得 D 中包含的全部频繁项集 $1F$，以及它们各自的支持度。对 $1F$

中的频繁项按其支持度降序排序得到 L。

（2）创建 FP-tree 的根节点 T，以 null 标记，再次扫描事务库。对于 D 中每个事务，将其中的频繁项选出并按 L 中的次序排序。设排序后的频繁项表为 $[p|P]$，其中 p 是第一个频繁项，而 P 是剩余的频繁项。调用 insert_tree($[p|P]$, T)。insert_tree($[p|P]$, T) 过程执行情况为：如果 T 有子女 N 使 N.item_name＝p.item_name，则 N 的计数增加 1；否则创建一个新节点 N，将其计数设置为 1，链接到它的父节点 T，并且通过 node_link 将其链接到具有相同 item_name 的节点。如果 P 非空，递归地调用 insert_tree(P, N)。

8.3.3　FP-Growth 算法的应用实例

【例 8-4】　选取一个实际的数据集进行测试。该数据集合包含了 100 万条记录，文件中的每一行表示某个用户浏览过的新闻报道，现用 FP-Growth 算法来找出至少被 10 万人浏览过的报道。

分析：按照 FP-Growth 算法的基本思想和 FP-tree 表示法，本例采用 Python 语言进行实现。

解：（1）构建 FP-tree。

```
#coding:utf-8
from numpy import *

class treeNode:#定义节点类，创建一个类来保存树的每一个节点
    def __init__(self, nameValue, numOccur, parentNode):
        self.name = nameValue#值
        self.count = numOccur#数量
        self.nodeLink = None#节点链接
        self.parent = parentNode  #父节点
        self.children = {}#孩子

    def inc(self, numOccur):#count 计算
        self.count += numOccur

    def disp(self, ind=1):#按照等级打印出每个节点
        print ' '* ind, self.name, ' ', self.count
        for child in self.children.values():
            child.disp(ind+1)

rootNode = treeNode('pyramid', 9, None)#节点
rootNode.children['eye'] = treeNode('eye', 13, None)#子节点
a = rootNode.disp()
print a
```

等级输出节点结果如图 8-6 所示。

def createTree(dataSet,minSup = 1)：#FP 表示的是频繁模式，其通过链接来连接相似元素，被连起来的元素可以看成是一个链表。将事务数据表中的各个事务对应的数据项按照支持度排序后，把每个事务中的数据项按降序依次插入一棵以 NULL 为根节点的树中，同时在每个节点处记录该节点出现的支持度。

D:\python27\python.exe D:/PythonDDD/算法/FP-growth算法.py
  pyramid   9
   eye   13
None

Process finished with exit code 0

图 8-6 等级输出节点

```
headerTable = {}
    for trans in dataSet:
        for item in trans:
            headerTable[item] = headerTable.get(item, 0) + dataSet[trans]
                                                   #记录每个元素项出现的频度,计数
    for k in headerTable.keys():#key 中
        if headerTable[k] < minSup:
            del(headerTable[k])#删除键值
    freqItemSet = set(headerTable.keys())#建立集合
    if len(freqItemSet) == 0:#去除不满足最小值支持度要求的值
        return None, None
    for k in headerTable:
        headerTable[k] = [headerTable[k], None]
    retTree = treeNode('Null Set', 1, None)
    for tranSet, count in dataSet.items():
        localD = {}
        for item in tranSet:
            if item in freqItemSet:
                localD[item] = headerTable[item][0]
        if len(localD) > 0:
            orderedItems = [v[0] for v in sorted(localD.items(), key=lambda p:p[1],
reverse = True)]
            updateTree(orderedItems, retTree, headerTable, count)
    return retTree, headerTable

def updateTree(items, inTree, headerTable, count):#更新树
    if items[0] in inTree.children:
        inTree.children[items[0]].inc(count)
    else:
        inTree.children[items[0]] = treeNode(items[0], count, inTree)
        if headerTable[items[0]][1] == None:
            headerTable[items[0]][1] = inTree.children[items[0]]
        else:
            updateHeader(headerTable[items[0]][1], inTree.children[items[0]])
    if len(items) > 1:
        updateTree(items[1::], inTree.children[items[0]], headerTable, count)


def updateHeader(nodeToTest, targetNode):#更新每个节点的链接
    while (nodeToTest.nodeLink != None):
        nodeToTest = nodeToTest.nodeLink
    nodeToTest.nodeLink = targetNode
```

```
def loadSimpDat():#自定义数据集
    simpDat = [['r', 'z', 'h', 'j', 'p'],
               ['z', 'y', 'x', 'w', 'v', 'u', 't', 's'],
               ['z'],
               ['r', 'x', 'n', 'o', 's'],
               ['y', 'r', 'x', 'z', 'q', 't', 'p'],
               ['y', 'z', 'x', 'e', 'q', 's', 't', 'm']]
    return simpDat

def createInitSet(dataSet):#建立字典
    retDict = {}
    for trans in dataSet:
        retDict[frozenset(trans)] = 1
    return retDict

simpDat = loadSimpDat()
initSet = createInitSet(simpDat)
myFPtree, myHeaderTab = createTree(initSet, 3)
a = myFPtree.disp()
print a
```

原始集合 FP-tree 的节点结果如图 8-7 所示。

```
D:\python27\python.exe D:/PythonDDD/算法/FP-growth算法.py
  Null Set   1
   x   1
    s   1
     r   1
   z   5
    x   3
     y   3
      s   2
       t   2
      r   1
       t   1
    r   1
None

Process finished with exit code 0
```

图 8-7　原始集合 FP-tree 的节点

(2) 从 FP-tree 中挖掘频繁项集。

```
def ascendTree(leafNode, prefixPath):  #从叶节点到根节点的提升
    if leafNode.parent != None:
        prefixPath.append(leafNode.name)
        ascendTree(leafNode.parent, prefixPath)

def findPrefixPath(basePat, treeNode):  #树节点来自树的表
    condPats = {}
    while treeNode != None:
        prefixPath = []
        ascendTree(treeNode, prefixPath)
        if len(prefixPath) > 1:
            condPats[frozenset(prefixPath[1:])] = treeNode.count
```

```
        treeNode = treeNode.nodeLink
    return condPats


simpDat = loadSimpDat()
initSet = createInitSet(simpDat)
myFPtree, myHeaderTab = createTree(initSet, 3)
a = myFPtree.disp()
b = findPrefixPath('x', myHeaderTab['x'][1])
print b
```

每条路径上的数目结果如图 8-8 所示。

图 8-8　每条路径上的数目

#首先构造 FP 树,然后利用它来挖掘频繁项集。在构造 FP 树时,需要对数据集扫描两遍,第一遍扫描用于统计频率,第二遍扫描只考虑频繁项集。下面对 FP 树加以说明。

```
def mineTree(inTree, headerTable, minSup, preFix, freqItemList):
    bigL = [v[0] for v in sorted(headerTable.items(), key=lambda p: p[1])]# (排序表)
    for basePat in bigL:
        newFreqSet = preFix.copy()
        newFreqSet.add(basePat)
        freqItemList.append(newFreqSet)
        condPattBases = findPrefixPath(basePat, headerTable[basePat][1])
        myCondTree, myHead = createTree(condPattBases, minSup)
        if myHead != None:
            mineTree(myCondTree, myHead, minSup, newFreqSet, freqItemList)
#①构建 FP 树;
#②从 FP 树中挖掘频繁项集
parsedData = [line.split() for line in open('kosarak.dat').readlines()]#读取数据
initSet = createInitSet(parsedData)#建立初始数据集合
myFPtree, myHeaderTab = createTree(initSet, 100000)#载入 FP 结构树
myFreqList = []#新建列表
a = mineTree(myFPtree,myHeaderTab,100000,set([]),myFreqList)
b = len(myFreqList)
```

```
print b
print myFreqList
```

对每个频繁项集创建 FP-tree 结果如图 8-9 所示。

图 8-9　对每个频繁项集创建 FP-tree

8.3.4　FP-Growth 算法的优缺点

FP-tree 是一个高度压缩的结构，它存储了用于挖掘频繁项集的全部信息。FP-tree 所占用的内存空间与树的深度和宽度成比例，树的深度一般是单个事务中所含项目数量的最大值，树的宽度是平均每层所含项目的数量。由于在事务处理中通常会存在大量的共享频繁项，所以树的大小通常比原数据库小很多。频繁项集中的项以支持度降序排列，支持度越高的项与 FP-tree 的根距离越近，因此有更多的机会共享节点，这进一步保证了 FP-tree 的高度压缩。

但 FP-tree 也可能发生最坏的情况，即树的子节点过多，例如生成了只包含前缀的树，那么也会导致算法效率大幅度下降。FP-Growth 算法需要递归生成条件数据库和条件 FP-tree，所以内存开销大，而且只能用于挖掘单维的布尔关联规则。

8.4　关联规则的后处理与扩展

8.4.1　基于 RHadoop 的关联规则挖掘

在信息过量的时代，个性化推荐迅速发展，关联规则进行协同过滤推荐也是其中之一。基于 RHadoop 的关联规则挖掘主要是根据关联规则算法使用 Hadoop 和 RHadoop 工具进行实现。关联规则中使用频繁模式挖掘算法，包括 Apriori 算法，进行逐层迭代连接产生候选，利用先验信息进行剪枝，将信息压缩为 FP 树结构，并在树中进行递归的挖掘，然后进行输入数据、预处理、FPG 处理、生成规则等一系列流程，从而实现基于 RHadoop 的关联规则挖掘的实现。需要注意的是，其中有一些细节的处理，例如向量的转化，还有进行一些后续的处理，例如分类的模型等。

8.4.2　基于云计算的关联规则挖掘算法

随着互联网技术和虚拟机技术的发展，以及人们日常处理的数据规模日益增加，云计算技术在近几年开始引起大众的推崇。伴随着广阔的发展前景及商机，云计算技术兴起的同时也带来了技术上的难题。

在海量数据的背后，亟须借助云计算平台的服务质量以及使用效率来发现大量数据中项集之间有趣的关联或相关联系。近年来，基于云计算的关联规则挖掘得到越来越多学者的关注,如基于云计算的核心模式 MapReduce 框架的 Apriori 算法。

　　该算法假设事务数据库水平分割成不相交的数据块,分散存储在集群系统或服务器上,称为存储节点。每个节点位置都有一段实现 Apriori 的 Map 函数的程序,基于每个节点的 Map 函数,把键值对(Key/Value)映射成新的键值对,形成一系列中间结果形式的键值对,然后将其传给 Reduce(规约)函数,把具有相同中间形式 Key 的 Value 合并在一起。其中,Key 代表项集的名称,Reduce 代表该项集的支持度。图 8-10 描述了算法的执行过程。

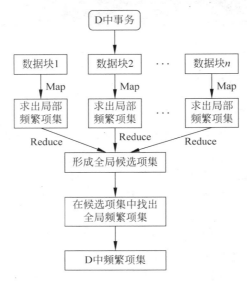

图 8-10　基于 MapReduce 的 Apriori 算法

　　云计算是分布式处理、并行处理和网络计算的发展或者是这些计算科学概念的商业实现。MapReduce 是云计算的核心计算模式,是一种分布式运算技术及简化的分布式编程模式,用于解决问题的程序开发模型,也是开发人员拆解问题的方法。通过对 Apriori 算法的相关分析,希望通过减少连接次数进而减少数据库扫描时间,对候选频繁项集项目集不存储,从而减少内存空间,使算法的性能将有所提高。而 MapReduce 框架的 Apriori 算法的实现可以节约算法运行时间,减小算法运行时所占的内存空间,这一应用在未来也会有很大的发展。

8.4.3　空间数据挖掘

　　空间数据挖掘是指从空间数据库中提取隐含的用户感兴趣的空间和非空间模式、普遍特征、规则和知识的过程。空间数据挖掘是一个多学科交叉的知识领域,其包括空间数据库系统、统计学、机器学习、模式识别、可视化和空间信息科学等学科领域。空间数据挖掘可用于理解空间数据、空间关系和空间与非空间数据间关系的发现、优化空间查询、构造空间知识库和重组空间数据库等方面,特别是在遥感、图像处理、GIS、导航等专业领域具有广阔的应用前景。

　　目前根据所用的挖掘技术不同,空间数据挖掘方法大致可分为 7 大类,这些方法的特点见表 8-4。

表 8-4　空间数据挖掘方法分类及其特点

挖掘技术	空间数据挖掘方法	特　　点
基于机器学习的方法	空间关联规则方法、归纳学习方法、图像分析和模式识别方法、决策树方法	一般需先验知识,是一个反复学习的过程,计算量较大
基于统计和概率论的方法	统计分析方法、空间分类方法、空间聚类方法、探测性的数据分析、证据理论方法	运用统计学或概率论知识,对空间数据按某一准则进行统计分析,计算量大且复杂
基于集合论的方法	粗集方法、模糊集理论、云理论	所处理的问题具有不确定性
基于图论的方法	计算几何方法、空间趋势探测	以图论为基础,根据空间拓扑关系等发现知识
基于仿生学的方法	遗传算法、神经网络方法、人工免疫系统方法	模拟生物处理过程,一般需学习训练,较复杂
基于地球信息学的方法	空间分析方法、地学信息图谱方法	借助 GIS、地理等工具,算法较复杂
基于计算机理论的方法	可视化方法、空间在线数据挖掘	利用可视化或数据库技术

　　空间数据挖掘的目标是从大量的原始数据中提取出对人们感兴趣,且有价值的知识,其挖掘过程一般可分为:数据清理、数据集成、数据选择、数据变换、空间数据挖掘、模式评估、知识表示等阶段。

　　(1) 数据清理是从原始数据中过滤掉带有噪声或不相符的数据。

　　(2) 数据集成是优化组合多种数据源,形成相容数据库。

　　(3) 数据选择是从空间数据库中按特定要求提取与空间数据挖掘相关的数据。

　　(4) 数据变换是将数据转换成适合挖掘方法的统一格式。

　　(5) 空间数据挖掘是运用相应的挖掘算法,从数据库中提取用户感兴趣的知识。

　　(6) 模式评估是用某种兴趣度来衡量并识别表示知识的真正有价值的模式。

　　(7) 知识表示是使用可视化技术和知识表示技术,向用户展示挖掘得到的知识。

　　综上所述,不难得出结论:空间数据挖掘实际上是一个人引导机器、机器帮助人的交互理解数据的过程。

小　　结

　　关联规则是解决大数据问题的一种方法,作为一种无监督的学习算法,能够从没有任何关于模式的先验知识的大型数据库中提取知识。美中不足的是,将大量的信息缩减成更小,更易于管理的结果集需要一些努力。本章具体阐述了关联规则的基本概念,常见的 Apriori 算法、FP-Growth 算法及其实现过程,并且介绍了部分与大数据相关的前沿信息。

关联规则基本概念＋步骤＋挖掘算法分类＋
应用场景及特点＋质量评价.mp4(25.0MB)

关联规则基本概念＋步骤＋挖掘算法分类＋
应用场景及特点＋质量评价.mp4(27.3MB)

FP-Growth 算法的基本思想＋FP-tree 表示＋
FP-Growth 算法.mp4(9.79MB)

基于 RHadoop 的关联规则挖掘.mp4
(11.9MB)

习　　题

1. 填空题

（1）关联分析中表示关联关系的方法主要有_____和_____。

（2）关联规则的评价度量主要有_____和_____。

（3）关联规则挖掘的算法主要有_____和_____。

（4）购物篮分析中,数据是以_____的形式呈现。

（5）一个项集满足最小支持度,称为_____。

（6）一个关联规则同时满足最小支持度和最小置信度,称为_____。

（7）在回归与相关分析中,因变量值随自变量值的增大（减小）而减小（增大）的现象叫作_____。

（8）极大频繁项集不能无损还原出频繁项集,因为它不包含频繁项集的_____信息。

（9）经典的 Apriori 算法是逐层扫描的,也就是说它是_____（选深度或宽度）优先的。

（10）数据挖掘的大概步骤包括：输入数据、预处理、挖掘、后处理、输出知识。其中,输出的知识可以有很多种表示形式,两种极端的形式是：①内部结构难以被理解的黑匣子,比如人工神经网络训练得出的网络；②模式结构清晰的匣子,这种结构容易被人理解,比如决策树产生的树。那么,关联分析中输出的知识的表示形式主要是_____（选黑匣子或清晰结构）。

2. 选择题

（1）以下属于关联分析的是：（　　　）。

    A. CPU 性能预测　　　　　　　　　B. 购物篮分析

    C. 自动判断鸢尾花类别　　　　　　D. 股票趋势建模

（2）维克托·迈尔-舍恩伯格在《大数据时代：生活、工作与思维的大变革》一书中,持续强调了一个观点：大数据时代的到来,使我们无法人为去发现数据中的奥妙,与此同时,我们更应该注重数据中的相关关系,而不是因果关系。其中,数据之间的相关关系可以通过（　　）算法直接挖掘。

    A. K-Means　　　　　　　　　　　B. Bayes Network

    C. C4.5　　　　　　　　　　　　　D. Apriori

（3）置信度（confidence）是衡量兴趣度度量（　　　）的指标。

A. 简洁性　　　　　B. 确定性　　　　　C. 实用性　　　　　D. 新颖性

(4) Apriori 算法的加速过程依赖于以下(　　)策略。

A. 抽样　　　　　B. 剪枝　　　　　C. 缓冲　　　　　D. 并行

(5) 以下(　　)会降低 Apriori 算法的挖掘效率。

A. 支持度阈值增大　　　　　　　B. 项数减少

C. 事务数减少　　　　　　　　　D. 减小硬盘读写速率

(6) Apriori 算法使用到(　　)。

A. 格结构、有向无环图　　　　　B. 二叉树、哈希树

C. 格结构、哈希树　　　　　　　D. 多叉树、有向无环图

(7) 非频繁模式是指(　　)。

A. 其置信度小于阈值　　　　　　B. 令人不感兴趣

C. 包含负模式和负相关模式　　　D. 对异常数据项敏感

(8) 对频繁项集、频繁闭项集、极大频繁项集的关系描述正确的是(　　)。[注：分别以 1、2、3 代表]

A. 3 可以还原出无损的 1　　　　B. 2 可以还原出无损的 1

C. 3 与 2 是完全等价的　　　　　D. 2 与 1 是完全等价的

(9) Hash tree 在 Apriori 算法中所起的作用是(　　)。

A. 存储数据　　　B. 查找　　　C. 加速查找　　　D. 剪枝

(10) 以下不属于数据挖掘软件的是(　　)。

A. SPSS Modeler　　B. Weka　　C. Apache Spark　　D. Knime

3. 简答题

(1) 简述关联规则产生的两个基本步骤。

(2) Apriori 算法是从事务数据库中挖掘布尔关联规则的常用算法,该算法利用频繁项集性质的先验知识,从候选项集中找到频繁项集。请简述 Apriori 算法的基本原理。

(3) 简述 Apriori 算法的优点和缺点。

(4) 针对 Apriori 算法的缺点,可以做哪些改进?

(5) 强关联规则一定是有趣的吗? 为什么?

(6) 列举关联规则在不同领域中应用的实例。

(7) 给出如下几种类型的关联规则的例子,说明它们是否有价值。

① 高支持度和高置信度的规则。

② 高支持度和低置信度的规则。

③ 低支持度和低置信度的规则。

④ 低置信度和高置信度的规则。

(8) 常用关联规则的算法及其特点是什么?

第**9**章

预测方法与离群点诊断

【内容摘要】 本章首先介绍预测方法的概念及分类、预测模型性能评价度量方法和常用的预测方法。然后重点讲解灰色预测、马尔科夫预测。最后讲述大数据环境下离群点检测技术方法，并进行比较说明。

【学习目标】 掌握常用基本的预测方法与离群点诊断方法的概念、原理与适用场景；能够熟练地运用灰色预测、马尔科夫预测对数据进行预测；了解主要的离群点检测技术方法。

9.1 预测方法概要

大数据挖掘的任务可分为分类、聚类、关联、回归、预测、序列分析、偏差分析等几种类型。

（1）分类。分类是找出数据库中一组数据对象的共同特点，并按照分类模式将其划分为不同的类，其目的是通过分类模型将数据库中的数据项映射到某个给定的类别。典型的分类算法有决策树算法、神经网络算法、贝叶斯算法。

（2）聚类。聚类分析也称为细分，它基于一组属性对事例进行分组，同一个聚类中或多或少有相似的属性值。

（3）关联。关联是发现存在于大量数据集中的关联性或相关性，从而描述了一个事物中某些属性同时出现的规律和模式。

（4）回归。回归任务类似于分类任务，但它不是查找描述类的模式，它的目的是查找模式以确定数值。

（5）预测。预测技术采用数列作为输入，表示一系列时间值，然后应用各种能做数据周期性分析、趋势分析、噪声分析的计算机学习和统计技术来估算这些序列未来的值。

（6）序列分析。用随机过程理论和数理统计学方法研究随机数据序列所遵从的统计规律，以解决实际问题。

（7）偏差分析。偏差分析又称比较分析，它是对差异和极端特例的描述，用于揭示事物偏离常规的异常现象。偏差检测的基本方法是寻找观测结果与参照值之间有意义的差别。

关联分析、聚类、序列分析等是描述性任务，回归、分类与预测是预测性任务，挖掘预测则是通过对样本数据（历史数据）的输入值和输出值进行关联性的学习，得到预测模型，再利用该模型对未来的输入值进行输出值预测。

9.1.1 预测的概念及分类

1. 预测是构造和使用模型来评估无样本类或评估给定样本可能具有的属性或值空间

预测方法的分类体系如下：

（1）按预测技术的差异性分类，可分为定性预测技术、定量预测技术、定时预测技术、定比预测技术和评价预测技术等 5 类。

（2）按预测方法的客观性分类，可分为主观预测方法和客观预测方法两类。前者主要依靠经验判断，后者主要借助数学模型。

（3）按预测分析的途径分类，可分为直观型预测方法、时间序列预测方法、计量经济模型预测方法、因果分析预测方法等。

（4）按采用模型的特点分类，可分为经验预测模型和正规的预测模型。后者包括时间关系模型、因果关系模型、结构关系模型等。

2. 预测常用方法

通常分为定性分析与定量分析两大类。

1）定性分析预测法

定性分析预测法是指预测者根据历史与现实的观察资料，依赖个人或集体的经验与智慧，对未来的发展状态和变化趋势作出判断的预测方法。包括相关类推法、头脑风暴法、对比类推法、Delphi 法等。

定性预测的优点是注重事物发展在性质方面的预测，具有较大的灵活性，易于充分发挥人的主观能动作用，且简单、迅速，省时省费用。

定性预测的缺点是易受主观因素影响，依靠人的经验和主观判断能力，从而易受人的知识、经验和能力的束缚和限制，尤其是缺乏对事物发展作数量上的精确描述。

2）定量分析预测法

定量分析预测法是依据调查研究所得的数据资料，运用统计方法和数学模型，近似地揭示预测对象及其影响因素的数量变动关系，建立对应的预测模型，据此对预测目标做出定量测算的预测方法。定量分析预测法通常有时间序列分析预测法和因果分析预测法。

时间序列分析预测法是根据连续性预测原理，将历史观察值形成时间数列，对预测目标的未来状态和发展趋势做出定量判断的预测方法。时间序列分析预测法包括 ARIMA 模型预测、马尔科夫预测、趋势外推法、指数平滑法等。

因果分析预测法是根据因果性预测原理，以分析预测目标同其他相关事件及现象之间的因果联系，对市场未来状态与发展趋势做出预测的定量分析方法。因果分析预测法包括回归分析预测、灰色预测、投入产出分析预测法等。

定量预测的优点是注重事物发展在数量方面的分析，重视对事物发展变化的程度作数量上的描述，更多地依据历史统计资料，较少受主观因素的影响。

定量预测的缺点是不够灵活，不宜处理有较大波动的资料，难于预测事物的变化。

预测与分类的相同点是两者都需要建立模型，且都用模型来估计未知值，需要注意的是预测的主要估计方法是回归分析、线性回归和非线性回归，主要是用于估计连续值，即量化属性值。而不同点是，分类主要用于预测类标号（分类属性值），即预测数据对象的离散类别。

9.1.2 预测性能评价

选择合适的预测模型,对于提高预测精度、保证预测质量有十分重要的意义。

1. 模型选择标准

(1) 精度原则。在实际应用中,往往用预测的准确性来评价一个模型。精度是选择模型时所需考虑的十分重要的因素,预测模型的选择是用预测精度对各种模型进行比较。一般认为增加模型的显含变量、采取联立方程可以提高预测精度,但也不能过分精确化,否则模型可能很复杂,从而无法进行实际的参数估计,在模型的精度与稳定性方面应适当权衡。

(2) 简单性原则。对于任意两个模型,若都能同样地表达所研究的问题,具有相同的精度应选择较小模型方程、选择较简单方程形式和较少的经济变量。

(3) 费用原则。预测的准确性与进行预测所投入的人力、物力、财力密切相关,高的预测精度常伴随着高的费用,在选择计量模型时应对提高精度所获得的利益及由此所花费的代价进行权衡,有时为较低费用不得不牺牲一些精度,选择较简单的模型。

(4) 建模目的原则。到底选择哪一类预测模型,往往取决于模型将具体用于什么目的,对于这个目的,模型的最优结构是什么以及怎样来衡量。

2. 模型的预测性能评价

模型的预测性能通常决定于从多个样本中抽样检测时所建模型的评价标准,即要比较目标变量的预测值与实际值,并从这些比较中计算出某些平均误差的度量。

推荐质量的评价标准主要有两类:统计精度度量方法和决策支持精度度量方法。统计精度度量方法中的平均绝对偏差(Mean Absolute Error,MAE)可以直观地对推荐质量进行度量,是最常用的一种度量方法。平均绝对偏差(MAE)通过计算预测的用户评分与实际的用户评分之间的偏差度量预测的准确性,MAE 越小,推荐质量越高。决策支持精度方法一般使用接受操作特征来度量,将预测看作一个布尔操作,预测结果只能是好或坏。

模型的预测性能评价的影响因素主要有两个:一是评价模型预测性能的测试集个案的预测值;二是模型数据所需要的输入值与测试集的输出预测值。

一般情况下,所建立的模型用到的数据观测值都附有一个时间标签,而且这个时间标签给出了数据的一个内在顺序,为防止出现不可靠估计值的风险,可以用交叉检验来获取评价指标的可靠估计值。交叉检验过程的观测值用于建立模型的训练集的时间越久,估计值的可靠性越强,通常情况下选用给定未来的观测值会更容易地预测过去的观测值。这种方法的影响因素有两个:一是对观测值的抽样方式不能采用随机抽样或其他可能改变时间序列数据的时间标签的过程;二是数据集的选定,不能选择太小的训练集,因为它不仅会影响模型的性能,还可能会导致模型不稳定。

当选定的预测模型为分类模型时,评价指标用误分率或者正确率来衡量。也有其他评价预测分类模型的方法,如精度、召回率(真正率、灵敏度)、误分类代价等。

分类模型评估主要有以下 3 种方法。

(1) Hold 方法。将数据分成训练集和验证测试集,一般按照 2∶1 比例划分,以验证集指标进行评估。

(2) 自助法(bootstrap)。进行 N 次有放回的均匀采样,获得的数据集作为训练集,原数据集中未被抽中的其他观测形成验证集,可重复 K 次来计算准确率。

（3）交叉验证。数据集小的时候，可将数据集分成 K 个不相交的等大数据子集，每次将 $K-1$ 个数据集作为训练集，将 1 个数据集作为验证（测试）集，得到 K 个测试精度，然后计算 K 个测试指标的平均值。当 $K=N$ 时，为留一交叉验证；当每个部分中保持目标变量的分布时，为分层交叉验证。

3．预测的一般步骤

（1）筛选预测变量，选择主要因素作为预报因子（即自变量）。

（2）收集或计算数据。

（3）异常值处理：①剔出；②修补。

（4）绘图并进行分析，观察规律，选择合适的预测模型进行预测。

（5）进行误差分析，分析预测的效果，对预测模型给出评价。

需要注意的是，有多种评价模型的标准来考查计算模型的预测性能。当预测用于不同问题的模型评价时，模型的准则也会不同。当然，每一个评价标准也不是毫无破绽的，都会有影响其正确率的因素。因此，在选择模型以及进行评价时应考虑多种因素。

9.1.3　常用的预测方法

由于预测的对象、目标、内容和期限不同，形成了多种多样的预测方法。据不完全统计，目前世界上共有近千种预测方法，其中较为成熟的有 150 多种，用得最为普遍的有 10 多种。又以回归分析预测、ARIMA 模型预测（时间序列模型预测）、灰色预测、马尔科夫预测最为常见。

1．回归分析预测法

回归分析预测法是在分析自变量和因变量之间相关关系的基础上，建立变量之间的回归方程，并将回归方程作为预测模型，根据自变量在预测期的数量变化来预测因变量关系。它是一种具体的、实用性很强的常用预测方法。

回归分析预测法有多种类型，依据相关关系中自变量的个数不同分类，可分为一元回归分析预测法和多元回归分析预测法。在一元回归分析预测法中，自变量只有一个；而在多元回归分析预测法中，自变量有两个以上。依据自变量和因变量之间的相关关系不同，可分为线性回归预测和非线性回归预测。

2．ARIMA 模型预测

ARIMA 模型的全称为自回归移动平均模型（Autoregressive Integrated Moving Average Model），是由博克思（Box）和詹金斯（Jenkins）于 20 世纪 70 年代初提出的一个著名的时间序列预测方法，又称为 box-jenkins 模型。其中，ARIMA（p,d,q）称为差分自回归移动平均模型，AR 是自回归，p 为自回归项，MA 为移动平均，q 为移动平均项数，d 为时间序列成为平稳时所作的差分次数。

ARIMA 模型的基本思想是：将预测对象随时间推移而形成的数据序列视为一个随机序列，用一定的数学模型来近似描述这个序列。这个模型一旦被识别后就可以从时间序列的过去值及现在值来预测未来值。

时间序列预测法是通过编制和分析时间序列，根据时间序列所反映出来的发展过程、方向和趋势进行类推或延伸，借以预测下一段时间或以后若干年可能达到的水平。时间序列适用于具有明显趋势性与季节性的数据，预测未来较为准确，时间序列中的指数平滑法只要有上期实际数与上期预测值就可以计算下期的预测值,是一种短期的预测方法。

ARIMA 模型预测的基本步骤如下:

(1) 根据时间序列的散点图、自相关函数和偏自相关函数图以 ADF 单位根检验其方差、趋势及其季节性变化规律,对序列的平稳性进行识别。

(2) 对非平稳序列进行平稳化处理。如果数据序列是非平稳的,并存在一定的增长或下降趋势,则需要对数据进行差分处理;如果数据存在异方差,则需对数据进行技术处理,直到处理后的数据的自相关函数值和偏相关函数值无显著地异于零。

(3) 根据时间序列模型的识别规则,建立相应的模型。若平稳序列的偏相关函数是截尾的,而自相关函数是拖尾的,可断定序列适合 AR 模型;若平稳序列的偏相关函数是拖尾的,而自相关函数是截尾的,则可断定序列适合 MA 模型;若平稳序列的偏相关函数和自相关函数均是拖尾的,则序列适合 ARIMA 模型。

(4) 进行参数估计,检验是否具有统计意义。

(5) 进行假设检验,诊断残差序列是否为白噪声。

(6) 利用已通过检验的模型进行预测分析。

3. 灰色预测

灰色预测法是一种对含有不确定因素的系统进行预测的方法。灰色预测通过鉴别系统因素之间发展趋势的相异程度进行关联分析,并对原始数据进行生成处理来寻找系统变动的规律,生成有较强规律性的数据序列,然后建立相应的微分方程模型,从而预测事物未来发展趋势的状况。用等时距观测到的反应预测对象特征的一系列数量值构造灰色预测模型,预测未来某一时刻的特征量,或达到某一特征量的时间。

与时间序列分析、多元回归分析等需要较多数据的统计模型不一样,灰色预测模型只需要较少的观测数据即可。因此,对于只有少量观测数据的项目来说,灰色预测是一种有用的工具,在用于不确定性显著和缺乏数据的数据集中应用时准确性较强。

4. 马尔科夫预测

马尔科夫预测技术是应用马尔科夫链的基本原理和方法研究分析时间序列的变化规律,并预测其未来变化趋势的一种技术。它以系统状态转移图为分析对象,对服从给定状态转移率、系统的离散稳定状态或连续时间变化状态进行分析。

马尔科夫预测从预测点的出发,考虑决策需要来划分现象所处的状态,是一种时间离散、状态离散的动力学模型。它运用了状态转移概率矩阵,完全描述了所研究的对象的变化过程,因此对于长期发展数据或波动性较大的数据进行预测较为准确。

下面主要围绕灰色预测 GM(1,1)模型及其应用、马尔科夫预测及应用进行阐述。

9.2 灰色预测

灰色系统理论认为,对既含有已知信息又含有未知或非确定信息的系统进行预测,是对在一定方位内变化的、与时间有关的灰色过程的预测。尽管过程中所显示的现象是随机的、杂乱无章的,但毕竟是有序的、有界的,因此这一数据集合具备潜在的规律。灰色预测就是利用这种规律建立灰色模型,对灰色系统进行预测。

灰色系统是介于白色系统和黑色系统之间的一种系统,产生于控制理论的研究中,以

"部分信息已知、部分信息未知"的"小样本""贫信息"不确定型系统为研究对象。白色系统是指一个系统的内部特征是完全已知的,即系统的信息是完全充分的。而黑色系统是指一个系统的内部信息对外界来说是一无所知的,只能通过它与外界的联系来加以观测研究。灰色系统内的一部分信息是已知的,另一部分信息是未知的,系统内各因素间具有不确定的关系。区别白色和灰色系统的重要标志是系统各因素间是否有确定的关系。

灰色预测方法是以灰色模型(G,M)为核心的模型体系来进行定量分析的,从而可以对系统行为特征的发展变化规律进行估计预测,也可以对行为特征的异常情况发生的时刻进行估算,并对在特定时区内发生事件的未来时间发布情况作研究等。

9.2.1 灰色预测原理及应用场景

1. 灰色预测的类型(见表 9-1)

(1) 数列预测。即对某个系统或因素发展变化到未来某个时刻出现的数量大小进行预测,是"定时求量"。

(2) 灾变预测。即通过灰色模型预测异常值出现的时刻,预测异常值什么时候出现在特定时区内,是"定量求时"。

(3) 系统预测。通过对系统行为特征指标建立一组相互关联的灰色预测模型,预测系统中众多变量间的相互协调关系的变化。

表 9-1　主要灰色预测算法及使用场景

预测方法	模型基本算法	适用场景
数列预测	$x^{(0)}=[x^{(0)}(1),x^{(0)}(2),\cdots,x^{(0)}(n)x^{(0)}(n+1),\cdots,x^{(0)}(n+m)]$ 预测数列是 $x^{(0)}(n+m)$,由原始数列累加而成	对某个系统或因素发展变化到未来某个时刻出现进行预测
灾变预测	$Y=\left[\left(w-\dfrac{b}{a}\right)e^{at}+\dfrac{b}{a}\right]e^{at}+\dfrac{b}{a}+\sum_{i=1}^{p}c_iY_{t-1}+\sum_{j=1}^{q}c_jD_{t-1}+D_t$ 第一项为灰色模型 GM(1,1) 部分,也可以认为是趋势项;后三项为 ARMA 模型部分,也可以认为是随机波动项	对某个时刻是否发生某种"突变",或某个异常值可能在某个时间出现等进行预测
系统预测	$y=f(x_{(1)},x_{(1)},\cdots,x_{(1)})+c$ 线性关系: $y=a+b_{(1)}x_{(1)}+b_{(1)}x_{(1)}+\cdots+b_{(1)}x_{(1)}+c$ 趋势预测模型——准确预测变量的变化趋势; 回归模型预测——准确描述预测变量与影响因素之间的关系	对某个系统中一些变量或因素间相互协调发展变化的大小及其数量进行预测

上述灰色预测方法的共同特点如下:

(1) 允许少量数据预测。

(2) 允许对灰因果律事件进行预测。例如,灰因白果律事件:在粮食生产预测中,影响粮食生产的因子很多,多到无法枚举,故为灰因;然而粮食产量却是具体的,故为白果,粮食预测即为灰因白果律事件预测。白因灰果律事件:在开发项目前景预测时,开发项目的投入是具体的,为白因;而项目的效益暂时不太清楚,为灰果,项目前景预测即为灰因白果律事件预测。

(3) 具有可检验性,具体包括:建模可行性的级比检验(事前检验),建模精度检验(模型检验),预测的滚动检验(预测检验)。

灰色模型 (G,M) 是将"随机过程"当作灰色过程,随机变量当作灰变量。灰色预测中的灰是指信息不完全,基于灰色动态 GM(n,h) 模型的预测称为灰色预测。灰色系统建立的 GM(n,h) 模型是微分方程的时间连续函数模型,其中 n 表示微分方程的阶数,h 表示变量的个数。灰色模型是利用离散随机数经过生成变为随机性被显著削弱而且较有规律的生成数,建立起的微分方程形成的模型,这样便于对变化过程进行研究和描述。

2. GM(1,1) 模型

GM(1,1) 模型是指一阶、一个变量的微分方案预测模型,是一阶单序列的线性动态模型,用于时间序列预测的离散形式的微分方程模型。

模型符号含义为:

G	M	(1,	1)
↑	↑	↑	↑
Grey	Model	1 阶方程	1 个变量

设时间序列 $X^{(0)}$ 有 n 个观察值,$X^{(0)} = \{x^{(0)}(1), x^{(0)}(2), \cdots, x^{(0)}(n)\}$,为了使其成为有规律的时间序列数据,对其作一次累加生成运算,即令

$$x^{(1)}(t) = \sum_{n=1}^{t} x^{(0)}(n)$$

从而得到新的生成数列 $X^{(1)}$,$X^{(1)} = \{x^{(1)}(1), x^{(1)}(2), \cdots, x^{(1)}(n)\}$,称

$$x^{(0)}(k) + ax^{(1)}(k) = b$$

为 GM(1,1) 模型的原始形式。

新的生成数列 $X^{(1)}$ 一般近似地服从指数规律。生成的离散形式的微分方程具体的形式为

$$\frac{\mathrm{d}x}{\mathrm{d}t} + ax = u$$

即表示变量对于时间的一阶微分方程是连续的。求解上述微分方程,解为

$$x(t) = ce^{-a(t-1)} + \frac{u}{a}$$

当 $t=1$ 时,$x(t) = x(1)$,即 $c = x(1) - \frac{u}{a}$,则可根据上述公式得到离散形式微分方程的具体形式为

$$x(t) = \left(x(1) - \frac{u}{a}\right)e^{-a(t-1)} + \frac{u}{a}$$

其中,ax 项中的 x 为 $\frac{\mathrm{d}x}{\mathrm{d}t}$ 的背景值,也称初始值;a、u 是待识别的灰色参数,a 为发展系数,反映 x 的发展趋势;u 为灰色作用量,反映数据间的变化关系。

按白化导数定义有

$$\frac{\mathrm{d}x}{\mathrm{d}t} = \lim_{\Delta t \to 0} \frac{x(t + \Delta t) - x(t)}{\Delta t}$$

显然,当时间密化值定义为 1,$\Delta t \to 1$ 时,则上式可记为

$$\frac{\mathrm{d}x}{\mathrm{d}t} = \lim_{\Delta t \to 1}(x(t + \Delta t) - x(t))$$

这表明 $\dfrac{\mathrm{d}x}{\mathrm{d}t}$ 是一次累减生成的,因此该式可以改写为

$$\frac{\mathrm{d}x}{\mathrm{d}t} = x^{(1)}(t+1) - x^{(1)}(t)$$

当 Δt 足够小时,变量 x 从 $x(t)$ 到 $x(t+\Delta t)$ 是不会出现突变的,所以取 $x(t)$ 与 $x(t+\Delta t)$ 的平均值作为当 Δt 足够小时的背景值,即 $x^{(1)} = \dfrac{1}{2}\big[x^{(1)}(t)+x^{(1)}(t+1)\big]$。紧邻均值 MEAN 生成序列,将其值带入式子,整理得

$$x^{(0)}(t+1) = -\frac{1}{2}a\big[x^{(1)}(t)+x^{(1)}(t+1)\big] + u(\text{此为 GM}(1,1)\text{ 模型的均值形式})$$

由其离散形式可得到如下矩阵:

$$\begin{bmatrix} x^{(0)}(2) \\ x^{(0)}(3) \\ \vdots \\ x^{(0)}(n) \end{bmatrix} = a \begin{bmatrix} -\dfrac{1}{2}\big[x^{(1)}(1)+x^{(1)}(2)\big] \\ -\dfrac{1}{2}\big[x^{(1)}(2)+x^{(1)}(3)\big] \\ \vdots \\ -\dfrac{1}{2}\big[x^{(1)}(n-1)+x^{(1)}(n)\big] \end{bmatrix} + u$$

令

$$Y = \big[x^{(0)}(2), x^{(0)}(3), \cdots, x^{(0)}(n)\big]^{\mathrm{T}}$$

$$B = \begin{bmatrix} -\dfrac{1}{2}\big[x^{(1)}(1)+x^{(1)}(2)\big] & 1 \\ -\dfrac{1}{2}\big[x^{(1)}(2)+x^{(1)}(3)\big] & 1 \\ \vdots & \\ -\dfrac{1}{2}\big[x^{(1)}(n-1)+x^{(1)}(n)\big] & 1 \end{bmatrix}$$

$$\alpha = (a \quad u)^{\mathrm{T}}$$

称 Y 为数据向量,B 为数据矩阵,α 为参数向量,则上式可简化为线性模型:

$$Y = B\alpha$$

由最小二乘估计方法得

$$\alpha = \binom{a}{u} = (B^{\mathrm{T}}B)^{-1}B^{\mathrm{T}}Y$$

上式即为 GM$(1,1)$参数 a、u 的矩阵辨识算式,式中的 $(B^{\mathrm{T}}B)^{-1}B^{\mathrm{T}}Y$ 是数据矩阵 B 的广义逆矩阵。

将求得的 a、u 值代入微分方程的解式,则

$$\hat{x}^{(1)}(t) = \Big(x^{(1)}(1) - \frac{u}{a}\Big)\mathrm{e}^{-a(t-1)} + \frac{u}{a}$$

其中,上式是 GM$(1,1)$模型的时间响应函数形式,将其离散化得

$$\hat{x}^{(1)}(t) = \Big(x^{(0)}(1) - \frac{u}{a}\Big)\mathrm{e}^{-a(t-1)} + \frac{u}{a}$$

对序列 $\hat{x}^{(1)}(t)$ 再作累减生成可进行预测,即

$$\hat{x}^{(0)}(t) = \hat{x}^{(1)}(t) - \hat{x}^{(1)}(t-1)$$
$$= \left(x^{(0)}(1) - \frac{u}{a}\right)(1 - e^{a})e^{-a(t-1)}$$

上式便是 GM(1,1) 模型预测的具体计算式。

GM(1,1) 模型的检验包括残差检验、关联度检验、后验差检验三种形式。

每种检验对应不同功能：残差检验属于算术检验，对模型值和实际值的误差进行逐点检验；关联度检验属于几何检验范围，通过考察模型曲线与建模序列曲线的几何相似程度进行检验，关联度越大，模型越好；后验差检验属于统计检验，对残差分布的统计特性进行检验，用于衡量灰色模型的精度。

若用原始经济时间序列建立的 GM(1,1) 模型检验不合格或精度不理想时，要对建立的 GM(1,1) 模型进行残差修正或提高模型的预测精度。修正的方法是建立 GM(1,1) 的残差模型。

GM(n,h) 模型是微分方程模型，可用于对描述对象作长期、连续、动态的反映。从原则上讲，某一灰色系统无论内部机制如何，只要能将该系统原始表征量表示为时间序列 $x(0)(t)$，并有 $x(0)(t) > 0$，即可用 GM 模型对系统进行描述。

灰色预测模型所需要的数据量比较少、预测比较准确、精度较高，样本分布不需要有规律性、计算简便、检验方便，适用于中长期预测。灰色预测在工业、农业、商业环境、社会、军事等领域中都有广泛的应用。

9.2.2 灰色预测实例

【例 9-1】 若一个公司 1999—2008 年的利润为：[89677, 99215, 109655, 120333, 135823, 159878, 182321, 209407, 246619, 300670]，现根据此几年的数据预测该公司未来几年的利润情况，以此来判断公司未来的发展走势，以及公司在 10 年后可以取得多少利润收入。

（1）步骤

首先，需要对原始数据进行累加，并构建累加矩阵 B 与常数变量，在灰色模型构建过程中求解出灰参数。其次，将求解出来的灰参数代入已经构建好的预测模型进行预测。最后，将原始数据与预测数据进行比较，以此来判断构建模型的优劣。

（2）数学建模过程

构建 GM(1,1) 模型，即构建一个累加矩阵。构建后，将后面数据依次代入累加矩阵，求出预测值：

$$x^{(0)} = (x^{(0)}(1), x^{(1)}(2), \cdots, x^{(10)}(n))$$

作 1-AGO，得

$$x^{(0)} = (x^{(1)}(1), x^{(1)}(2), \cdots, x^{(1)}(n))$$
$$= (x^{(1)}(1), x^{(1)}(1) + x^{(0)}(2), \cdots, x^{(1)}(n-1) + x^{(0)}(n))$$

则 GM(1,1) 模型相应的微分方程为

$$\frac{dx^{(1)}}{dt} + ax^{(1)} = u$$

式中，a 为发展灰数。

设 $\hat{a} = (\alpha, u)^\mathrm{T}$，按最小二乘法得到

$$\hat{a} = (B^\mathrm{T}B)^{-1}B^\mathrm{T}Y_1$$

设

$$B = \begin{bmatrix} -0.5(x^{(1)}(1) + x^{(1)}(2)) & 1 \\ -0.5(x^{(1)}(2) + x^{(1)}(3)) & 1 \\ \vdots & \vdots \\ -0.5(x^{(1)}(n-1) + x^{(1)}(n)) & 1 \end{bmatrix}$$

$$y_1 = \begin{bmatrix} x^{(0)}(2) \\ x^{(0)}(3) \\ \vdots \\ x^{(0)}(n) \end{bmatrix}$$

求解方程，得到

$$\hat{x}^{(1)}(k+1) = \left(x^{(0)}(1) - \frac{u}{a}\right)e^{-ak} + \frac{u}{a}$$

最后，用计算出来的模型预测后 10 年的数据。

（3）实现过程

程序中虽然仅仅需要预测该公司 10 年以后的情况，但数据可修改，可以把 $(n+10)$ 里的 10 改成其他需要的数字。具体实现过程如下：

```
1.  clc,clear;
2.  syms a b;
3.  c=[a b]';
4.  A=[89677,99215,109655,120333,135823,159878,182321,209407,246619,300670];
5.  B=cumsum(A);                  %原始数据累加
6.  n=length(A);
7.  for i=1:(n-1)
8.  C(i)=(B(i)+B(i+1))/2;         %生成累加矩阵
9.  end
10. %计算待定参数的值
11. D=A;D(1)=[];
12. D=D';
13. E=[-C;ones(1,n-1)];
14. c=inv(E*E')*E*D;
15. c=c';
16. a=c(1);b=c(2);
17. %预测后续数据
18. F=[];F(1)=A(1);
19. for i=2:(n+10)                 %只推测后 10 个数据,可以从此修改
20. F(i)=(A(1)-b/a)/exp(a*(i-1))+b/a;
21. end
22. G=[];G(1)=A(1);
23. for i=2:(n+10)                 %只推测后 10 个数据,可以从此修改
24. G(i)=F(i)-F(i-1);             %得到预测出来的数据
25. end
26. t1=1999:2008;
27. t2=1999:2018;                  %多 10 组数据
```

```
28.  G
29.  h=plot(t1,A,'o',t2,G,'-');  %原始数据与预测数据的比较
30.  set(h,'LineWidth',1.5);
```

图 9-1 所示为运行结果。其中,圈中表示的是原始数据,而线是预测数据的拟合结果。

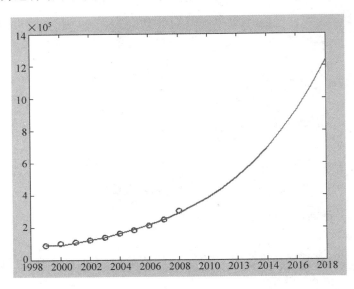

图 9-1　灰色预测拟合效果图

通过图 9-1 所示的预测数据与原始数据的比较,使用灰色预测对数据进行建模后,建立好的灰色预测模型与原始数据基本一致(图 9-1 中的圆圈和直线基本拟合),构建好的模型基本能解释 1999—2008 年的数据。在后面的 2009—2018 年 10 年的数据情况走势呈现上升趋势,公司的利润到 2018 年可达到 120 万元以上。

9.3　马尔科夫预测

马尔科夫预测是一种基于马尔科夫链预测事件发生的概率方法,即根据事件的目前状况预测其将来各个时刻或时期变动状况的一种预测方法。马尔科夫是俄国的一位著名数学家(1856—1922 年),20 世纪初他在研究中发现,自然界中有一类事物的变化过程仅与事物的近期状况有关,而与事物的过去状态无关。针对这种情况,他提出了马尔科夫预测方法。该方法具有较高的科学性、准确性和适应性,在现代预测方法中占有重要地位。

9.3.1　马尔科夫预测原理

马尔科夫预测公式的基本原理是利用现状之间的状态概率矩阵预测事件发生的状态及其发展变化趋势。

1. 马尔科夫预测公式

在自然界和人类社会中,事物的变化过程可分为两类:一类是确定性变化过程;另一类是不确定性变化过程。确定性变化过程是指事物的变化是由时间唯一确定的,即对给定

的时间,人们事先能够确切地知道事物变化的结果。因此,变化过程可用时间的函数来描述。不确定性变化过程是指对给定的时间,事物变化的结果不止一个,事先人们不能肯定哪个结果一定发生,即事物的变化具有随机性。这样的变化过程称为随机过程。一个随机试验的结果有多种可能性,在数学上用一个随机变量(或随机向量)来描述。在许多情况下,人们不仅需要对随机现象进行一次观测,而且要进行多次,甚至接连不断地观测它的变化过程。这就要研究无限多个,即一簇随机变量。随机过程理论就是研究随机现象变化过程的概率规律性的。客观事物的状态不是固定不变的,它可能处于这种状态,也可能处于那种状态,往往条件变化,状态也会发生变化状态即为客观事物可能出现或存在的状况,用状态变量表示状态:

$$X_t = i \begin{pmatrix} i = 1,2,\cdots,N \\ t = 1,2,\cdots \end{pmatrix}$$

它表示随机运动系统,在时刻 $t(t=1,2,\cdots)$ 所处的状态 $i(i=1,2,\cdots,N)$。

状态转移:客观事物由一种状态到另一种状态的变化。设客观事物有 $E_1,E_2,E_3,\cdots,E_N$ 共 N 种状态,每次只能处于一种状态,每一状态都具有 N 个转向(包括转向自身),即由于状态转移是随机的。因此,必须用概率来描述状态转移可能性的大小,将这种转移的可能性用概率描述,就是状态转移概率。

概率论中的条件概率 $P(A|B)$ 就表达了由状态 B 向状态 A 转移的概率,简称为状态转移概率。对于由状态 E_i 转移到状态 E_j 的概率,称它为从 i 到 j 的转移概率,即

$$P_{ij} = P(E_j|E_i) = P(E_i \rightarrow E_j) = P(x_{n+1} = j|x_n = i)$$

它表示由状态 E_i 经过一步转移到状态 E_j 的概率。

状态转移概率矩阵具有如下特征:

$$0 \leqslant P_{ij} \leqslant 1, \quad i,j = 1,2,\cdots,N$$

$$\sum_{j=1}^{N} P_{ij} = 1, \quad i = 1,2,\cdots,N$$

$$P = \begin{bmatrix} P_{11} & P_{12} & \cdots & P_{1N} \\ P_{21} & P_{22} & \cdots & P_{2N} \\ \vdots & \vdots & \vdots & \vdots \\ P_{N1} & P_{N2} & \cdots & P_{NN} \end{bmatrix}$$

通常称矩阵 P 为状态转移概率矩阵,没有特别说明步数时,一般均为一步转移概率矩阵。矩阵中的每一行称为概率向量。状态转移概率的估算方法有主观概率法和统计估算法两种。

状态转移概率矩阵完全描述了所研究对象的变化过程。正如前面所指出的,上述矩阵为一步转移概率矩阵。对于多步转移概率矩阵,可按如下定义解释:

若系统在时刻 t_0 处于状态 i,经过 n 步转移,在时刻 t_n 处于状态 j。那么,根据这种转移的可能性的数量描述称为 n 步转移概率。记为

$$P(x_n = j|x_0 = i) = P_{ij}^{(n)}$$

并令

$$P^{(n)} = \begin{pmatrix} P_{11}^{(n)} & P_{12}^{(n)} & \cdots & P_{1N}^{(n)} \\ P_{21}^{(n)} & P_{22}^{(n)} & \cdots & P_{2N}^{(n)} \\ \vdots & \vdots & \vdots & \vdots \\ P_{N1}^{(n)} & P_{N2}^{(n)} & \cdots & P_{NN}^{(n)} \end{pmatrix}$$

称 $P^{(n)}$ 为 n 步转移概率矩阵。

多步转移概率矩阵,除具有一步转移概率矩阵的性质外,还具有以下的性质。

(1) $P^{(n)} = P^{(n-1)} P$

(2) $P^{(n)} = P^n$

记 t_0 为过程的开始时刻,$P_i(0) = \{(X_0 = X(t_0) = i)\}$,则称 $P(0) = (P_1(0), P_2(0), \cdots, P_N(0))$,为初始状态概率向量。已知马尔科夫链的转移矩阵 $P^{(k)} = P_{ij}^{(k)}$,以及初始状态概率向量 $P(0)$,则任一时刻的状态概率分布也就确定了。

对 $k \geqslant 1$,记 $P_i(k) = P\{x_k = i\}$,则由全概率公式有

$$P_i(k) = \sum_{j=1}^{N} P_j(0) P_{ij}^{(k)}, \quad i = 1, 2, \cdots, N, k \geqslant 1$$

若记向量 $P(k) = (P_1(k), P_2(k), \cdots, P_N(k))$,则上式可写为 $P(k) = P(0)P^{(k)} = P(0)P^k$,由此可得 $P(k) = P(k-1)P$。

在马尔科夫链中,已知系统的初始状态和状态转移概率矩阵,就可推断出系统在任意时刻可能所处的状态。

马尔科夫预测模型对数据的基本要求是,数据必须具有一定的稳定性,因此必须有足够的统计数据才能保证预测的精度与准确性,这也是马尔科夫预测模型用于预测的一个最为基本的条件。

当用马尔科夫链来描述实际问题时,首先要确定它的状态空间及参数集合,然后确定它的一步转移概率。关于这一概率的确定,可以由问题的内在规律得到,也可以由过去经验给出,还可以根据观测数据来估计。

2. 马尔科夫预测特性

(1) 过程的离散性:系统的发展在时间上可离散化为有限或可列状态。

(2) 过程的随机性:系统内部从一个状态转移到另一个状态是随机的,转变可能性由系统内部的历史的概率值表示。

(3) 过程的无后效性:系统内部的转移概率值与当前状况有关,而与以前的状态无关,凡是满足以上个特点的系统,均可用马尔科夫链研究其过程,并可预测未来。

3. 马尔科夫预测应用

马尔科夫预测方法已被广泛应用于各行各业中。

如在对股票价格的预测方面,可利用马尔科夫链这个工具对股票的价格(指数)的走势进行预测。将股票价格按照具体上涨幅度和下降的幅度分为下跌、持平、上涨三个状态,将前一阶段的某一支或某几支股票的价格走势作为训练集来构建马尔科夫模型,根据股价的三个状态出现的频率构造转移矩阵,将具体的某一个交易日的股票价格作为初始的概率分布,从而来进行未来的股票价格走势的预测。

将马尔科夫模型应用于教师的教学评价、师资队伍建设和度量学生的解决能力等教育问题。首先将考生成绩记为优、良、中、及格、不及格等几个状态,然后统计学生从一时刻到

下一时刻成绩的转移次数,从而构造转移矩阵,最后得出预测。

在农业方面,先将农业收成变化分为丰收、平收和歉收三个状态,然后根据往年的收成构建无穷多次状态转移后所得到的状态概率(终极状态概率),在该地区收成变化的无穷多次状态转移过程中可以看出三个状态出现的概率,最后得出预测方向。

9.3.2 马尔科夫预测实例

【例 9-2】 某计算机机房的一台计算机经常出现故障,研究者每隔 15 分钟观察一次计算机的运行状态,收集了 24 小时的数据(共作 97 次观察)。用 1 表示正常状态,用 0 表示不正常状态,所得的数据序列如下:

11100100111111 1001111011111100111111111110001101101
111011011010111101110111110 1111110011011111 100111

求其一步转移概率,并分析预测计算机运行状态。

解:设 $X_n (n=1, \cdots, 97)$ 为第 n 个时段的计算机状态,可以认为它是一个马氏链,状态空间 $E=\{0,1\}$,编写如下 Matlab 程序。

```
a1=  '1110010011111100111101111110011111111110001101101';
a2=  '111011011010111101110111110111111100110111111100111' ;
a=[ a1 a2];
f00=length(findstr('00',a))
f01=length(findstr('01',a))
f10=length(findstr('10',a))
f11=length(findstr('11',a))
```

可把上述数据序列保存到纯文本文件 data1.txt 中,存放在 Matlab 下的 work 子目录中,编写程序如下:

```
Clc,clear
clc,clear
 -209-
format rat
fid=fopen('data1.txt','r');
a=[];
while (~feof(fid))
    a=[a fgetl(fid)];
end
for i=0:1
    for j=0:1
        s=[int2str(i),int2str(j)];
        f(i+1,j+1)=length(findstr(s,a));
    end
end
fs=sum(f');
for i=1:2
    f(i,:)=f(i,:)/fs(i);
end
f
```

求得 96 次状态转移的情况是：

0 0 →,8 次；　　　1 0 →,18 次；

0 1 →,18 次；　　　1 1 →,52 次。

因此，一步转移概率可用频率近似地表示为

$$P_{00} = P\{X_{0+1}=0 \mid X_n=0\} \approx \frac{8}{8+18} = \frac{4}{13}$$

$$P_{01} = P\{X_{0+1}=1 \mid X_n=0\} \approx \frac{8}{8+18} = \frac{9}{13}$$

$$P_{10} = P\{X_{0+1}=0 \mid X_n=1\} \approx \frac{18}{18+52} = \frac{9}{35}$$

$$P_{11} = P\{X_{0+1}=1 \mid X_n=1\} \approx \frac{52}{18+52} = \frac{26}{35}$$

由此分析可知，在 97 次观察中，连续不正常状态概率可用频率约 0.31，正常状态概率可用频率约 0.74，从正常状态到不正常状态和从不正常状态到正常状态，可用频率分别为 0.26、0.69。不正常的状态近半，应及时维护。

【例 9-3】　市场占有率预测。设某地有 1600 户居民，某产品只有甲、乙、丙 3 厂家在该地销售。经调查，8 月买甲、乙、丙三厂的户数分别为 480、320、800。9 月里，原买甲的有 48 户转买乙产品，有 96 户转买丙产品；原买乙的有 32 户转买甲产品，有 64 户转买丙产品；原买丙的有 64 户转买甲产品，有 32 户转买乙产品。用状态 1、2、3 分别表示甲、乙、丙三厂，试求：

(1) 转移概率矩阵。

(2) 9 月市场占有率的分布。

(3) 12 月市场占有率的分布。

解：(1) $E\{1,2,3\}$，状态 1、2、3 分别表示甲、乙、丙的用户。

$$P_{11} = \frac{480-48-96}{480}=0.7, \quad P_{12}=\frac{48}{480}=0.1, \quad P_{13}=\frac{96}{480}=0.2$$

$$P_{21}=\frac{32}{320}=0.1, \quad P_{22}=\frac{320-32-64}{320}=0.7, \quad P_{23}=\frac{64}{320}=0.2$$

$$P_{31}=\frac{64}{800}=0.08, \quad P_{32}=\frac{32}{800}=0.04, \quad P_{33}=\frac{800-64-32}{800}=0.88$$

一步转移概率矩阵为

$$P_1 = \begin{bmatrix} 0.7 & 0.1 & 0.2 \\ 0.1 & 0.7 & 0.2 \\ 0.08 & 0.04 & 0.88 \end{bmatrix}$$

(2) 将 8 月甲、乙、丙的户数除以 1600，得初始概率分布（即初始市场占有率）

$$P(0) = (p_1^{(0)}, p_2^{(0)}, p_3^{(0)}) = (0.3 \quad 0.2 \quad 0.5)$$

所以 9 月市场占有率分布为

$$P(1) = P(0)P_1 = (0.3 \quad 0.2 \quad 0.5)\begin{bmatrix} 0.7 & 0.1 & 0.2 \\ 0.1 & 0.7 & 0.2 \\ 0.08 & 0.04 & 0.88 \end{bmatrix}$$

$$= (0.27 \quad 0.19 \quad 0.54)$$

(3) 12月份市场占有率分布为

$$P(4)=P(0)P_1^4$$

$$=(0.3\quad 0.2\quad 0.5)\begin{bmatrix}0.7 & 0.1 & 0.2\\0.1 & 0.7 & 0.2\\0.08 & 0.04 & 0.88\end{bmatrix}^4$$

$$=(0.2319\quad 0.1698\quad 0.5983)$$

9.4 离群点诊断

9.4.1 离群点的定义、来源及分类

1. 离群点的概念

离群点是与数据集中其余部分不服从相同统计模型的数据。离群点是一个数据对象，它明显不同于其他数据对象，好像它是被其他不同的机制产生似的。如图9-2中的Cluster 3，只包括一个点，可以认为是这群数据的离群点。

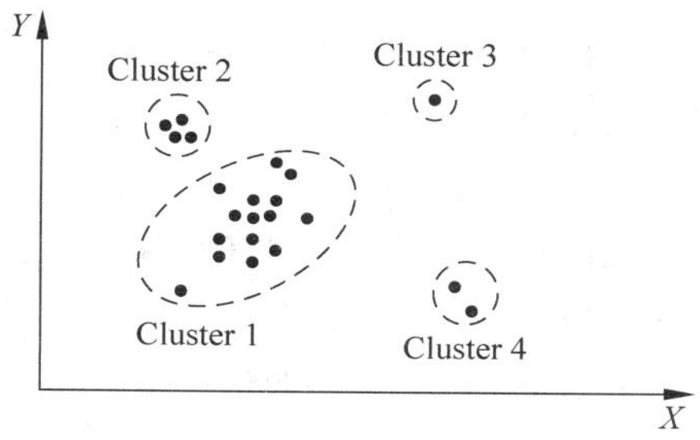

图9-2 离群点示意图

2. 离群点的来源

(1) 客体的异常行为导致，如欺诈、入侵、不寻常的实验结果。

(2) 数据测量和收集误差、度量或执行错误所导致的。例如，一个人的年龄为−999可能是由于对年龄的默认设置所产生的。

(3) 数据变量内在特性引起。例如，顾客新的购买模式、基因突变等；一个公司的首席执行官的工资远远高于公司其他雇员的工资，也可成为一个离群点。

3. 离群点的诊断

许多数据挖掘算法试图使离群点的影响最小化，或者排除它们，但由于一个人的"噪声"可能是另一个人的信号，这可能导致重要的隐藏信息丢失。换句话说，离群点本身可能是非常重要的。例如，在欺诈探测中，离群点可能预示着欺诈行为。离群点探测和分析是一个有趣的挖掘任务，被称为离群点挖掘或离群点诊断，简称诊断。

离群点诊断有着广泛的应用，如用于欺诈监测，探测不寻常的信用卡使用或电信服务；在市场分析中可用于确定极低或极高收入的客户的消费行为；或者在医疗分析中用于发现对多种治疗方式的不寻常的反应。

离群点诊断需注意的问题。

(1) 在时间序列样本中发现离群点一般比较困难，因为这些离群点可能会隐藏在趋势、季节性或者其他变化中。

(2) 对于维度为非数值型的样本，在检测过程中需多加考虑，如对维度进行预处理等。

(3) 多维数据的离群点异常特征可能是多维度的组合，而不是单一维度就能体现的。

4. 离群点的分类

1) 从使用的主要技术路线角度分类

(1) 基于统计的离群点检测：在已知目标概率分布模型的前提下，计算该对象符合该模型的概率，对于高维数据的检验效果不佳。

(2) 基于邻近度的离群点检测：量化数据集之间的邻近度，把邻近度低的视为离群点，缺点是不适合大数据集，不能处理具有不同区域密度的数据集。

(3) 基于密度的离群点检测：定义一个密度值，一个对象的离群点得分是该对象周围密度的逆，缺点是大数据集不适用，参数选择也十分困难。

(4) 基于聚类的离群点检测：基于聚类技术来发现离群点可能是高度有效的，聚类算法产生的簇的质量对该算法产生的离群点的质量影响非常大。

2) 从类标号（正常或异常）利用程度的分类

(1) 监督的异常检测：监督的异常检测技术要求存在异常类和正常类的训练集。

(2) 非监督的异常检测：在许多实际情况下，没有提供类标号。在这种情况下，目标是将一个得分（或标号）赋予每个实例，反映该实例异常的程度。注意，可能许多互相相似的异常的值也被标记为正常，或具有较低的离群点得分。

(3) 半监督的异常检测：有时，训练数据包含被标记的正常数据，但是没有包含关于异常对象的信息。在半监督的情况下，目标是使用有标记的正常对象的信息，对于给定的对象集合，发现异常标号或得分。

近年来，有不少学者结合关联规则、模糊集和人工智能等其他技术提出了一些新的离群点诊断算法，比较典型的有基于关联的方法、基于模糊集的方法、基于人工神经网络的方法、基于遗传算法或克隆选择的方法等。

9.4.2 各种离群点诊断技术

下面主要对常用的离群点诊断技术进行介绍。

1. 基于统计方法的离群点

基于统计/模型的离群点诊断，首先建立一个数据模型。如果一个对象不能很好地同该模型拟合，即不服从该分布，则它是一个异常。如果模型是簇的集合，则异常是不明显属于任何簇的对象。如今，大部分用于离群点检测的统计学方法都基于构建一个概率分布模型。如果假定数据具有高斯分布，则基本分布的均值和标准差可以通过计算数据的均值和标准差来估计，并考虑对象有多大可能符合该模型。离群点是符合数据的概率分布模型时具有低概率的数据对象。如果数据使用回归模型，则离群点是相对远离预测值的对象。基于统计/模型的离群点诊断对于高维数据的检验效果不佳。

基于似然的离群点是在预先知道数据类和离群类分布的情况下，使用似然概率对某一点进行概率估计的方法。算法要求离群数据集规模远远小于常规数据集规模，即使一个数据进入离群集后常规集的分布也不受明显影响，同时在离群数据取均值分布时，移入离群集每个对象总似然的影响也是固定的。基于似然的算法常把数据集下分布概率较低的数据对象判定为离群点。基于似然的离群点检测算法见表 9-2。

表 9-2　基于似然的离群点检测算法

1：初始化：在时刻 t= 0,令其包含所有对象,A_t 为空。
　　$LL_t(D)= LL(M_t)+ LL(A_t)$,所有数据的对数似然。
2：for 属于 M_t 的每点 xdo
3：将 x 从 M_t 移动到 A_t,产生新的数据集合 A_{t+1} 和 M_{t+1}。
4：计算 D 的新的对数似然 $LL_{t+1}(D)= LL(M_{t+1})+ LL(A_{t+1})$
5：计算差 $\Delta= LL_t(D)- LL_{t+1}(D)$
6：if$\Delta> c$。其中,c 是某个阈值 then
7：将 x 分类为异常。即 M_{t+1} 和 A_{t+1} 保持不变,并成为当前的正常和异常集。
8：endif
9：endfor

　　基于统计的方法检测出来的离群点很可能被不同的分布模型检测出来,可以说产生这些离群点的机制可能不唯一,解释离群点的意义时经常发生多义性,这是基于统计方法的一个缺陷。其次,基于统计的方法在很大程度上依赖于待挖掘的数据集是否满足某种概率分布模型,模型的参数、离群点的数目等对基于统计的方法都有非常重要的意义,而确定这些参数通常都比较困难。而且,基于统计的离群检测算法大多只适合于挖掘单变量的数值型数据,目前几乎没有多元的不一致检验。对于图像和地理数据,数据集的维数可能是高维的。因此,在实际生活中,以上缺陷都大大限制了基于统计的方法的应用,使得它主要局限于科研计算,算法的可移植性较差。

　　2. 基于距离的离群点检测

　　通常可以在对象之间定义邻近性度量,并且许多检测方法都基于邻近度。异常对象是那些远离大部分其他对象的对象,这一邻域的许多技术都基于距离,称作基于距离的离群点检测技术。尽管基于距离/邻近度的异常检测的思想存在若干变形,但是其基本概念是很简单的,即如果一个对象远离大部分点,那么就是异常的。这种方法比统计学方法更容易使用,因为确定数据集的有意义的邻近性度量比确定它的统计分布更容易。度量方法如下：

　　(1)基于距离的离群点最早是由 Knorr 和 Ng 提出的,他们把记录看作高维空间中的点,离群点被定义为数据集中与大多数点之间的距离都大于某个阈值的点,通常被描述为 $DB(pct,d_{min})$。数据集 T 中一个记录 O 称为离群点,当且仅当数据集 T 中至少有 pct 部分的数据与 O 的距离大于 d_{min}。换一种角度考虑,记 $M=N\times(1-pct)$,离群检测即判断与点 O 距离小于 d_{min} 的点是否多于 M。若是,则 O 不是离群点；否则,O 是离群点。

　　(2)孤立点是数据集中到第 k 个最近邻居的距离最大的 n 个对象。

　　(3)孤立点是数据集中与其 k 个最近邻居的平均距离最大的 n 个对象。

　　基于距离的方法与基于统计的方法相比,不需要用户拥有任何领域知识,与序列异常相比,在概念上更加直观。基于距离的离群点定义包含并拓展了基于统计的思想,即使数据集不满足任何特定分布模型,它仍能有效地发现离群点,特别是当空间维数比较高时,算法的效率比基于密度的方法要高得多。具体实现算法时,首先给出记录间距离的度量,常用的是绝对距离(曼哈顿距离)、欧氏距离和马氏距离。在给出了距离的度量,并对数据进行一定的预处理后,任意给定参数 pct 和 d_{min} 就可以根据离群的定义来检测离群。

　　基于距离的方法理论上能处理任意维、任意类型的数据,当属性数据为区间标度等非数值属性时,记录之间的距离不能直接确定,通常需要把属性转换为数值型,再按定义计算记录之间的距离。当空间的维数大于三维时,由于空间的稀疏性,距离不再具有常规意义,因此很难为异常给出合理的解释。针对这个问题,可通过将高维空间映射转换到子空间的办法来解决数据稀疏的问题。R. Agarwal 等人曾试着用这种投影变换的方法来挖掘离群。

总的来说,基于距离的离群检测方法具有比较直观的意义,算法比较容易理解,因此在实际中应用得比较多。但对于大型数据集可能代价过高,而且该方法对参数的选择也是敏感的。因为它使用全局阈值,不能考虑密度的变化带来的影响,所以不能处理具有不同密度区域的数据集。

目前比较成熟的基于距离的离群点检测的算法有基于索引的算法,嵌套循环算法和基于单元的算法。

(1) 基于索引的算法(Index-based):给定一个数据集合,基于索引的算法采用多维索引结构 R-树、k-d 树等,来查找每个对象在半径 d 范围内的邻居。

(2) 嵌套循环算法(Nested-loop):嵌套循环算法和基于索引的算法有相同的计算复杂度,避免了索引结构的构建,试图最小化 I/O 的次数。

(3) 基于单元的算法(cell-based):在该方法中,数据空间被划为边长等于 $d/(2*k^{1/2})$ 的单元。每个单元有两个层围绕着它。第一层的厚度是一个单元,而第二层的厚度是 $[2*k^{1/2}-1]$。该算法逐个单元地对异常点计数,而不是逐个对象地进行计数。

三种类型的基于距离的离群检测算法中,基于索引的算法和嵌套循环算法需要 $O(k*n^2)$ 的时间开销,因此在大数据集中还有待于改进;而基于单元的算法,虽然与 n 具有线性的时间关系,但是它与 k 成指数关系,这限制了它在高维空间中的应用。此外,基于单元的算法还需要事先确定参数 pct、$d_{\min}$ 和单元的大小,这使得算法的可行性比较差;高维空间中,基于索引的方法由于需要事先建立数据集的索引,建立与维护索引也要用大量的时间。因此这三种算法对于高维空间中的大数据集来说,效率都不高。

3. 基于密度的离群点检测

基于密度的离群点检测算法一般建立在距离的基础上,某种意义上来说,基于密度的方法是基于距离的方法中的一种,主要思想是将记录之间的距离和某一给定范围内记录数这两个参数结合起来,从而得到"密度"的概念,然后根据密度判定记录是否为离群点。

从基于密度的观点来说,离群点是在低密度区域中的对象。基于密度的离群点的一个对象的离群点得分是该对象周围密度的逆。

逆距离:基于密度的离群点检测与基于邻近度的离群点检测密切相关,因为密度通常也用邻近度定义。一种常用的定义密度的方法是,定义密度为到 k 个最近邻的平均距离的倒数。如果该距离小,则密度高,反之亦然。逆距离体现了这种思想。

$$\text{Density}(x,k) = \left[\frac{\sum y \in N(x,k) distance(x,y)}{|N(x,k)|} \right]$$

其中,$N(x,k)$ 是包含 x 的 k-最近邻的集合,$|N(x,k)|$ 是该集合的大小,而 y 是一个最近邻。半径内的点计数一个对象周围的密度等于该对象指定距离 d 内对象的个数。如果参数 d 太小,则许多正常点可能具有低密度,从而具有高离群点得分;如果 d 太大,则许多离群点可能具有与正常点类似的密度和离群点得分。

另一种密度定义是使用 DBSCAN 聚类算法使用的密度定义,即一个对象周围的密度等

于该对象指定距离 d 内对象的个数。

　　使用任何密度定义检测离群点具有与基于邻近度的离群点方案类似的特点和局限性。特殊地,当数据包含不同密度的区域时,它们不能正确地识别离群点。为了正确地识别这种数据集中的离群点,需要使用与对象邻域相关的相对密度来定义。常见的两种方法如下:

　　(1) 基于 SNN 密度的聚类算法。

　　(2) 用点 x 的密度与它的最近邻 y 的平均密度之比作为相对密度。使用相对密度的离群点检测(局部离群点要素 LOF 技术):首先,对于指定的近邻个数(k),基于对象的最近邻计算对象的密度 Density(x,k),由此计算每个对象的离群点得分;然后,计算点的邻近平均密度,并使用它们计算点的平均相对密度。这个量指示 x 是否在比它的近邻更稠密或更稀疏的邻域内,并取作 x 的离群点得分。

　　Breunig 等人提出的基于局部离群因子的异常检测算法 LOF 是基于密度方法的一个典型算法。它首先产生所有点的 MinPts 邻域及 MinPts 距离,并计算到其中每个点的距离;对低维数据,利用网格进行 k-NN 查询,计算时间为 $O(n)$;对中维或中高维数据,采用如 X2 树等索引结构,使得进行 k2NN 查询的时间为 $O(\log n)$,整个计算时间为 $O(n\log n)$;对特高维数据,索引结构不再有效,时间复杂度提高到 $O(n^2)$。然后计算每个点的局部异常因子,最后根据局部异常因子来挖掘离群。

　　LOF 算法中,离群点被定义为相对于全局的局部离群点,与传统离群点的定义不同,离群点不再是一个二值属性(要么是离群点,要么是正常点)。LOF 算法中充分体现了"局部"的概念,每个点都给出了一个离群程度,离群程度最强的那几个点被标记为离群点。与基于距离的方法一样,这些方法具有 $O(m^2)$ 时间复杂度(m 是对象个数),对于低维数据可以将它降低到 $O(m\log m)$。通过观察不同的 k 值,然后取最大离群点得分来解决参数难以选择的问题,但仍然需要选择这些值的上下界。这样,即使数据具有不同密度的区域也能够很好地处理。表 9-3 给出相对密度离群点得分算法。

表 9-3　相对密度离群点得分算法

```
1: (k 是最近邻个数)
2: forall 对象 xdo
3: 确定 x 的 k-最近邻 N(x,k)
4: 使用 x 的最近邻(即 N(x,k)中的对象),确定 x 的密度 density(x,k)
5: endfor
6: forall 对象 xdo
7: 由公式置 outlierscore(x,k)= averagerelativedensity(x,k)
8: endfor
```

9.4.3　基于聚类的离群点技术

　　聚类分析可以发现强相关的对象组,而异常检测需要发现不与其他对象强相关的对象。因此,聚类分析可以用于异常检测。

　　一种利用聚类分析检测离群点的方法是丢弃远离其他簇的小簇。该方法可与任何聚类技术一起使用,但是需要最小簇大小和小族与其他簇之间距离的阈值。通常,该过程可以简化为丢弃小于某个最小尺寸的所有簇。这种方案对簇个数的选择高度敏感。

另一种方法是,首先聚类所有对象,然后评估对象属于簇的程度。对于基于原型的聚类,可以用对象到它的簇中心的距离来度量对象属于簇的程度。对于基于目标函数的聚类技术,可以使用该目标函数来评估对象属于任意簇的程度。特殊情况下,如果删除某个对象导致该目标的显著改进,则我们可以将该对象分类为离群点。例如,对于 K 均值,删除远离其相关簇中心的对象能够显著地改进该簇的误差的平方和(SSE)。

在基于聚类的离群点中,如果一个对象是基于聚类的离群点,则该对象不强属于任何簇。解释也适应于检测离群点的基于密度和基于连接度的聚类方法。即对于基于密度的聚类,如果某对象的密度太低,则该对象不强属于任何簇。对于基于连接度的聚类,如果它不是强连接的,则该对象不强属于任何簇。

基于聚类离群点检测需要处理的问题如下。

1. 对象属于簇的程度

对于基于原型的聚类,评估对象属于簇的程度的方法有多种。一种方法是度量对象到簇原型的距离,并用它作为该对象的离群点得分。然而,如果簇具有不同的密度,则可以构造一种离群点得分,通过计算到该簇其他对象的距离,度量对象到簇原型的相对距离。如果簇可以准确地用高斯分布建模,可使用 Mahalanobis(马氏距离)进行度量。

对于具有目标函数的聚类技术,可以将离群点得分赋予对象。得分反映删除该对象后对目标函数的改进。如果基于目标函数评估点的计算是密集的,可使用基于距离的方法的计算方法。

2. 离群点对初始聚类的影响

在通过聚类检测离群点方法中,由于离群点会影响聚类的效果,所以可能存在结果是否有效的问题。最简单处理该问题的方法是先对对象进行聚类,删除离群点,对对象再次进行聚类。

另一种方法是取一组不能很好地拟合任何簇的特殊对象,这组对象代表潜在的离群点。随着聚类过程中簇的变化进展,将不再强属于任何簇的对象添加到潜在的离群点集合,并测试该集合中的对象,如果它现在强属于一个簇,就可以将它从潜在的离群点集合移出。聚类过程结束时还留在该集合中的点被分类为离群点,但这样可能并不能保证得到最优解,结果也不能保证比前面的简单方法更好。

3. 使用簇的个数

在使用聚类进行离群点检测时,因为对象是否被认为是离群点可能依赖于簇的个数。而 K 均值等聚类技术并不能自动地确定簇的个数。这使得簇的个数确定成为一个问题。例如,10 个对象相互可能相对靠近,但如果能找出几个大簇,则可能将它们作为某个较大簇的一部分。在这种情况下,10 个点都可能被视为离群点。但是,如果指定足够多的簇个数,它们可能形成一个簇。

可以采用对不同的簇个数重复分析的方法不断进行验证。另一种方法是找出大量小簇,其思路是较小的簇趋向于更加凝聚,而且如果在存在大量小簇时一个对象还是离群点,那么它多半是一个真正的离群点,不利的一面是一组离群点可能形成小簇而逃避检测。

因为 K 均值等聚类技术的时间和空间复杂度是呈线性或接近线性,所以基于此类算法的离群点检测技术可能是非常有效的。而且,因为簇的定义采用离群点的补的概念,因此可能导致同时发现簇和离群点。但产生的离群点集和它们的得分可能非常依赖所用的簇的个数和数据中离群点的存在性,聚类算法产生的簇的质量成为重要因素。

9.4.4　其他的离群点检测方法

其他的离群算法大致可归纳为基于偏移、深度、小波变换、高维数据、关联、粗糙集与人工神经网络的离群点检测方法。

1. 基于偏移的离群点检测方法

基于偏移的离群点检测方法(Deviation-based Outlier Detection)通过对测试数据集的主要特征的检验来发现离群点。目前,基于偏移的检测算法大多都停留在理论研究上,实际应用比较少。以下三种是比较有代表性的。

(1) Arning 采用了系列化技术的方法来挖掘离群,由于算法对异常存在的假设太过理想化,对于现实复杂数据的效果不太好,经常遗漏了不少的异常数据。

(2) Sarawagi 应用 OLAP 数据立方体引进了发现驱动的基于偏移的异常检测算法。

(3) Jagadish 给出了一个高效的挖掘时间序列中异常的基于偏移的检测算法。

基于偏移的异常点检测不采用统计检验或者基于距离的度量值来确定异常对象,它是模仿人类的思维方式,通过观察一个连续序列后,迅速地发现其中某些数据与其他数据明显的不同来确定异常点对象,即使不清楚数据的规则。

基于偏移的异常点检测常用序列异常技术和 OLAP 数据立方体技术。

基于偏差的异常点数据的检测方法的时间复杂度通常为 $O(n)$,n 为对象个数。基于偏差的异常点检测方法计算性能优异,但由于事先并不知道数据的特性,异常存在的假设太过理想化,因而相异函数的定义较为复杂,对现实复杂数据的效果不太理想。

2. 基于深度的离群点检测方法

基于深度的离群点检测算法的主要思想是先把每个记录标记为 k 维空间里的一个点,然后根据深度的定义(常用 Peeling Depth Contours 定义)给每个点赋予一个深度值,再根据深度值按层组织数据集,深度值较小的记录是离群点的可能性比深度值较大的记录大得多,因此算法只需要在深度值较小的层上进行离群检测,不需要在深度值大的记录层进行离群检测。基于深度的方法比较有代表性的有 Struyf 和 Rousseeuw 提出的 DEEPLOC 算法。虽然,理论上基于深度的识别算法可以处理高维数据,然而实际计算时,k 维数据的多层操作中,若数据集记录数为 N,则操作的时间复杂度为 $\Omega(N[k/2])$。因此,当维数 $k\leqslant 3$ 时处理大数据集有可能是高效的;而当 $k\geqslant 4$ 时,算法的效率就非常低。也就是说,已有的基于深度的离群点检测算法无法挖掘高维数据,只有当 $k\leqslant 3$ 时计算效率才是可接受的。

实现方法:首先计算每个点与其邻近点的深度值之差,然后选择出合适的阈值,最后根据阈值识别离群点。

3. 基于小波变换的离群点检测算法

基于小波变换的方法主要在高频分量上提取边缘,忽略了低频分量的部分边缘信息。然而由于图像的真实边缘常常与许多噪声点混杂在一起,在抑制噪声的过程中丢失了一些细节边缘,所以检测到的边缘会存在不连续的现象。

4. 基于高维数据的离群点检测算法

以上几种异常检测算法一般都是在低维数据上进行的,对于高维数据的效果并不是很好。与低维空间不同,高维空间中的数据分布得比较稀疏,这使得高维空间中数据之间的距离尺度及区域密度不再具有直观的意义。基于这个原因，Aggarwal 和 Yu 提出一个高维数据异常检测的方法。它把高维数据集映射到低维子空间，根据子空间映射数据的稀疏程度来确定异常数据是否存在。

高维数据的异常点检测的主要思想是：首先它将数据空间的每一维分成小个等深度区间。所谓等深度区间是指将数据映射到此一维空间上后，每一区间包含相等的 $f = 1/k$ 的数据点。然后在数据集的 k 维子空间中的每一维上各取一个等深度区间，组成一个 k 维立方体，则立方体中的数据映射点数为一个随机数。设 $n(D)$ 为 k 维立方体 D 所包含的点数，N 为总的点数。定义稀疏系数 $s(D)$ 如下：

$$s(D) = \frac{n(D) - N \times f^k}{\sqrt{N \times f^k (1 - f^k)}}$$

$s(D)$ 为负数时，说明立方体 D 中数据点低于期望值。$s(D)$ 越小，说明该立方体中数据越稀疏。异常检测问题可以转化成为寻找映射在 $k(k$ 作为参数输入 $)$ 维子空间上的异常模式以及符合这些异常模式的数据。

5. 基于关联的离群点检测方法

经典的离群点挖掘算法往往都只能适用于连续属性的数据集，而不适用于离散属性的数据集。这是因为很难对离散属性数据进行求和、求距离等数字运算。因此，He 等人提出了基于关联的方法，通过发现频繁项集来检测离群点。其基本思想是：由关联规则算法发现的频繁模式反映了数据集中的普遍模式，而不包含频繁模式或只包含极少频繁模式的数据就是离群点。也就是说，频繁模式不会包含在作为离群点的数据中。He 定义了一种利用频繁模式度量离群点偏差程度的频繁模式离群点因子(FPOF)。

$$FPOF(t) = \frac{\sum x \subseteq support}{\left| FPS(D, minisupport) \right|}$$

式中，t 表示数据集 D 的一个对象；$FPS(D, minisupport)$ 表示 D 中满足最小支持度的频繁模式集，并通过对频繁项集的挖掘和比较给出了检测离群点的新算法 FindFPOF。

基于关联的方法能对离散属性的数据集进行离群点挖掘，时间复杂度较高，适用于较大规模的离散属性数据集。与经典的挖掘算法相比，这是其最大的优点，但该算法也存在两个明显的缺点：①当离散的属性数据量较小时，算法的准确度明显降低；②频繁模式的挖掘是非常耗时的工作，频繁模式的保存也需要大量的存储空间。

6. 基于粗糙集的离群点检测方法

基于粗糙集的离群点挖掘算法对离群点的判断是吸取基于密度的离群点挖掘算法的思想，采用一个值作为离群点元素的孤立程度的度量值，不再直接利用二分法判断离群点。

基于粗糙集的方法采用两步策略检测离群点。首先，在给出的数据集 X 中找出极小异常集。然后，在极小异常集中检测出 X 的离群点。因此，基于粗糙集的方法只需要判断极小异常集中的点是否为离群点。

基于粗糙集的方法仅能适用于离散属性数据集，对连续属性数据集需要进行离散化处理，算法的时间复杂度不高。这是由于粗糙集理论本身的限制，此外参考阈值的选取需要靠经验给出，也是一个有待解决的问题。

7. 基于人工神经网络的离群点检测方法

应用计算智能进行离群点挖掘检测已经成为近年来离群点挖掘的研究热点之一。比较典型的人工智能方法有基于神经网络的方法、基于遗传算法的方法和基于克隆选择的方法等。

比较典型的人工神经网络的方法是由 Williams 等提出的 RNN 神经网络离群点挖掘算法。通过使用通用的统计数据集和专用的数据挖掘数据集作为数据源,对 RNN 方法和经典的离群点挖掘算法进行比较,发现 RNN 对大的数据集和小的数据集都令人满意,但当使用包含放射状的离群点(Radial Outliers)时,性能下降。BNN 算法的时间复杂度不高,适用于小规模和大规模数据集,不适用于包含放射状离群点的数据集。

基于人工神经网络的离群点检测方法的主要缺陷是事先需要用不含离群点的训练样本对网络进行训练,然后再用训练好的神经网络对离群点进行检测,并且对挖掘出的离群点的意义也难以解释。此外,由于神经网络泛化能力的限制,针对一种运用实践而训练的网络智能用于该类实践数据,并且迭代次数是人为控制的,这对训练效果有很大的影响,在运行效率上和准确率上要有所折中。

8. 经典的离群点挖掘算法比较

表 9-4 列出了以上所讲的基于统计的方法、基于距离的方法、基于偏离的方法、基于密度的方法、基于聚类的方法中的经典的离群点挖掘算法及适应性比较。

表 9-4　经典的离群点挖掘算法比较

挖掘方法	典型算法	优　缺　点	时间复杂度	适　用　性
基于统计的方法	ESD 算法	易于理解,只适于单变量的数据模型,需要知道数据集的先验知识	时间复杂度与数据集大小、采用的概率分布模型有关	单变量,且服从特定的概率分布。不适合高维数据
基于距离的方法	索引算法	I/O 代价较高,性能与索引结构有关	$O(kn^2)$	适用于低维空间中的数据集
	NL 算法	理论上可以处理任意维,减少了算法的 I/O 次数	$O(kn^2)$	适用于较低维、小规模的数据集
	单元算法	在低维空间时,优于 NL 算法	$O(ck+n)$	一般适用于较低维的数据集
基于偏离的方法	序列异常技术	概念有缺陷,遗漏了不少离群点	时间复杂度与数据集大小呈线性关系	适用性不高
	OLAP 数据立方体技术	搜索空间大,人工探测困难	时间复杂度不高	可适用于多维数据中
基于密度的方法	LOF 算法	提出了孤立强度的概念,可以识别局部异常。对离群点的稀疏和异常难于解释	低维 $O(n)$ 中维 $O(nlogn)$ 高维 $O(n^2)$	数据集的聚类特性比较明显,求局部密度时间的代价比较低。不适用于高维空间
基于聚类的方法	聚类与离群点检测结合	先聚类后检测离群点,产生的离群点集依赖于聚类算法的选择	时间复杂度与数据集大小呈线性关系,性能高效	只适于特定的数据类型。适用于大规模的数据集

小　结

本章对数据挖掘的预测方法以及离群点诊断技术进行了讲解,包括预测的概念及分类、预测模型性能评价度量方法以及常用的预测方法中的灰色预测、马尔科夫预测、离群点诊断技术等。主要内容如下。

(1) 预测常用方法:定性分析与定量分析。

(2) 模型的性能评价标准与方法。

(3) 在总结常用的预测方法回归分析预测、ARIMA 模型预测(时间序列模型预测)、灰色预测、马尔科夫预测的基础上,重点介绍了灰色预测、马尔科夫预测,并以实例说明。

(4) 介绍了各种离群点方法,并进行了比较。包括离群点的定义、作用以及方法的分类;基于统计方法的离群点;基于距离的离群点检测;基于密度的离群点的检测;基于聚类的离群点技术等;并扩展介绍了一些新兴的离群点挖掘方法,包括基于偏移的方法、基于深度的方法、基于小波变换的方法、基于人工神经网络的方法等。

预测准确度评价＋常用预测方法.mp4(28.9MB)　　灰色预测＋马尔科夫预测概念及应用场景＋实例.mp4(19.4MB)　　异常值检测方法＋各种离群点诊断＋新兴的离群点挖掘方法.mp4(27.2MB)

习　题

1. 填空题

(1) GM(1,1)的建模步骤有,由原始数据序列 $x^{(0)}$ 计算一次累加序列 $x^{(1)}$,建立矩阵 B ,y ,后求逆矩阵 $(B^{\mathrm{T}}B)^{-1}$,根据_____求估计值 $\hat{a}$ 和 $\hat{u}$ 。

(2) 若事物在时间 i 所处的第 i 种状态,$i=1,2,\cdots,n$ 。状态空间 $s=\{s_1,s_2,\cdots,s_k\}$,则 s_i 的概率为_____

(3) 模型的预测性能通常用于从多个样本中抽样检测时所建模型的评价标准,是通过将_____的预测值与_____进行比较得到的,并从这些比较中计算某些平均误差的度量(MAE)。

(4) 灰色预测理论具有_____,不需要_____的优点,在用于不确定性显著和缺乏数据的数据中应用的准确性较强。

2. 选择题

(1) 影响预测的准确度的因素包括(　　　)。

A. 评价模型预测性能的测试集个案的预测值

B. 对观测值的抽样方式

C. 数据集的选定

D. 以上三项都包括

（2）常用的预测方法中对预测目标的函数关系有要求的方法是（　　）预测。

A. 回归　　　　　　　　　　　　B. 时间序列

C. 灰色　　　　　　　　　　　　D. 马尔科夫

（3）市场中代用产品、相互关联产品销售相互制约的预测属于（　　）预测。

A. 灰色时间序列　　　　　　　　B. 畸变

C. 系统　　　　　　　　　　　　D. 拓扑

（4）（　　）预测对某个系统中一些变量或因素间相互协调发展变化的大小及其数量进行预测。

A. 数列　　　　　B. 灾变　　　　　C. 系统　　　　　D. 回归

（5）灰色预测适用于（　　）数据。

A. 大型　　　　　B. 小型　　　　　C. 时间序列　　　　D. 多变量

（6）马尔科夫的预测特性包括（　　）。

A. 离散性　　　　B. 随机性　　　　C. 无后效性　　　　D. 以上都有

（7）经过无穷多次状态转移后所得到的状态概率称为（　　）概率。

A. 状态转移　　　B. 终极状态　　　C. 马尔科夫　　　　D. 状态

3. 简答题

（1）当我们所建立的模型所用到的数据观测值都附有一个时间标签时，通常会选用什么方式进行评价？为什么？

（2）常用的预测方法有哪几种？分析其中的利弊并简述。

（3）简单描述 GM(n,h) 模型。

（4）马尔科夫预测适用于什么样的数据？应用的模型有什么样的特点？

（5）讨论基于如下方法的异常检测方法潜在的时间复杂度：基于聚类的、基于模型的、基于距离和基于密度的。不需要专门技术的知识，而是关注每种方法的基本计算需求，如计算每个对象的密度的时间需求。

（6）考虑一个点集，其中大部分点在低密度区域，少量点在高密度区域。如果我们定义异常为低密度区域中的点，则大部分点将被分类为异常。这是对基于密度的异常定义的适当使用吗？是否需要用某种方式修改该定义？

4. 计算题

（1）通过表 9-5 中的数据用灰色预测对建立时间响应序列。

表 9-5　北方某城市 1986—1992 年交通噪声平均声级数据

年份	1986	1987	1988	1989	1990	1991	1992
声级	71.1	72.2	72.4	72.4	71.4	72.0	71.6

（2）重庆市各年份社会销售品零售总额见表 9-6，根据该表建立灰色预测模型，并预测 2010 年重庆市社会消费品零售总额。

表 9-6　各年份社会销售品零售总额　　　　单位：亿元

年份	社零总额	年份	社零总额	年份	社零总额
1997	568.19	2001	782.31	2005	1215.76
1998	619.40	2002	853.60	2006	1403.58
1999	667.01	2003	934.67	2007	1661.23
2000	719.95	2004	1068.33	2008	2064.09

（3）水库入库径流量的数据见表 9-7，试预测径流量小于 1000 万立方米的年份。

表 9-7　水库入库径流量　　　　单位：万立方米

序号	1	2	3	4	5	6	7	8	9	10
年份	1984	1985	1986	1987	1988	1989	1990	1991	1992	1993
径流量	1761	2187	2642	610	3136	863	966	1358	4042	1273
序号	11	12	13	14	15	16	17	18	19	20
年份	1994	1995	1996	1997	1998	1999	2000	2001	2002	2003
径流量	720	554	463	682	1702	592	952	408	400	4647

## 第 10 章

时间序列分析

【内容摘要】 时间序列分析方法是一类用于挖掘、分析时序数据的方法。本章将介绍时间序列的基本概念、组成因素及分类,阐述时间序列的基本模型,通过实例介绍时间序列的相关分析方法及偏差检测方法。

【学习目标】 通过本章的学习,了解时间序列数据的特殊性,理解时间序列的相关概念、模型的建立过程,同时掌握时间序列分析方法及各种偏差检测方法。可以根据不同的案例选择相应的模型及时间序列分析方法,学会时间序列在现实生活中的简单应用。

10.1 时间序列的基本概念

时间序列是指将某种现象某一个统计指标在不同时间上的各个数值,按时间先后顺序排列形成的序列。时间序列法是一种定量预测方法,亦称简单外延方法,在统计学中作为一种常用的预测手段被广泛应用。时间序列分析在第二次世界大战前应用于经济预测,第二次大战中和战后,在军事科学、空间科学、气象预报和工业自动化等部门的应用更加广泛。

时间序列分析(Time Series Analysis)是一种动态数据处理的统计方法,该方法基于随机过程理论和数理统计学方法,研究随机数据序列所遵从的统计规律,以用于解决实际问题。

1. 时间序列与随机过程

随机变量序列$\{Y_t: t=0, \pm 1, \pm 2, \pm 3, \cdots\}$称为一个随机过程,并以之作为观测时间序列的模型,已知该过程完整的概率结构是由所有Y_t的有限联合分布构成的分部族决定的,幸运的是,联合分布中的大部分信息可以通过均值、方差和协方差加以描述。

2. 均值、方差和协方差

对随机过程$\{Y_t: t=0, \pm 1, \pm 2, \pm 3, \cdots\}$,均值函数定义如下:

$$\mu_t = E(Y_t), \quad t = 0, \pm 1, \pm 2, \cdots \tag{10-1}$$

即μ_t恰是过程在t时刻的期望值,一般地,不同时刻μ_t可取不同的值。

自协方差函数$\gamma_{t,s}$定义如下:

$$\gamma_{t,s} = Cov(Y_t, Y_s), \quad t, s = 0, \pm 1, \pm 2, \cdots \tag{10-2}$$

其中,$Cov(Y_t, Y_s) = E[(Y_t - \mu_t)(Y_s - \mu_s)] = E(Y_t Y_s) - \mu_t \mu_s$。

自相关函数$\rho_{t,s}$由下式给出

$$\rho_{t,s} = Corr(Y_t, Y_s), \quad t, s = 0, \pm 1, \pm 2, \cdots \tag{10-3}$$

其中

$$Corr(Y_t, Y_s) = \frac{Cov(Y_t, Y_s)}{\sqrt{Var(Y_t)Var(Y_s)}} = \frac{\gamma_{t,s}}{\sqrt{\gamma_{t,t}\gamma_{s,s}}} \qquad (10\text{-}4)$$

3. 平稳性

根据观测记录对随机过程的结构进行统计推断时,通常必须对其做出某些简化的(大致合理的)假设,其中最重要的假设即是平稳性。时间序列平稳性的定义如下:

假定某个时间序列由某一随机过程生成,即假定时间序列 $\{Y_t: t = 0, \pm 1, \pm 2, \pm 3, \cdots\}$ 的每一个数值都是从一个概率分布中随机得到的,如果经由该随机过程所生成的时间序列满足下列条件。

(1) 均值 $E(Y_t) = m$ 是与时间 t 无关的常数。

(2) 方差 $Var(Y_t) = s^2$ 是与时间 t 无关的常数。

(3) 协方差 $Cov(Y_t, Y_s) = g(s-t)$ 是只与时期间隔 $(s-t)$ 有关,与时间 t 无关的常数。

则称经由该随机过程生成的时间序列是(弱)平稳的。该随机过程便是一个平稳的随机过程。

【例 10-1】 判断白噪声、随机游走过程的平稳性。

解:(1) 白噪声的特性如下:

$$Y_t = \mu_t, \quad \mu_t \sim IIN(0, s^2)$$

即白噪声的均值为常数零,方差为常数 s^2,所有时间间隔的协方差均为零,满足平稳性条件,因此白噪声是平稳的。

(2) 随机游走过程特性

$$Y_t = Y_{t-1} + \mu_t, \quad \mu_t \sim IIN(0, s^2)$$

其均值为常数 $E(Y_t) = E(Y_{t-1})$,但其方差 $Var(Y_t) = ts^2$ 非常数,所在随机游走过程是非平稳的。

不过,若令 $D(Y_t) = Y_t - Y_{t-1}$,则随机游走过程的一阶差分是平稳的。

$$D(Y_t) = Y_t - Y_{t-1} = \mu_t, \quad \mu_t \sim IIN(0, s^2)$$

一般地,在经济系统中,一个非平稳的时间序列通常可通过差分变换的方法转换成为平稳序列。

10.2 时间序列的组成因素及分类

1. 时间序列的组成因素

时间序列的变化受许多因素的影响,有些起着长期、决定性的作用,使其呈现出某种趋势和一定的规律性;有些则起着短期的非决定性的作用,使其呈现出某种不规则性。在分析时间序列的变动规律时,事实上不可能对每个因素一一划分开来,分别去做精确登记,但我们能将众多影响因素按照对现象变化影响的类型,划分成若干时间序列的构成因素,然后对这几类构成要素分别进行分析,以揭示时间序列的变动性规律。影响时间序列的构成因素可归纳为以下四种。

(1) 趋势:是时间序列在长时期内呈现出来的持续向上或持续向下的变动。

(2) 季节变动:是时间序列在一年内重复出现的周期性波动。它是诸如气候条件、生产条件、节假日或人们的风俗习惯等各种因素影响的结果。

（3）循环波动：是时间序列呈现出的非固定长度的周期性变动。循环波动的周期可能会持续一段时间，但与趋势不同，它不是朝着单一方向的持续变动，而是涨落相间的交替波动。

（4）不规则波动：是时间序列中除去趋势、季节变动和周期波动之后的随机波动。不规则波动通常总是夹杂在时间序列中，致使时间序列产生一种波浪形或震荡式的变动。只含有随机波动的序列称为平稳序列。

如果想对一个时间序列本身进行较深入的研究，把这些序列的以上成分分解出来，或者把它们过滤掉则会有很大帮助。如果要进行预测，最好把模型中的与以上成分有关的参数估计出来。

2. 时间序列的分类

根据不同的标准，时间序列有不同的分类方法，常用的标准及分类方法如下：

（1）按所研究对象的多少来分，有一元时间序列和多元时间序列。如某种商品的销售量数列，即为一元时间序列；如果所研究对象不仅仅是一个数列，而是多个变量，如按年、月顺序排序的气温、气压、降雨量数据等，每个时刻对应多个变量，这种序列为多元时间序列。

（2）按时间的连续性可将时间序列分为离散时间序列和连续时间序列两种。如果某一序列中的每一个序列值所对应的时间参数为间断点，则该序列就是一个离散时间序列；如果某一序列中的每个序列值所对应的时间参数为连续函数，则该序列就是一个连续时间序列。

（3）按序列的统计特性分，有平稳时间序列和非平稳时间序列两类。所谓时间序列的平稳性，是指时间序列的统计规律不会随时间的推移而发生变化。平稳序列的时序图直观上应该显示出该序列始终在一个常数的附近随机波动，而且波动的范围有界、无明显趋势及无周期特征。相对地，时间序列的非平稳性，是指时间序列的统计规律会随着时间的推移而发生变化。

（4）按序列的分布规律分，有高斯（Guassian）型时间序列和非高斯（Non-Guassian）型时间序列两类。

（5）时间序列按其所排列的指标的表现形式不同，可分为绝对指标时间序列、相对指标时间序列和平均指标时间序列。

下面详细介绍按排列的指标的表现形式不同所划分的内容，对其他划分结果感兴趣的读者可自行学习。

（1）绝对指标的时间序列。按时间顺序将一系列绝对指标排列起来形成的序列称为绝对指标时间序列。用来反映被研究现象在各个时期达到的绝对水平及其发展变化情况。绝对指标时间序列按其所反映资料的性质不同，又可分为时点序列和时期序列。

（2）相对指标的时间序列。相对指标时间序列是按时间顺序，把不同时期的相对指标排列起来所形成的序列。它反映社会现象之间相互关系的发展过程。在相对指标时间序列中，由于各个指标数值的基数不同，因此不具有可加性。

（3）平均指标时间序列。平均指标时间序列是按时间顺序，把各个时期的平均指标排列起来所形成的序列。它反映社会经济现象一般水平的发展过程和发展趋势。平均指标时间序列中各个指标数值也不具有可加性。

10.3 时间序列分析方法

时间序列分析是一种广泛应用的数据分析方法,它研究的是代表某一现象的一串随时间变化而又相关联的数字系列(动态数据),从而描述和探索该现象随时间发展变化的规律性。时间序列的分析利用的手段可以是直观简便的数据图法、指标法、模型法等。模型法相对来说更具体也更深入,能更本质地了解数据的内在结构和复杂特征,以达到控制与预测的目的。总的来说,时间序列分析方法包括以下两类。

(1) 平稳时间序列分析方法:我们知道时间序列的变动是长期趋势变动、季节变动、循环变动、不规则变动的耦合或叠加。在确定性时间序列分析中通过移动平均、指数平滑、最小二乘等方法来体现长期趋势及带季节因子的长期趋势,预测未来的发展趋势。

(2) 季节指数预测法:季节指数法是指变量在一年以内以(季)月的循环为周期特征,通过计算季节指数达到预测目的的一种方法。其操作过程为,首先分析判断时间序列数据是否呈现季节性波动。一般将3~5年的资料按(季)月展开,绘制历史曲线图,观察其在一年内有无周期性波动来作判断。

10.3.1 平稳时间序列分析方法

平稳性是用来描述时间序列数据统计性态的特有术语。时间序列平稳性是指凭以推测经济系统(或其相关变量)在未来可能出现的状况,亦即预测经济系统(或其相关变量)的走势,是我们建立经济计量模型的主要目的。基于随机变量的历史和现状来推测其未来,则是我们实施经济计量和预测的基本思路。这就需要假设随机变量的历史和现状具有代表性或可延续性。换句话说,随机变量的基本特性必须能在包括未来阶段的一个长时期里维持不变,否则基于历史和现状来预测未来的思路便是错误的。

样本时间序列展现了随机变量的历史和现状,所谓随机变量基本性态的维持不变也就是要求样本数据时间序列的本质特征仍能延续到未来。我们用样本时间序列的均值、方差、协(自)方差来刻画该样本时间序列的本质特征。于是,我们称这些统计量的取值在未来仍能保持不变的样本时间序列具有平稳性。可见,一个平稳的时间序列指的是:遥想未来所能获得的样本时间序列,我们能断定其均值、方差、协方差必定与眼下已获得的样本时间序列等同。相反,如果样本时间序列的本质特征只存在于所发生的当期,并不会延续到未来,亦即样本时间序列的均值、方差、协方差非常数,则这样一个过于独特的时间序列不足以昭示未来,我们便称这样的样本时间序列是非平稳的。

形象地理解,平稳性就是要求经由样本时间序列所得到的拟合曲线在未来的一段期间内仍能顺着现有的形态"惯性"地延续下去;如果数据非平稳,则说明样本拟合曲线的形态不具有"惯性"延续的特点,也就是基于未来将要获得的样本时间序列所拟合出来的曲线将迥异于当前的样本拟合曲线。

可见,时间序列平稳是经典回归分析赖以实施的基本假设,只有基于平稳时间序列的预测才是有效的。如果数据非平稳,则作为大样本下统计推断基础的"一致性"要求便被破坏,基于非平稳时间序列的预测也就失效。

10.3.2　季节指数预测法

季节指数法是根据时间序列中的数据资料所呈现的季节变动规律性,对预测目标未来状况作出预测的方法。

在市场销售中,一些商品如电风扇、冷饮、四季服装等往往受季节影响而出现销售的淡季和旺季之分的季节性变动规律。掌握了季节变动规律,就可以利用它来对季节性的商品进行市场需求量的预测。

利用季节指数预测法进行预测时,时间序列的时间单位或是季或是月,变动循环周期为4 季或者 12 个月。运用季节指数进行预测,首先用统计方法计算出目标的季节指数,以测定季节变动的规律性。然后在已知季度的平均值的条件下,预测未来某个月(季)的预测值。

简单季节指数法是根据呈现季节变动的时间序列资料,用求算术平均法直接计算各月或各季节的指数,据此达到预测目的的一种方法。

简单季节指数法的一般步骤如下:

(1) 收集历年(通常至少三年)各月或各季的统计资料。

(2) 求出各年同月或同季观察值的平均数(用 A 表示)。

(3) 求出历年间所有月份或季度的平均值(用 B 表示)。

(4) 计算各月或各季度的季节指数:$C = A/B$。

(5) 根据未来年度的全年趋势预测值,求出各月或各个季度的平均趋势预测值,然后乘以相应季节指数,得出未来年度内各月和各季度包括季节变动的预测值 $Y_t = (a + bT)C_i$。其中,C_i 为第 i 季度的季节指数($i = 1,2,3,4$),a 为待定系数,b 为待定系数,T 为预测期季度数。

一年 4 个季度的季度指数之和为 400%,每个季度季节指数平均数为 100%。季节变动表现为各季的季节组数围绕 100% 上下波动,表明各季销售量与全年平均数的相对关系。

10.4　时间序列模型

对于平稳离散时间信号,常用时间序列描述方法进行研究,由此提出时间序列模型法。它是采用各种随机差分方程表示时间序列信号的模型。在时间序列模型分析中,自回归模型、滑动平均模型和自回归滑动平均模型是三种常见的标准线性模型。下面,我们将介绍时间序列模型中几种比较经典的模型。

10.4.1　ARMA 模型

ARMA(p,q)(自回归滑动平均模型)是研究时间序列的重要方法,由自回归 AR(P) 模型和滑动平均模型 MA(q) 两部分组成。因此自回归滑动平均模型(Auto-Regressive and Moving Average Model,ARMA)比 AR 模型与 MA 模型有较精确的谱估计及比较优良的谱分辨性能,但是其参数估算比较烦琐。

自回归模型(AR)的平稳条件:滞后算子多项式

$$\varphi(B) = 1 - \beta_1 B - \beta_2 B^2 - \cdots - \beta_p B^p \tag{10-5}$$

的根在单位圆外,即 $\varphi(B) = 0$ 的根大于 1。

滑动平均模型（MA）：如果时间序列 Y_t 满足

$$Y_t = \varepsilon_t + \alpha_1 \varepsilon_{t-1} + \alpha_2 \varepsilon_{t-2} + \cdots + \alpha_q \varepsilon_{t-q} \tag{10-6}$$

则称时间序列 Y_t 为服从 q 阶移动平均模型。

移动平均模型平稳的条件是：任何条件下都平稳。

由此可见，如果时间序列 Y_t 满足

$$Y_t = \beta_0 + \beta_1 Y_{t-1} + \beta_2 Y_{t-2} + \cdots + \beta_p Y_{t-p} + \varepsilon_t + \alpha_1 \varepsilon_{t-1} + \alpha_2 \varepsilon_{t-2} + \cdots + \alpha_q \varepsilon_{t-q} \tag{10-7}$$

则称时间序列 Y_t 为服从 (p,q) 阶自回归滑动平均混合模型（ARMA），或者记为 $\varphi(B)Y_t = \theta(B)\varepsilon_t$。

10.4.2　ARIMA 模型

ARIMA(p,d,q)（自回归滑动平均求和模型）是一种比指数模型更精细的模型，是 Box-Jenkins 在 1987 年引入的。从模型的中文名字，我们大多可以了解到模型的框架以及模型的基本参数：AR——自回归模型；P——自回归项；MA——移动平均模型；q——移动平均项数；d 则为时间序列成为平稳时间序列所做的差分次数；I 则为一个时间序列的周期和趋势。

ARIMA 的基本思想是，将我们所要预测的时间序列视为一个随机的序列，然后找出适合数据序列的模型进行拟合，由于 ARIMA 使用的数据序列是平稳的序列，也就是序列的均值、方差和自协方差与时间的绝对水平无关，分布特征不变，我们所研究的观测值可以看作从同一总体中抽出的样本，有比较成熟的经典的数理统计方法进行预处理。

这样，可以适用不同经济环境，具有短期预测能力较强的特点。

ARIMA 模型的实质是 ARMA 模型。在我们研究时间序列的过程中，一个完整的时间序列往往会由季节、趋势和随机干扰三个部分组成。如果我们能够把季节和趋势从数据序列中过滤掉，只对剩下的建模进行分析可能更便捷与可靠。

10.4.3　ARCH 模型

自回归条件异方差模型（Autoregressive Conditional Heteroscedasticity，ARCH）由恩格尔（Engle. R）于 1982 年首次提出，此后在计量经济领域中得到迅速发展，尤其是在金融时间序列分析中。

ARCH 模型反映了随机过程的一种特殊特性，即方差随时间变化而变化，且具有丛集性、波动性，已广泛地应用于金融领域的建模及研究过程中。

对于一般的回归模型

$$y_t = x_t'\beta + u_t \quad u_t \sim N(0, \sigma_u^2) \tag{10-8}$$

如果随机扰动项的平方 u_t^2 服从 AR(p) 过程，即

$$u_t^2 = \alpha_0 + \alpha_1 u_{t-1}^2 + \cdots + \alpha_p u_{t-p}^2 + \varepsilon_t \tag{10-9}$$

式中，ε_t 是相互独立的白噪声序列，并且 $\varepsilon_t \sim N(0, \lambda_\varepsilon^2)$，则称模型是自回归条件异方差模型，简记为 ARCH 模型，记作 $u_t \sim ARCH(p)$。

ARCH 模型通常用于对主体模型的随机扰动项进行建模，把当期随机扰动项的方差设定为以前各期误差项平方的线性函数，以便充分地提取残差中的信息，使最终的模型残差项 ε_t 为白噪声。

判断模型残差序列是否存在 p 阶的 ARCH 过程,通常是对于残差项进行拉格朗日乘数检验(ARCH LM Test)。

对残差平方 $e_t^2(e_t = y_t - x_t'\hat{\beta})$ 进行辅助回归

$$e_t^2 = \alpha_0 + \alpha_1 e_{t-1}^2 + \cdots + \alpha_p e_{t-p}^2 \tag{10-10}$$

检验统计量:F 统计量和 Obs * R-squared 统计量。

在不存在 ARCH 效应的零假设成立的前提下,LM 具有渐近的 $\chi^2(p)$ 分布。

给定显著性水平 α,如果 LM $\geqslant \chi_\alpha^2(p)$,则拒绝零假设,说明模型残差序列存在 ARCH 过程。

接下来我们简单介绍一下 ARCH 的一个衍生模型:ARCH-M 模型。

金融理论中经常认为风险较大的资产可以提供较高的平均收益,这在金融市场实际的运作中基本可以得到验证。从金融计量经济建模的角度来看,如果具有集群性的序列其条件方差是风险的一个合适的度量,它就应该进入 y_t 的条件期望中。这是由 Engle、Lilien 和 Roberts 三人在 1987 年发现、发展并创造的所谓进入均值的 ARCH 模型,又成为 ARCH-M 模型,其形式为

$$y_t = x_t'\beta + \delta h_t + u_t \tag{10-11}$$

$$u_t = \sqrt{h_t} \cdot v_t \tag{10-12}$$

这里,h_t 为 u_t 的条件方差。如果 h_t 的结构同 ARCH 模型,则称 u_t 服从 ARCH-M(p) 过程;如果 h_t 的结构与 GARCH 同形式,则称 u_t 服从 GARCH-M(p,q) 过程。参数 δ 捕捉到了在误差项 u_t 中较强烈的可感噪声震荡对 y_t 均值的影响作用。

假如模型旨在解释一项金融资产(如股票或债券)的回报率,那么增加 h_t 的原因是每个投资者都期望资产回报率是与风险度紧密联系的,而条件方差 h_t 代表了期望风险的大小。

Campbell、Lo 和 Macjinlay 在 1997 年曾经讨论过 ARCH-M 模型与资本资产定价模型(CAPM)之间的联系。

10.4.4 GARCH 模型

GARCH 模型称为广义自回归条件异方差模型,是 ARCH 模型的拓展。相比 ARCH 模型,GARCH 模型及其衍生模型更能反映实际序列中的长期记忆性、信息的非对称性等性质。

如果用 ARCH 模型描述某些时间序列,阶数 p 需要取一个很大的值时,通常采用广义自回归条件异方差模型。

若 μ_t 的条件方差 σ_t 被写成

$$\sigma_t = \alpha_0 + \alpha_1 u_{t-1}^2 + \cdots + \alpha_p u_{t-p}^2 + \theta_1 \sigma_{t-1} + \cdots + \theta_q \sigma_{t-q} \tag{10-13}$$

则称序列 u_t 服从 GARCH(p,q) 过程。

实际应用中,GARCH 模型的阶数 p 远比 ARCH 模型的阶数 p 要小,GARCH($1,1$) 模型是被广泛应用的模型,它具有如下形式。

$$\sigma_t = \alpha_0 + \alpha_1 u_{t-1}^2 + \theta \sigma_{t-1} \tag{10-14}$$

可以证明 GARCH($1,1$) 模型等价于一个系数呈几何递减的无限阶 ARCH 模型,同时,它也蕴含着当前波动的震荡作用随时间递减的规律。

10.5 偏差检测

时间序列的检验大体包括时间序列平稳性检验、单位根检验、差分和 ARMA 模型的确认四大部分。前两种检验作用相同,都是通过平稳性检验确定没有随机趋势或确定趋势避免"伪回归"现象;差分是将非平稳序列转换为平稳序列;ARMA 模型的确认部分将介绍 ARMA 模型的确定方法。

1. 时间序列平稳性检验

在时间序列偏差检测部分,平稳性的检验尤为重要,时间序列平稳性检验常用到的就是图示法和自相关函数图示法,接下来将介绍这两种检验方法。

1) 图示法

数据序列图示法给出一个随机的时间序列,首先可以通过该序列的实践路径图来粗略地判断它是不是平稳的。图 10-1 所示为一个非平稳时间序列。

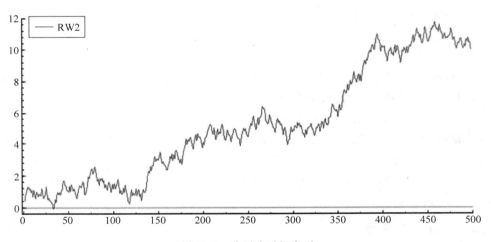

图 10-1 非平稳时间序列

一个平稳的时间序列在图形上往往呈现出一种在围绕其均值上下不断波动的过程,而非平稳序列则一般在不同的时间段具有不同的均值,持续上升或持续下降。图 10-2 所示为一个平稳的时间序列。

如果粗略地无法看出是否为平稳的,我们可以进一步验证其样本自相关函数及其图形。

2) 自相关函数图示法

随机时间序列的自相关函数

$$\rho_k = \gamma_k / \gamma_0 \tag{10-15}$$

可知自相关函数是关于滞后期 k 的递减函数,如图 10-3 所示。

在实际过程中,一个随机过程只能计算样本自相关函数。

$$\gamma_k = \frac{\sum_{t=1}^{n-k}(X_t - \overline{X})(X_{t+k} - \overline{X})}{\sum_{t=1}^{n}(X_t - \overline{X})^2}, \quad k = 1, 2, 3, \cdots \tag{10-16}$$

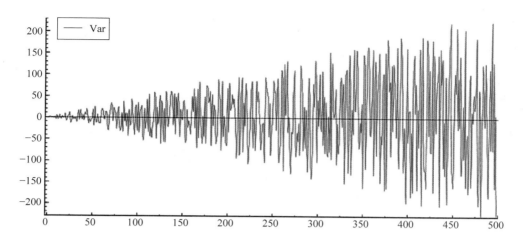

图 10-2　平稳时间序列

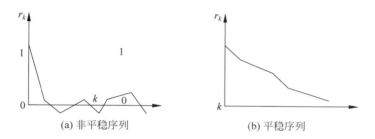

图 10-3　随机时间序列的自相关函数

随 k 的增加,样本自相关函数下降且趋于 0。

图 10-3(a)为非平稳序列,图 10-3(b)为平稳序列。可知,平稳序列的下降速度要比非平稳序列快得多。

2. 单位根检验

单位根经验是针对宏观经济数据序列,货币金融数据序列都具有某种统计特性而提出的一种平稳性检验。在这里我们主要介绍 DF 检验与 ADF 检验。

1) DF 检验

检验一个时间序列 X_t 的平稳性,可以通过检验一个带有截距项的一阶自回归模型。

$$X_t = \rho X_{t-1} + \mu_t + \alpha \tag{10-17}$$

其中的参数 ρ 是否小于 1(反之 $\rho \geqslant 1$,序列是非平稳的),或者检验其等价变形式

$$\Delta X_t = \alpha + \delta X_{t-1} + \mu_t \tag{10-18}$$

中的参数 δ 是否小于 0。

2) ADF 检验

ADF 检验涉及三个重要的模型。

模型 1

$$\Delta X_t = \delta X_{t-1} + \sum_{i=1}^{m} \beta_i \Delta X_{t-i} + \varepsilon_t \tag{10-19}$$

模型 2

$$\Delta X_t = \alpha + \delta X_{t-1} + \sum_{i=1}^{m} \beta_i \Delta X_{t-i} + \varepsilon_t \tag{10-20}$$

模型 3

$$\Delta X_t = \alpha + \beta t + \delta X_{t-1} + \sum_{i=1}^{m} \beta_i \Delta X_{t-i} + \varepsilon_t \tag{10-21}$$

同时估计出以上三个模型的适当形式,即在每个模型中选取适当的滞后差分项,使模型的残差项是一个白噪声(保证不存在自相关),然后通过 ADF 临界值表检验零假设

$$H_0 : \delta = 0 \tag{10-22}$$

(1) 只要其中一个模型的检验结果拒绝零假设就可以判定时间序列是平稳的。

(2) 当三个模型的检验结果都不能拒绝零假设时,序列为非平稳的。

尽管如此,在进行 ADF 检验时,仍然有两个重要的问题需要我们注意。

(1) 必须为回归定义合理的滞后阶数,通常采用 AIC 准则来确定给定时间序列模型的滞后阶数。在实际应用中,还需要兼顾其他因素,如系统的稳定性、模型的拟合优度等。

(2) 可以选择常数和线性时间趋势,选择哪种形式很重要,因为检验显著水平的 t 统计量在原假设下渐进分布依赖于这些项的定义。

【例 10-2】 检验 1978—2000 年中国支出 GDP 时间序列的平稳性,数据如表 10-1 所示。

表 10-1 1978—2000 年中国支出 GDP 单位:亿元

年份	GDP	年份	GDP	年份	GDP
1978	3605.6	1986	10132.8	1994	46690.7
1979	4073.9	1987	11784	1995	58510.5
1980	4551.3	1988	14704	1996	68330.4
1981	4901.4	1989	16466	1997	74894.2
1982	5489.2	1990	18319.5	1998	79003.3
1983	6076.3	1991	21280.4	1999	82673.1
1984	7164.4	1992	25863.6	2000	89112.5
1985	8792.1	1993	34500.6		

(1) 经过尝试,模型 3 中取 2 阶滞后。

$$\Delta GDP_t = -1011.33 + 229.27T + 0.0093 GDP_{t-1} + 1.50 \Delta GDP_{t-1} - 1.01 \Delta GDP_{t-2}$$
$$(-1.26) \quad (1.91) \quad\quad (0.31) \quad\quad\quad (8.94) \quad\quad\quad (-4.95)$$

通过拉格朗日乘数检验对随机误差项的自相关性进行检验。

$$LM(1) = 0.92, \quad LM(2) = 4.16$$

小于 5% 显著性水平下自由度分别为 1 与 2 的 χ^2 分布的临界值,可见不存在自相关性,因此该模型的设定是正确的。

从 δ 的系数看,$t >$ 临界值,不能拒绝存在单位根的零假设。

时间 T 的 t 统计量小于 ADF 分布表中的临界值,因此不能拒绝不存在趋势项单位零假设,需进一步检验模型 2。

(2) 经试验,模型 2 中滞后项取 2 阶

$$\Delta GDP_t = 357.45 + 0.057GDP_{t-1} + 1.65\Delta GDP_{t-1} - 1.15\Delta GDP_{t-2}$$
$$(-0.90) \quad (3.38) \quad\quad (10.40) \quad\quad (-5.63)$$
$$LM(1) = 0.57 \quad LM(2) = 2.85$$

LM 检验表明模型残差不存在自相关性,因此该模型的设定是正确的。

从 GDP_{t-1} 的参数值看,其 t 统计量为正值,大于临界值,不能拒绝存在单位根的零假设。

常数项的 t 统计量小于 AFD 分布表中的临界值,不能拒绝不存在常数项的零假设,需进一步检验模型 1。

(3) 经检验,模型 1 中滞后项取 2 阶

$$\Delta GDP_t = 0.063GDP_{t-1} + 1.70\Delta GDP_{t-1} - 1.194\Delta GDP_{t-2}$$
$$(4.15) \quad\quad (11.46) \quad\quad (-6.05)$$
$$LM(1) = 0.17, \quad LM(2) = 2.67$$

LM 检验表明模型残差项不存在自相关性,因此模型的设定是正确的。

从 GDP_{t-1} 的参数看,其 t 统计量为正值,大于临界值,不能拒绝存在单位根的零假设。

综上所述,中国支出 GDP 时间序列是非平稳的。

3. 差分法

通过以上几种方法我们实现了对时间序列的平稳性检验。在现实的经济生活中,实际的时间序列数据往往是非平稳的,而且主要的经济变量如消费、收入、价格、汇率常常表现出一致的上升或下降,如果仍然通过经典的因果关系模型进行分析,一般不会得到有意义的结果,因为在回归的过程中即使没有任何有意义的关系,仍然可表现出较高的可决系数。为了使所使用的 ARMA 模型有意义,接下来我们要做的就是将非平稳序列转换为平稳序列。

一阶差分:$D(P_t) = P_t - P_{t-1}$

二阶差分:$D(D(P_t)) = (P_t - P_{t-1}) - (P_{t-1} - P_{t-2}) = P_t - 2P_{t-1} + P_{t-2}$

对于非平稳序列可以通过差分法将其平稳化,如果一阶差分还不足以使时间序列平稳化,可尝试多阶差分,直到平稳为止。

4. ARMA 模型的确认

确定 ARMA 模型,就要确定其中的参数 p 和 q。p 和 q 的取值大小和自相关函数以及偏自相关函数有关。

(1) 通过研究关于这两个函数的 acf 图和 pacf 图来粗略地识别模型,如图 10-4 所示。

(2) 通过 acf 图和 pacf 图的拖尾和截尾来判断 ARMA 模型,如表 10-2 所示。

表 10-2 acf 图和 pacf 图

模　型	AR(p)	MA(q)	ARMA(p,q)
acf 图形	拖尾	在第 q 条后截尾	头 q 个无规律,之后拖尾
pacf 图形	在第 p 条后截尾	拖尾	头 p 条无规律,之后拖尾

拖尾:在图上可显示为正负相间的正弦形式衰减,也可能一指数率衰减。

【**例 10-3**】 现实生活中,受多种不确定因素的影响,股票价格往往随时间的变化而变化,导致股市呈现出随机性和非线性的波动趋势,这无疑给投资者带来巨大的投资风险。下

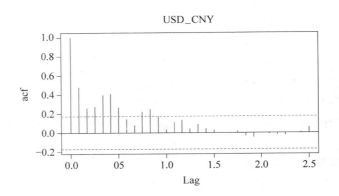

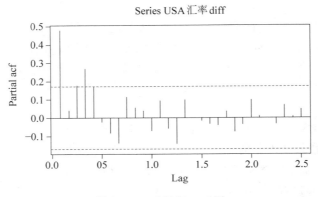

图 10-4　acf 图和 pacf 图

面将以具体的实例来说明如何利用以上介绍的时间序列方法进行股票价格走势的预测。

本节所有代码均为 MATLAB 代码,读者可自行转化为 R 运行代码进行学习。

① 读取股票数据

```
clc,clear all,close all
Y=xlsread('sdata','sheet1','E1:E227');
N=length(Y);
```

② 原始数据可视化

```
figure(1)
plot(Y);xlim([1,N])
set(gca,'XTick',[1:18:N])
title('原始股票价格')
ylabel('元')
```

程序执行后,会得到如图 10-5 所示的股票价格走势图。从图中可以看出,股票的价格有些规律,即周期性上升,为此可以考虑用时间序列来建立股票走势的模型。

③ 建立 ARIMA 模型

由于 ARIMA 模型具有较强的适应性,可以尝试用该模型建立该股票的时间序列模型,具体代码如下:

```
model=arima('Constant',0,'D',1,'Seasonality',12,...
```

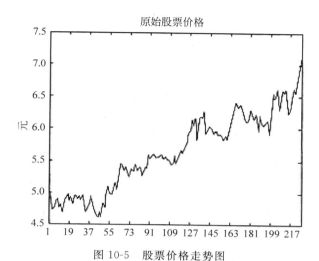

图 10-5　股票价格走势图

```
'MALags',1,'SMALags',12)
Y0=Y(1:13);
[fit,VarCov]=eastimate(model,Y(14:end),'Y0',Y0);
#代码执行后,得到以下 ARIMA 模型参数
model=
  ARIMA(0,1,1) Model Seasonally Integrated with Seasonal MA(12);
  Distribution:Name= 'Gausian'
           P:13
           D:1
           Q:13
      constant:0
AR:{}
SAR:{}
MA:{NaN} at Lags [1]
SMA:{NaN} at Lags [12]
     Seasonality:12
         Variance:NaN
ARIMA(0,1,1) Model Seasonally Integrated  with Seasonal MA(12):
Conditional Probability Distribution:Gaussian
                   Standard     t
Parameter   Value   Error    Statistic
Constant      0      Fixed    Fixed
MA{1}    0.0654479  0.0706347  0.926568
SMA{12}   -0.78655  0.0370049  -21.2553
Variance  0.00972519  0.000703112 13.8316
```

④ 评估预测效果

```
Y1=Y(1:100);
Y2=Y(101:end);
Yf1=forecast(fit,100,'Y0',Y1);
figure(2)
plot(1:N,Y,'b','LinWidth',2)
hold on
```

```
plot(101:200,Yf1,''K--','LineWidth',1.5)
xlim([0,200])
title('Prediction Error')
legend('Observed','Forecast','Location','NorthWest')
hold off
```

程序运行后,产生如图 10-6 所示的股票实际走势与预测走势比较图。从图中可以看出,两者总的趋势是一致的,但波动周期、波动幅度差异较大。这说明时间序列能在一定程度上反映股票的走势情况,但同时也说明,现实中股价的变化情况具有较强的无序、随机得到特征。这也是比较客观的,因为时间序列模型是经过抽象后形成的比较完美的模型,而现实世界的股价则是完全自由的,用完美、固定的模型智能刻画现实数据的部分特征。

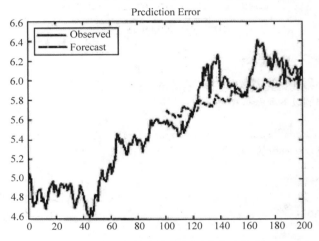

图 10-6　股票实际走势与预测走势比较图

⑤ 预测未来股票趋势

```
[Yf,YMSE]=forecast(fit,60,'Y0','Y');
upper=Yf+1.96* sqrt(YMASS);
lower=Yf-1.96* sqrt(YMASS);
figure(3)
plot(Y,'b')
hold on
h1=plot(N+1:N+60,Yf,'r','LineWith',2);
h2=plot(N+1:N+60,upper,'k--','LineWith',1.5);
plot(N+1:N+60,lower,'k--','LineWith',1.5)
Xlim([0,N+60])
title('95% 置信区间')
legend([h1,h2],'Forecast','95% Interval','Location','NorthWest')
hold off
```

这里得到的是用已经训练的模型对未来股价预测后的结果,如图 10-7 所示,同时还得到股价 95% 的置信波动区间,这说明股价的可能波动范围。从图中可以看出,预测时间越长,结果越不准,所以在用时间序列预测时,尽量不要将预测时间设置得太长,原则上预测时间不宜超过时间序列数据对应时间的 10%,也就是向后推延的时间不超过历史时间的 10%。

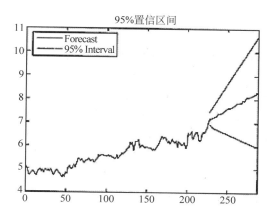

图 10-7 已经训练的模型对未来股价预测后的结果

从该案例我们也可以体会到,股价数据随机性较强,噪声偏多,时间序列方法可在一定程度上反映股价的走势,对投资具有一定的指导意义,同时也说明,影响股价的因素很多,各种各样非市场的因素往往左右着股价的整个走势,这在一个成熟市场是不应该出现的,从而充分说明我国股市还存在一定弊端。对广大投资者而言,要努力提高自身素质,减少对股票的盲目侥幸认识,培养应有的投资意识;对股市的研究人员,应该敞开门路,积极吸收西方发达国家成熟股市的先进经验和理论,运用于我国股票市场,以起到理论带动实践发展的作用。

小　　结

本章我们介绍了时间序列的基本概念及相关理论,说明了平稳时间序列分析方法和季节指数预测法两种常用的分析方法,进而介绍了自回归滑动平均模型(ARMA)、自回归滑动平均求和模型(ARIMA)、自回归条件异方差模型(ARCH)、广义自回归条件异方差模型(GARCH),并深入分析了这些模型的性质,然后讨论了时间序列的偏差检测方法,最后通过具体实例说明模型及方法的应用。

时间序列的基本概念＋组成因素及分类方法＋季节指数预测法.mp4(20.4MB)　　ARMA 模型＋ARIMA 模型＋ARCH 模型＋GARCH 模型.mp4(15.9MB)　　偏差检测＋实验例子.mp4(35.4MB)

习　　题

1．填空题

（1）时间序列是指将某种现象某一个统计指标在＿＿＿＿的各个数值，按＿＿＿＿排列而形成的序列。

（2）在时间序列模型分析中，＿＿＿＿、＿＿＿＿和＿＿＿＿是三种常见的标准线性模型。

（3）时间序列的检验大体包括时间序列＿＿＿＿、＿＿＿＿、＿＿＿＿和＿＿＿＿四大部分。

（4）单位根的检验方法有＿＿＿＿和＿＿＿＿。

（5）DF 检验的零假设是说被检验的时间序列＿＿＿＿。

（6）平稳性检验的方法有＿＿＿＿和＿＿＿＿。

（7）影响时间序列的构成因素为：趋势、＿＿＿＿、循环波动和＿＿＿＿。

（8）时间的连续性可将时间序列分为＿＿＿＿和＿＿＿＿。

（9）平稳的时间序列是可以断定其样本时间序列的＿＿＿＿、＿＿＿＿和＿＿＿＿与现在获得的样本时间序列等同。

（10）研究时间序列的重要方法为 ARMA，它是由＿＿＿＿和＿＿＿＿两部分组成。

2．选择题

（1）时间序列在一年内重复出现的周期性波动称为（　　　）。

　　A．长期趋势　　　　B．季节变动　　　　C．循环变动　　　　D．随机变动

（2）时间数列与变量数列（　　　）。

　　A．都是根据时间顺序排列的

　　B．都是根据变量值大小排列的

　　C．前者是根据时间顺序排列的，后者是根据变量值大小排列的

　　D．前者是根据变量值大小排列的，后者是根据时间顺序排列的

（3）时间序列分为离散时间序列和连续时间序列两种，其根据的依据是（　　　）。

　　A．研究对象的多少　　　　　　　　B．时间的连续性

　　C．序列的统计特性　　　　　　　　D．序列的分布规律

（4）当随机误差项存在自相关时，进行单位根检验是由（　　　）来实现的。

　　A．DF 检验　　　　B．ADF 检验　　　　C．EG 检验　　　　D．DW 检验

（5）随机游走序列是（　　　）序列。

　　A．平稳序列

　　B．非平稳序列

　　C．统计规律随时间的位移而发生变化的序列

　　D．统计规律不随时间的位移而发生变化的序列

（6）当时间序列是非平稳的时候，（　　　）。

　　A．均值函数不再是常数

　　B．方差函数不再是常数

C. 自协方差函数不再是常数

D. 时间序列的统计规律随时间的位移而发生变化

(7) 下面可以做单位根检验的有：（　　）。

    A. DF 检验　　　　　B. ADF 检验　　　　C. EG 检验　　　　D. DW 检验

(8) 有关 DF 检验的说法正确的是：（　　）。

    A. DF 检验的零假设是"被检验时间序列平稳"

    B. DF 检验的零假设是"被检验时间序列非平稳"

    C. DF 检验是单侧检验

    D. DF 检验是双侧检验

(9) 某一时间序列经一次差分变换成平稳时间序列，此时间序列成为：（　　）。

    A. 1 阶单整　　　　　　　　　　　B. 2 阶单整

    C. K 阶单整　　　　　　　　　　　D. 以上答案均不正确

(10) 空调的销售量一般在夏季前期最多，主要原因是空调的供求（　　），可以通过计算（　　）来测定夏季期间空调的销售量高于平时的幅度。

    A. 受气候变化的影响，循环指数

    B. 受经济政策调整的影响，循环指数

    C. 受自然界季节变化的影响，季节指数

    D. 受消费者心理的影响，季节指数

(11) 时间序列中的发展水平（　　）。

    A. 只能是绝对数　　　　　　　　　B. 只能是相对数

    C. 只能是平均数　　　　　　　　　D. 上述三种指标均可

3. 简答题

(1) 时间序列分析方法分为几类？它们有什么区别？

(2) 请描述平稳时间序列的条件。

(3) 如何将非平稳序列转换为平稳序列（利用差分法）？

(4) 简述引入随机过程和随机时间序列概念的意义。

(5) 简述 DF 检验和 ADF 检验的适用条件。

(6) 单位根检验为什么从 DF 检验发展到 ADF 检验？

(7) 简述时间序列的四种成分。

(8)（拓展）案例分析题：这个文件（http://robjhyndman.com/tsdldata/misc/kinqs.dat）包含从威廉一世开始的英国国王的去世年龄数据。将数据输入表格中，再进行调用，并分析案例中预测的相关信息。

第**11**章

大数据挖掘可视化

【内容摘要】 大数据可视化能够帮助大数据获得完整的数据视图并挖掘数据的价值，是当前大数据挖掘的研究重点之一。本章介绍了大数据挖掘可视化的相关知识，主要包括常规数据可视化方法、数据可视化技术及常用可视化工具等，并对大数据可视化存在的问题、发展趋势及面临的挑战进行了简述。

【学习目标】 理解大数据挖掘可视化的基本概念、了解数据可视化技术以及大数据挖掘可视化存在的问题，掌握几种常用可视化工具的使用。

11.1 大数据挖掘可视化概述

大数据挖掘分析的有效应用可以提升全人类生产、交易、融资和流通等各个环节的效率。大数据可视化是实现大数据挖掘分析价值的重要一环。

在简化数据量和降低大数据应用的复杂过程中，大数据可视化发挥着关键作用。它能够帮助大数据获得完整的数据视图并挖掘数据的价值。大数据可视化是利用视觉的方式将那些巨大的、复杂的、枯燥的、潜逻辑的数据展现出来，通过地理空间、时间序列和逻辑关系等不同维度，使用户在短时间内理解数据背后的规律与价值，它是探讨、交流和洞察数据的最佳方式。

数据可视化的狭义定义是：利用计算机图形学和图像处理技术，将数据转换为图形或图像在屏幕上显示出来，并进行各种交互处理的理论、方法和技术。

数据可视化的广义定义是：一切能够把抽象、枯燥或难以理解的内容，包括看似毫无意义的数据、信息、知识等以一种容易理解的视觉方式展示出来的技术。

数据可视化技术涉及计算机图形学、图像处理、计算机视觉、计算机辅助设计等多个领域，成为研究数据表示、数据处理、决策分析等一系列问题的综合技术。

数据可视化过程实现是指将大型数据集中的数据以图形图像形式表示，并利用数据分析和开发工具发现其中未知信息的处理过程。

关于数据可视化的定义有很多，而在大数据分析工具和软件中提到的数据可视化是针对大数据量运用计算机图形学、图像、人机交互等技术，将采集或模拟的数据映射为可识别的图形、图像，用以知识发现与表证。挖掘过程可视化是指用可视化形式描述各种挖掘过程，通过可视化的描述，用户从中可看出数据从哪个数据仓库或数据库中抽取出来，怎样抽取以及怎样预处理，怎样挖掘等。

大数据可视化系统是与用户直接对话、帮助用户完成决策的载体工具，一个优秀的数据可视化系统,隐藏着大数据整个产业链领域的融会贯通,它的关键技术从数据清理集成,到数据存储整合,再到数据分析挖掘,之后进行可视化呈现,最终完成人机交互的完美体验,整个过程缺一不可。大数据的挑战在于数据采集、存储、分析、共享、搜索和可视化。可视化被认为是大数据的"前沿"。

大数据可视化改变了传统业务系统数据呈现复杂枯燥、难以理解的困境,实现了信息的有效传达,将艺术性与功能性并重,通过多样、恰当、精细的展现与交互方式,高效能地呈现出数据背后隐藏的趋势、规律和关系。

11.1.1 常规数据可视化方法

传统的数据可视化方法有表格、直方图、散点图、折线图、柱状图、饼图、面积图、流程图、泡沫图表、时间线、维恩图、数据流图等。此外,一些数据可视化方法(如平行坐标式、树状图、锥形树图和语义网络等)也经常被使用。

1. 数据可视化参考模型

图 11-1 所示是数据可视化参考模型,它反映的是一系列的数据的转换过程。

(1)首先通过对原始数据进行标准化、结构化的处理,把它们整理成数据表。

(2)将这些数值转换成视觉结构(包括形状、位置、尺寸、值、方向、色彩、纹理等),通过视觉的方式把它表现出来。例如,将高、中、低的风险转换成红、黄、蓝等色彩,数值转换成大小。

(3)将视觉结构进行组合,把它转换成图形传递给用户,用户通过人机交互的方式进行反向转换,去更好地了解数据背后有什么问题和规律。

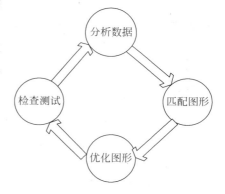

图 11-1 可视化参考模型

2. 常规数据可视化的方法

表示常规数据可视化的方法如下。

(1)面积和尺寸可视化:对同一类图形,例如柱状、圆环和蜘蛛图等的长度、高度或面积加以区别,来清晰地表达不同指标对应的指标值之间的对比。

(2)颜色可视化:通过颜色的深浅来表达指标值的强弱和大小,用户一眼看上去便可整体看出哪一部分指标的数据值更突出,是数据可视化设计的常用方法。

(3)图形可视化:在设计指标及数据时,使用有对应实际含义的图形来结合呈现,会使数据图表更加生动地被展现,更便于用户理解图表要表达的主题。

(4)地域空间可视化:指当指标数据要表达的主题跟地域有关联时,一般会选择用地图作为大背景。这样用户可以直观地了解整体的数据情况,同时也可以根据地理位置快速定位到某一地区来查看详细数据。

(5)概念可视化:将抽象的指标数据转换成熟悉的容易感知的数据后,用户更容易理解图形要表达的意义。

大数据可视化的步骤与传统的数据可视化的不同点。

以上可视化数据的传统方式是以图表、仪表板和摘要报告为基础。这些传统的方法在大数据时代并不能满足实际需求。大数据可视化的步骤与一般数据可视化基本一致,但也有需要处理的不同点。

(1) 数据采集：数据是可视化对象，可以通过仪器采样、网络资源、模拟计算等方式采集。对数据的理解与采集的方式需要按照大数据的特点与方法进行，在可视化解决方案中了解数据来源采集方法和数据属性并进行数据字段的选择是非常重要的。

(2) 数据处理和变换：原始数据含有噪音和误差，同时数据模式和特征往往被隐藏。通过去噪、数据清洗、提取特征等，可将数据变换为用户可理解的模式。此处，需要按大数据的特点进行数据 ETL 处理。

(3) 可视化映射：此部分是核心内容，将数据的数值、空间坐标、不同位置数据间的联系等映射为可视化视觉通道的不同元素，如标记、位置、形状、大小和颜色等，最终让用户通过可视化洞察数据和数据背后隐含的现象和规律。

(4) 用户感知：用户感知从数据可视化结果中提取信息、知识和灵感。大数据可视化可用于从数据中挖掘新的知识，发现潜在的关联，并进行预测。

11.1.2　大数据可视化趋势与应用

通过可视化视觉的方式使纷繁复杂的大数据易于理解，帮助人们快速、轻松地提取数据中的含义，直观展示数据的模式、趋势和相关性。大数据可视化是大数据内在价值的最终呈现手段，它利用各类图表、趋势图，视觉效果将巨大的、复杂的、枯燥的、潜逻辑的数据展现出来，使用户发现内在规律，进行深度挖掘，指导决策。

1. 大数据可视化的典型需求

可视化作为展示数据的变化方法，必须随着大数据分析挖掘产生的需求而变化。大数据可视化的典型需求有：

(1) 执行流数据的实时分析和显示。

(2) 基于上下文，以交互方式挖掘数据。

(3) 执行高级搜索，并获得建议。

(4) 并行可视化信息展示。

(5) 获得先进的硬件，支持未来的可视化需求。

2. 大数据可视化趋势

未来，大数据可视化不再仅是静态的仪表盘，不再仅是数据的图形展现，而是开启了通过数据交互，与数据对话的新时代。数据在大数据可视化系统的作用不再仅仅是呈现，而是被赋予了发现的价值，大数据可视化趋势包括：

(1) 多视图整合，探索不同维度的数据关系。通过专业的统计数据分析系统设计方法，理清海量数据指标与维度，按主题、成体系呈现复杂数据背后的联系，将多个视图整合；展示同一数据在不同维度下呈现的数据背后的规律，帮助用户从不同角度分析数据，缩小答案的范围并展示数据的不同影响；具备显示结果的形象化和使用过程的互动性，便于用户及时捕捉其关注的数据信息。

(2) 所有数据视图交互联动。将数据图片转化为数据查询，每一项数据在不同维度指标下交互联动，展示数据在不同角度的走势、比例、关系，帮助使用者识别趋势，发现数据背后的知识与规律。除了原有的饼状图、柱形图、热图、地理信息图等数据展现方式，还可以通过图像的颜色、亮度、大小、形状、运动趋势等多种方式在一系列图形中对数据进行分析，帮助用户通过交互挖掘数据之间的关联。支持数据的上钻下探、多维并行分析,利用数据推动决策。

(3)强大的大屏展示功能。支持主从屏联动、多屏联动、自动翻屏等大屏展示功能,可实现高达上万分辨率的超清输出,并且具备优异的显示加速性能,支持触控交互,满足用户的不同展示需求。可以将同一主题下的多种形式的数据综合展现在同一个或分别展示在几个高分辨率界面之内,实现多种数据的同步跟踪、切换。同时提供大屏幕触控屏,作为大屏监控内容的中控台,通过简单的触控操作即可实现大屏展现内容的查询、缩放、切换,全方位展示企业信息化水准。

3. 大数据可视化特点

大数据可视化方法作为知识发现的新技术,有 3 个鲜明的特点。

(1)与用户的交互性强。用户不只是信息传播中的接收者,还可以方便地以交互的方式管理和开发数据。

(2)数据显示的多维性。在可视化的分析下,数据将每一维的值分类、排序、组合和显示,这样就可以看到表示对象或事件的数据的多个属性或变量。

(3)最直观的可视性特点。数据可以用图像、曲线、二维图形、三维体和动画来显示,并可对其模式和相互关系进行可视化分析。

4. 大数据可视化误区

大数据可视化是正确理解数据信息的最好方法,甚至是唯一方式。出色的可视化可使用户关注的事情一目了然,并可以快速给出建议。在大数据时代,如果数据展示的方法不对,可能会破坏数据可视化效果。为了避免失误,最好的方法是专注于挖掘目标。在可视化应用之前就应该考虑:我们关心什么?需要做什么?要解决什么问题?要看到怎样的数据?以怎样的结构和关系来展示?要突出哪些数据?当理清这些问题时,就可以进行数据可视化的设计或者应用了。有以下误区需要注意:

(1)显示所有的数据。数据可视化是把重要数据做了趣味化的展示处理。让用户做一个有效排序,哪些是优先处理,哪些需要延后处理,而不是把无关的数据全部显示在页面上,从而造成用户很难找到有价值的信息。

(2)显示错误的数据。显示错误的数据和显示所有的数据同样存在隐性危机。在数据可视化操作中,显示的信息子集与数据是相关的关系。在多维数据中,如何正确地进行数据属性选择是保证最终结果的关键。

(3)美化数据展示结果。要想美化数据展示,在处理关键数据字与段之间的关系时,就应该考虑把指定字段加在坐标轴上。按照组别、类别、数据时间、数据量级和重要性进行划分,尤其是颜色类别一定要有,并且可以自定义亮度和饱和度,确保在使用本标签或者其他标签的时候做到准确无误。

5. 大数据可视化应用

目前,大数据可视化应用包括数据分析可视化、趋势可视化、工业生产可视化等 3 种常见的形式。

(1)数据分析可视化——提升用户的决策效率。数据分析可视化广泛用于商业智能、政府决策、公众服务、市场营销等领域,如将企业经营所产生的所有有价值的数据集中在一个系统里集中体现,并进行企业的财务分析、供应链分析、销售生产分析、客户关系分析等。通过采集相关数据,进行加工并从中提取有商业价值的信息,服务于管理层、业务层,指导经营决策。数据分析可视化负责直接与决策者进行交互,实现数据的浏览和分析等操作的可视化、交互式的应用。它对于决策人获取决策依据、进行科学的数据分析、辅助决策人员进行科学决策显得十分重要。因此,数据分析可视化对于提升组织决策的判断力、整合优化企业信息资源和服务、提高决策人员的工作效率等具有重要意义。

(2)趋势可视化——有效支撑科学判断。趋势可视化是在特定环境中,对随时间推移而不断动作并变化的目标实体进行觉察、认知、理解,最终展示整体态势。此类大数据可视化应用通过建立复杂的仿真环境,通过大量数据多维度的积累,可以直观、灵活、逼真地展示宏观态势,从而让决策者很快掌握某一领域的整体态势、特征,从而做出科学判断和决策。趋势可视化可应用于卫星运行监测、航班运行情况、气候天气、股票交易、交通监控、用电情况等众多领域。例如,卫星可视化可以通过将太空内所有卫星的运行数据进行可视化展示,使大众可以清楚地看到卫星运行。气候天气可视化可以将该地区的大气气象数据进行展示,让用户清楚地看到天气变化。

(3)工业生产可视化——新一轮制造革命的核心竞争力。工业企业中的生产线处于高速运转,由工业设备所产生、采集和处理的数据量远大于企业中计算机和人工产生的数据,生产线的高速运转对数据的实时性要求也更高。破解这些大数据是企业在新一轮制造革命中赢得竞争力的钥匙。因此,工业生产可视化系统是工业制造业的最佳选择。工业生产可视化是将虚拟现实技术有机融入工业监控系统,系统展现界面以生产厂房的仿真场景为基础,对各个工段、重要设备的形态等进行复原,作业流转状态可以在厂房视图中直接显示。在单体设备视图中,机械设备的运行模式直接以仿真动画的形式展现,通过图像、三维动画和计算机程控技术与实体模型相融合,实现对设备的可视化表达,使管理者对其所管理的设备有形象具体的概念。同时,对设备运行中产生的所有参数一目了然,从而大大减少管理者的劳动强度,提高管理效率和管理水平。

大数据的发展使大数据可视化在未来必将得到大规模、深入的应用。

11.2 数据可视化技术

数据可视化技术是指运用计算机图形学和图像处理技术将数据转换为图形或图像,并在屏幕上显示出来,再利用数据分析和开发工具发现其中未知信息的交互处理的理论、方法和技术。数据可视化技术的特点是交互性、多维性、可视性。

数据可视化技术中除了普通的柱状图、直方图、箱式图、折线图和饼图等这些 2D/3D 技术之外,还有一些更为复杂的可视化技术。目前多维数据可视化已经提出了许多方法,这些方法根据其可视化的原理不同划分为基于几何的技术、面向像素的技术、基于图标的技术、基于层次的技术和其他可视化技术。

1. 基于几何的技术

基于几何的数据可视化技术的基本思想是以几何画法或几何投影的方式来表示数据库中的数据,以线或折线来表示数据各变量之间的联系。基于几何的可视化主要包括散点图、地形图、平行坐标等方法。

平行坐标技术是这种技术的典型代表,其基本思想是将 n 维数据属性空间通过 n 条等距离的平行轴映射到二维平面上,每一条轴线代表一个属性维,轴线上的取值范围从对应属性的最小值到最大值均匀分布。这样,每一个数据项都可以根据其属性值用一条折线段在 n 条平行轴上表示出来,折线与坐标轴的交点是相应对象在该维上的值。折线段的顶点在坐标轴上的取值范围即为相应的属性取值,关系数据库的 m 个 n 维数据可用平行坐标上的 M 条折线表示。

平行坐标与传统的直角坐标相比,最大的优点是表达的维数决定于屏幕的水平宽度,而不必使用矢量或其他可视图标。当维数增加时,传统直角坐标难于表达信息,而平行坐标十分直观。只是由于维数增加而引起垂直轴靠近,辨认数据的结构和关系时稍显困难。大数据集平行坐标表达的最大困难在于,当数据量很大时,由于大量的交叠线使得折线密度增加,图形存在重叠,层次不清,使用户难于识别,减少混乱的方法是以层次的方式阻止数据集,引入交互手段,进行分层显示。

2. 面向像素的技术

面向像素的技术是有效可视化海量数据的技术。面向像素的技术由德国慕尼黑大学的 D. A. Keim 提出,它的基本思想是将每一个数据项的数据值对应一个带颜色的屏幕像素,对于不同的数据属性以不同的窗口分别表示。面向像素的技术对每一维只使用多个像素,它能在屏幕中尽可能多地显示出相关的数据项。高分辨率的显示器可显示多达 10 倍的数量级的数据。面向像素的技术利用递归模型、螺旋模型、圆周划分模型等方法分布数据,其目的是在屏幕窗口上展示尽量多的数据。

3. 基于图标的技术

基于图标的技术又称作图标显示技术,它的基本思想是定制一些三维几何对象(椎体、箭头等),这些三维的对象就成为图标。然后将每一个多维数据项映射为一个图标,并按一定顺序排列这些图标。图标的个数与数据量相关,如大小、颜色、形状等均可用于与数据项的维对应。基于图标的技术包括的具体实现方法有:脸谱图、形状编码、彩色图标、枝形图。这种技术适用于某些维值在二维平面上具有良好展开属性的数据集。

脸谱图又称切诺夫脸,该方法是 Herman Chernoff 于 1973 年提出的一种表现多维数据的可视化方法。以简单的脸谱组成部分(轮廓、鼻、嘴、眼等)的特征来表现多维数据。 Chernoff 脸适合于在大量相似的数据中发现歧异点,或者根据表情对数据进行聚类。脸的轮廓由两个椭圆各取上半部分构成。它们的短轴在同一条轴上,与 Y 轴平行,长轴与 X 轴平行,椭圆的离心率可以由数据变量确定,脸谱中的鼻子的长度代表一个变量的值。脸谱中的嘴由一段圆弧表示,圆弧的半径由变量值确定,当变量为正时,圆弧向上;为负时,圆弧向下。圆弧的长度可以由变量的值确定,脸谱的眼睛是由两个椭圆构成的,沿着长轴延伸一定的长度,由于眼珠已经很小,有时也不把它作为一个变量的表示部分。脸谱的眉毛从眼的椭圆中心向上到一定的高度,没毛的方向和长度也可以由变量值决定。由此可见,一个脸谱可以表示多达十几个变量。如果不追求脸谱的对称,一个脸谱可以表示多达几十个变量。为了脸谱便于识别,常常需要对变量的取值范围加以界定,如嘴的长度不能超过脸的轮廓。此时可以对数据作相应的线性变换。

枝形图方法首先选取多维属性中的两种属性作为基本的 $X\text{-}Y$ 平面轴,在此平面上利用小树枝的长度或角度的不同表示出其他属性值的变化。枝形图的基本思想是用同一棵树枝表示多个变量,每一变量占一节树枝。枝形图首先选取多维变量中的两个变量作为基本的 $X\text{-}Y$ 轴,在此平面上利用小树枝表示出其他变量值的变化。树枝的多少可以根据维数大小确定。虽然所有的数据都要用相同形状的树枝来表示,但是可以根据需要选择不同数量的树枝或不同形状的树枝。往往选择不同的树枝形状表示的数据会得到不同的结论。另外,还可以用树枝的颜色、粗细等特征来表示变量。

4. 基于层次的技术

基于层次的可视化技术的基本思想是将 p 维数据空间划分为若干子空间,对这些子空间仍以层次结构的方式组织,并以图形表示出来。基于层次的可视化方法多利用树形结构,可以直接应用于具有层次结构的数据,也可以对数据变量进行层次划分,在不同层次上表示不同变量值。基于层次的可视化技术包括维堆、熟土、维嵌套等。

维堆方法是利用层次的形式表示多维数据的各维。它将各变量值分成一段一段等长的离散值,这样映射到二维面上不是一个点,而是一个区域。利用这个区域又可以表示另外两个变量,直到所有的变量都被展示出来。

另外一种用层次的形式表示各维的方法是维嵌套方法,它是维堆方法的一个扩展。维堆方法更适用于离散的数据。与维堆方法不同,维嵌套的基本思想是在一个坐标系中建立另外一个坐标系,所以它能以三维的形式表示连续的数据。通过动态交互技术,用户可以自己选择各层的坐标变量或内层坐标系的方向。

树形图是可视化层次结构数据的一个主要方法,适合于观察大量的层次数据集。树图的基本思想是根据数据的层次结构将屏幕空间划分成一个个矩形子空间,子空间大小由节点大小决定。树图层次则按照由根节点到叶节点的顺序,水平和垂直依次转换,开始将空间水平划分,下一层得到的子空间垂直划分,在下一层又水平划分,以此类推。对于每一个划分的矩形可以进行相应的颜色或必要的说明。

5. 其他可视化技术

此外,其他可视化技术有:面向层次的可视化技术适用于层次关系的数据,而基于图形的技术可以用于表现结构关系相对较强的数据。还有很多多维数据可视化技术和方法,如3D技术、动态技术、混合技术等,它们大多以上面的几种技术为基础,然后在某些方面(如颜色)作改进和扩展,使功能更加完善和突出。

11.3　可视化工具

11.3.1　常用可视化工具简介

选择适合的数据可视化工具,能更好地展示数据之间的逻辑关系,画出所需要的图表。以下是 Netmagzine 列举的二十大数据可视化工具,这些工具大多免费,见表 11-1～表 11-6。

表 11-1　第一部分:入门级工具

工具名称	简　介
1. Excel	Excel 的图形化功能并不强大,但作为一个入门级工具,Excel 是快速分析数据的理想工具,能创建供内部使用的数据图。Excel 在颜色、线条和样式上可选择的范围有限,这也意味着用 Excel 很难制作出符合专业出版物和网站需要的数据图
2. CSV/JSON	CSV(逗号分隔值)和 JSON(JavaScript 对象注释)虽然并不是真正的可视化工具,但能画出常见的数据格式

表 11-2　第二部分：在线数据可视化工具

工具名称	简　介
3. Google Chart API	Google Chart API 提供异常丰富的动态图表工具(见图 11-2)，工具集中取消了静态图片功能，能够在所有支持 SVG/Canvas 和 VML 的浏览器中使用。Google Chart 存在的问题是：图表在客户端生成，这意味着那些不支持 JavaScript 的设备将无法使用，此外也无法离线使用或者将结果另存其他格式，之前的静态图片就不存在这个问题
4. Flot	Flot 是一个优秀的线框图表库，支持所有支持 canvas 的浏览器，如目前主流的浏览器火狐、IE、Chrome 等
5. Raphaël	Raphaël 是创建图表和图形的 JavaScript 库，与其他库最大的不同是输出格式仅限 SVG 和 VML。SVG 是矢量格式，在任何分辨率下的显示效果都很好
6. D3	D3(Data Driven Documents)是支持 SVG 渲染的另一种 JavaScript 库。D3 提供大量线性图和条形图之外的复杂图表样式及非常丰富的互动图表，例如 Voronoi 图、树形图、圆形集群和单词云等，如图 11-3 所示
7. Visual.ly	Visual.ly 是制作信息图最流行的一个工具。虽然 Visual.ly 的主要定位是"信息图设计师的在线集市"，但是也提供了大量信息图模板

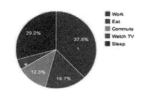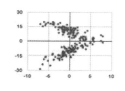

图 11-2　Google Chart API 图表

表 11-3　第三部分：互动图形用户界面(GUI)控制

随着在线数据可视化的发展，按钮、下拉列表和滑块都在进化成更加复杂的界面元素，例如能够调整数据范围的互动图形元素，推拉这些图形元素时输入参数和输出结果数据会同步改变，这样图形控制和内容就合为一体。

工具名称	简　介
8. Crossfilter	JavaScript 库 Crossfilter 是一种创建出既是图表，又是互动图形用户界面的小程序的工具，如图 11-4 所示。Crossfilter 特点：当调整一个图表中的输入范围时，其他关联图表的数据也会随之改变
9. Tangle	JavaScript 库 Tangle 进一步模糊了内容与控制之间的界限。可生成一个负载的互动方程，用户可以调整输入值获得相应数据

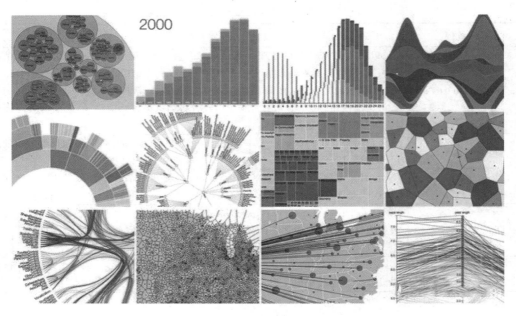

图 11-3　D3 图表

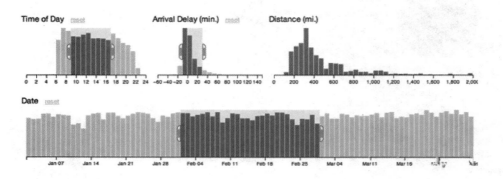

图 11-4　Crossfilter 图表

表 11-4　第四部分：地图工具

地图生成是 Web 上最困难的任务之一。Google 发布的 Maps API 则让所有的开发者都能在自己的网站中植入地图功能。在线地图的工具可以使用户根据需要在数据可视化项目中植入定制化的地图方案。

工具名称	简　介
10. Modest Maps	Modest Maps 是一个很小的地图库，只有 10KB 大小，是目前最小的可用地图库。除提供一些基本的地图功能外，可在一些扩展库的配合下（如 Wax）变成一个强大的地图工具，如图 11-5 所示
11. Leaflet	CloudMade 团队的 Leaflet 是一个小型化的地图框架，通过小型化和轻量化来满足移动网页的需要，如图 11-6 所示。Leaflet 和 Modest Maps 都是开源项目，有强大的社区支持，是在网站中整合地图应用的理想选择
12. PolyMaps	PolyMaps 是面向数据可视化用户的一个地图库，在地图风格化方面有独到之处，类似于 CSS 样式表的选择器

续表

工具名称	简　　介
13. OpenLayers	OpenLayers 可能是所有地图库中可靠性最高的一个。虽然文档注释并不完善,且学习曲线有难度,但对一些特定的任务来说,OpenLayers 性能优越。例如,能够提供一些其他地图库都没有的特殊工具
14. Kartograph	Kartograph 在地图绘制的标记线上带来了更多的选择。如果用户不需要调用全球数据,而仅仅是生成某一区域的地图,那么 Kartogaph 性能足够优越
15. CartoDB	CartoDB 是一个很轻易就可以把表格数据和地图关联起来的网站。例如,用户输入 CSV 通信地址文件,CartoDB 能将地址字符串自动转化成经度/维度数据,并在地图上标记出来。目前,CartoDB 支持免费生成五张地图数据表,使用更多则需要支付月费

图 11-5　Modest Maps 图表

图 11-6　Leaflet 图表

表 11-5　第五部分：进阶工具

如果用数据可视化做一些有难度的工作,在线可视化工具或者 Web 小程序不能满足要求,此时需要专业的桌面应用和编程环境。

工具名称	简　　介
16. Processing	Processing 是数据可视化的招牌工具,只需要编写一些简单的代码,然后编译成 Java 即可。有一个 Processing.js 项目,可以让网站在没有 Java Applets 的情况下更容易地使用 Processing。由于端口支持 Objective-C,用户也可以在 iOS 上使用 Processing。虽然 Processing 是一个桌面应用,但也可以在几乎所有平台上运行。经过数年发展,Processing 社区目前已经拥有大量实例和代码。Processing 图表如图 11-7 所示
17. NodeBox	NodeBox 是 OS X 上创建二维图形和可视化的应用程序。NodeBox 虽与 Processing 类似,但没有 Processing 的互动功能

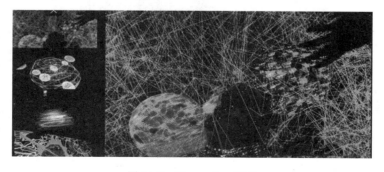

图 11-7　Processing 图表

表 11-6　第六部分：专家级工具

工具名称	简　　介
18. R	作为用于分析大数据集的统计组件包，R 是一个开源的、统计功能很强的工具，提供了非常丰富的图表功能，并拥有强大的社区和组件库，如图 11-8 所示
19. Weka	如果需要从数据可视化扩展到数据挖掘领域，Weka 是一个能根据属性分类和集群大量数据的优秀工具。Weka 不但是数据分析的强大工具，还能生成一些简单的图表
20. Gephi	Gephi 是进行社交图谱数据可视化分析的工具，不但能处理大规模数据集和生成漂亮的可视化图形，还能对数据进行清洗和分类。Gephi 图表如图 11-9 所示

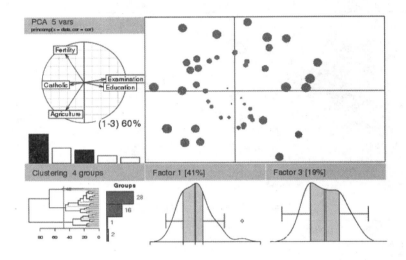

图 11-8　R 图表

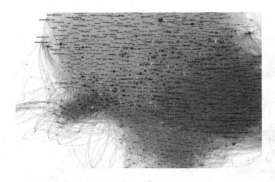

图 11-9　Gephi 图表

11.3.2　大数据可视化面临的挑战

如今，大数据可视化的方法面临如下挑战。

1. 体量（Volume）

如何使用数据量很大的数据集开发，并从大数据中获得意义。在处理大数据量的调用、存储等方面需要解决很多问题。

2. 多源(Variety)

开发过程中需要尽可能多的数据源。大数据可视化的多样性和异构性(结构化、半结构化和非结构化)是一个大问题。可视化系统必须与非结构化的数据形式(如图表、表格、文本、树形图和其他的元数据等)相抗衡,而大数据通常是以非结构化形式出现的。由于宽带限制和能源需求,可视化应该更贴近数据,并有效地提取有意义的信息。

3. 高速(Velocity)

云计算和先进的图形用户界面更有助于发展大数据的扩展性,高速实时是大数据分析的要素。不用分批处理数据,而是实时高速地处理全部数据是大数据可视化的需求。但在大数据中,设计一个新的可视化工具并具有高效的索引并非易事。

4. 高性能质量要求(Value)

不仅为用户创建有吸引力的信息图和热点图,还能通过大数据获取意见,创造商业价值。静态可视化几乎没有这个要求,因为可视化速度较低,性能的要求也不高。

5. 并行化

可视化软件应以原位的方式运行。由于大数据的容量问题,大规模并行化成为可视化过程的一个挑战,并行可视化算法的难点则是如何将一个问题分解为多个可同时运行的独立的任务。

6. 复杂性和高维度

高效的数据可视化是大数据时代发展进程中关键的一部分。在大数据的应用程序中,大规模数据和高维度数据会使得进行数据可视化变得困难。高维可视化越有效,识别出潜在的模式、相关性或离群值的概率越高。当前大多数大数据可视化工具在扩展性、功能和响应时间上仍需进行攻关。

7. 视觉噪声与信息丢失

在大数据集中,大多数对象之间具有很强的相关性,用户无法把它们分离作为独立的对象来显示,也存在许多视觉噪声。虽然减少可视数据集的方法是可行的,但是也会导致信息的丢失。

8. 大型图像感知与高速图像变换

数据可视化不仅受限于设备的长宽比和分辨率,也受限于现实世界的感受。用户虽然能观察数据,却不能对数据强度变化做出反应。可视化每个数据点都可能导致过度绘制而降低用户的辨识能力,通过抽样或过滤数据可以删去离群值。查询大规模数据库的数据可能导致高延迟,降低交互速率。因此,可感知的交互的扩展性也是大数据可视化面临的挑战。

小　　结

本章主要介绍了大数据挖掘可视化的相关知识,包括常规数据可视化方法、大数据可视化趋势与应用、数据可视化技术以及常用可视化工具等,对大数据挖掘可视化存在的问题、发展趋势以及所面临的挑战进行了简述。

可视化方法及分类＋工具简介与系统实现.mp4(25.3MB)

习　　题

（1）怎样理解大数据可视化？

（2）大数据可视化的应用有哪些？

（3）列举数据可视化技术，并进行比较。

（4）常见的可视化工具有哪些？

（5）试用 Processing、Google Chart API、D3 画出可视化的图（如热力图）。

第3篇

大数据挖掘案例

## 第12章

大数据挖掘应用案例

【内容摘要】 本章介绍当前大数据挖掘在各行各业的应用案例,包括社交网络分析、推荐系统、零售行业大数据解决方案、大数据金融、医疗大数据应用与互联网大数据应用等。

【学习目标】 通过本章的学习,了解大数据在各行各业的适用场景。

随着大数据的发展,大数据挖掘已广泛应用于银行金融、制造、保险、公共设施、政府、教育、远程通信、社交网络、医疗等各个行业领域。

12.1 社交网络分析

12.1.1 社交网络分析应用概述

社交网络,即社交网络服务,源自英文 SNS(Social Network Service)的翻译,中文直译为社会性网络服务或社会化网络服务。社交网络是人与人之间的网络,通过网络这一载体把人们连接起来,从而形成具有某一特点的团体。社交网络的一个重要特点就是网络效应,使用这项产品或者服务的人越多,这项产品或服务就越有价值和吸引力。简单地说,社交网络是在互联网上与其他人相联系的一个平台。社交网络站点通常围绕用户的基本信息而运作,用户基本信息是指有关用户喜欢的事、不喜欢的事、兴趣、爱好、学校、职业或任何其他共同点的集合。

社交网络分析(Social Network Analysis)是指基于信息学、数学、社会学、管理学、心理学等多学科的融合理论和方法,为理解人类各种社交关系的形成、行为特点分析以及信息传播的规律提供的一种可计算的分析方法。

社交网络的目标是,通过一个或多个共同点将一些人相互联系起来并建立一个群组。一些社交网络站点按照特殊的兴趣来分组。通过这些站点可以围绕特定主题分享经验和知识,并建立友情。

如今,社交网络全球分布,这种社交网络创造了一种独立于现实社交网络的虚拟社交网络,社交网络业务已成为覆盖用户最广、传播影响最大、商业价值最高的 Web 2.0 业务。在以社交网络为主体的"链式"信息爆炸的今天,社交网络必定为社会化舆论监督和舆情发酵提供足够的成长空间,社交网络成为继搜索引擎业务之后改变互联网、改变网民生活的互联网业务,并且具有空前的规模性和群体性,吸引着无数研究者从无序的数据中发掘有价值的信息,社交网络成为数据科学家眼中的金矿。

目前一些利用大数据进行社交网络分析的研究课题主要有社交网络中社区圈子的识

别、社交网络中人物影响力的计算、信息在社交网络上的传播模型、虚假信息和机器人账号的识别、短文本语义挖掘、用户情感分析、基于社交网络信息对股市、大选以及传染病的预测等，从海量的非结构化数据中揭示社交网络要素的地理空间分布特征、地理现象以及形成机理也是当前社交网络分析领域重要的研究课题。

12.1.2　社交网络应用案例

社交网络数据用途广泛，这些数据如今是价值尚未完全发掘的资源。在社会研究过程中，可以通过这些数据更加深入地了解社会各领域的运行状况。各种不同的社交网络产生的大量的用户数据具有空前的规模性和群体性。社会学、传播学、行为学、心理学、人类学、舆论学等众多领域的专家学者，以及研发、生产、营销、广告等众多领域的从业者，都可以通过对海量无序数据的发掘，从而分析发现社会的运行规律。

社会网络数据预测过程中，可以通过这些数据更加精确地把握事态的走向。美国科学家通过监控 Twitter 中公众的情绪数据发现，公众的情绪数据与很多社会现象及事件具有很强的相关性。典型的例子是，公众在社交网络的情绪突然改变，都会反映出对股市的不确定性，因此可以利用这种信号来预测总统大选或者股市的走向，奥巴马的成功连任就在很大程度上得益于社交数据分析。

案例 12-1　B2B 企业的社交网络——Archer Technology 公司的在线社区和集市

随着社交媒体在 B2B 企业营销中扮演着越来越重要的角色，企业在社交媒体上的投入会加大，投入的形式和结构也会发生变化，因为企业希望他们的客户能够通过社交媒体增进与他们的互动，给客户带来归属感，加深对企业的了解，同辈人群的影响和信息数据的获取在 B2B 企业的营销中越来越起到决定性的作用。随着社交媒体的崛起，86％的 B2B 企业正在使用社会化媒体。很多 B2B 企业都开始挖掘社交媒体的价值，更好地与客户实现互动。

Archer Technology 具有自己的一套完善的在线社区，专门致力于提供管理、风险以及促使一致性的软件。在 B2B 领域中它协助建立了一个 101 个案例研究库，其中最成功的例子就是"交互想法"，已经有超过 7000 名用户通过这个活动进行交流和协作。作为延伸，Archer 还有一个贸易集市，用户可以在集市中下载那些已经由其他人根据大家的想法开发完成的软件。

案例 12-2　可口可乐的"昵称瓶"

为了在夏天把快乐带给可口可乐所有的消费者和喜欢可口可乐品牌的大众，可口可乐也希望在产品中体现"接地气"的一面，这便是可口可乐"昵称瓶"活动的初衷。在中国，可口可乐对这个概念进行了本地化处理，把大家在社会化媒体上使用最多、最耳熟能详的热门关键词印上了瓶子，例如，"喵星人""闺蜜""高富帅""小萝莉"等不同字样。可口可乐新包装上的这些"昵称"都是中国年轻人十分熟悉的流行词汇，拉近了与消费群体的情感距离。

在昵称的选取过程中，把"定制专属名字"的举动与"一起分享"的广告语联系起来，利用新技术抓取网络社交平台上过亿热词，把网民使用频率最高的热词抽取出来，然后通过 3 重标准（即声量、互动性以及发帖率）的删选，最终确认 300 个积极向上且符合可口可乐品牌形象的特色关键词。

在可口可乐的这次营销活动中，收集海量社交媒体数据并提炼出昵称，可口可乐建立了一套完整的系统 Social Command Center，通过实时的数据挖掘第一时间告知广告公司，哪些名单需要互动了,并将互动记录保留下来供后续沟通。收集数据—清理数据—数据入库—找到有质量的消费者或名人—提供给广告公司互动名单,这些都是实时进行的,并且都是在可口可乐公司本次活动数以万计的基础上进行的。

通过一站式全流程的数据管理服务,除了社交大数据的挖掘和分析,还能提供传统广告的监控日志数据、采集广告主官方站点、品牌微博、电商渠道、在线调研、使用评论等数据的挖掘和分析服务,并将这些数据有机地整合起来,为企业的品牌营销和市场运营建立模型、提供建议、协助决策。

12.2 推荐系统

12.2.1 推荐系统概述

1. 推荐方法

推荐系统是利用电子商务网站向客户提供商品信息和建议,帮助用户决定应该购买什么产品,模拟销售人员帮助客户完成购买过程。

推荐系统有 3 个重要的模块:用户建模模块、推荐对象建模模块、推荐算法模块。推荐系统把用户模型中兴趣需求信息和推荐对象模型中的特征信息作匹配,同时使用相应的推荐算法进行计算筛选,找到用户可能感兴趣的推荐对象,然后推荐给用户。推荐系统包括热门推荐、人工推荐、相关推荐、个性化推荐四种推荐方式。

热门推荐:类似于热门排行榜。这种推荐方式不仅仅在 IT 系统,在日常生活中也是处处存在的。这应该是效果最好的一种推荐方式,毕竟热门推荐的物品都是位于曝光量比较高的位置。

人工推荐:人工干预的推荐内容,是相对于依赖热门和算法来说的推荐。一些热点时事,如世界杯、NBA 总决赛等,需要人工加入推荐列表,原因是热点新闻带来的推荐效果也很高。

相关推荐:相关推荐有点类似于关联规则的个性化推荐,即在用户阅读一个内容时,提示用户阅读与此相关的内容。

个性化推荐:基于用户的历史行为作出的内容推荐。

其中,前三者是和机器学习没有任何关系的,但却是推荐效果最好的三种方式。一般来说,这部分内容应该占总的推荐内容的 80% 左右,另外 20% 则是对长尾内容的个性化推荐。

2. 个性化推荐系统

个性化推荐是机器学习应用的一个典型场景。其本质上是和搜索引擎一样的,同样是为了解决信息过载的问题。搜索引擎在某种意义上也是一个个性化推荐系统,但是其输入特征可以从搜索关键字直接得到。而一般的个性化推荐系统,其输入特征则是需要机器学习才能得到。

1) 个性化推荐系统的组成

个性化推荐系统一般由日志系统、推荐算法、内容展示 UI 三部分组成。

(1) 日志系统:这是推荐系统的输入源,是一个推荐系统所有信息的源头。

（2）推荐算法：这是推荐系统的核心，根据输入数据得出最终的推荐结果。

（3）内容展示 UI：用于展示推荐结果，需要更好地满足推荐系统的目标，并能更好地收集用户的行为信息。

2）个性化推荐算法

个性化推荐算法中，目前比较流行的有以下几种。

（1）基于内容的推荐：根据内容本身的属性（特征向量）所作的推荐。

（2）基于关联规则的推荐："啤酒与尿布"的方式，是一种动态的推荐，能够实时对用户的行为作出推荐，是基于物品之间的特征关联性所做的推荐，在某种情况下会退化为物品协同过滤推荐。

（3）协同过滤推荐：与基于关联规则的推荐相比，是一种静态方式的推荐，是根据用户已有的历史行为作分析的基础上做的推荐。协同过滤可分为物品协同过滤、用户协同过滤、基于模型的协同过滤。其中，基于模型的协同过滤又可以分为基于距离的协同过滤、基于矩阵分解的协同过滤（ALS-WR）、基于图模型协同（Graph，也叫社会网络图模型）。

（4）基于知识的推荐：基于知识的推荐（Knowledge-based Recommendation）在某种程度上可以看成是一种推理（Inference）技术，它不是建立在用户需要和偏好基础上推荐的。基于知识的推荐因它们所用的功能知识不同而有明显区别。效用知识（Functional Knowledge）是一种关于一个项目如何满足某一特定用户的知识，因此能解释需要和推荐的关系，所以用户资料可以是任何能支持推理的知识结构，它可以是用户已经规范化的查询，也可以是一个更详细的用户需要的表示。

（5）基于人口统计学的推荐（Demographic-based Recommendation）：是一种最易于实现的推荐方法。它只是简单地根据系统用户的基本信息发现用户的相关程度，然后将相似用户喜爱的其他物品推荐给当前用户。

推荐系统现已广泛应用于很多领域，其中最典型并具有良好的发展和应用前景的领域是电子商务领域。同时，学术界对推荐系统的研究热度一直很高，逐步形成了一门独立的学科。

12.2.2　推荐系统应用案例

目前几乎所有的电子商务系统、社交网络、广告推荐、搜索引擎等，都不同程度地使用了各种形式的推荐系统。

案例 12-3　电子商务的推荐系统

最著名的电子商务推荐系统应属亚马逊网络书店，顾客选择一本自己感兴趣的书籍，马上会在底下看到一行文字："Customer Who Bought This Item Also Bought"。亚马逊是在"对同样一本书有兴趣的读者的兴趣在某种程度上相近"的假设前提下提供这样的推荐，此举也成为亚马逊网络书店为人所津津乐道的一项服务，许多网络书店也跟进了这样的推荐服务。

另外一个著名的例子是 Facebook 的广告，系统根据个人资料、朋友感兴趣的广告等对个人提供广告推销，也是一项协同过滤重要的里程碑。从早期单一系统内的邮件、文件过滤，到跨系统的新闻、电影、音乐过滤，乃至今日横行互联网的电子商务，虽然目的不太相同，但带给使用者的方便是不能否定的。

案例 12-4　淘宝推荐系统

淘宝开发了基于个性化推荐的 5W 营销系统,目标是为各个产品提供商品、店铺、人、类目属性各种维度的推荐。它的核心是以类目属性和社会属性为纽带,将人、商品和店铺建立起联系。

淘宝的宝贝推荐是基于内容的和关联规则、全网优质宝贝算分、根据推荐属性筛选TOP、基于推荐属性的关联关系、采用搜索引擎存储和检索优质宝贝、加入个性化用户信息、根据用户的购买和收藏记录产生可推荐的关联规则。优质宝贝的算分需要考虑商品的相关属性,包括描述、评价、名称、违规、收藏人气、累计销量、UV 和 PV 等。此外,推荐系统根据用户的浏览、收藏购买行为和反馈信息,在 Hadoop 上计算用户带权重的标签,用于进行个性化推荐。在个性化推荐之上,淘宝还实现了基于内容的广告投放。由于个性化推荐出来的物品是用户所感兴趣的,所以基于此之上的广告投放非常行之有效。

案例 12-5　豆瓣的推荐引擎-豆瓣猜

豆瓣网在国内互联网行业美誉度很高,是一家以帮助用户发现未知事物为己任的公司。它的“豆瓣猜”是一种个性化的推荐,其背后采用了基于用户的协同过滤技术。确定什么样的产品适合推荐?豆瓣猜提出,选择具有媒体性的产品(Media Product)来进行推荐,即选择多样、口味很重要、单位成本不重要,同时能够广泛传播(Information Cascade)的产品,接着在对真实的数据集进行定量分析后,进一步得出条目增长相对稳定、能够快速获得用户反馈、数据稀疏性与条目多样性、时效性比较平衡的产品,从而确定适合推荐的产品。豆瓣网的推荐引擎面对高成长性的挑战,通过降低存储空间、近似算法与分布式计算的设计,来实现对基于用户的协同过滤推荐系统的线性扩展。

案例 12-6　Hulu 的个性化推荐

Hulu 是一家美国的视频网站,它是由美国国家广播环球公司(NBC Universal)和福克斯广播公司(Fox)在 2007 年 3 月共同投资建立的。在美国,Hulu 已是最受欢迎的视频网站之一。它拥有超过 250 个渠道合作伙伴、超过 600 个顶级广告客户、3 千万的用户、3 亿的视频和 11 亿的视频广告。广告是衡量视频网站成功与否的一个重要标准。事实证明,Hulu 的广告效果非常好,若以每千人为单位对广告计费,Hulu 的所得比电视台在黄金时段所得还高。Hulu 把这种个性化推荐视频的思想放到了广告投放中,设计出了一套个性化广告推荐系统。通过对视频和用户特点的分析,Hulu 根据用户的个人信息、行为模型和反馈,设计出一个混合的个性化推荐系统。它包含了基于物品的协同过滤机制、基于内容的推荐、基于人口统计的推荐。从用户行为中提炼出来的主题模型,用于给用户推荐视频。这个产品通过问答的形式,与用户进行交互,获取用户的个人喜欢,进一步提高推荐的个性化。

12.3　零售行业大数据解决方案

12.3.1　大数据在零售行业的创新性应用

零售大数据分析主要应用在智慧的购物体验、智慧的商品管理和供应链网络、智慧的运营三个领域。通过大数据打造智慧的购物体验,构建智慧的商品管理和供应链网络,以及实现智慧的运营,来帮助零售企业实现价值,实现"精准营销"和"个性化服务"。其在零售行业有以下创新性应用。

(1) 大数据有助于精确零售行业市场定位。通过大数据的市场数据分析和调研可以帮助企业进行品牌精准的市场定位,了解零售行业市场构成、细分市场特征、消费者需求和竞争者状况等众多因素,提高企业品牌市场定位的准确度。

(2) 大数据成为零售行业市场营销的利器。网络信息涵盖商家信息、个人信息、行业资讯、产品使用体验、商品浏览记录、商品成交记录、产品价格动态等海量信息。这些零售行业大数据,其背后隐藏的是零售行业的市场需求、竞争情报,企业通过统计和分析消费者档案大数据库来掌握消费者的消费行为、兴趣偏好和产品的市场口碑现状,制定有针对性的营销方案和营销战略。

(3) 大数据支撑零售行业收益管理。通过对建构的大数据统计与分析,采取科学的预测方法,建立数学模型,对需求预测、细分市场和敏感度进行分析,实现企业收益最大化目标。

(4) 大数据创新零售行业需求开发。通过对网上零售行业的评论数据进行收集,建立网评大数据库,然后再利用分词、聚类、情感分析了解消费者的消费行为、价值取向、评论中体现的新消费需求和企业产品质量问题,以此来改进和创新产品、量化产品价值、制定合理的价格及提高服务质量,从而获取更大的收益。

12.3.2　零售行业大数据应用案例

案例 12-7　沃尔玛打造商业数据中心

曾创造了"啤酒与尿布"的经典商业案例的沃尔玛是最早开始投资和部署大数据应用的传统企业巨头之一,在大数据概念引爆流行产业界之前,沃尔玛已经开始了网站数据库整合迁移和 Hadoop 集群扩展工作,希望通过大数据应用让消费者成为 bigger Spender,同时在电子商务领域奋起直追领导者亚马逊。通过自身数据积累整合及并购研发,沃尔玛已然拥有一个涵盖消费者线下交易数据、沃尔玛网络商城电子数据与社交媒体应用数据为一体的实时更新积累的大数据库,将沃尔玛在作出决策前的执行成本降到最低。

案例 12-8　淘宝开放数据魔方

淘宝的"数据魔方"包含网站所有的交易数据。商家、企业及消费者将在未来分享到其海量原始数据,数据开放将有原则、分层次地进行。通过其"数据魔方"平台,商家可以直接获取行业宏观情况、自己品牌的市场状况、消费者行为情况等,通过第三方研究机构合作的方式,为商家带来基于数据之上的分析、解读、业务建设等服务。目前,其他在线销售网站也会向用户公开一些交易数据。例如,eBay 向用户提供不同类别产品的最流行搜索条目,用户注册后可以看到产品平均售价、最成功的商品介绍关键词等信息。

案例 12-9　Target:准确判断哪位顾客怀孕

在大数据推动的商业革命暗涌中,要么学会使用大数据的杠杆创造商业价值,要么被大数据驱动的新生代商业格局淘汰。最早关于大数据的故事发生在美国第二大的超市塔吉特百货(Target)。Target 的市场营销人员通过 Target 的顾客数据分析部(Guest Data & Analytical)建立的模型,选出了 25 种典型商品的消费数据构建了"怀孕预测指数",通过这个指数,Target 能够在很小的误差范围内预测到顾客的怀孕情况,因此 Target 就能早早地把孕妇优惠广告寄发给顾客。根据 Andrew Pole 的大数据模型,Target 制订了全新的广告营销方案,结果 Target 的孕期用品销售呈现了爆炸性的增长。Target 的大数据分析技术从孕妇这个细分顾客群开始向其他各种细分客户群推广。因此,Target 的销售额从 440 亿美元增长到 670 亿美元。Target 的这种优惠广告间接地令一个蒙在鼓里的父亲意外发现他高中生的女儿怀孕了,此事甚至被《纽约时报》报道,结果 Target 大数据的巨大威力轰动了全美。

12.4　金融：大数据理财时代

12.4.1　大数据时代下金融业的机遇和面临的挑战

大数据是重塑金融竞争格局的一个重要支撑和抓手,对它的有效利用将带动整个行业的发展,给整个金融体系带来创新动能。

(1) 在客户营销方面,银行可通过大数据的应用搜集和掌握更为广泛的客户信息,为客户构建崭新的 360°画像,分析粒度将从原有客户群体分析精细化到每个客户的个体分析,及时获知客户行为,预测客户期待,组织匹配的产品与个性化服务快速响应客户的需求。

(2) 在风险管理方面,银行利用大数据收集并量化互联网上的各类信息,如餐饮商户的客户评价信息等。利用这些信息通过模型计算商户的信用情况和违约概率,突破传统单纯以财务信息作为评价要素的做法,引入交易行为、客户评价、公用事业缴费记录等多侧面、各角度的关联数据,以大数据的思维构建新的信用评价模型,更精确、更有效地评价客户,打造智能化引擎支持的"直通式"全流程在线融资服务模式,提高融资效率,降低信贷风险。

(3) 在产品创新和资源配置方面,大数据可以帮助银行及时深入了解自身的运营情况,辅助改造和优化业务管理流程,改善运行效率,提高产品创新速度,更有效地开展绩效管理和资源配置。

除此之外,大数据还可以应用在实时反欺诈监控、预测客户流失、打造增值服务等方面,全面提高银行的经营和服务能力。

12.4.2　金融行业大数据应用案例

金融行业具有信息化程度高、数据质量好、数据维度全与数据场景多的特点,因此大数据应用的成熟度较高,数据应用也取得了较好的成绩。特别是一些股份制商业银行的信用卡中心、保险与证券企业,大数据应用已经取得了成效,并得到了行业的认可。

一般来讲,大数据在金融企业实现场景落地分为五步,分别是专业化团队、业务和数据梳理、外部咨询和工具的引入、业务场景的数据变现、高层汇报和支持。大数据应用和场景落地在领先的金融企业也历经了若干年,对这些成功实施大数据场景落地的企业进行经验总结,可帮助金融企业找到一条有效的捷径。

案例 12-10　淘宝网掘金大数据金融市场

随着国内网购市场的迅速发展,淘宝网等众多网购网站的市场争夺战也进入白热化状态,网络购物网站也开始推出越来越多的特色产品和服务。

(1) 余额宝：余额宝是互联网金融产品。相比普通的货币基金,余额宝鲜明的特色当属大数据。以基金的申购、赎回预测为例,基于淘宝和支付宝的数据平台,可以及时把握申购、赎回变动信息。

（2）淘宝信用贷款:淘宝信用贷款是阿里金融旗下专门针对淘宝卖家进行金融支持的贷款产品。淘宝平台通过以卖家在淘宝网上的网络行为数据做一个综合的授信评分,卖家纯凭信用拿贷款,无须抵押物,无须担保人。由于其非常吻合中小卖家的资金需求,且重视信用,无担保、抵押的门槛,更加上其申请流程非常便捷,仅需要线上申请,几分钟内就能获贷,被不少卖家戏称为"史上最轻松的贷款",也成为淘宝网众多卖家进行资金周转的重要手段。

（3）阿里小贷:淘宝网的"阿里小贷"更是得益于大数据,它依托阿里巴巴（B2B）、淘宝、支付宝等平台数据,不仅可有效识别和分散风险,提供更有针对性、多样化的服务,而且批量化、流水化的作业使得交易成本大幅下降。每天,海量的交易和数据在阿里的平台上产生,阿里通过对商户最近 100 天的数据分析,就能知道哪些商户可能存在资金问题,此时的阿里贷款平台就有可能出马,同潜在的贷款对象进行沟通。

案例 12-11　IBM 用大数据预测股价走势

IBM 使用大数据信息技术成功开发了"经济指标预测系统"。借助该预测系统,可通过统计分析新闻中出现的单词等信息来预测股价等走势。首先从互联网上的新闻中搜索与"新订单"等与经济指标有关的单词,然后结合其他相关经济数据的历史数据分析与股价的关系,从而得出预测结果。IBM 以美国"ISM 制造业采购经理人指数"为对象进行了验证试验,该指数以制造业中的大约 20 个行业、300 多家公司的采购负责人为对象,调查新订单和雇员等情况之后计算得出。据悉,IBM 的试验仅用了 6 小时,就计算出了分析师需要花费数日才能得出的预测值,而且预测精度几乎一样。

案例 12-12　汇丰银行采用 SAS 管理风险

汇丰银行与 SAS 在防范信用卡和借记卡欺诈的基础上,构建了其全球业务网络的实时欺诈防范侦测系统。共同扩展了 SAS 防欺诈管理解决方案的功能,为多种业务线和渠道提供完善的欺诈防范系统。这些增强功能有助于全面监控客户、账户和渠道业务活动,进一步提高分行交易、银行转账和在线付款欺诈以及内部欺诈的防范能力。通过监控客户行为,汇丰银行可以优化并更加有效地利用侦测资源。汇丰银行利用 SAS 系统,通过收集和分析大数据解决复杂问题,并获得非常精确的洞察,以加快信息获取速度和超越竞争对手。因此,汇丰银行还将继续采用 SAS 告警管理、例程和队列优先级软件,提高运营效率,以便迅速启动紧急告警。

案例 12-13　Kabbage 用大数据开辟新路径

Kabbage 是一家为网店店主提供营运资金贷款服务的创业公司,总部位于美国亚特兰大,截至目前已经成功融资 6000 多万美元。Kabbage 与"阿里小贷"的经营模式类似,通过查看网店店主的销售和信用记录、顾客流量、评论以及商品价格和存货等信息,来最终确定是否为他们提供贷款以及贷多少金额。Kabbage 通过支付工具 PayPal 的支付 API 来为网店店主提供资金贷款,这种贷款资金到账的速度相当快,最快十分钟就可以到账。Kabbage 用于贷款判断的支撑数据的来源除了网上搜索和查看外,还来自网上商家的自主提供,且提供的数据多少直接影响最终的贷款情况。同时,Kabbage 也通过与物流公司 UPS、财务管理软件公司 Intuit 合作,扩充数据来源渠道。目前,使用 Kabbage 贷款服务的网店店主已达近万家,Kabbage 的服务范围目前仅限于美国境内,不过公司打算利用这轮融资将服务拓展至其他国家。

基于大数据的商业模式创新过程有两个核心环节:一是数据获取;二是数据的分析利用。在本案例中,Kabbage 与阿里金融的区别在于数据获取方面,前者是从多元化的渠道收集数据,后者则是借助旗下平台的数据积累,其中网上商家可自主提供数据且其数据的多少直接决定最终的贷款额度与成本,这充分体现出大数据的资产价值,如同传统的抵押物一样可以换取资金。Kabbage 借助大数据技术,并结合金融行业的特点,有效地控制了风险,实现了完美融合和创新。

12.4.3　信用卡反欺诈预测模型构建案例

本小节通过利用信用卡的历史交易数据,进行机器学习,构建信用卡反欺诈预测模型,提前发现客户信用卡被盗刷的事件。本实例基于 Python 3.6 实现,数据来源于 Kaggle Credit Card Fraud Detection。

1. 数据简介及场景分析

数据集包含由欧洲持卡人于 2013 年 9 月使用信用卡进行交易的数据。此数据集显示两天内发生的交易,284807 笔交易中有 492 笔被盗刷。数据集非常不平衡,积极的类(被盗刷)占所有交易的 0.173%。

它只包含作为 PCA 转换结果的数字输入变量。特征 V1,V2,…,V28 是使用 PCA 获得的主要组件,没有用 PCA 转换的特征是"时间"和"量"。变量描述见表 12-1。特征"时间"包含数据集中每个事务和第一个事务之间经过的秒数。特征"金额"是交易金额,此特征可用于实例依赖的成本认知学习。特征"类"是响应变量,如果发生被盗刷,则取值 1,否则为 0。

表 12-1　变量描述

变量编号	变量名	释　　义	数据类型
29	Amount	交易金额(欧元)	Float64
30	Time	每个事务和第一个事务之间经过的时间(秒)	Float64
31	Class	目标变量;确定信用卡是否被盗,是为 1,否为 0	Int64

(1) 首先,数据集中的数据是持卡人两天内的信用卡交易数据,这份数据包含很多维度,要解决的问题是预测持卡人的信用卡是否会被盗刷。持卡人的信用卡是否会被盗刷只有两种可能,被盗刷或不被盗刷。又因为这份数据是打标好的(字段 Class 是目标列),也就是说它是一个监督学习的场景。于是,判定信用卡持卡人是否会被盗刷是一个二元分类问题,意味着可以通过二分类相关的算法来找到具体的解决办法,本项目选用的算法是逻辑斯蒂回归(Logistic Regression)。

(2) 分析数据:数据是结构化数据,不需要做特征抽象。特征 V1 至 V28 是经过 PCA 处理,而特征 Time 和 Amount 的数据规格与其他特征差别较大,需要对其做特征缩放,将特征缩放至同一个规格。在数据质量方面,没有出现乱码或空字符的数据,可以确定字段 Class 为目标列,其他列为特征列。

(3) 这份数据是全部标好的数据,可以通过交叉验证的方法对训练集生成的模型进行评估。70%的数据进行训练,30%的数据进行预测和评估。

现对该业务场景进行总结如下:

根据历史记录数据学习并对信用卡持卡人是否会发生被盗刷进行预测,二分类监督学习场景,选择逻辑斯蒂回归算法。

数据为结构化数据,不需要做特征抽象,但需要做特征缩放。

2. 加载相应的包

主要加载了用于科学计算的 numpy 和 pandas;用于可视化的 matplotlib 和 seaborn;机器学习相关库 sklearn。

```
# Imports
#加载基础计算包>import numpy as np
>import pandas as pd
>import datetime
>import matplotlib.pyplot as plt #加载 matplotlib 进行图像可视化
>import matplotlib.gridspec as gridspec
>import seaborn as sns #加载 seaborn 库绘图加强
>sns.set_style('whitegrid')
>import missingno as msno #通过 missingno 查看缺失值
>import warnings
>warnings.filterwarnings('ignore')
#忽略警告
>pd.set_option('display.float_format',lambda x:'% .4f'% x)
#为了直观地显示数字,不采用科学计数法
>from imblearn.over_sampling import SMOTE
>import itertools
>import os
# import sklearn #加载 sklearn 机器学习包
>from sklearn.linear_model import LogisticRegression
#加载逻辑斯蒂回归
>from sklearn.ensemble import RandomForestClassifier
#加载随机森林
>from sklearn.model_selection import GridSearchCV
#Grid 模型调优
>from sklearn.model_selection import train_test_split
>from sklearn.model_selection import train_test_split
#分离训练测试集
> from sklearn.metrics import confusion_matrix
#混淆矩阵
>from sklearn.metrics import precision_recall_curve
>from sklearn.metrics import recall_score
>from sklearn.metrics import classification_report
>from sklearn.metrics import accuracy_score
#加载 StandardScaler 继续数据标准化
>from sklearn.preprocessing import StandardScaler
```

3. 数据获取与解析

通过查看数据结构类型而了解原始数据的有关信息。

```
>data_cr = pd.read_csv('creditcard.csv', encoding = 'latin-1')
```

#读取 CSV 为格式的数据
>data_cr.head() #查看数据的前五行,见表 12-2

表 12-2　Out 数据前五行

	Time	V1	V2	V3	V4	...	V25	V26	V27	V28	Amount	Class
0	0	−1.3598	−0.0728	2.5363	1.3782	...	0.1285	−0.1891	0.1336	−0.0211	149.62	0
1	0	1.1919	0.2662	0.1665	0.4482	...	0.1672	0.1259	−0.009	0.0147	2.69	0
2	1	−1.3584	−1.3402	1.7732	0.3798	...	−0.3276	−0.1391	−0.0554	−0.0598	378.66	0
3	1	−0.9663	−0.1852	1.793	−0.8633	...	0.6474	−0.2219	0.0627	0.0615	123.5	0
4	2	−1.1582	0.8777	1.5487	0.403	...	−0.206	0.5023	0.2194	0.2152	69.99	0

>data_cr.shape #查看数据集大小
   Out:
   (284807, 31)

数据集由 28 万行,31 列组成。

>data_cr.info() #查看数据集基本信息,见表 12-3
Out:
< class 'pandas.core.frame.DataFrame'>
RangeIndex: 284807 entries, 0 to 284806
Data columns (total 31 columns):
Time   284807 non-null float64
V1   284807 non-null float64
V2   284807 non-null float64
V3   284807 non-null float64
V4   284807 non-null float64
⋮   ⋮
V25   284807 non-null float64
V26   284807 non-null float64
V27   284807 non-null float64
V28   284807 non-null float64
Amount 284807 non-null float64
Class   284807 non-null int64

表 12-3　数据表

	count	mean	std	min	25%	50%	75%	max
Time	284807	94813.8596	47488.146	0	54201.5	84692	139320.5	172792
V1	284807	0	1.9587	−56.4075	−0.9204	0.0181	1.3156	2.4549
V2	284807	0	1.6513	−72.7157	−0.5985	0.0655	0.8037	22.0577
V3	284807	0	1.5163	−48.3256	−0.8904	0.1798	1.0272	9.3826
V4	284807	0	1.4159	−5.6832	−0.8486	−0.0198	0.7433	16.8753
V5	284807	0	1.3802	−113.7433	−0.6916	−0.0543	0.6119	34.8017
⋮	⋮	⋮	⋮	⋮	⋮	⋮	⋮	⋮
V24	284807	0	0.6056	−2.8366	−0.3546	0.041	0.4395	4.5845
V25	284807	0	0.5213	−10.2954	−0.3171	0.0166	0.3507	7.5196
V26	284807	0	0.4822	−2.6046	−0.327	−0.0521	0.241	3.5173
V27	284807	0	0.4036	−22.5657	−0.0708	0.0013	0.091	31.6122

	count	mean	std	min	25%	50%	75%	max
V28	284807	0	0.3301	−15.4301	−0.053	0.0112	0.0783	33.8478
Amount	284807	88.3496	250.1201	0	5.6	22	77.165	25691.16
Class	284807	0.0017	0.0415	0	0	0	0	1

```
dtypes: float64(30), int64(1)
memory usage: 67.4 MB
>data_cr.describe().T #查看数据集基本统计信息
```

通过上述信息得知,变量V1~V28为经过标准化的数据,数据类型为float-64;time类型代表时间,范围在0~172782之间,单位为秒,数据类型为float-64;amount代表交易金额,最大值为25691,平均数为88,数据类型为float-64;class为目标变量,类型为0-1变量,数据类型为int-64。

```
>msno.matrix(data_cr)    #查看缺失值,见图 12-1
```

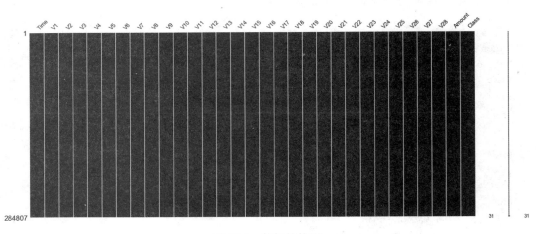

图 12-1　数据结构图

通过图12-1可以获知,数据集不存在缺失值,因此无须作缺失值处理。

4. 特征工程

从数据的解析中发现变量过多,不利于进行模型的构建,因此需要通过对数据的深度探索,从中选择出对是否为欺诈影响较大的变量,以提高模型的正确率。

1) 目标变量分布可视化

利用class变量构建柱状图和饼图,查看目标变量的数据分布,见图12-2。

```
>fig, axs = plt.subplots(1,2,figsize=(14,7))
>sns.countplot(x='Class', data=data_cr, ax= axs[0])
>axs[0].set_title("Frequency of each Class")
>data_cr["Class"].value_counts().plot(x=None,y=None, kind='pie', ax= axs[1],
autopct='% 1.2f% % ')
>axs[1].set_title("Percentage of each Class")
>plt.show()
#查看目标列的情况
```

```
>data_cr.groupby("Class").size()
Out:
    Class
    0    284315
    1       492
    dtype: int64
```

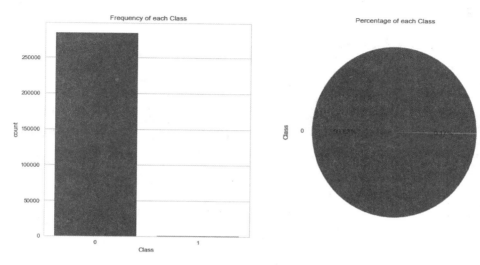

图 12-2　目标变量的数据分布

通过图 12-2 和变量输出情况可知,数据集的 284807 笔交易中有 492 笔是信用卡被盗刷交易,信用卡被盗刷交易占总体比例为 0.17%。信用卡交易正常和被盗刷两者数量不平衡,样本不平衡影响分类器的学习,本小节稍后将会使用过采样的方法解决样本不平衡的问题。

2）特征衍生

特征 Time 的单位为秒,需要将其转化为以小时为单位。

```
>data_cr['Hour'] = data_cr["Time"].apply(lambda x : divmod(x, 3600)[0])
```

3）特征选择

通过对数据的探索和可视化分析得出变量与目标变量的关系,进行特征筛选,选择性保留与目标变量相关性较大的特征,以提高后续建模的准确率。

(1）查看盗刷交易、交易金额和交易次数的关系。通过 Amount 变量建立柱状图,如图 12-3 所示,对比查看信用卡欺诈数据与正常数据之间金额的关系。

```
>f, (ax1, ax2) = plt.subplots(2, 1, sharex= True, figsize= (16,4))
>bins = 30
>ax1.hist(data_cr["Amount"][data_cr["Class"]= = 1], bins = bins)
>ax1.set_title('Fraud')
>ax2.hist(data_cr["Amount"][data_cr["Class"] = = 0], bins = bins)
>ax2.set_title('Normal')
>plt.xlabel('Amount ($ )')
>plt.ylabel('Number of Transactions')
>plt.yscale('log')
>plt.show()
```

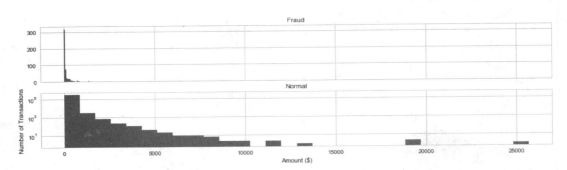

图 12-3　信用卡欺诈数据与正常数据之间金额关系柱状图

通过图 12-3 可知,信用卡被盗刷发生的金额与信用卡正常用户发生的金额相比,呈现散而小的特点,这说明信用卡盗刷者为了不引起持卡人的注意,更偏向选择小金额消费。

(2) 查看用户消费时间段偏爱。利用 time 时间变量建立 factorplot,如图 12-4 所示,以查看信用卡消费时间的分布情况。

```
>sns.factorplot(x="Hour", data=data_cr, kind="count", palette="ocean", size=6,
aspect=3)
```

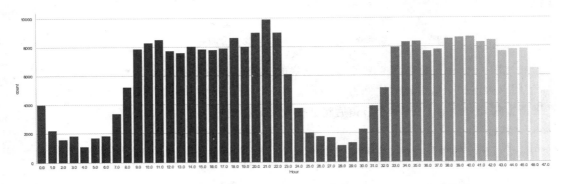

图 12-4　信用卡消费时间的分布图

从图 12-4 可知,每天早上 9 点到晚上 11 点是信用卡消费的高频时间段。

(3) 查看盗刷交易、交易金额和交易时间的关系。通过 Amount 金额和 time 时间两个变量,分别对信用卡欺诈数据和正常数据建立散点图,如图 12-5 所示,对比观察时间与交易金额的分布状况。

```
>f, (ax1, ax2) = plt.subplots(2, 1, sharex=True, figsize=(16,6))
>ax1.scatter(data_cr["Hour"][data_cr["Class"] == 1],
data_cr["Amount"][data_cr["Class"] == 1])
>ax1.set_title('Fraud')
>ax2.scatter(data_cr["Hour"][data_cr["Class"] == 0],
data_cr["Amount"][data_cr["Class"] == 0])
>ax2.set_title('Normal')
>plt.xlabel('Time(in Hours)')
>plt.ylabel('Amount')
>plt.show()
```

```
#分别查看欺诈数据与正常数据关于金额的统计量
>print("Fraud Stats Summary")
>print(data_cr["Amount"][data_cr["Class"] == 1].describe())
>print()
>print("Normal Stats Summary")
>print(data_cr["Amount"][data_cr["Class"] == 0].describe())
Out:
Fraud Stats Summary
count      492.0000
mean       122.2113
std        256.6833
min          0.0000
25%          1.0000
50%          9.2500
75%        105.8900
max       2125.8700
Name: Amount, dtype: float64
Normal Stats Summary
count   284315.0000
mean        88.2910
std        250.1051
min          0.0000
25%          5.6500
50%         22.0000
75%         77.0500
max      25691.1600
Name: Amount, dtype: float64
```

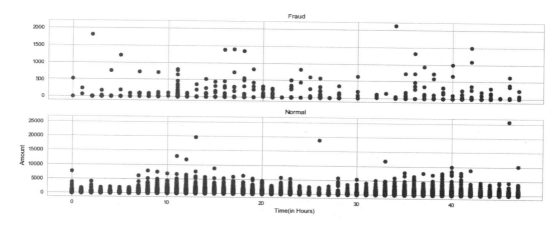

图 12-5　时间与交易金额的分布状况散点图

从图 12-5 可以看出,在信用卡被盗刷样本中,离群值发生在客户使用信用卡消费更低频的时间段。信用卡被盗刷数量案发最高峰在第一天上午 11 点达到 43 次,其余发生信用卡被盗刷案发时间在晚上时间 11 点至第二天早上 9 点之间,说明信用卡盗刷者为了不引起持卡人注意,更喜欢选择持卡人的睡觉时间和消费频率较高的时间点作案;同时,信用卡发生被盗刷的最大值为 2125.87 美元。

（4）查看信用卡卡正常用户与被盗刷用户之间的区别。上述代码通过目标变量 class 分别获取信用卡欺诈与正常的数据，并分别计算出二者的相关系数矩阵。对相关系数矩阵建立热图进行可视化，查看各变量之间的关系。

```
#指定 Xfraud 为信用卡欺诈数据，XnonFraud 为信用卡正常数据
>Xfraud = data_cr.loc[data_cr["Class"] == 1]
>XnonFraud = data_cr.loc[data_cr["Class"] == 0]
>correlationNonFraud = XnonFraud.loc[:, data_cr.columns ! = 'Class'].corr()
#利用 corr()函数求相关系数矩阵
>mask = np.zeros_like(correlationNonFraud)
#建立与 corrlationNonFraud 相同的矩阵 mask
>indices = np.triu_indices_from(correlationNonFraud)
#取 corrlationNonFraud 上三角的索引
>mask[indices] = True #mask 的上三角设为 1
>a = mask[indices]
#建立热力图，如图 12-6 所示，表示各变量之间的相关性
>grid_kws = {"width_ratios": (.9, .9, .05), "wspace": 0.2}
>f, (ax1, ax2, cbar_ax) = plt.subplots(1, 3, gridspec_kw=grid_kws,figsize = (14,
9))
>cmap = sns.diverging_palette(220, 8, as_cmap=True)
>ax1 =sns.heatmap(correlationNonFraud, ax = ax1, vmin = -1, vmax = 1,cmap = cmap,
square = False, linewidths = 0.5, mask = mask, cbar = False)
#构建过程中使用 mask 遮挡系数矩阵的上半部分
>ax1.set_xticklabels(ax1.get_xticklabels(), size = 16);
>ax1.set_yticklabels(ax1.get_yticklabels(), size = 16);
>ax1.set_title('Normal', size = 20)
>correlationFraud = Xfraud.loc[:, data_cr.columns ! = 'Class'].corr()
>ax2 = sns.heatmap(correlationFraud, vmin = -1, vmax = 1, cmap = cmap,ax = ax2,
                square = False, linewidths = 0.5, mask = mask,
                yticklabels = False,cbar_ax = cbar_ax,
                cbar_kws={'orientation': 'vertical','ticks': [-1, -0.5, 0, 0.5,
1]})
>ax2.set_xticklabels(ax2.get_xticklabels(), size = 16);
>ax2.set_title('Fraud', size = 20);
>cbar_ax.set_yticklabels(cbar_ax.get_yticklabels(), size = 14);
>plt.show()
```

由图 12-6 可以看出，信用卡被盗刷的事件中，部分变量之间的相关性更明显。其中，变量 V1、V2、V3、V4、V5、V6、V7、V9、V10、V11、V12、V14、V16、V17 和 V18 以及 V19 之间的变化在信用卡被盗刷的样本中呈现一定规律。

（5）削减变量。通过表示不同变量在信用卡被盗刷和信用卡正常的不同分布情况，将选择在不同信用卡状态下的分布有明显区别的变量。因此剔除变量 V8、V13、V15、V20、V21、V22、V23、V24、V25、V26、V27 和 V28。这与开始用相关性图谱观察得出的结论一致。同时，剔除变量 Time，保留离散程度更小的 Hour 变量。

```
>droplist=['Time','V8','V13','V15','V20','V21','V22','V23','V24','V25','V26',
'V27','V28']
>data_new = data_cr.drop(droplist, axis = 1)
>data_new.shape
```

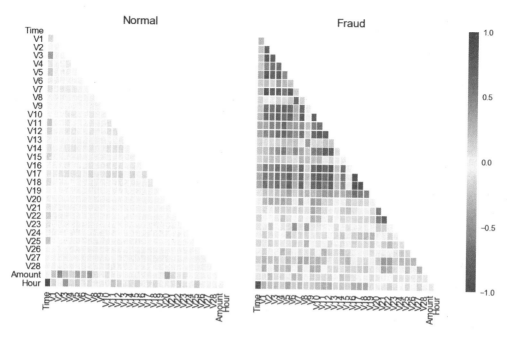

图 12-6　变量之间的相关性热力图

Out:
```
(284807, 19)
```

特征从 31 个缩减至 18 个(不含目标变量)。

(6)特征缩放。由于特征 Hour 和 Amount 的规格和其他特征相差较大,因此需对其进行特征缩放。

```
#特征缩放 hour&amount>col = ['Amount','Hour']
>from sklearn.preprocessing import StandardScaler
>sc = StandardScaler()
>data_new[col]=sc.fit_transform(data_new[col])
#对数据进行标准化,见表 12-4
>data_new.head()
```

表 12-4　标准化了的数据表

	V1	V2	V3	V4	⋯	V14	V16	V17	V18	V19	Amount	Class	Hour
0	−1.3598	−0.0728	2.5363	1.3782	⋯	−0.3112	−0.4704	0.208	0.0258	0.404	0.245	0	−1.9603
1	1.1919	0.2662	0.1665	0.4482	⋯	−0.1438	0.4639	−0.1148	−0.1834	−0.1458	−0.3425	0	−1.9603
2	−1.3584	−1.3402	1.7732	0.3798	⋯	−0.1659	−2.8901	1.11	−0.1214	−2.2619	1.1607	0	−1.9603
3	−0.9663	−0.1852	1.793	−0.8633	⋯	−0.2879	−1.0596	−0.6841	1.9658	−1.2326	0.1405	0	−1.9603
4	−1.1582	0.8777	1.5487	0.403	⋯	−1.1197	−0.4514	−0.237	−0.0382	0.8035	−0.0734	0	−1.9603

经对表 12-4 观察可知,Amount 和 Hour 两变量已经过标准化,获得整体相对平衡的数据。

4）对特征的重要性进行排序

使用随机森林算法对经筛选后的特征进行重要性排序，相当于目标变量 class 的重要程度比较。

```
#构建 X 变量和 Y 变量
>x_feature = list(data_new.columns)
>x_feature.remove('Class')
>x_val = data_new[x_feature]
>y_val = data_new['Class']
#利用随机森林的 feature importance 对特征的重要性进行排序
>clf.fit(x_val, y_val) #对自变量和因变量进行拟合
>names, clf.feature_importances_
>for feature in zip(names, clf.feature_importances_):
    print(feature)
>plt.style.use('fivethirtyeight')
>plt.rcParams['figure.figsize'] = (12,6)
Out:
    ('V1', 0.016428960714380998)
    ('V2', 0.012088954341890348)
    ('V3', 0.019333047192017873)
    ('V4', 0.041954380358988699)
    ('V5', 0.018124180590092021)
    ('V6', 0.021263258405632889)
    ('V7', 0.02330647145553924)
    ('V9', 0.022616308229698158)
    ('V10', 0.08104934217396946)
    ('V11', 0.06706027490232476)
    ('V12', 0.13196226602546979)
    ('V14', 0.12929955280214372)
    ('V16', 0.14082738583269536)
    ('V17', 0.211273164259213)
    ('V18', 0.019528994094810771)
    ('V19', 0.020030149135284989)
    ('Amount', 0.011748452413655337)
    ('Hour', 0.012104857072192587)
>names = data_cr[x_feature].columns
>from sklearn.ensemble import RandomForestClassifier
>clf=RandomForestClassifier(n_estimators=10,random_state=123)
#构建随机森林分类器
#对自变量和因变量进行拟合
```

通过输出得到每个特征变量的重要性评分，其中 V17 在所有变量中重要性评分最高，为 0.21。

```
#特征重要性可视化
```

通过对特征变量的重要性建立柱状图，如图 12-7 所示，更加明确地展示每个特征变量对目标变量的重要性。

```
>importances = clf.feature_importances_
>feat_names = names
```

```
>indices = np.argsort(importances)[::-1]
>fig = plt.figure(figsize=(20,6))
>plt.title("Feature importances by RandomTreeClassifier")
>plt.bar(range(len(indices)),importances[indices],color='lightblue',align=
'center')
>plt.step(range(len(indices)),np.cumsum(importances[indices]),where='mid', label
='Cumulative')
>plt.xticks(range(len(indices)),feat_names[indices],rotation='vertical',fontsize
=14)
>plt.xlim([-1, len(indices)])
```

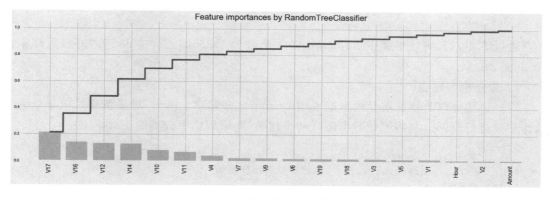

图 12-7　特征变量的重要性柱状图

通过图 12-7 可以看出,各变量的重要性关系不一,按照降序排列为 V17、V16、V12、V14、V10、V11、V4、V7、V9、V19、V18、V3、V5、V1、Hour、V2、Amount。

5. 模型训练

对经过预处理与特征选择的数据采用 Logistics 回归建立模型,对某条交易记录是否为欺诈记录进行判断。利用原始数据进行初步建模,并得到模型分类的正确率。

1) 处理样本不平衡

前面提到,目标列 Class 呈现较大的样本不平衡,会对模型学习造成困扰。样本不平衡常用的解决方法有过采样和欠采样,本实例处理样本不平衡采用的是过采样的方法,具体操作使用 SMOTE(Synthetic Minority Oversampling Technique)。

```
#构建自变量和因变量
>X = data_cr[x_feature]
>y = data_cr["Class"]
>n_sample =y.shape[0]
>n_pos_sample =y[y ==0].shape[0]
>n_neg_sample =y[y ==1].shape[0]
>print('样本个数: {}; 正样本占{:.2%}; 负样本占{:.2%}'.format(n_sample,
       n_pos_sample / n_sample,
       n_neg_sample / n_sample))
>print('特征维数: ', X.shape[1])
>from imblearn.over_sampling import SMOTE
#导入 SMOTE 算法模块处理不平衡数据
>sm =SMOTE(random_state=42)
```

```
#处理采样的方法
>X, y = sm.fit_sample(X, y)
>print('通过 SMOTE 方法平衡正负样本后')
>n_sample =y.shape[0]
>n_pos_sample =y[y ==0].shape[0]
>n_neg_sample =y[y ==1].shape[0]
>print('样本个数：{}；正样本占{:.2%}；负样本占{:.2%}'.format(n_sample,
       n_pos_sample / n_sample,
       n_neg_sample / n_sample))
Out:
   样本个数：284807；正样本占 99.83% ；负样本占 0.17%
   特征维数：18
```

通过 SMOTE 方法平衡正负样本后,样本个数为 568630,正样本占 50.00%,负样本占 50.00%。

2）建立模型预测

对经过预处理与特征选择的数据采用 Logistics 回归建立模型,对某条交易记录是否为欺诈记录进行判断。利用原始数据进行初步建模,并得到模型分类的正确率。

```
>from sklearn.linear_model import LogisticRegression
>clf1 = LogisticRegression() #构建逻辑回归分类器
>clf1.fit(X, y)
Out:
   LogisticRegression(C=1.0, class_weight=None, dual=False, fit_intercept=True,
       intercept_scaling=1, max_iter=100, multi_class='ovr', n_jobs=1,
       penalty='l2', random_state=None, solver='liblinear', tol=0.0001,
       verbose=0, warm_start=False)
```

获得模型相关参数。

```
>predicted1 = clf.predict(X) #通过分类器产生预测结果
>print("Test set accuracy score: {:.5f}".format(accuracy_score(predicted1, y,)))
Out:
       Test set accuracy score: 0.90153
```

模型正确率为 90%。

由于在本次过程中的模型训练和测试都在同一个数据集上进行,这样导致模型产生过拟合的问题。而且这份数据是全部打标好的数据,可以通过交叉验证的方法对训练集生成的模型进行评估。

6. 模型评估与优化

上一个步骤中,模型训练和测试都在同一个数据集上进行,这样导致模型产生过拟合的问题。这份数据是全部打标好的数据,可以通过交叉验证的方法对训练集生成的模型进行评估。

一般来说,将数据集划分为训练集和测试集有 3 种处理方法：留出法(hold-out)、交叉验证法(cross-validation)和自助法(bootstrapping)。

本项目采用的是交叉验证法划分数据集,将数据划分为 3 部分：训练集(training set)、验证集(validation set)和测试集(test set)。让模型在训练集进行学习,在验证集上进行参数调优,最后使用测试集数据评估模型的性能。

模型调优采用网格搜索调优参数(grid search),通过构建参数候选集合,然后网格搜索会穷举各种参数组合,根据设定评分机制找到最好的那一组设置。

```
#构建训练集和测试集,选择 70% 的数据进行训练,30% 的数据进行预测和评估
>X_train, X_test, y_train, y_test = train_test_split(X, y, test_size = 0.3, random_
state = 0)
#random_state = 0 每次切分的数据都一样
#构建参数组合
>param_grid = {'C':[0.01,0.1, 1, 10, 100, 1000,],'penalty':[ 'l1', 'l2']}
>grid_search = GridSearchCV(LogisticRegression(),param_grid, cv=10)
确定模型 LogisticRegression,和参数组合 param_grid,交叉验证指定为 10 折
#使用训练集学习算法
>grid_search.fit(X_train, y_train)
Out:
GridSearchCV(cv=10, error_score='raise',
       estimator=LogisticRegression(C=1.0, class_weight=None, dual=False, fit_
intercept=True,
          intercept_scaling=1, max_iter=100, multi_class='ovr', n_jobs=1,
          penalty='l2', random_state=None, solver='liblinear', tol=0.0001,
          verbose=0, warm_start=False),
       fit_params=None, iid=True, n_jobs=1,
       param_grid={'C':[0.01, 0.1, 1, 10, 100, 1000], 'penalty':['l1', 'l2']},
       pre_dispatch='2* n_jobs', refit=True, return_train_score=True,
       scoring=None, verbose=0)
```

得到 grid search 进行拟合后的参数。

```
>results = pd.DataFrame(grid_search.cv_results_)
>best = np.argmax(results.mean_test_score.values)
>print("Best parameters: {}".format(grid_search.best_params_))
>print("Best cross-validation score: {:.5f}".format(grid_search.best_score_))
Out:
    Best parameters: {'C': 1000, 'penalty': 'l1'}
    Best cross-validation score: 0.95817
```

通过 grid_search. best_params_和 grid_search. best_score_得出最优参数和最优交叉验证分数,并输出展示。

```
>y_pred =grid_search.predict(X_test)
>print("Test set accuracy score: {:.5f}".format(accuracy_score(y_test, y_pred,)))
Out:
    Test set accuracy score: 0.95858
...
```

经过优化后,模型的正确率上升为 95%。

```
>print(classification_report(y_test, y_pred))
Out:
             precision   recall  f1-score   support
```

0	0.94	0.98	0.96	85172
1	0.98	0.93	0.96	85417
avg / total	0.96	0.96	0.96	170589

以上输出展示了对 0-1 变量的预测值、召回值、f1 评分和支持数,及其各数值的平均数或中和。从以上可以看出,经过交叉验证训练和参数调优后,模型的性能有较大的提升。

```
#模型评估
>y_pred_proba=grid_search.predict_proba(X_test)
#predict_prob 获得一个概率值
>thresholds = [0.1,0.2,0.3,0.4,0.5,0.6,0.7,0.8,0.9]
#设置不同的阈值
>j = 1
>for i in thresholds:
    y_test_predictions_high_recall=y_pred_proba[:,1]>i
    plt.subplot(3,3,j)
    j += 1
    cnf_matrix = confusion_matrix(y_test,y_test_predictions_high_recall)
    np.set_printoptions(precision=2)
    print("Recall metric in the testing dataset: ",cnf_matrix[1,1]/(cnf_matrix[1,0]
+cnf_matrix[1,1]))
Out:
Recall metric in the testing dataset:   0.982556165634
Recall metric in the testing dataset:   0.967500614632
Recall metric in the testing dataset:   0.952726038142
Recall metric in the testing dataset:   0.942002177552
Recall metric in the testing dataset:   0.932425629559
Recall metric in the testing dataset:   0.926197361181
Recall metric in the testing dataset:   0.919781776461
Recall metric in the testing dataset:   0.911949611904
Recall metric in the testing dataset:   0.899399416978
```

设置不同的阈值,并输出查看不同阈值下的召回值。

precision 和 recall 是一组矛盾的变量。从上面混淆矩阵和 PRC 曲线可以看到,阈值越小,recall 值越大,模型能找出信用卡被盗刷的数量也就更多,但换来的代价是误判的数量也较多。随着阈值的提高,recall 值逐渐降低,precision 值逐渐提高,误判的数量也随之减少。通过调整模型阈值,控制模型反信用卡欺诈的力度。若想找出更多的信用卡被盗刷,设置较小的阈值;反之,则设置较大的阈值。

实际业务中,阈值的选择取决于公司业务边际利润和边际成本的比较;当模型阈值设置较小的值,确实能找出更多的信用卡被盗刷的持卡人,但随着误判数量增加,不仅加大了贷后团队的工作量,也会降低误判为信用卡被盗刷客户的消费体验,从而导致客户满意度下降,如果某个模型阈值能让业务的边际利润和边际成本达到平衡时,则该模型的阈值为最优值。当然也有例外的情况,发生金融危机时,往往伴随着贷款违约或信用卡被盗刷的概率的增大,而金融机构会更愿意不惜一切代价守住风险的底线。

12.5 临床医学大数据分析

12.5.1 医疗行业大数据应用

医疗行业是让大数据分析最先发扬光大的传统行业之一。近年来很多国家都在积极推进医疗信息化发展。麦肯锡在其报告中指出,排除体制障碍,大数据分析可以帮助美国的医疗服务业一年创造 3000 亿美元的附加价值。医疗大数据涉及了医疗服务业 5 大领域(临床业务、付款/定价、研发、新的商业模式、公众健康)的 15 项应用,这些场景下,大数据的分析和应用都将发挥巨大的作用。同时,大数据分析也给医疗服务行业带来新的商业模式。

在临床医疗方面,通过全面分析病人的特征数据和疗效数据,比较研究效果,然后比较多种干预措施的有效性,可以找到针对特定病人的最佳治疗途径;通过精准医疗分析病人体征数据、费用数据和疗效数据在内的大型数据集,可以帮助医生确定临床上最有效和最具有成本效益的治疗方法,这将有可能减少过度治疗以及治疗不足;开发临床决策支持系统可以提高工作效率和诊疗质量,识别医疗影像(X 光、CT、MRI)数据,或者挖掘医疗文献数据建立医疗专家数据库,从而给医生提出诊疗建议;提高医疗过程数据的透明度,可以使医疗从业者、医疗机构的绩效更透明,间接促进医疗服务质量的提高;进行远程病人监控,从对慢性病人的远程监控系统收集数据,并将分析结果反馈给监控设备,从而确定今后的用药和治疗方案;对病人档案的先进分析,在病人档案方面应用高级分析可以确定哪些人是某类疾病的易感人群。帮患者从已经存在的疾病管理方案中找到最好的治疗方案。

在付款/定价方面,通过大数据分析可以更好地对医疗服务进行定价。以美国为例,这将有潜力创造每年 500 亿美元的价值,其中一半来源于国家医疗开支的降低;可通过自动化系统检测欺诈行为,在支付发生前就识别出欺诈,避免重大的损失;基于卫生经济学和疗效研究的定价计划,有利于控制医疗保健成本支出。

在医学研究方面,医药公司在新药物的研发阶段,可以通过数据建模和分析,确定最有效率的投入产出比,模型基于药物临床试验阶段之前的数据集及早期临床阶段的数据集,尽可能及时地预测临床结果。在美国,研发效率的提高创造出每年超过 1000 亿美元的价值。分析临床试验数据和病人记录可以确定药品更多的适应症和发现副作用,基于临床试验大数据的分析可以给出证据,同时对大型数据集(如基因组数据)的分析发展个性化治疗。考察遗传变异、对特定疾病的易感性和对特殊药物的反应的关系,然后在药物研发和用药过程中考虑个人的遗传变异因素。通过分析疾病的模式和趋势,可以帮助医疗产品企业制定战略性的研发投资决策,帮助其优化研发重点,优化配备资源。

在公众健康方面,大数据的使用可以改善公众健康监控。公共卫生部门可以通过覆盖全国的患者电子病历数据库,快速检测传染病,进行全面的疫情监测,并通过集成疾病监测和响应程序,快速进行响应;从而使医疗索赔支出减少、传染病感染率降低,卫生部门可以更快地检测出新的传染病和疫情。通过提供准确和及时的公众健康咨询,将会大幅提高公众健康风险意识,同时也降低传染病感染风险。

12.5.2　医疗行业大数据应用案例

案例 12-14　利用大数据进行肿瘤基因检测服务

伴随着生物技术、大数据技术的发展,个体基因检测治疗疾病已经成为现实。其中,最广为人知的是美国好莱坞女星安吉丽娜·朱莉,在 2013 年经检测她发现自身携带致癌基因——BRCA1 基因,为防止患上卵巢癌,于 2015 年切除了卵巢和输卵管。目前,国内外已经有多家基因检测机构,如我国的华大基因、贝瑞和康、美国的 23andMe、Illumina 公司等。2007 年成立的美国 23andMe 公司是最早的基因测序互联网公司,由谷歌投资。体检者在试管里吐一口唾沫,盖上盖子,寄往 23andMe。两周后会收到邮件提示,你的基因检测结果已经准备好。用户登录,便可看到自己基因组上超过 100 万个位点的基因信息和所做的分析,包括对 259 种疾病患病率的风险预测、祖先血统分析和药物的反应预测等。华大基因一直致力于肿瘤基因组学研究,已经研究 20 多类癌症。推出了自主研究的肿瘤基因检测服务,采用了高通量测序方法对来自肿瘤病人的癌组织进行相关基因分析,对肺癌、乳腺癌、胃癌等多种常见高发癌症进行早期、无创伤检测。

首先采集患者样本,通过测序得到基因序列,接着采用大数据技术与原始基因比对,锁定突变基因,通过分析做出正确的诊断,进而全面、系统、准确地解读肿瘤药物与突变基因的关系,同时根据患者的个体差异性,辅助医生选择合适的治疗药物,制定个体化的治疗方案,实现"同病异治"或"异病同治",从而延长患者的生存时间。

肿瘤医院的病人中有 60%~80% 刚到医院时就已经进入中晚期,大数据分析可用于癌症诊断和预测,早期的筛查帮助患者有针对性地改善生活习惯或者采取个体化的辅助治疗,有益于身体健康,助力个性化医疗。结合生物大数据,挖掘疾病分子机制最终可以做到更好的筛查,更好的临床指导以及更好用药的过程。新一代基因测序技术与大数据、云计算共同发力,将使大众"治未病"成为可能,一个庞大的基因测序市场即将形成。

案例 12-15　大数据助力公共卫生检测

2009 年,Google 比美国疾病控制与预防中心提前 1~2 周预测到了甲型 H1N1 流感爆发,此事件震惊了医学界和计算机领域的科学家,Google 的研究报告发表在 Nature 杂志上。Google 正是借助大数据技术从用户的相关搜索中预测到流感爆发。流感应用程序 Flu Near You、Germ Tracker、Flu Trends 和 Flu View 在美国的疫情监控中都展示了各自不凡的能力。Flu Near You 借助用户周期提交的自我流感检测来预测流感的爆发。Flu Near You 收集信息并利用大数据技术生成目前流感疾病和未来流感疾病预测的可视化图表。Germ Tracker 是另一个信息收集网站,可以通过地图追踪流感病毒的扩散。Flu Trends 是一款来自谷歌的流感追踪器。它可以监控相关的流感搜索字样,进而展示出在美国不同州的流感活动。国内百度公司也上线了"百度疾病预测"借助用户搜索预测疾病暴发。借助大数据预测流感爆发分为主动收集和被动收集,被动收集利用用户周期提交的数据分析流感的当前状况和趋势,而主动收集则是利用用户在微博的推文、搜索引擎的记录进行分析预测。

案例 12-16　助力治疗预测与降低医疗成本

目前,医疗健康行业成本高昂的部分原因来自医疗失误和医疗浪费。根据 1998 年美国医疗协会的报告,仅仅在美国,可以避免的医疗失误每年造成了 98000 起死亡案例。美国花在医疗健康上的费用超过 1700 亿美元,而中国每年花费在医疗健康上的费用超过 30000 亿元。在此背景下,多国通过改革医疗系统以减少医疗失误及医疗浪费,最终削减医疗开支。使用目前的验证技术无法有效发现医疗服务中存在的欺诈、滥用、浪费、错误等现象,原因在于旧的验证技术只关注单个病例,无法利用多个病例间的联系。建立关于治疗费用、住院时间等数据的预测数据模型,使用大数据挖掘技术发现账单中的异常数据,使用领域专家建立的规则库分析异常账单,发现其中可能存在的问题并给出警告。典型的应用环境包括医疗器材滥用、手术过程与病情诊断不符、过度收费等。

案例 12-17　用大数据"魔毯"改善健康

"魔毯"的项目原型是使用家中地毯内装的传感器感应缺乏人照料的老人下床和行走的速度和压力,一旦这些数据发生异常,则对老人的亲人发送一个警报。"魔毯"的成功和市场上的特立独行正是来源于对自身产品和消费者的数据挖掘。设计人员调研发现,在社区居住的老人每年多达 30%～40%会发生摔倒事故,超过 65 岁的住院老人中,超过一半是因为摔倒。因此,设计人员运用大数据设计了"魔毯"。"魔毯"是在地毯下面铺上光学元件,当人踩上去时,光学元件会弯曲发出信号,在地毯边缘的微型电子元件接收信号,并传递给计算机。计算机会分析收到的数据,显示出足迹的图像,并识别渐变的步子或者是滑倒、绊倒等突发情况。"魔毯"全方位地收集人们的信息,通过整体传感得到的信息,会为病人制造一个最适宜的生活环境。

12.5.3　威斯康星乳腺癌数据分析实例

定期的乳腺癌检查使得疾病在引起明显的症状之前就得到诊断与治疗。早期的检测过程包括检查乳腺组织的异常肿块。如果发现一个肿块,那么就需要进行细针抽吸活检,即利用一根空心针从肿块中提取细胞的一个小样品,然后临床医生在显微镜下检查细胞,从而确定肿块可能是恶性的还是良性的。

如果机器学习能够自动识别癌细胞,那么它将为医疗系统提供相当大的益处。自动化的过程能提高检测过程的效率,从而可以让医生在诊断上花更少的时间,而在治疗疾病上花更多的时间。自动化筛查系统还可能通过去除该过程中的内在主观人为因素来提供更高的检测准确性。

从带有异常乳腺肿块的女性身上的活检细胞的测量数据入手,应用 KNN 算法,从而研究机器学习用于检测癌症的功效。

1．收集数据

本实例使用来自 UCI 机器学习数据仓库(UCI Machine Learning Repository)的威斯康星乳腺癌诊断数据集(Wisconsin Breast Cancer Diagnostic Dataset),该数据可以从网站 http://archive.ics.uci.edu/ml 获得。该数据是由威斯康星大学的研究者捐赠的,包括乳房肿块细针抽吸活检图像的数字化的多项测量值,这些值代表出现在数字化图像中的细胞核的特征。

想要阅读更多关于该数据集的信息,可参考 Mangasarian OL,Street WN,Wolberg WH. Breast Cancer Diagnosis And Prognosis Via Linear Programming. Operations Research. 1995;43:570-577。

乳腺癌数据包括 569 例细胞活检案例,每个案例有 32 个特征。其中,有一个特征是识别号码,一个特征是癌症诊断结果,其他 30 个特征是数值型的实验室测量结果。癌症诊断结果用编码 M 表示恶性,用编码 B 表示良性。

其他 30 个数值型测量结果由数字化细胞核的 10 个不同特征的均值、标准差和最差值(即最大值)构成。表 12-5 是该数据集的 11 个属性名称及说明。

表 12-5　数据集 11 个属性名称及说明

属 性 名 称	说　明	特征编号
样品编号	病人身份证号码	无
块厚度	范围 1~10	1
细胞大小均匀性	范围 1~10	2
细胞形态均匀性	范围 1~10	3
边缘粘附力	范围 1~10	4
单上皮细胞尺寸	范围 1~10	5
裸核	范围 1~10	6
Bland 染色质	范围 1~10	7
正常核仁	范围 1~10	8
核分裂	范围 1~10	9
分类	分类属性:2 为良性,4 为恶性	10

根据这些名字,所有特征似乎都与细胞核的形状和大小有关。除非用户是一个癌症医师,否则不大可能知道每个特征如何与良性或者恶性肿块联系在一起。在继续机器学习的过程中,这些模式将会被揭示。

2. 探索和准备数据

1) 查看数据

为了能让数据之间的关系明朗化一些,需要准备使用 KNN 学习算法所要用到的数据。

从 Packt 网站下载 wisc_bc_data.csv 文件,并将其保存到 R 工作目录中。本书对该数据集原来的形式做了非常轻微的修改。具体地讲,增加了一个标题行,对行数据进行了随机排序。

与先前流程一样,将威斯康星乳腺癌数据的 CSV 数据文件保存到数据框 wbcd 中。

```
wbcd< -read.csv("wisc_bc_data.csv",stringsAsFactors=FALSE)
```

使用 str(wbcd)命令确认数据是由 569 个案例和 32 个特征构成的。前几行的输出结果如下:

```
'data.frame':   569 obs. of  32 variables:
$ id               : int  87139402 8910251 905520 868871 9012568 906539 925291 87880
862989 89827 ...
$ diagnosis        : chr  "B" "B" "B" "B" ...
$ radius_mean      : num  12.3 10.6 11 11.3 15.2 ...
$ texture_mean     : num  12.4 18.9 16.8 13.4 13.2 ...
$ perimeter_mean   : num  78.8 69.3 70.9 73 97.7 ...
$ area_mean        : num  464 346 373 385 712 ...
$ smoothness_mean  : num  0.1028 0.0969 0.1077 0.1164 0.0796 ...
$ compactness_mean : num  0.0698 0.1147 0.078 0.1136 0.0693 ...
```

```
$ concavity_mean    : num    0.0399 0.0639 0.0305 0.0464 0.0339 ...
```

第一个变量是一个名为 *id* 的整型变量。由于这仅仅是每个病人在数据中唯一的标识符(ID),它并不能提供有用的信息,所以需要把它从模型中剔除。

不管是什么机器学习方法,ID 变量总是要被剔除的,不这样做会导致错误的结果,因为 ID 可以用来独一无二地"预测"每一个案例。因此,包括标识符的模型将受到过度拟合的影响,并且不容易推广到其他数据。

首先将 *id* 特征完全剔除。由于它位于第一列,所以可以通过复制一个不包括列 1 的 wbcd 数据框来剔除它。

```
>   wbcd < - wbcd[-1]
```

接下来的变量是 *diagnosis*,代表希望预测的结果。这个特征表示案例是来自于良性肿块还是恶性肿块。用函数 table()可知,357 个肿块是良性的,而 212 个肿块是恶性的(见表 12-6)。

表 12-6   肿块分类

B	M
357	212

许多 R 机器学习分类器要求将目标属性编码为因子类型,所以需要重新编码 diagnosis 变量。同时,也要用 labels 参数对 B 值和 M 值给出含有更多信息的标签。

```
> wbcd$ diagnosis <- factor(wbcd$ diagnosis,levels = c("B","M"),labels =
c("Benign","Malignant"))
```

现在,观察函数 prop. table()的输出结果,可以看到输出值被标记为 Benign 和 Malignant,分别有 62.7％的良性肿块和 37.3％的恶性肿块(见表 12-7)。

表 12-7   良性肿块、恶性肿块所占比例

Benign	Malignant
62.7	37.3

2) 数据处理

(1) 转换 min-max 标准化数值数据。

作为示例,用 summary()函数详细地观察 3 个特征。

```
> summary(wbcd[c("radius_mean","area_mean","smoothness_mean")])
   radius_mean      area_mean      smoothness_mean
Min.    : 6.981   Min.    : 143.5   Min.    :0.05263
1st Qu.:11.700   1st Qu.: 420.3   1st Qu.:0.08637
Median :13.370   Median : 551.1   Median :0.09587
Mean    :14.127   Mean    : 654.9   Mean    :0.09636
3rd Qu.:15.780   3rd Qu.: 782.7   3rd Qu.:0.10530
Max.    :28.110   Max.    :2501.0   Max.    :0.16340
```

KNN 的距离计算在很大程度上依赖于输入特征的测量尺度。由于光滑度的范围是

0.05～0.16,且面积的范围是 143.5～2501.0,所以在距离计算中,面积的影响比光滑度的影响大很多,这可能潜在地导致分类器出现问题,需要应用 min-max 标准化方法将特征值重新调整到一个标准范围内。为使每个特征对距离公式的贡献相对平均,可以将这些特征进行 min-max 标准化。

将这些特征进行 min-max 标准化时,需要在 R 中创建一个 normalize() 函数,该函数接受一个数值向量 x 作为输入参数,并且对于 x 中的每一个值,减去 x 中的最小值再除以 x 的极差。最后,返回结果向量。公式为

$$\frac{x - \min(x)}{\max(x) - \min(x)}$$

运行上面的代码后,函数 normalize() 可以在 R 中使用了。事实上,尽管第二个向量中的值是第一个向量中的值的 10 倍,但是在 min-max 标准化后,这两个向量返回的结果是完全一样的。

现在,可以将 normalize() 函数应用于数据框中的数值特征。并不需要对这 30 个数值变量逐个进行 min-max 标准化,可以使用 R 中的一个函数来自动完成此过程。

```
> normalize< -function(x){return((x-min(x))/(max(x)-min(x))) }
```

lapply() 函数接受一个列表作为输入参数,然后把一个具体函数应用到每一个列表元素。因为数据框是一个含有等长度向量的列表,所以可以使用 lapply() 函数将 normalize() 函数应用到数据框中的每一个特征。最后一个步骤是,应用函数 as.data.frame() 把 lapply() 返回的列表转换成一个数据框。

```
> wbcd_n< -as.data.frame(lapply(wbcd[2:31],normalize))
```

该命令把 normalize() 函数应用到数据框 wbcd 的第 2～31 列,把产生的结果列表转换成一个数据框,并给该数据框赋予名称 wbcd_n。其中,后缀_n 是一个提示,即 wbcd 中的值已经被 min-max 标准化了。

为了确认转换是否正确应用,可以看到其中一个变量的汇总统计量。

```
> summary(wbcd_n$ radius_mean)
   Min. 1st Qu.  Median    Mean 3rd Qu.    Max.
 0.0000  0.2233  0.3024  0.3382  0.4164  1.0000
```

正如预期的那样,area_mean 变量的原始范围是 143.5～2501.0,而现在的范围是 0～1。

(2) Relief 算法。

Relief 为一系列算法,包括最早提出的 Relief 和后来拓展的 ReliefF 和 RReliefF。其中,RReliefF 算法是针对目标属性为连续值的回归问题提出的,下面仅介绍一下针对分类问题的 Relief 和 ReliefF 算法。

Relief 算法最早由 Kira 提出,最初局限于两类数据的分类问题。Relief 算法是一种特征权重算法(Feature Weighting Algorithms),根据各个特征和类别的相关性赋予特征不同的权重,权重小于某个阈值的特征将被移除。Relief 算法中特征和类别的相关性是基于特征对近距离样本的区分能力。算法从训练集 D 中随机选择一个样本 R,然后从和 R 同类的样本中寻找最近邻样本 H,称为 $Near\ Hit$;从和 R 不同类的样本中寻找最近邻样本 M,称为 $NearMiss$,然后根据以下规则更新每个特征的权重。

若 R 和 *Near Hit* 在某个特征上的距离小于 R 和 *Near Miss* 上的距离,说明该特征对区分同类和不同类的最近邻是有益的,则增加该特征的权重;反之,若 R 和 *Near Hit* 在某个特征的距离大于 R 和 *Near Miss* 上的距离,说明该特征对区分同类和不同类的最近邻起负面作用,则降低该特征的权重。以上过程重复 m 次,最后得到各特征的平均权重。特征的权重越大,表示该特征的分类能力越强;反之,表示该特征分类能力越弱。Relief 算法的运行时间随着样本的抽样次数 m 和原始特征个数 N 的增加线性增加,因而运行效率非常高。具体算法如下。

由于 Relief 算法比较简单,但运行效率高,并且结果也比较令人满意,因此得到广泛应用,但是其局限性在于只能处理两类别数据,因此 1994 年 Kononeill 对其进行了扩展,发明了 ReliefF 算法,可以处理多类别问题。该算法用于处理目标属性为连续值的回归问题。ReliefF 算法在处理多类问题时,每次从训练样本集中随机取出一个样本 R,然后从和 R 同类的样本集中找出 R 的 k 个近邻样本(*Near Hits*),从每个 R 的不同类的样本集中均找出 k 个近邻样本(*Near Misses*),然后更新每个特征的权重,如下式所示。

$$W(A) = W(A) - \sum_{j=1}^{k} diff(A, R, H_j)/(mk)$$

$$+ \sum_{C \in class(R)} \left[\frac{p(C)}{1 - p(Class(R))} \sum_{j=1}^{k} diff(A, R, M_j(C)) \right]/(mk)$$

在上式中,$diff(A, R_1, R_2)$ 表示样本 R_1 和样本 R_2 在特征 A 上的差,$M_j(C)$ 表示类 C 中的第 j 个最近邻样本。$diff(A, R_1, R_2)$ 如下式所示。

$$diff(A, R_1, R_2) = \begin{cases} \dfrac{|R_1[A] - R_2[A]|}{\max(A) - \min(A)} & \text{if} \quad A \text{ is continuous} \\ 0 & \text{if} \quad A \text{ is discrete and} \quad R_1[A] = R_2[A] \\ 1 & \text{if} \quad A \text{ is discrete and} \quad R_1[A] \neq R_2[A] \end{cases}$$

ReliefF 算法具体的伪代码如下所示。

设训练数据集为 D,样本抽样次数为 m,特征权值的阈值为 δ,最近邻样本个数为 k,输出为各个特征的特征权重 T。

① 置所有特征权重为 0,T 为空集。
② for i= 1 to m do
a. 从 D 中随机选择一个样本 R。
b. 从 R 的同类样本中找到 R 的 k 个最近邻 H$_j$(j= 1,2,…,k),从每一个不同类样本集中找到 k 个最邻近值 M$_j$(C)。
③ for A= 1 to N All feature do

$$W(A) = W(A) - \sum_{j=1}^{k} diff(A, R, H_j)/(mk)$$

$$+ \sum_{C \in class(R)} \left[\frac{p(C)}{1 - p(Class(R))} \sum_{j=1}^{k} diff(A, R, M_j(C)) \right]/(mk)$$

end

Relief 系列算法运行效率高,对数据类型没有限制,属于一种特征权重算法,算法会赋予所有和类别相关性高的特征较高的权重,但不能有效地去除冗余特征。

在转换数据后,首先进行了预处理,由于数据范围都是 $1 \sim 10$,因此不需要归一化。但是数据样本中存在一些不完整,会影响实际的程序运行,经过程序处理,将这一部分数据删除。这些不完整的数据都是由于实际中一些原因没有登记或者遗失的,以"?"的形式代表。

采用 Matlab 软件进行编程计算。根据 ReliefF 算法过程,先编写 ReliefF 函数程序,用于计算特征属性,再编写主程序,在主程序中调用该函数进行计算,并对结果进行分析,绘图,得到有用的结论。

采用 ReliefF 算法计算各个特征的权重,权重小于某个阈值的特征将被移除,针对本文的实际情况,将权重最小的 2 或 3 种剔除。由于算法在运行过程中会选择随机样本 R,随机数的不同将导致结果权重有一定的出入,因此本文采取平均的方法将主程序运行 20 次,然后将结果汇总求出每种权重的平均值。图 12-8 所示是特征提取算法计算的特征权重趋势图,计算 20 次的结果趋势相同。

	1	2	3	4	5	6	7	8	9
1	0.2207	0.1406	0.1434	0.1120	0.0644	0.2123	0.1163	0.1944	0.0375
2	0.2311	0.1488	0.1703	0.1470	0.0701	0.2491	0.1049	0.1724	0.0363
3	0.2111	0.1535	0.1568	0.1285	0.0755	0.2604	0.1243	0.2012	0.0693
4	0.2099	0.1865	0.1847	0.1694	0.0771	0.2337	0.1306	0.2219	0.0674
5	0.2436	0.1554	0.1689	0.1424	0.0628	0.2391	0.1309	0.2054	0.0479
6	0.2155	0.1460	0.1641	0.1220	0.0762	0.2366	0.1422	0.1936	0.0609
7	0.2436	0.1439	0.1759	0.1722	0.0752	0.2351	0.1351	0.2005	0.0431
8	0.2089	0.1443	0.1599	0.1571	0.0785	0.2399	0.1125	0.1759	0.0545
9	0.2273	0.1483	0.1615	0.1523	0.0674	0.2615	0.1399	0.2108	0.0394
10	0.2295	0.1314	0.1641	0.1439	0.0724	0.2517	0.1439	0.2068	0.0554
11	0.2120	0.1450	0.1240	0.1328	0.0703	0.2356	0.1234	0.1995	0.0535
12	0.2516	0.1385	0.1693	0.1484	0.0672	0.2580	0.1314	0.2062	0.0470
13	0.2507	0.1552	0.1642	0.1597	0.0785	0.2422	0.1224	0.1913	0.0347
14	0.2219	0.1615	0.1616	0.1293	0.0812	0.2361	0.1035	0.1870	0.0530
15	0.2075	0.1474	0.1490	0.1222	0.0738	0.2524	0.1299	0.1946	0.0319
16	0.2038	0.1462	0.1538	0.1510	0.0604	0.2200	0.1335	0.2172	0.0564
17	0.2302	0.1786	0.1707	0.1366	0.0757	0.2405	0.1280	0.2172	0.0679
18	0.2226	0.1097	0.1139	0.1205	0.0679	0.2401	0.1035	0.1616	0.0359
19	0.2083	0.1509	0.1701	0.1318	0.0870	0.2380	0.1210	0.2123	0.0467
20	0.2245	0.1559	0.1507	0.1373	0.0821	0.2330	0.1083	0.1884	0.0668

图 12-8　特征权重趋势图

上述结果是否运行主程序所得的计算结果看起来并不直观,下面将其按照顺序绘图,可以直观显示各个属性权重的大小分布,如图 12-9 所示。

将表 12-8 中的数据按照从小到大的顺序排列,可知各个属性的权重关系为

属性 9＜属性 5＜属性 7＜属性 4＜属性 2＜属性 3＜属性 8＜属性 1＜属性 6

表 12-8　特征属性权重均值

属性 1	0.2237	属性 6	0.2408
属性 2	0.1494	属性 7	0.1243
属性 3	0.1588	属性 8	0.1979
属性 4	0.1408	属性 9	0.0503
属性 5	0.0732		

选定权重阈值为 0.02,则属性 9、属性 4 和属性 5 剔除。属性 6 裸核大小是最主要的影响因素,说明乳腺癌患者的症状最先表现了裸核大小上,将直接导致裸核大小的变化。其次

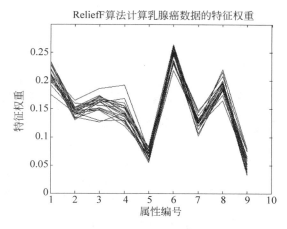

图 12-9　乳腺癌数据特征权重

是属性 1 和属性 8 等。后几个属性权重大小接近,但是从多次计算规律来看,还是能够说明
其中不同的重要程度,下面着重对几个重要的属性进行分析。

图 12-10 所示为 20 次测试中裸核大小(属性 6)的权重变化。

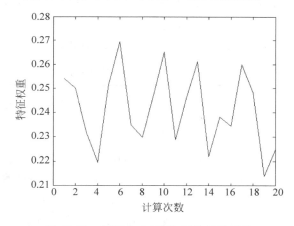

图 12-10　裸核大小(属性 6)的权重变化

由图 12-10 可以看到属性 6 的权重大部分在 0.22～0.26,是权重最大的一个属性。

图 12-11 所示为属性 1 的特征权重分布情况。

块厚度属性的特征权重大部分在 0.19～0.25 变动,也是权重较高的一个,说明该特征
属性在乳腺癌患者检测指标中是相当重要的一个判断依据。进一步分析显示,在单独对属
性 6 和属性 1 进行聚类分析时,其成功率可以达到 91.8％。在下节中的 K-Means 算法中详
细介绍。

通过 ReliefF 算法对数据集进行分析,可以得到属性权重的重要程度,对临床诊断有一
些参考价值,可以用于对实际案例进行分析,从而尽量避免错误诊断,并提高诊断的速度和
正确率。下面将通过 K-Menas 聚类分析算法对数据进行分析,并分为几个步骤来进行对
比,确定聚类分析算法的结果以及与 ReliefF 算法结合的结果等。

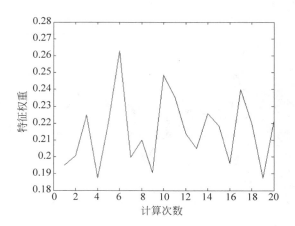

图 12-11　块厚度（属性 1）的特征权重变化

3. 基于数据处理模型

1) K-Means 算法

（1）算法实现。Matlab 中已经包括了一些常规数据挖掘的算法，例如本文所用到的 K-Means 算法。该函数名为 K-Means，可以对数据集进行聚类分析。首先，对乳腺癌数据集的所有属性列（除去身份信息和分类列）直接进行分类。由于数据集结果只有两种类型，所以首先分两类进行测试。将 683 条数据分成两类，正确率见表 12-9。

表 12-9　K-Means（分两类）算法正确率

总正确率	第一类正确率	第二类正确率
94.44%	93.56%	96.31%

限于篇幅，只选择了上述 3 个特征属性进行图像绘制，从结果来看，可以很直观地观察到 K-Means 算法分类后的情况：第一类与第一类的分类界限比较清晰，但是不容易观察到正确和错误的情况。

从 K-Means 算法的效果来看，能够很准确地将数据集进行分类。一方面是由于该数据集，可能是该案例特征比较明显；另一方面是由于 K-Means 算法对这两类的作用较大。

单从分类的正确率和结果方面来看，K-Means 算法已经完全可以对乳腺癌数据集作出非常准确的判断。但考虑 ReliefF 算法对属性权重的影响，本小节将结合 ReliefF 算法和 K-Means 算法来对该数据集进行分析，一方面得到处理该问题的一些简单的结论；另一方面可以得到一些对医学处理数据的方法。

根据不同属性的权重来对 K-Means 分类数据进行预处理，以得到更精确的结论和该数据更深度的特征规律。

由于属性 9＜属性 5＜属性 7＜属性 4＜属性 2＜属性 3＜属性 8＜属性 1＜属性 6，根据 ReliefF 算法原理可以认为，对于属性 6 和属性 1 这种重要的特征属性，应该对分类起到更大的作用。

总的分类正确率中，属性 9 最低，属性 6 最高，这与 ReliefF 算法测试的结果大致相似，但是由于 ReliefF 算法的中间部分权重接近，所以也区分不明显，说明特征属性权重的判断对分类是有影响的。上述单独分类中,只需将需要分类的列数据取出来,输入 K-Means 算法中。由于输入数据的变化,K-Means 分类时的结果肯定是有差距的,所以单独从一个属性判断其类型是不可靠的。下面对特征权重按照从大到小的顺序,选择相应的数据进行聚类分析,结论见表 12-10。

表 12-10　对特征权重进行聚类分析

直接选取的属性	成功率
6,1	91.36%
6,1,8,3	93.85%
6,1,8,3,2,4	94.48%
6,1,8,3,2,4,5,7	95.02%

从上面的测试可以看出,选择特征权重最大的 6 个属性,其正确率就达到了选择所有属性的情况,因此可以认为特征权重最小的几个属性在乳腺癌诊断过程的实际作用可能比较小,甚至有可能造成反作用,即这几个属性值与乳腺癌没有必然的联系。这一点可以给诊断作参考,或者引起注意并作进一步的研究、确认。

虽然从上述实验中可以得到该数据集的大部分结果和结论,但是为了更加准确地分出相同类型的数据,下面将尝试分为三类情况。一方面,可以分析在乳腺癌良性和恶性情况下的显著特征属性;另一方面,也可以根据此结果找到更加合理的解决方法。

还是采用 Matlab 中的 K-Means 函数,将分类数改为 3。由于分为三类后,数据类型增多,判断较复杂,所以需手动对数据进行分析,加入所有特征属性。运行结果见表 12-11,测试数据共 683 条,其中良性共 444 条,恶性共 239 条。

表 12-11　K-Means(分三类)算法正确率

类　别	良性比例
第一类	96.88%
第二类	0%
第三类	8%

(2) 评估模型的性能。

根据上述结果,可以认为第一类为良性的分类,第二类为恶性的分类,第三类为混合类。混合类里面的数据较其他数据更接近于偏离病例的典型数据,所以进一步分析在第一类中和第二类中的分类正确率,见表 12-12。

表 12-12　第一类和第二类的分类正确率

类　别	类　别　名	总数据/条	正确率
第一类	良性	448	96.88%
第二类	恶性	99	100%
第三类	混合类	136	

因此单从分类后的正确率来看，效果有提高，说明对典型的病例数据分类更准确，但是仍无法区分第三类数据。这种情况下，其意义不在于分类的整体正确率，而在于在一些特殊情况下，可以根据一些重要的特征属性值就可以为患者确诊，从而提高效率和准确率，减少误诊的概率。

（3）提高模型性能。

上面是将所有属性进行 K-Means 变换，下面将结合 ReliefF 算法，先去掉一部分特征权重较小的特征属性后，再进行 K-Means 处理。根据表 12-8，提取权重最大的 6 个属性进行测试，分别是属性 6、属性 1、属性 8、属性 3、属性 2、属性 4。

表 12-13　第一类和第二类的分类正确率

类　别	类　别　名	总数据/条	正确率
第一类	良性	281	97.51%
第二类	恶性	211	97.16%
第三类	混合类	191	

对比表 12-13 和表 12-12 可以看到，虽然良性的正确率增加了，但是检测出的数据减少了。第三类混合的数量也增多了，说明提出了特种属性较小的属性，可以更加容易区分极端的病例数据，对极端数据的检测更加准确。

2）KNN 算法

（1）算法实现。有了训练数据集和标签向量后，可以对未知记录进行分类。KNN 算法的训练阶段不包括模型的建立，仅涉及以结构化格式存储输入数据。

为了将测试实例进行分类，使用一个来自 class 添加包的 KNN 算法来实现，该添加包提供了一组用于分类的基本 R 函数。如果该添加包尚未安装到系统上，可以通过输入 install. packagges() 函数来安装它。

为了在希望使用这些函数的任何会话期间载入该添加包，只需要输入 library（class）命令。

class 添加包中的 knn() 函数提供了一个标准的 KNN 算法实现。对于测试数据中的每一个实例，该函数将使用欧氏距离标识 k 个近邻，其中 k 是用户指定的一个数。于是，通过 k 个近邻的"投票"来对测试案例进行分类。确切地说，该过程涉及将实例归类到 k 个近邻中的大多数所在的那个类。如果各个类的票数相等，该测试实例会被随机分类。

在其他 R 添加包中，还有几个其他的 knn() 函数提供了更加复杂或者更加高效的算法实现。如果受到 knn() 函数的限制，可以在 R 综合文档网络（Comprehensive R Archive Network，CRAN）中搜索 KNN。

使用 knn() 函数进行训练和分类是在一个单一的函数调用中执行的，它包含 4 个参数，如图 12-12 所示。

现在有了把 KNN 算法应用到该数据集中的几乎所有参数，并已经把数据划分成训练数据集和测试数据集，每个数据集都有完全相同的数值特征。训练数据中的标签存储在一个单独的因子向量中，唯一剩下的参数是 k，它指定投票中所包含的邻居数。

由于训练数据集含有 469 个实例，所以可尝试 $k=21$，它是一个大约等于 469 的平方根的奇数。根据二分类的结果，使用奇数将消除各个类票数相等这一情况发生的可能性。

```
kNN 分类语法

应用 class 添加包中的函数 knn()

创建分类器并进行预测:
p <- knn(train, test, class, k)
train: 一个包含数值型训练数据的数据框
test: 一个包含数值型测试数据的数据框
class: 包含训练数据每一行分类的一个因子向量
k: 标识近邻数的一个整数
该函数返回一个因子向量,该向量含有测试数据框中每一行的预测分类。
例子:
wbcd_pred <- knn(train=wbcd_train, test=wbcd_test,
                cl=wbcd_train_lables, k=3)
```

图 12-12　kNN 分类语法

使用 knn()函数对测试数据进行分类。

> wbcd_test_pred< - knn(train=wbcd_train,test=wbcd_test,cl=wbcd_train_labels,k= 21)

函数 knn()返回一个因子向量,为测试数据集中的每一个案例返回一个预测标签,将该因子向量命名为 wbcd_test_pred。

(2) 评估模型的性能。该过程的下一步是评估 wbcd_test_pred 向量中预测的分类与 wbcd_test_labels 向量中已知值的匹配程度如何。为了做到这一点,可以使用 gmodels 添加包中的 CrossTable( )函数。如果还没有安装该添加包,可以使用 install. packages ("gmodels")命令进行安装。

在使用 library(gmodels)命令载入该添加包后,可以创建一个用于标识两个向量之间一致性的交叉表。指定参数 prop. chisq = FALSE,从输出中去除不需要的卡方(chi-square)值。

> wbcd_test_pred< - knn(train=wbcd_train,test=wbcd_test,cl=wbcd_train_labels,k= 21)

由此产生的分类正确率见表 12-14。

表 12-14　kNN 算法分类正确率

wbcd_test_labels	wbcd_test_pred		
	Benign	Malignant	Row Total
Benign	61	0.000	61
	1.000	0.000	0.610
	0.968	0.000	
	0.610	0.000	
Malignant	2	37	39
	0.051	0.949	0.390
	0.032	1.000	
	0.020	0.370	
Column Total	63	37	100
	0.630	0.370	

　　表格中单元格的百分比表示落在 4 个分类中的值所占的比例。左上角的单元格表示真阴性(True Negative)的结果。100 个值中有 61 个值标识肿块是良性的,而 KNN 算法也正确地把它们标识为良性的。右下角的单元格表示真阳性(True Positive)的结果,表示分类器和临床确定的标签一致认为肿块是恶性的情形。100 个预测值中有 37 个是真阳性(True Positive)的。

　　落在另一条对角线上的单元格包含了 KNN 算法与真实标签不一致的案例计数。位于左下角单元格的 2 个案例是假阴性(False Negative)的结果。在这种情况下,预测的值是良性的,但肿瘤实际上是恶性的。这个方向上的错误可能会产生极其高昂的代价,因为它们可能导致一位病人认为自己没有癌症,而实际上这种疾病可能会继续蔓延。如果右上角单元格里有值,它包含的是假阳性(False Positive)的结果。当模型把肿块标识为恶性的,而事实上它是良性的就会产生这里的值。尽管这类错误没有假阴性(False Negative)的结果那么危险,但这类错误也应该避免,因为它们可能会导致医疗系统的额外财政负担,或者病人的额外压力,毕竟这需要提供额外的检查或者治疗。

　　如果需要,可以通过将每一个肿块分类为恶性肿块来完全排除假阴性(False Negative)的结果。显然,这是一个不切实际的策略。然而,它说明了一个事实,即预测涉及假阳性(False Positive)比率和假阴性(False Negative)比率之间的一个平衡,需要用更复杂的方法来度量预测的准确性,根据每种错误类型的成本来找出那些错误率可以被优化的地方。

　　根据 KNN 算法,错误率为 2%,即 100 个肿块中有 2 个是被错误分类的。虽然对于仅用几行 R 代码就得到 98% 的准确度似乎令人印象深刻,但是仍可以尝试一些其他的模型迭代方法来看看是否可以提高性能,并减少错误分类值的数量,特别当错误是危险的假阴性(False Negative)结果时。

　　(3) 提高模型的性能。虽然 min-max 标准化是传统上用于 KNN 分类的方式,但它并不一定总是最合适的调整特征的方法。因为 z 分数标准化后的值没有预定义的最小值和最大值,所以极端值不会被压缩到中心。有人怀疑在有一个恶性肿瘤的情况下,可能得到一些非常极端的异常值,因为肿瘤的生长不受控制。然而,让异常值在距离计算中占有更大的权重可能是合理的。下面来看看 z 分数标准化是否能够提高预测的准确性。

　　为了标准化一个向量,可以使用 R 内置的 scale() 函数,该函数默认使用 z 分数标准化来重新调整特征的值。scale() 函数提供的一个额外好处是它能够直接应用于数据框,这样可以避免使用 lapply() 函数。为了创建一个 wbcd 数据的 z 分数标准化版本,可以使用下面的命令。

```
> wbcd_z< -as.data.frame(scale(wbcd[-1]))
```

　　该命令重新调整除了 diagnosis 以外的所有特征,并把结果存储在 wbcd_z 数据框中,后缀_z 作为一个提示,即特征值已经进行了 z 分数标准化。

　　为了确认变换是否正确,可以看一看汇总统计量。

```
> summary(wbcd_z$ radius_mean)
   Min. 1st Qu.  Median    Mean 3rd Qu.    Max.
-2.0280 -0.6888 -0.2149  0.0000  0.4690  3.9680
```

　　一个 z 分数标准化变量的均值应该始终为 0,而且其值域应该非常紧凑,一个大于 3 或者小于 -3 的 z 分数表示一个极其罕见的值,考虑到这一点,变换似乎已经奏效。

正如之前所做的那样,需要将数据划分为训练数据集和测试数据集,然后使用 knn() 函数对测试实例进行分类,最后使用 CrossTable() 函数来比较预测的标签与实际的标签。

```
> wbcd_train< -wbcd_z[1:469,]
> wbcd_test< -wbcd_z[470:569,]
> wbcd_train_labels< -wbcd[1:469,1]
> wbcd_test_labels< -wbcd[470:569,1]
   >wbcd_test_pred< -knn(train=wbcd_train,test=wbcd_test,cl=wbcd_train_labels,
k=21)
```

在表 12-15 中,应用新变换得到的结果的准确性略有降低。之前正确分类了 98% 的案例,这一次仅正确分类了 95% 的案例。更糟糕的是,并没有在假阴性(False Negative)的分类结果上做得更好。

表 12-15　kNN 算法分类正确率

wbcd_test_labels	wbcd_test_pred		
	Benign	Malignant	Row Total
Benign	61	0.000	61
	1.000	0.000	0.610
	0.968	0.000	
	0.610	0.000	
Malignant	5	34	39
	0.128	0.872	0.390
	0.076	1.000	
	0.050	0.340	
Column Total	66	34	100
	0.660	0.340	

现在使用一个新的模型——朴素贝叶斯模型来进行预测。

```
>wbcd_train$ labels < - wbcd_train_labels
>library(e1071)
>model1 < - naiveBayes(wbcd_train,wbcd_train$ labels)
>pred < - predict(model1,wbcd_test)
>table(pred,wbcd_test_labels)
        Benign Malignant
  Benign    71       2
  Malignant  6      21
```

对于上述数据分析可知,K-Means 聚类算法的正确率为 97%,朴素贝叶斯算法的正确率为 92%,而 KNN 算法的正确率为 98%。若要对威斯康星乳腺癌数据进行分类,KNN 算法要好一些。

12.6　交通行业大数据应用

交通困局已经成为全民密切关注的问题。伴随近几年大数据分析、挖掘等技术迅速发展,对海量的交通数据进行挖掘分析是交通领域发展的重要方向。凭借大数据等先进技术解决日益紧迫的交通问题成为政府与社会各机构研究的热点。

12.6.1　大数据在智能交通行业的挑战

随着智能交通技术的不断发展,凭借各种交通数据采集系统,交通领域积累的数据规模庞大,飞机、列车、水陆路运输逐年累计的数据从过去的 TB 级别达到目前的 PB 级别,利用大数据破解当前诸多交通瓶颈问题成为未来交通行业的必由之路,交通信息化建设必然步入大数据所带来的智慧应用阶段。主要智慧应用如下。

（1）道路交通:典型数据为城市道路交通指数、高架匝道运行数据、公交车实时数据、营运车数据、物流车辆及货物数据等,其主要应用价值体现在拥堵治理、路网规划、出行引导、智能公交、实时路况、车辆监控、危机防护等。

（2）轨道交通:典型数据为地铁运行数据、轨道交通运营数据、一卡通乘客数卡数据、清算数据等,其主要应用价值体现在客流分析、站点分析、政策辅助决策、指挥调度、异常检测、广告投放、设备监控预警等。

（3）城市静态交通:典型数据为停车场数据、路网信息、车辆保有信息、城市基础地理信息、交通管理信息、气象信息等,其主要应用价值体现在拥堵治理、交通基础设施规划建设、出行引导、停车诱导、交通管理优化等。

（4）航空/海运:典型数据为港口集装箱数据、机场航班数据、远洋及内河航道船舶数据、航路信息、气象数据、法规数据等,其主要应用价值体现在航线规划、运力匹配、配载优化、智能船舶、货物跟踪、应急预警等。

（5）交通衍生信息:典型数据为道路事故数据、车辆违法信息、交通监控信息、交通管制信息等,其主要应用价值体现在治安防护、应急处置、交通管理、刑侦分析、协同指挥、增值信息共享等。

将以上海量的数据整合后,通过大数据挖掘与建模等方法,可以有效地实现事前预防—事中监管—事后评估—事前预防这种可自优化的生态闭环,借助大数据带来的智慧解决交通所面临的困境。

12.6.2　交通行业大数据应用案例

案例 12-18　大数据解决波士顿堵车难题

与全球很多大都市一样,波士顿长期被堵车难题困扰,IBM 的专家们以及来自波士顿大学的技术人员准备制定一个优化的交通管理计划,能够更快地发现拥堵问题;通过制定更好的自行车、泊车和交通管理政策,大幅降低碳排放。通过整合、分析现有交通数据,以及来自社交媒体（Twitter）的新数据源,来医治波士顿的交通问题。IBM 给出的答案是可以安装在 iPhone 上的移动应用分析软件,类似移动 BI 仪表盘,可供市政规划人员使用,但波士顿市政府透露将来也会发布面向公众的 iPhone 交通应用,将部分数据公开。这些数据包括市政网联网能够实时采集的交通信号灯、二氧化碳传感器以及汽车的数据,这些数据能够帮助乘客重新调整路线,节省时间,节省汽油。

案例 12-19　上海用大数据 APP 缓解交通压力

针对上海的道路交通负荷的超饱和状态,大数据在上海交通中已经得到广泛运用。从2004 年开始,上海经过多年的持续建设和应用,基本实现了对全市中心域区主要地面道路、城市快速路、高速公路信息采集和发布的覆盖。目前,对交通信息的采集主要是通过地磁线、出租车 GPS 信息、视频图像、信号控制系统等方式,采集车速、流量、交通事件等实时数据,经过网络传输汇集到交通信息平台,实现部门交通数据的汇聚、共享与交换。

上海-智行者 APP 主要实现用户对上海市路况的整体了解,以简图的形式呈现给用户,方便用户及时掌握市内主要区域的造路状况,可以根据不同的路况优化行车路线,节约旅行成本。针对不同路网的交通特征,通过获取包括数字、视频、图像等多类型的交通数据,经数据的分析处理,获得道路交通通行指数和通行状态,通过车载终端、智能手机、网站和电台等,多载体、多方式地实现交通状态信息的发布服务。

案例 12-20 百度地图与交通部门合作深挖大数据

百度地图并不满足于对自有大数据进行挖掘,而是与交通部门的公共交通数据密切合作。公共交通大数据与百度用户大数据结合起来可能具有难以估量的价值。

(1)大幅提升用户出行体验。百度地图与江苏交通部门合作,接入南京实时公交数据之后,用户就可在百度地图查询公交实时到站信息。除了实时公交之外,与成都合作接入最新路网信息,地图导航就会第一时间知晓交通事故、道路维修、交通管制等情况,进而提升出行体验。

(2)提高日常交通疏导效率。基于互联网地图,交通信息不需通过大屏幕就可传递给司机。例如,交通部门可在云端疏导,司机则通过车载导航或手机地图收到语音指令,这样可避免让交警处于复杂恶劣的交通环境中。再比如有地方发生交通事故,用户可通过百度地图的个性化导航绕行。借助于互联网地图,交通部门信息将更有效地传递给市民,实现云端调度,提升道路资源的使用效率,降低城市拥堵程度。

(3)辅助宏观交通规划决策。基于海量大数据的分析结果,可有效地进行交通规划决策,进而提升整体效率,尤其是公共交通规划、公交路线、地铁班线、出租车配额,诸多公共交通资源配置决策均可基于大数据进行。

(4)为共享出行提供基础支持。共享出行的本质是基于 LBS 的大数据出行方式,共享出行平台依赖地图进行派单、计费、导航。

(5)无人车十分依赖公共大数据。无人车被视作根治交通问题的终极解决方案,只有无人车的交通系统更有效率、更安全、更环保。无人车要全面上路,必须依赖于政府部门提供的实时而全面的交通数据,否则无人车很可能会开进死胡同出不来,或者遇到道路维修造成无人车大堵车。基于公共交通大数据,无人车就能接受云端的准确调度,选择正确路线。

12.7 生产制造业大数据应用

12.7.1 大数据对生产制造业的影响及前景

新一轮工业革命的背后是智能制造,是向效率更高、更精细化的未来制造发展。信息技术使得制造业从数字化走向了网络化、智能化。智能化是在控制的基础上,通过物联网、传感器采集海量生产数据,通过互联网汇集到云计算数据中心,然后通过信息管理系统对大数据进行分析、挖掘,从而作出正确的决策。这些决策附加给自动化设备的是"智能",从而提高生产灵活性和资源利用率,增强顾客与商业合作伙伴之间的紧密关联度,并提升工业生产的商业价值。

在网络协同制造的闭环中,用户、设计师、供应商、分销商等角色都会发生改变。与之相伴而生,传统价值链也将不可避免地出现破碎与重构。大数据将主导未来的制造业。首先,从最小的层面——企业来看,工业大数据为企业全过程设计、创新、生产、经营、管理、决策服务,为企业的发展战略和目标的实现服务。第二个层面,工业大数据服务于供应链的优化、产业链的完善、生态链的形成和优化。从供应链、产业链、生态链来看,不管是 CSM 的生产圈,还是一个特定产品制造过程的供应链,或是一个完整生产过程的分析,工业大数据都是为了它的形成和优化。第三个层面,工业大数据要满足行业和宏观决策调控的实际需求,提高行业和宏观经济管理决策质量与能力。第四个层面,从工业转型升级的需求看,工业大数据是为了一个个企业、行业、装备、工艺、生产线、供应链的转型升级服务。

12.7.2　生产制造业大数据应用案例

案例 12-21　大数据结合 ERP 助力生产

ERP 系统是企业资源计划的简称,是建立在信息技术基础上,集信息技术与先进管理思想于一身,以系统化的管理思想为企业员工及决策层提供决策支持的管理平台。其核心思想是供应链管理,反映了市场对企业合理调配资源的要求,对于改善企业业务流程、提高企业核心竞争力具有显著作用。例如,苏宁云商,即为大数据时代下 ERP 系统构建。

在大数据时代下,IT 技术的有效运用已成为企业创新的商业模式和发现新的增长点的关键所在。苏宁是国内最早使用 ERP 系统的企业之一,已实现了利用信息技术对企业财务、会计、生产、物料管理、品质管理、销售和分销、人力资源管理、供应链管理等系统的整合和连接。面对持续火爆的电子商务热潮和大数据新潮,苏宁云商对企业的物流、资金流和信息流三方面资源进行了新一轮的构建。以会计系统整合为主,ERP 系统致力于将企业的采购、生产、销售、库存和其他业务功能整合到一个信息管理平台上,发挥两者之间的协同作用。既可以分析和明确两系统间的数据联系,实现共同的数据编码统一、数据结构统一,拓宽可共享数据范围,避免数据的不一致性,实现信息共享;又保证了数据获取的准确性、数据处理的及时性和数据运用的有效性。

案例 12-22　长安汽车数据与制造的结合

在以往,长安汽车所有产品的开发数据、工业数据、制造数据由不同部门各自分管,导致从研发到生产数据并不唯一,系统之间的关联性也不强。为此,长安汽车建起了一套以 PDM 系统为核心的全球在线研发平台,把数据源打通,使所有数据在同一个链条上互动,优化了在线协同研发机制。在这个平台之上,全球共享单一数据源,提供实时准确的数据,支撑五国九地、7×24 小时在线协同研发。同时,通过数字化设计和制造仿真分析,提前发现问题,以减少后期变更成本,减少实物验证次数。在抓住了数据源之后,长安汽车信息管理部把研发成本控制在了原来的 80% 上下,协同效率的提升更使得生产等环节的成本得到控制。订单到交付的信息平台打通了整个业务链条的信息节点,也使得长安集团从"推式生产"变成"拉式生产"。改为"拉式生产"后,长安集团依然通过预测来制订生产计划,但与以往库存拉动生产不同的是,当来自终端消费者市场的订单下单后,厂家会在本地区或其他地区的库存中查找经销商想要的车辆,或是将生产中的车辆变更分配交给经销商,在库存—生产—计划的供应链上最大化满足订单。同时,打通订单到工单断点,让经销商获得车辆的生产信息,从经销商到制造,再到发运的过程管理透明化,整车物流也可以提前配板。通过打通信息流,来找出需求和生产之间的平衡点,解决需求和生产不匹配的问题。

案例 12-23　乐百氏 BI 系统助力企业成长

乐百氏集团是国内闻名的大型快速消费品饮料企业。逐鹿商业智能解决方案为其深度分销体系的监控与管理提供了重要保障。方案实施后,无论是渠道、组织、人员、终端、终端销售状况、市场状况、费用状况、库存状况、客户状况等信息,都能够通过企业绩效管理门户实时查询与分析,辅助管理者将"以售点为本"的渠道管理策略执行到位。

在乐百氏,总部管理层月末可以轻易调出零售店的数据、经销商的数据,了解各分店的进货量、销售代表业绩及产品市场表现。原来曾发生的恶性事件——分给某个市场部200家客户,一个月下来只做了10家大客户的业务,而95％的客户都没照顾到的现象没有了,因为报表不仅统计销量,还统计每单金额数、拜访客户数,且进行月度之间的横向对比,销售代表不再有虚报空间;如果是人力资源不够,总部会立即参考报表数据追加合理雇员数目。

12.8　信息通信大数据解决方案

12.8.1　信息通信大数据应用

随着大数据在我国的大力推进和快速发展,我国通信业大数据产业生态也逐步建立完善。作为通信业大数据的重要主体,电信运营商积极构建大数据产业生态体系。一方面加强大数据基础平台建设,利用大数据提升管理、运营、网络、研发的能力,实现精细化运营,提高客户洞察力和产业服务水平;另一方面利用庞大的数据资源为支撑,盘活数据资产,挖掘数据价值,联合各方推进数据开放共享,创新应用合作和商业模式,实现业务增长和转型。信息通信业以大数据为基础,从传统电信服务向互联网服务延伸,深入推进与经济社会各领域的融合,创新服务应用,在洞察客户个性化需求、精准营销等方面联动数据,不断将数据优势转化为市场优势。同时启动网络重构,夯实基础,从精细化运营入手,探索更多可行的商业模式,支撑引领着经济社会的转型发展。

12.8.2　信息通信大数据应用案例

案例 12-24　中国联通开启大数据探索之路

中国联通自2012年成立集团数据中心以来,在此基础上建成了一个覆盖全国3亿用户数据的大数据平台,该平台包含2000个数据节点,数据量已达4PB,是目前国内乃至国际运营商中规模最大、处理能力最强的平台之一。基于大数据平台,中国联通为改善客户体验和提升服务质量已实施了若干客户体验管理解决方案。至今,该平台应用已取得显著效益,基于大数据支撑开展的自动化存量维系营销活动,维系用户数已达1.45亿,营销精准度提高了7倍,营销收入达1191.5亿元人民币。通过专注于网络、销售、服务、产品、消费和应用6个维度的一体化客户体验改善计划,客户流失率降低了12％;通过开展精准营销,中国联通2014年移动市场份额增加5.3％,销售成本同期降低了21％。同时,中国联通通过挖掘潜在的用户需求,为进一步实现企业转型和创新发展推出了实时竞价广告服务、在线金融服务以及智能交通和智能城市服务等一系列新的数据服务和产品,积极扩大了业务范围。大数据分析应用已成为企业降本增收、增加用户黏性、提高用户服务水平、挖掘客户潜在价值、拓展现有业务范畴、创新收入流的关键要素之一。

案例 12-25   法德电信大力发掘大数据价值

几年前,法国电信开展针对用户消费的大数据分析评估,借助大数据改善服务水平,提升用户体验。比如某段网络上的掉话率持续过高,法国电信借助大数据手段诊断出通话中断产生的原因是网络负荷过重,并根据分析结果优化网络布局,为客户提供了更好的体验,获得了更多的客户以及业务增长;T-Mobile 采用 Informant 平台开展大数据工作,通过集成数据综合分析客户流失的原因,在一个季度内将流失率减半;SK 电讯新成立一家公司 SK Planet,专门处理与大数据相关的业务,通过分析用户的使用行为,在用户作出决定之前,推出符合用户兴趣的业务,防止用户流失。

德国电信是欧洲最大的电信运营商,全球第五大电信运营商。旗下 T-Systems 是全球领先的 ICT 解决方案和服务供应商。正是 T-Systems 将德国电信带上了大数据的发展快车道。基于拥有全球 12 万平方米数据中心的优势,T-Systems 提出了"智能网络"的概念。通过实时获得汽车、医疗以及能源企业的数据,T-Systems 先后开发了车载互联网导航系统、交通意外自动呼叫系统、声控电邮系统,以及能源网开发解决方案,实现电量的供需平衡。此外,它还通过设计安全的传输方式和便捷的解决方案,将医生和患者对接,提供整合的医疗解决方案。

案例 12-26   中国电信大数据聚焦商业模式

在大数据领域探索中,相较于其他企业,电信运营商由于在数据资源、基础资源、平台资源上拥有先天优势,因此对于大数据的探索更为深入。中国电信提出了大数据发展思路,并以综合平台、智能管道为依托,以丰富大数据为基础,聚焦重点大数据应用,特别是聚合更有价值的四大大数据商业应用模式,依托自身核心业务,以实现利润最大化。中国电信最有价值的大数据应用表现在四方面,分别是语音数据分析、视频数据分析、网络流量分析、位置数据分析。第一,利用大数据处理平台分析呼叫中心海量语音数据,建立呼叫中心测评体系和产品关联分析,可为如保险公司等提供基于自动语音识别的大数据分析系统;第二,基于智能图像分析能力的视频索引、搜索、摘要服务,从海量视频挖掘有价值的视频信息,提供公用视频图像分析,中国电信全球眼智能系统在智慧城市、平安社区、交通监管等领域大规模的使用;第三,通过分析互联网流量及协议信息,对一般性网络使用者的行为习惯分群组提供有针对性的网络便利性服务,如精准广告;第四,通过 LBS 系统平台,对移动通信使用者的位置和运动轨迹进行分析,实现热点地区的人群频率的概率性有效统计,如根据景区人流进行基站优化。

12.9   精准营销的大数据企业管理

12.9.1   大数据精准营销

大数据精准营销以大数据将消费者的消费喜好精准定位,帮助公司定位目标客户群,使营销精准、高效。主要应用方面如下:

(1)通过大数据分析用户行为与特征。显然,只有积累足够的用户数据,才能分析出用户的喜好与购买习惯,做到"比用户更了解自己"。这是大数据营销的前提与出发点。

(2) 通过大数据支撑精准营销信息推送。基于大数据支撑、用户特征数据支撑及详细准确的分析,现在的 RTB 广告的应用向人们展示了比以前更好的精准性。

(3) 通过大数据让营销活动更能投用户所好。如果能在产品生产之前了解潜在用户的主要特征,以及他们对产品的期待,那么生产的产品即可投其所好。

(4) 通过大数据帮助企业筛选重点客户。从用户访问的各种网站可判断其最近关心的东西是否与本企业相关。从用户在社会化媒体上所发布的各类内容及与他人互动的内容中,找出潜在信息,利用某种规则关联及综合起来,帮助企业筛选重点的目标用户,在企业的用户、好友与粉丝中发现最有价值的用户。

(5) 通过大数据分析更加清晰本企业产品的消费者的特点。大数据可以分析活跃粉丝的互动内容,设定消费者画像各种规则,关联潜在用户与会员数据,关联潜在用户与客服数据,筛选目标群体做精准营销。

12.9.2　精准营销大数据应用案例

案例 12-27　农夫山泉运用大数据卖矿泉水

农夫山泉在全国有 10000 个业务员,每个业务员每天按照规定必须对营销点的照片传回总部,每个业务员,每天会产生的数据量在 10MB,数据就是 100GB,每月为 3TB。当这些图片如雪片般进入农夫山泉在杭州的机房时,怎样摆放水堆更能促进销售?什么年龄的消费者在水堆前停留更久,他们一次购买的量多大?气温的变化让消费者的购买行为发生了哪些改变?竞争对手的新包装对销售产生了怎样的影响?基于上述场景,SAP 团队和农夫山泉团队开始了场景开发,他们将很多数据纳入系统:高速公路的收费、道路等级、天气、配送中心辐射半径、季节性变化、不同市场的售价、不同渠道的费用、各地的人力成本、突发性的需求。在采购、仓储、配送这条线上,农夫山泉运用大数据获取解决生产和销售的不平衡问题,形成一个动态网状结构,并让退货、残次等问题与生产基地能够实时连接起来。有了强大的数据分析能力做支撑后,农夫山泉运用大数据平台将销售、市场费用、物流、生产、财务联系在一起形成一份有价值的统计报告,依靠数据而不是经验来验证决策的正确性。这使得农夫山泉有了 30%～40% 的年增长率,几乎平了康师傅、娃哈哈、可口可乐冰露市场份额之和。

案例 12-28　哆啦宝打造精准营销平台

哆啦宝是一款针对餐饮行业的"支付＋营销"智能 O2O 支付营销解决方案。通过升级、更新现有收单系统到智能收单系统,提供在交易基础上的营销服务,为商家带来支付与营销双重解决方案。

哆啦宝集硬件智慧营销终端 POS、软件会员营销解决方案、商户网络营销平台以及社会化媒体营销平台于一体的效果营销解决方案,掀起线下支付营销按效果付费的风潮,帮助企业一起挖掘"消费后市场"。O2O 让互联网成为线下交易的前台,而且推广效果可查,每笔交易可跟踪。O2O 即 Online to Offline(在线离线/线上到线下),是指将线下的商务机会与互联网结合,让互联网成为线下交易的平台,线上、线下一旦连起来,就会形成巨大的爆发式力量。O2O 的核心在于支付,支付不仅是支付本身的完成,是某次消费得以最终形成的唯一标志,更是消费数据唯一可靠的考核标准。在以提供服务性消费为主,且不以广告收入为盈利模式的 O2O 中,在线支付更是举足轻重。

竞争加剧和央行限制性政策,使得传统 POS 收单完全沦为管道化,而移动互联网基于开放平台 Android,iOS 的软件硬件,使得智慧 POS 成为可能。O2O 市场的形成,需要全新的智能收单＋营销解决方案,而哆啦宝定位消费后市场,开创了新的商业模式。

案例 12-29   基于大数据的京东精准邮件营销

好的邮件营销就是要完美解决一个 3W 的问题,即在什么时间(When)把什么内容(What)发给什么人(Who)。如果要解决这个问题,就要很清楚地了解用户的情况、用户的个人喜好。通过大数据挖掘技术的支持,基于用户在京东的一切行为(行为背后是一系列的数据),包括搜索、浏览、点击、咨询、加关注、放购物车、下单、地址等一系列数据,在这些数据的基础上进行建模分析,然后得出每个用户的情况,例如性别、年龄、婚否、是否有孩子、孩子的性别、是否有房子、是否有车、喜欢什么品牌等,就比较容易定位到每个用户的喜好。然后再抽象出各种场景,基于每个场景制定不同的邮件策略,并进行相应的邮件推送业务。基于大数据,京东搭建了精准营销架构,架构底层是明细数据,包括用户产生的各种日志数据、用户交易数据和其他相关数据,在用户数据的基础上,进行了用户行为的建模,包括用户属性的识别、用户兴趣模型、用户关系模型、用户生命周期、用户信用模型等;在用户建模之上,抽象出用户画像,作为底层数据供应给各营销系统。任何邮件运营人员都可以很方便地筛选出精准的目标用户,邮件内容的设置上也更多样化,更重要的是用户体验得到了极大提升。在基于大数据做了很多场景的自动触发邮件策略之后,京东的邮件也开始变得智能起来。这个架构解决的不仅是京东邮件精准营销的问题,还同时解决了所有主动推送的短信、APP PUSH、站内信等的精准营销问题。

12.9.3   基于大数据的中文舆情分析案例

1. 互联网舆情分析

移动互联、社交网络、电子商务等极大拓展了互联网的边界和应用范围,互联网(社交、搜索、电商)、移动互联网(微博)、物联网(传感器、智慧地球)、车联网、GPS、医学影像、安全监控、金融(银行、股市、保险)、电信(通话、短信)都在疯狂产生着数据。社交媒体时代,通过互联网平台可表达社情民意,体现用户的意愿、评论和态度。舆情,就是一个风向标。舆情分析,就是针对民众态度的收集和整理,发现相关的意见倾向,客观反映舆情状态。海量的数据隐含着巨大的信息,如何从这些可观的数据中分析出用户的潜在且准确的购物意愿及用户需求,将成为提高品牌价值和声誉,改善用户体验的新途径。

例如,亚马逊上的用户对某商品的评论,商家可以根据用户的评论和反馈为用户提供定制性的服务,甚至可以预测用户的需求,从而达到更加准确的销售目的。又如,新浪微博上粉丝过万的大型零售商可以根据用户发表的微博、微话题、签到地点为用户定制性的推送优惠及新品信息。这些看似庞大无规则的数据,包含着大量的用户标签及潜在的用户肖像。其中,存储与分析中文文本数据也是技术上的关键,如何能够存储并分析海量数据,生成精确的用户标签,依赖于数据存储系统和文本分析系统的技术。

2. 营销分析逻辑流程

微博是现代网络社会沟通的重要工具。以新浪微博为例,很多大型零售商会建立自己的主页,发布近期的打折、新品信息。但是,这些信息往往不能针对每个用户的喜好来发布,类似于广播一样,每一条微博是否对每个粉丝(用户)有意义,需要用户自己来过滤。

但实际上,粉丝自身发布的微博含有大量的数据信息,这些信息包括用户的个人爱好、年龄段、近期想购买的款式,甚至是自己希望有的款式和功能等。这些数据大多数为非结构数据。

如图 12-13 所示,显示了整个营销分析流程的逻辑。从客户发布微博开始,到商家向用户发布商品目录和优惠信息,整个流程分为五个步骤。

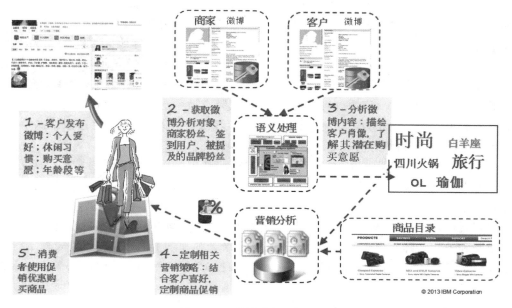

图 12-13　营销分析逻辑流程

(1) 客户发布微博。从微博上初步获取的数据为"粗数据",虽然数据杂乱需要分析,但是其中包含很多用户自己"无意识"的为自己打上的标签,这为后续的语义分析打下了基础。粗数据中包括类似于性格、年龄阶段、星座、性别、突出喜好等信息,如"粉红控""80 后""篮球达人"等。掌握这些用户自定义的标签后,把这些作为用户肖像的一部分。

(2) 获取商家的粉丝。商家的粉丝包括关注商家微博的用户、签到用户、被提及的品牌粉丝等。这些粉丝发布的微博便作为语义处理的输入。

(3) 分析用户的微博。将用户的微博进行语义分析。基于 Hadoop 的文本分析平台将对中文进行分词,分词后将与字典进行比较和分类,然后对比总结出该用户的兴趣爱好所在,作为用户的一个标签,同时作为客户肖像的一部分。例如,一个用户的微博中经常提到类似于篮球、足球等运动,那么"爱运动"就极可能成为其标签,作为客户肖像的一部分。

(4) 指定相关营销策略:客户肖像制定后,存入数据库,并根据微博内容实时或定时更新客户肖像,根据客户的肖像向用户推送相应的商品打折、优惠、最新上架产品信息。例如,用户的爱好中包括"运动",并在微博中提到某品牌的运动鞋,那么可以向该用户推送该运动品牌的打折优惠信息或优惠券。

(5) 消费者可使用消费券或根据打折信息购买相关产品。这样向用户推送的促销信息会更加符合用户近期的购买意愿和用户的个性特征,可以做到为每个用户个性定制的营销方案,使推送更有效。

12.10 教育领域大数据应用案例

12.10.1 教育领域大数据应用

教育大数据分布在包括教育教学管理、教学资源、教学行为、教学评估等在内综合教育系统的始末。大数据的思维和理念可以为优化教育政策、创新教育教学模式、变革教育测量与评价方法等理论研究提供客观依据以及新的研究视角,能够更好地推动教育领域的变革。

(1)"大数据资源"成为重要的教育资源。教学资源的数字化、信息化、网络化,使得教育资源在大数据时代实现资源共享成为可能,包括网上教研系统、网络备课系统、教师学习中心系统、教师评价系统、资源管理与应用系统、视频点播系统、远程网络教学系统等。大数据教育资源可实现一站式教学信息平台,学生在学习公共服务平台上,通过网络课堂、自主学习系统、互动交流系统等实现远程学习、移动学习。

(2)"大数据应用"促进教育变革。从传统教育到"因材施教""量体裁衣",大数据可以支持学习者的个性学习,大数据的分析可以反映每一个学习者的学习需求、学习风格、学习态度乃至学习模式等信息,进而能够为每一位学习者创设一个量身定做的学习环境和个性化的课程,促进其个性发展,从而实现真正意义上的个性化教育。大数据技术可以在教育平台上跟踪和关注老师与学生的教学、学习过程,记录老师和学生的课堂表现以及课下行为的数字化痕迹,通过在教育活动中点滴微观行为的捕捉,为教育管理机构、学校、老师和家长提供最直接、客观、准确的教育结果评价等。用大数据可以追踪每一个学生在校时、毕业后、工作后的成长情况,通过长期对数据的积累和分析,可以对学生进行生涯规划教育,为学生更好地实现人生成长提供更好的帮助。

(3)"大数据应用"促进教育方式的改变。

诸如一对一数字化学习、翻转课堂、慕课、微课等新型的教育教学形态层出不穷,让基于新技术手段打造的"大规模在线开放课程"成为社会和教育领域关注的热点。在教育学习领域,大数据中提取价值的 5 种主要的技术如下:

① 预测(Prediction)——觉知预料中的事实的可能性。例如,要具备知道一个学生在什么情况下尽管事实上有能力但却有意回答错误的能力。

② 聚类(Clustering)——发现自然集中起来的数据点。这对于把有相同学习兴趣的学生分在一组很有用。

③ 相关性挖掘(Relationship Mining)——发现各种变量之间的关系,并对其进行解码,以便今后使用它们。这对探知学生在寻求帮助后是否能够正确回答问题的可靠性很有帮助。

④ 升华人的判断(Distillation for Human Judgment)——建立可视的机器学习模式。

⑤ 用模式进行发现(Discovery with Models)——使用通过大数据分析开发出的模式进行"元学习"(Meta-study)。

12.10.2 教育大数据应用案例

案例 12-30 利用预测分析大数据帮助学生提高成绩

"希维塔斯学习"(Civitas Learning)是一家专门聚焦于运用预测性分析、机器学习来提高学生成绩的年轻公司。它提供了一套应用程序,学生和老师可以在其中规划自己的课程和安排。"希维塔斯学习"的各种基于云的智能手机第三方应用程序(APP)都是用户友好型的,能够根据高校的需要个性化定制。这意味着高校能聚焦于各自不同的对象,相互不同地用这家公司的分析工具开展大数据工作。

该公司在高等教育领域建立起最大的跨校学习数据库。通过这些海量数据,能够看到学生的分数、出勤率、辍学率和保留率的主要趋势。通过使用 100 多万名学生的相关记录和 700 万个课程记录,这家公司的软件能够让用户探测性地知道导致辍学和学习成绩表现不良的警告性信号。此外,还允许用户发现那些导致无谓消耗的特定课程,并且看出哪些资源和干预是最成功的。

案例 12-31　培生集团应用大数据技术全程实时分析学生学习进度

以培生集团最新出版的全球少儿美语旗舰课程 Big English 为例,这套课程引入了首款应用于少儿英语学习领域的 My English Lab 在线学习辅导系统(以下简称 MEL),应用大数据技术全程实时分析学生个体和班级整体的学习进度、学情反馈和阶段性成果,从而及时找到问题所在,对症下药,实现对学习过程和结果的动态管理。

Big English 的大数据分析系统以学生为中心,按照教、学、测三个环节组织线上学习内容与学习过程,将学生、教师、家长、机构四类用户群有机整合在 MEL 学习管理系统中,各司其职,相互作用,实现了个性化的课堂教学、家庭辅导和自主学习管理环境。

案例 12-32　大数据让在线教育变为现实

大数据在教育上的应用首推在线教育,如中小学教育资源共享平台梯子网。梯子网的一大特色是基于大数据的模式创新。通过数据分析,可以优化学生做题效率,减轻学生课业负担。具体来说,就是将梯子网目前拥有的一千多万道题目按照教材版本、章节、知识点、难易程度、考试比重等多重属性精确定位,再根据学生们做题时的正确率,向水平不同、知识薄弱点不同的学生推荐。

在在线教育领域,主打公务员考试、司法考试等成人职业资格考试的"猿题库"同样将大数据作为自己的卖点。"猿题库"的大数据处理主要基于两个方面,一是对用户本身的数据分析,通过实时测量和评估用户的练习情况,对用户在某个时间点的能力值有所掌握;二是有一个准确难度分布的题目库。通过这些数据分析,猿题库也推出了被称为"智能练习"的产品,通过匹配答题情况和考试要求,向学生推荐需要强化的题目类型,同时还将学生整个答题过程记录下来,实时评估他的能力变化,以报告的形式告诉学生其能力增长曲线。

明确的商业模式让在线教育中的大数据应用最为成熟,通过教学数据的整合和共享,从而帮助不同地区之间能够共享教育资源。

案例 12-33　无孔不入的数字化学习平台

数字时代的来临,为知识与文化的传播开创了前所未有的历史阶段,也为高等教育教学带来了惊喜与震撼。尤其是数字化教学资源在教学中的运用,不仅给各学科的教育教学提供了空前的便利与支持,也给教与学带来了革命性的意义。网上教学不仅仅是将教学材料在网上发布,更多的是学生与教师之间、学生与学生之间的充分沟通与交流。由于远程教学时教师与学生在空间上的分离,这种沟通与交流就显得尤为重要。另外,传统教学过程中一些保证教学质量的关键环节(如作业、考试、图书馆、笔记记录等),都能够在网上得到很好的支持。网上的教学支持平台,为教师在网上实施教学提供全面的工具支持,屏蔽程序设计的复杂性,使得教师能够集中精力于教学,也使得网上教学从简单的教学信息发布变成一个充满交互与交流的虚拟学习社区。一个完整的网络教学平台由网上教学支持系统、网上教务管理系统、网上课程开发工具和网上教学资源管理系统四个子系统组成。网络教学支持平台是建立在通用的 Internet/Intranet 基础上的,专门为基于双向多媒体通信网络的远程教学而提供全面服务的软件系统,在丰富的学科资源的基础上,学科教师根据教学要求与教学计划,并根据自己的教学特色,开发网络教学课件,借助网络教学的一些支持工具,开展双向的远程教学,教学管理系统可以保障这种教学更加高效,也更加规范化。

12.11 互联网大数据应用

12.11.1 大数据使生活更智能

2008 年全球新增数据量为 0.49ZB,到 2014 年已达到 4.1ZB。如果将它们等同于音频文件,足以连续播放 80 亿年的时间。截至 2015 年 6 月,我国网民规模达 6.68 亿,半年共计新增网民 1894 万人。一分钟内,微博推特上新发的数据量超过 10 万。互联网普及率为 48.8%。我国网站总数为 357 万个,半年增长 6.6%。网上炒股的用户规模达到 5628 万。整个人类文明所获得的全部数据中,有 90% 是过去两年内产生的。互联网大数据包括社交数据、金融交易数据、地理位置相关数据、全网的图片、视频、文档等数据、行业数据、各行业专属数据(如优酷的视频数据、淘宝与京东的电商数据等)。

在生活中,大数据的应用发展迅速,例如腾讯用微信展开大数据"首战",迅雷用大数据抓"网络票房"等。物质层面的消费需求不断被挖掘,电子商务、本地生活类项目备受热捧之后,精神层面的消费在消费整体中所占比例逐渐增加。二次元、亚文化、网红经济迅速崛起,移动领域的直播、短视频也逐渐占据年轻人的社交版图,大数据在娱乐领域得到很好的发展。

12.11.2 互联网大数据应用案例

案例 12-34 PPTV 聚力个性化用户体验

细心的 PPTV 老用户会发现,登录后均可看到"猜你喜欢"栏目,在这里,超过 35% 的用户都能找到自己喜欢的视频,不会在浩瀚的视频节目里不知所措,缩短了视频搜索浏览时间,大幅提升了用户体验。大数据带来了个性化视频推荐用户体验。目前,PPTV 聚力已经建成的数百台服务器规模的 Hadoop 集群是其大数据技术平台的核心。在其上运行着 Hive 开源数据仓库,基于 Storm 的分布式实时数据处理框架也已经开始部署。

到 2017 年,PPTV 聚力全平台月度活跃用户达 3.4 亿,每天的活跃用户超 5000 万。这一在线视频平台目前每天会产生 10TB 数据,包含用户行为数据、访问体验数据等在内的业务数据。通过对用户行为数据、工程技术数据,以及后端的业务运营数据的采集,形成一个全新的数据系统格局。再汇总到一个分布式的大数据技术平台上,通过不同的业务角度,做业务数据分析,以及各种数据密集性的计算任务。而后应用到各个不同的业务领域,以此达到更精准、更流畅的视频用户体验。其中,用户行为数据主要来自从客户端和服务器端采集的日志数据。PPTV 聚力计划基于大数据技术开发全界面的用户访问个性化定制系统。另外,PPTV 聚力运用大数据,注重广告的精准投放,在广告的定向投放、频次控制等方面相应建立了更成熟的策略和流程,打造一幅智能个性化用户体验全新蓝图,向着更优越的用户体验境界进发。

案例 12-35　大数据助力 NBA 赛事全过程

当汤普森单节拿下 37 分之后,他成为 NBA 在一节比赛中得分最多的人。而在这 37 分的数据统计背后,是 NBA 数据能力的冰山一角。随着“大数据”在 NBA 联盟运营和球队的发展方面发挥出越来越突出的作用,大家也开始越来越重视这项技术和理念。NBA 领先的大数据分析让球员更具商业价值。

一场 NBA 比赛共四节,常规时间计 48 分钟。一支 NBA 球队一赛季要进行 82 场常规赛,主客场各 41 场,而后东西部的各前 8 名进入季后赛,在 7 战赛制下,经过至少 3 轮 12 场比赛进入决赛。NBA 现在共有 30 支球队,一个完整的正式赛季约持续 5 个月,共有超过 1200 场比赛。

这些数字定义了 NBA 的一部分,还有更多的数据使得 NBA 成为一项越来越受大众欢迎的赛事。从某个角度而言,它的本质就是数字,很少有赛事像它一样有如此繁复庞杂的数据——不仅是球迷、媒体看得到的得分、助攻、篮板、命中率等,还有专栏作家们津津乐道的 PER(The Player Efficiency Rating,球员效率值),将场上球员的各项表现通过算法公式转化为综合的数值,现在已经成为衡量球员水平的重要指标之一。

案例 12-36　《纸牌屋》变革传统电视业

近来,由流媒体视频网站奈飞公司(Netflix)推出的“大数据定制剧”《纸牌屋》第二季上线播出,获得了全球粉丝的热情追捧。

这部揭示美国政坛内幕的剧作引发了学界和业界对电视业未来发展的热议。它的成功除了及时贴近美国政坛热点话题之外,还引领了电视业拥抱“融媒时代”的变革,为方兴未艾的“互联网电视”提供了范例,在传媒史上留下浓墨重彩的一笔。“融媒”,即不同媒体的形态、功能、传播手段、组织结构等通过融合而产生的“质变”效应。

首先,该剧对传统电视业“制播分离”的生产模式提出挑战。《纸牌屋》不是由制作机构进行的单纯艺术创作,而是基于奈飞公司网站储存的 3000 万用户收视行为的大数据,分析了网民的“搜索”“收藏”习惯后制作的。对大数据进行深度挖掘后,确定了最具舆论影响力和市场价值的主力受众群,根据他们的收视行为偏好“量身定制”。

其次,该剧的播出打破了以往由电视台陆续推出集目的传统模式,采用“一次观看多集”的收视模式,适应互联网时代观众的收视习惯。

最后,受众的深度参与。借助大数据技术,受众能够参与到电视节目的制作和推广等各个环节。该剧播出过程中,专业技术人员对用户的收视行为进行实时监测和数据挖掘,帮助制作团队根据受众反馈进行相应调整和修改。

《纸牌屋》第一季成功带动了奈飞公司网站的业绩。2013 年第一季度盈利 6.38 亿美元,创下历史新高,《纸牌屋》的成功预示着“互联网电视”的大幕已经拉开,传统电视节目从制作、推广、播出到收看等各个环节,都面临着彻底的颠覆和重构。

12.12　其他行业大数据应用

12.12.1　能源业大数据应用

能源行业作为国民经济与社会发展的基础,正在受到大数据的深刻影响。目前能源领域的大数据应用主要有 4 个方面。

(1) 促进新产品开发。美国通用公司通过每秒分析上万个数据点,融合能量储存和先进的预测算法,开发出能灵活操控 120m 长叶片的 2.5-120 型风机,并无缝地将数据传递给邻近的风机、服务技术人员和顾客,效率与电力输出分别比现行风机提高了 25% 和 15%。

(2) 利用可再生能源技术使能源更"绿色",如冰岛的 Green Earth Data 与 Green Qloud 公司,依靠冰岛丰富的地热与水电资源驱动,为数据中心提供 100% 的可再生能源。

(3) 实现能源管理智能化。能源产业可以利用大数据分析天然气或其他能源的购买量、预测能源消费、管理能源用户、提高能源效率、降低能源成本等。大数据与电网的融合可组成智能电网,涉及发电到用户的整个能源转换过程和电力输送链,主要包括智能电网基础技术、大规模新能源发电及并网技术、智能输电网技术、智能配电网技术及智能用电技术等,是未来电网的发展方向。

(4) 改变社会,为城市基础设施、能源、交通、环境等带来机遇。大数据使城市越来越智能化,纽约、芝加哥与西雅图向公众开放数据,鼓励建设多样化的智能城市。

以电力行业为例,电力大数据涉及发电、输电、变电、配电、用电、调度各环节,对电力大数据进行挖掘需要跨单位、跨专业。越来越多的企业在思考如何利用大数据对业务进行战略性的调整,并通过数据分析,加工成更具有高价值的数据,开拓并全面掌控企业业务。国家电网在北京亦庄、上海、陕西建立了 3 个大数据中心,其中北京亦庄大数据中心已安装超过 10200 个传感器,它们及时采集数据,存储到云并进行分析和利用,每个月可节约的能耗价值约为 30 万元。电力大数据,是要通过对电力系统海量数据的采集分析,推动其生产运作方式的优化,甚至是挖掘出大量高附加值的信息内容进行行业内外的增值服务。除了电力领域,在石油、新能源方面,大数据应用也越来越广泛。

12.12.2　公共事业管理大数据应用

对于政府部门来说,大数据将提升电子政务和政府社会治理的效率。大数据的包容性将打开政府各部门间、政府与市民间的边界,信息孤岛现象大幅削减,数据共享成为可能,政府各机构协同办公效率和为民办事效率提高,同时大数据将极大地提升政府社会治理能力和公共服务能力。对于大数据产业本身来说,政府及公共服务的广泛应用,也使其得到资金及应用支持,从而在技术和应用领域上得到及时的更新与反馈,促使其更迅猛地发展。近年来,包括医疗、教育、政务数据存储、防灾等方面的应用尤其突出。

利用大数据整合信息,将工商、国税、地税、质监等部门所收集的企业基础信息进行共享和比对,通过分析,可以发现监管漏洞,提高执法水平,达到促进财税增收、提高市场监管水平的目的。建设大数据中心,加强政务数据的获取、组织、分析、决策,通过云计算技术实现大数据对政务信息资源的统一管理,依据法律法规和各部门的需求进行政务资源的开发和利用,可以提高设备资源利用率、避免重复建设、降低维护成本。

　　大数据也将进一步提高决策的效率,提高政府决策的科学性和精准性,提高政府预测预警能力以及应急响应能力,节约决策的成本。以财政部门为例,基于云计算、大数据技术,财政部门可以按需掌握各个部门的数据,并对数据进行分析,作出的决策可以更准确、更高效。另外,也可以依据数据推动财政创新,使财政工作更有效率、更加开放、更加透明。2008 年,法国总统萨科齐组建了一个专家组,成员包括以诺贝尔经济学奖获得者约瑟夫·斯蒂格利茨和阿玛蒂亚·森在内的 20 多名世界知名专家,进行了一项名为"幸福与测度经济进步"的研究。该研究将国民主观幸福感纳入了衡量经济表现的指标,以主观幸福度、生活质量及收入分配等指标来衡量经济发展值。

小　　结

　　本章对大数据在现行的各行各业应用领域进行了案例总结,并给出了案例操作说明,包括社交网络分析、推荐系统、零售行业大数据解决方案、大数据金融、医疗大数据应用、智能交通大数据、生产制造业大数据解决方案、信息通信大数据解决方案、大数据精准营销、教育领域大数据应用与互联网大数据应用。

大数据挖掘应用案例.mp4(68.9MB)

习　　题

　　(1) 简述大数据挖掘的应用领域。

　　(2) 什么是社交网络分析? 在社交网络服务及社交媒体中如何应用大数据分析?

　　(3) 什么是推荐系统? 推荐系统包括的四种推荐方式是什么?

　　(4) 目前比较流行的个性化推荐有几种? 分别解释其意义。

　　(5) 试解释医疗行业大数据的 5 大应用场景。

　　(6) 在教育学习领域,大数据中提取价值的 5 种主要的技术是哪些?

　　(7) 举例说明大数据在互联网中的应用。

参考文献

[1] Kenneth C. Laudon, Jane P. Laudon. Management Information Systems [M]. New York：Pearson Education Inc,2011.

[2] 薛毅,陈立萍.统计建模与 R 软件(上册)[M].北京：清华大学出版社,2006.

[3] Robert I. Kabacoff . R 语言实战[M].北京：人民邮电出版社,2012.

[4] 黄文,王正林.数据挖掘：R 语言实战 NNN[M].北京：电子工业出版社,2014.

[5] Brett Lantz. 机器学习与 R 语言[M].李洪成,许金炜,李舰,译.北京：机械工业出版社,2015.

[6] Josepb Adler. R 语言核心技术手册(第 2 版)[M].刘思喆,李舰,陈钢,邓一硕,译.北京：电子工业出版社,2014.

[7] Pang-Ning Tan Michael Steinbach. 数据挖掘导论(完整版)[M].范明,范宏建,译.北京：人民邮电出版社,2011.

[8] 王刚,黄丽华,张成洪,夏洁.数据挖掘分类算法研究综述[J].科技导报,2006,12：73-76.

[9] 孔玉婷.数据挖掘中分类算法研究及应用[D].辽宁科技大学,2015.

[10] 李涛,等.数据挖掘的应用与实践——大数据时代的案例分析[M].厦门：厦门大学出版社,2013.

[11] 王国才.朴素贝叶斯分类器的研究与应用[D].重庆交通大学,2010.

[12] 杜瑞杰.贝叶斯分类器及其应用研究[D].上海大学,2012.

[13] 王超学,潘正茂,马春森,董丽丽,张涛.改进型加权 kNN 算法的不平衡数据集分类[J].计算机工程,2012,20：160-163＋168.

[14] 陶再平.基于约束的关联规则挖掘[M].杭州：浙江工商大学出版社,2012.

[15] 陈封能,M. Steinbach,V. Kumar.数据挖掘导论：完整版[M].范明,范宏建,译.北京：人民邮电出版社,2011.

[16] 何宏.关联规则挖掘算法的研究与实现[D].湘潭大学,2006.

[17] 张良均,谢家标,杨坦,等.R 语言与数据挖掘[M].北京：机械工业出版社,2016.

[18] 窦祥国.关联规则评价方法研究[D].合肥工业大学,2005.

[19] 何月顺.关联规则挖掘技术的研究及应用[D].南京航空航天大学,2010.

[20] 宋旭东,翟坤,高卫东.关联规则评价指标的研究[J].微计算机信息,2007(12)：174-176.

[21] 黄文,王正林.数据挖掘：R 语言实战[M].北京：电子工业出版社,2014.

[22] 侯建,帅仁俊,侯文.基于云计算的关联规则挖掘算法[J].化工自动化及仪表,2011,05：579-581＋613.

[23] 李玲娟,张敏.云计算环境下关联规则挖掘算法的研究[J].计算机技术与发展,2011,21(02)：43-46＋50.

[24] 陆新慧,吴陈,杨习贝.空间关联规则挖掘技术的研究及应用[J].计算机技术与发展,2013,23(05)：26-29＋33.

[25] 方刚.空间关联规则挖掘算法的研究与应用[D].电子科技大学,2009.

[26] Jonathan D. Cryer, Kung-Sik Chan. 时间序列分析及应用 R 语言[M].潘红宇,等,译.北京：机械工业出版社, 2011.

[27] R. F. Engle, D. M. Lilien, R. P. Robns. Estimating time varying risk premia in the term structure：the ARCH-M model. Econometrica,1987,55：391-407.

[28] P. Whittle. Hypothesis Testing in Time Series Aanlysis. English Universities Press，1951.

[29] G. Box, G. Jenkins. Time series analysis：Forecasting and control. San Franncisco：Holden-Day,1970.

[30] R. F. Engle. Autoregressive conditional heteroscedasticity with estimates of variance of united

kingdom inflation. Econometrica，1982：987-1008.

[31] 高铁梅.计量经济分析方法与建模[M].北京：清华大学出版社,2006.

[32] T. Bollerslev. A Generalized Autoregressive Conditional Heteroskedasticity. Journal of Econometrics,1986,31：307-327.

[33] 王燕.应用时间序列分析(第三版)[M].北京：中国人民大学出版社,2012.

[34] R. F. Engle. Autoregressive conditional heteroscedasticity with estimates of the variance of UK inflation. Econometrica,1982,50：987-1008.

[35] 胡俊.数据挖掘可视化模型机器应用[D].北京：北京交通大学,2009.

[36] 李渊.基于 K-means 算法的数据挖掘可视化技术的应用研究[D].北京：北京交通大学,2008.